Techniques for Prevention and Control of Typical Invasive Alien Species in Natural Ecosystems

自然生态系统典型外来入侵物种防控技术

李俊生　赵彩云　朱金方 等　主编

科 学 出 版 社
北　京

内 容 简 介

外来生物入侵是导致全球生物多样性丧失的第二大因素。我国是遭受生物入侵最严重的国家之一，生物多样性、人类生产生活及人类健康等都受到生物入侵不同程度的影响。本书针对自然生态系统外来生物入侵问题，综合介绍了我国外来入侵物种分布格局、外来入侵物种对自然生态系统的影响、外来物种入侵机制及外来入侵物种防控技术。本书围绕典型外来入侵物种，采用无人机低空遥感技术和环境DNA技术，并结合生物多样性阻抗假说、生态位理论等理论基础，重点从危害评估、扩散路径、阻截技术、防控技术及防控效果评估等方面介绍了典型外来入侵物种的研究成果，可为我国自然生态系统外来入侵物种管理提供技术支撑和理论基础。

本书可为生物入侵领域的研究人员、大专院校的师生，以及从事生物入侵管理工作的科研人员、行政管理人员提供参考，也可为公众了解入侵危害及防控管理技术知识提供科学依据。

审图号：GS 京（2024）1029 号

图书在版编目（CIP）数据

自然生态系统典型外来入侵物种防控技术 / 李俊生等主编. —北京：科学出版社, 2024.10

ISBN 978-7-03-077442-2

Ⅰ.①自… Ⅱ.①李… Ⅲ.①外来种–侵入种–防治–研究–中国 Ⅳ.①Q16

中国国家版本馆 CIP 数据核字（2024）第 005913 号

责任编辑：马 俊 郝晨扬 / 责任校对：郑金红

责任印制：肖 兴 / 封面设计：无极书装

科学出版社 出版

北京东黄城根北街 16 号

邮政编码：100717

http://www.sciencep.com

北京建宏印刷有限公司印刷

科学出版社发行 各地新华书店经销

*

2024 年 10 月第 一 版 开本：787×1092 1/16

2025 年 1 月第二次印刷 印张：21 1/4

字数：500 000

定价：280.00 元

（如有印装质量问题 我社负责调换）

本书编写委员会

主　编：李俊生　中国环境科学研究院

赵彩云　中国环境科学研究院

朱金方　中国环境科学研究院

于飞海　台州学院

李钧敏　台州学院

韩诗畴　广东省科学院动物研究所

唐赛春　广西壮族自治区中国科学院广西植物研究所

副主编：张利权　华东师范大学

李　军　广东省科学院动物研究所

李红丽　北京林业大学

袁　琳　华东师范大学

刘全儒　北京师范大学

郑玉龙　中国科学院西双版纳热带植物园

耿宇鹏　云南大学

朱　丽　中国科学院植物研究所

龚世平　暨南大学

成　员（按汉语拼音排序）：

曹代男　广东省科学院动物研究所

曹浩冰　华东师范大学

成新跃　北京师范大学

李飞飞　中国环境科学研究院

李象钦　广西壮族自治区中国科学院广西植物研究所

李志刚　广东省科学院动物研究所

柳晓燕　中国环境科学研究院

吕仕洪　广西壮族自治区中国科学院广西植物研究所

潘玉梅　广西壮族自治区中国科学院广西植物研究所

秦飞飞　北京师范大学
王　江　台州学院
韦春强　广西壮族自治区中国科学院广西植物研究所
杨蓓芬　台州学院
叶静文　广东省科学院动物研究所
张思宇　中国环境科学研究院

前　　言

千年生态系统评估认为，外来物种入侵是导致生物多样性丧失和生态系统服务改变最重要的直接因素之一。外来物种的成功入侵，常常直接或间接地降低被入侵地的物种多样性，改变当地生态系统的结构与功能，导致生态系统退化和服务功能丧失，严重威胁区域生态安全，造成巨大的经济损失和生态灾难。因此，生物入侵问题引起了国际社会的广泛关注与重视。《生物多样性公约》呼吁各缔约方“防止引进、控制或消除那些威胁到生态系统、生境或物种的外来物种”。

我国地域辽阔，地形地貌复杂，几乎涵盖北半球所有气候带，为各种生物的栖息和繁衍提供了复杂多样的生境。同时，我国拥有漫长的边境线，并与诸多国家相邻。这些特点使得我国成为世界上容易遭受外来生物入侵的国家之一。目前我国已记录的外来入侵物种达 660 多种，而世界自然保护联盟（IUCN）公布的世界上最恶劣的 100 种外来入侵物种中，约有一半已入侵我国。随着国际贸易和国内经济的飞速发展，外来入侵物种种类仍在增加，已入侵外来物种的分布面积可能不断扩大。这些外来入侵物种已侵入我国各类自然生态系统，且随着陆地交通、水运、航空等基础设施的网络化贯通，以及物流和第三产业的进一步发展，入侵物种传入频率和扩散速率将不断加快，暴发的概率不断增加。为了更好地管理自然生态系统中的外来入侵物种，生态环境部联合中国科学院发布了 4 批 71 种外来入侵物种名单，为指导地方政府相关管理部门、科教机构等加强外来入侵物种防控管理和宣传教育提供了科学依据。然而如何快速评估被入侵自然生态系统的危害现状、如何阻截和防控主要外来入侵物种扩散蔓延及如何有效修复入侵损伤的生态系统以减缓外来物种入侵对当地生态环境和生物多样性的影响，仍是目前急需解决的科技问题。

《自然生态系统典型外来入侵物种防控技术》在查阅大量国内外资料、深入研究中国自然生态系统典型外来入侵物种的分布、扩散、阻截及防控管理的基础上，分析中国外来入侵物种的分布、扩散格局特征，开展滨海湿地、内陆湿地和陆地生态系统典型外来入侵物种影响评估，融合群落可入侵性理论与实践，并对自然生态系统中典型外来入侵物种提出针对性的危害识别、阻截或防控技术。全书共包含两大部分：总论和各论。总论部分共分为 4 章，第一章重点介绍了外来入侵物种分布格局、潜在分布格局；第二章评估了外来入侵物种对滨海湿地、内陆湿地、陆地生态系统的影响；第三章主要介绍了外来物种的入侵特性和群落可入侵性；第四章介绍了外来入侵物种危害快速识别、阻截与防控技术。各论部分共分为 8 章，第五章研究了飞机草对生物多样性的影响及其扩散路径、阻截技术、防控技术及防控效果；第六章研究了互花米草二次入侵机制、扩散路径、阻截技术与示范、防控技术及防控效果评估；第七章研究了空心莲子草对生物多样性的影响、危害快速识别技术、扩散机制和格局、阻截技术及防控技术；第八章研究了加拿大一枝黄花对生物多样性的影响、危害快速识别技术、扩散路径、阻截技术及防控技术；第九章研究了豚草对生物多样性的影响、扩散路径及防控技术；第十章研究了紫茎泽兰对生物多样性的影响，同时研究了紫茎泽兰的扩散格局及防控技术；第十一章主要介绍了红火蚁防控生物药剂、潜在分布格局及防控技术；第十二章构建了巴西龟的入侵路径，研究了其危害快速识别技术及阻截技术。

许多专家参与本书的撰写工作，本书是集体智慧凝练的成果。李俊生和赵彩云牵头设计全书内容，朱金方负责统稿，李俊生、赵彩云多次审稿、修改。其中，前言由李俊生执笔；总论第一章由赵彩云、柳晓燕、刘全儒、秦飞飞执笔，第二章、第三章由朱金方执笔，第四章由柳晓燕、耿宇鹏、张思宇执笔。各论部分第五章由郑玉龙、唐赛春、朱金方编写，第六章由袁琳、张利权、曹浩冰编写，第七章由李红丽、耿宇鹏、于飞海、朱丽编写，第八章由李钧敏、耿宇鹏、杨蓓芬、王江编写，第九章由李飞飞、柳晓燕、成新跃编写，第十章由唐赛春、吕仕洪、韦春强、潘玉梅、李象钦编写，第十一章由李军、韩诗畴、叶静文、李志刚编写，第十二章由龚世平、曹代男编写，所有材料由朱金方、赵彩云汇总，在此对各位的辛苦付出表示衷心的感谢。

本书的出版得到了国家重点研发计划“生物安全关键技术研发”重点专项中的“主要入侵生物生态危害评估与防制修复技术示范研究（2016YFC1201100）”项目和生态环境部事业经费项目“生物多样性调查评估”的资金资助，在此表示深深的谢意。

由于资料和学识水平有限，本书仅以我国自然生态系统中几种典型的外来入侵物种为例，开展外来入侵物种防控技术研究，书中内容难免存在不足之处，期望得到有识之士的批评指正。

作　者

2024 年 2 月 2 日于北京

目　　录

总　　论

各　　论

总　论

第一章　外来入侵物种分布格局

外来物种入侵是威胁中国生态安全、生物多样性保护的重要因素之一。中国地域辽阔，地形地貌复杂，几乎涵盖北半球所有气候带，为各种生物栖息、繁衍提供了复杂多样的生境；同时，拥有漫长多变的边境线以及与诸多国家毗邻，这些特点导致中国成为世界上极容易遭受外来物种入侵的国家之一。《2020 中国生态环境状况公报》显示，目前中国已发现 660 多种外来入侵物种，其中，71 种对自然生态系统已造成威胁或具有潜在威胁并被列入《中国外来入侵物种名单》，219 种已入侵国家级自然保护区。不同的外来入侵物种生存所需要的环境条件不同，本研究将查阅文献资料与野外实地调查相结合，分析外来入侵植物和动物的分布格局，并采用最大熵（MaxEnt）模型，对中国典型外来入侵物种的潜在适生区进行模拟。另外，本研究通过对中国主要外来入侵物种潜在分布区叠加进行综合分析，评估中国外来入侵物种适生性风险，为中国外来入侵物种监管提供科学依据。

第一节　中国外来入侵植物分布格局研究

本研究在文献考证和标本查阅的基础上，结合自然生态系统野外调查和标本采集、拍照，根据科名、拉丁学名、中文名、入侵等级、原产地、国内分布 6 项指标对中国外来入侵植物进行整理，形成了中国外来入侵植物名录（附录 I），并开展了中国外来入侵植物危害等级划分和地理分布格局分析；明确了中国具有严重危害的外来入侵植物物种数量及其分布格局，为外来入侵植物的分区管理提供科学支撑，同时也为管理部门进行外来入侵植物管理、防治提供科学依据。

一、物种组成

根据文献统计、标本查阅和野外调查，共整理外来入侵植物 459 种，隶属于 63 科，其中菊科、豆科、禾本科构成了中国外来入侵植物的主体，3 科共计 198 种，占总物种数的 43.14%。菊科种类最多，共有 84 种，豆科有 58 种，禾本科有 56 种。从各科的物种数分析，拥有 10 种以上外来入侵植物的科有 9 个，拥有 5～10 种外来入侵植物的科有 10 个，拥有 2～4 种外来入侵植物的科有 15 个，仅有 1 种外来入侵植物的科有 29 个（图 1.1，表 1.1）。

二、入侵等级划分

依据外来入侵物种的生物学与生态学特性、原产地自然地理分布信息、入侵范围和所产生的危害，我们基于文献（闫小玲等，2014）及专家经验，将中国外来入侵植物划

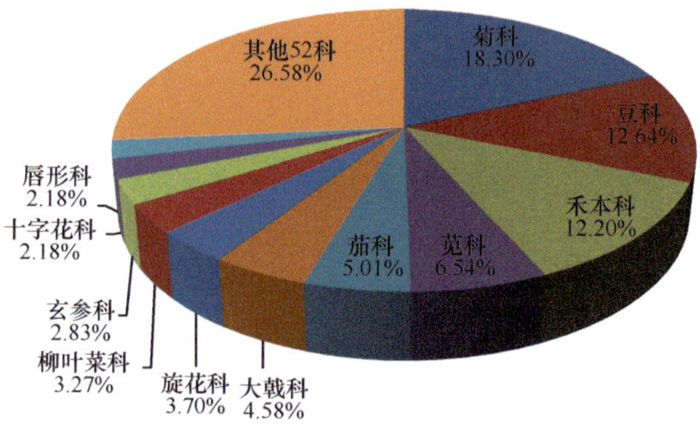

图 1.1 中国外来入侵植物科的组成

数据经过修约，加和可能不为 100%；下同

表 1.1 中国外来入侵植物科的组成信息表

序号	科名	拉丁学名	种数	序号	科名	拉丁学名	种数
1	菊科	Asteraceae	84	33	桃金娘科	Myrtaceae	2
2	豆科	Fabaceae	58	34	紫茉莉科	Nyctaginaceae	2
3	禾本科	Poaceae	56	35	泽泻科	Alismataceae	1
4	苋科	Amaranthaceae	30	36	石蒜科	Amaryllidaceae	1
5	茄科	Solanaceae	23	37	漆树科	Anacardiaceae	1
6	大戟科	Euphorbiaceae	21	38	天南星科	Araceae	1
7	旋花科	Convolvulaceae	17	39	萝藦科	Asclepiadaceae	1
8	柳叶菜科	Onagraceae	15	40	满江红科	Azollaceae	1
9	玄参科	Scrophulariaceae	13	41	凤仙花科	Balsaminaceae	1
10	十字花科	Brassicaceae	10	42	紫葳科	Bignoniaceae	1
11	唇形科	Lamiaceae	10	43	花蔺科	Butomaceae	1
12	茜草科	Rubiaceae	8	44	大麻科	Cannabaceae	1
13	马鞭草科	Verbenaceae	8	45	山柑科	Capparaceae	1
14	石竹科	Caryophyllaceae	6	46	鸭跖草科	Commelinaceae	1
15	藜科	Chenopodiaceae	6	47	牻牛儿苗科	Geraniaceae	1
16	锦葵科	Malvaceae	6	48	小二仙草科	Haloragaceae	1
17	伞形科	Apiaceae	6	49	水鳖科	Hydrocharitaceae	1
18	仙人掌科	Cactaceae	5	50	浮萍科	Lemnaceae	1
19	西番莲科	Passifloraceae	5	51	角胡麻科	Martyniaceae	1
20	紫草科	Boraginaceae	4	52	野牡丹科	Melastomataceae	1
21	酢浆草科	Oxalidaceae	4	53	睡莲科	Nymphaeaceae	1
22	爵床科	Acanthaceae	3	54	列当科	Orobanchaceae	1
23	桔梗科	Campanulaceae	3	55	罂粟科	Papaveraceae	1
24	景天科	Crassulaceae	3	56	胡椒科	Piperaceae	1
25	葫芦科	Cucurbitaceae	3	57	雨久花科	Pontederiaceae	1
26	莎草科	Cyperaceae	3	58	木犀草科	Resedaceae	1
27	商陆科	Phytolaccaceae	3	59	槐叶苹科	Salviniaceae	1
28	车前科	Plantaginaceae	3	60	海桑科	Sonneratiaceae	1
29	马齿苋科	Portulacaceae	3	61	梧桐科	Sterculiaceae	1
30	毛茛科	Ranunculaceae	3	62	荨麻科	Urticaceae	1
31	落葵科	Basellaceae	2	63	葡萄科	Vitaceae	1
32	千屈菜科	Lythraceae	2				

分为恶性入侵植物、区域性恶性入侵植物、一般性入侵植物和潜在入侵植物，具体如下。

1 级：恶性入侵植物。在国家层面已经对经济或生态环境造成巨大损失与严重影响，入侵范围超过 1 个自然地理区域。

2 级：区域性恶性入侵植物。在局部层面上对经济和生态环境造成损失或影响明显，并且至少在 1 个自然地理区域分布。

3 级：一般性入侵植物。不论入侵范围广泛与否，根据其生物学和生态学特性已经确定其危害不大或不明显，并且难以形成新的入侵发展趋势。

4 级：潜在入侵植物。一些出现时间短或最新报道的、目前了解不深入而无法确定未来发展趋势的物种。

统计分析结果表明，1 级恶性入侵植物有 47 种，占入侵植物总数的 10.24%，符合生物入侵的“十数定律”，其中数量最多的为菊科，有 24 种，其次为禾本科、苋科和茄科，各有 5 种。2 级区域性恶性入侵植物有 13 种，占入侵植物总数的 2.83%，其中数量最多的为菊科，有 3 种，其次为大戟科，有 2 种。3 级一般性入侵植物有 176 种，占入侵植物总数的 38.34%，其中菊科植物数量最多，有 29 种，其次为苋科、禾本科和豆科，分别有 19 种、18 种、17 种。4 级潜在入侵植物有 223 种，占入侵植物总数的 48.58%（图 1.2），其中菊科有 28 种，豆科有 40 种，禾本科有 33 种。

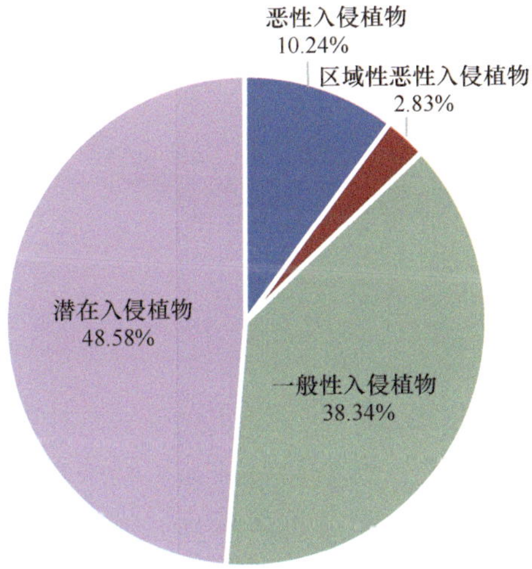

图 1.2 中国外来入侵植物入侵等级组成

根据划分的等级，在不同入侵等级下，菊科和禾本科植物均为主要的组成物种，这与菊科和禾本科植物的入侵特性密不可分。菊科植物多为 1 年生草本，其种子具有休眠的特性，当冬季到来时，种子休眠可避免萌发带来的风险。其种子一般多而小，且因附属钩、刺、毛等而易通过多种方式进行传播，能够在短时间内迅速繁殖和扩散。例如，单株飞机草可产种子 3 万～5 万粒，种子能借助冠毛随风长距离传播（杨逢建，2003）；1 株豚草可产生 62 000 粒种子（Bassett and Crompton，1975），且种子的休眠期至少达 20 年（Fumanal *et al.*，2007）；正常生长的紫茎泽兰不同年龄植株都会产生种子，紫茎泽兰植株单株可产生 7000～10 000 粒种子，且其种子非常轻（千粒重大约为 0.04g）（刘伦辉等，1985），具有冠毛，有助于种子随风飘散（Parsons and Cuthbertson，2001）。

禾本科的入侵植物大都为1年生草本，种子较小，易随粮食、种子贸易等传播，且生长快、适应性强、危害重。

三、外来入侵植物原产地解析

据统计，中国459种外来入侵植物的原产地记录共计1050频次（原产地划分参考了联合国地理区划列表）。依据宏观地理区域统计，中国外来入侵植物原产地以美洲最多，为497频次，占总频次的47.33%，其中原产于南美洲（为206频次）、中美洲（为165频次）、北美洲（为126频次）的频次比例分别为19.62%、15.71%、12.00%；其次为欧洲，为323频次，占总频次的30.76%；非洲为130频次，占总频次的12.38%；亚洲为90频次，占总频次的8.57%；大洋洲为8频次，占总频次的0.76%；具有多地理起源记录的植物有2频次，占总频次的0.19%（图1.3）。

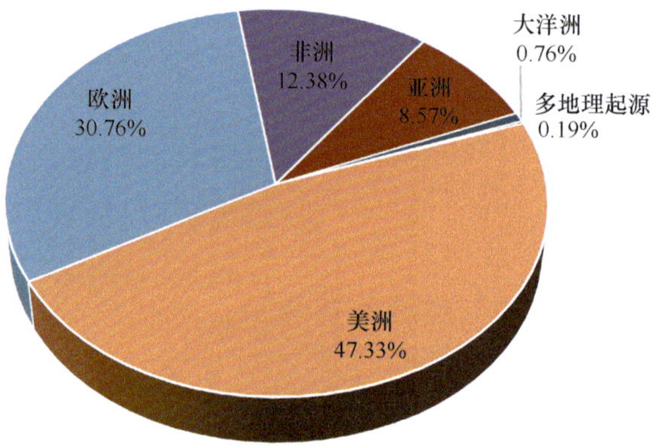

图1.3　中国外来入侵植物原产地来源分析

外来入侵植物原产地分析结果表明（图1.4），美洲是我国外来入侵植物来源最多的地区，该地区部分物种生态适应性强，在中国已经成为恶性入侵植物。具体而言，美洲地区的南美洲气候与我国东南沿海气候相似，有利于外来入侵植物的扩散和定居（吴晓雯等，2006；冯建孟等，2009）。同时，依据大陆漂移假说，中国与美洲地区的植物可能具有相似的遗传背景，因此来自美洲的入侵植物在中国生存和扩散的概率较大（冯建孟等，2009）。从人类活动方面分析，中国与美国贸易量增加，提高了外来植物入侵概率，这也可能是原产于美洲的外来入侵植物较多的原因之一。

四、外来入侵植物地理分布

统计分析结果表明，中国各省（自治区、直辖市）外来入侵植物的数目差异较大。外来入侵植物物种数较多的省份是云南省、广东省、台湾省、福建省和广西壮族自治区，分别为267种、263种、263种、246种、231种；外来入侵植物物种数较少的是宁夏回族自治区、天津市和青海省，分别有38种、39种和45种。这或许与其所处的生态环境、该地理单元的生境多样性、人为干扰是否严重，以及经济发展等都有一定的关系（图 1.5）。

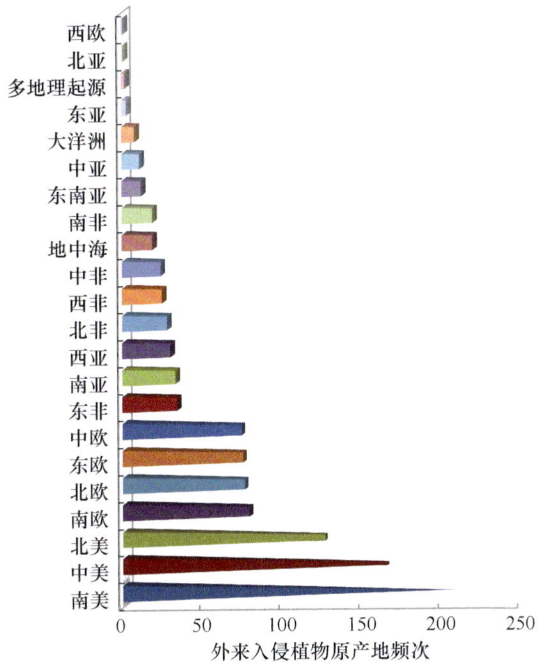

图 1.4 中国外来入侵植物原产地分析

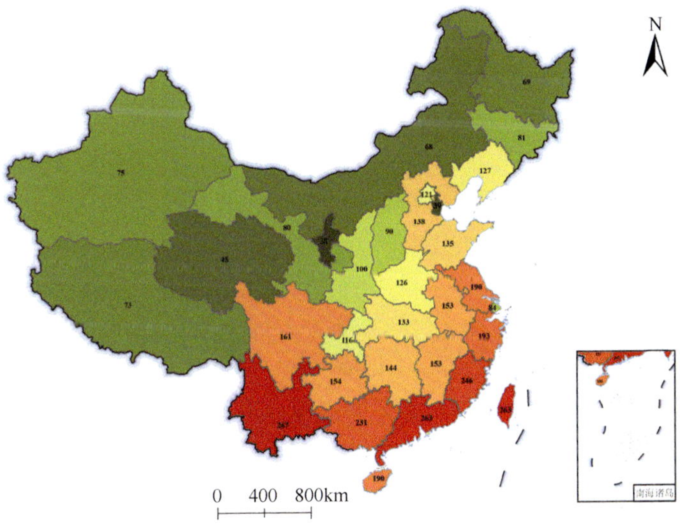

图 1.5 中国各省（自治区、直辖市）外来入侵植物物种数量

分析发现，在纬度梯度上，从南到北外来入侵植物物种数量呈递减趋势。在经度梯度上，从东到西外来入侵植物物种数量呈递减趋势，中国外来入侵植物物种数量分布呈现由西南和东部沿海地区到内陆逐渐递减的趋势，中国西南及东南沿海地区外来入侵植物物种数量是西北地区的 3～4 倍。这与中国东南沿海地区温暖、湿润的气候有利于外

来入侵植物扩散和定居的结果是一致的，同时也可能与该地区频繁的对外交流有利于外来植物的人为引入有关。

此外，在所有外来入侵植物中，仅在 1 个省（自治区、直辖市）中分布的有 45 种，占外来入侵植物物种总数的 9.80%，其中分布在沿海地区的有 38 种，约占外来入侵植物物种总数的 8.28%，说明中国沿海港口或许是外来植物的最初定植点。此外，134 种外来入侵植物在 2～5 个省（自治区、直辖市）有分布，129 种在 6～10 个省（自治区、直辖市）有分布，52 种在 11～15 个省（自治区、直辖市）有分布，31 种在 16～20 个省（自治区、直辖市）有分布，31 种在 21～25 个省（自治区、直辖市）有分布，37 种在 26 个及以上的省（自治区、直辖市）有分布。中国目前有 88 种外来入侵植物在全国超过一半的省（自治区、直辖市）有分布。

第二节　中国外来入侵动物分布格局研究

本研究通过文献考证和标本查阅，并结合自然生态系统野外调查和标本采集、拍照，根据中文名、拉丁学名、科名、国内分布范围、原产地等 5 项指标对中国外来入侵动物物种进行了整理，形成了中国外来入侵动物名录（附录Ⅱ），并开展了中国外来入侵动物地理分布格局分析；明确了中国外来入侵动物物种分布格局，为外来入侵动物的分区管理提供科学支撑，同时为管理部门进行外来入侵动物管理、防治提供依据。

一、物种组成

通过文献统计、标本查阅和野外调查，共整理外来入侵动物 158 种，隶属于 5 门 13 纲 28 目 86 科。从门的角度分析，外来入侵动物物种种类最多的门类为节肢动物门，有 98 种，占外来入侵动物物种总数的 62%；棘皮动物门物种种类最少，仅有 1 种。从纲水平分析，超半数的外来入侵动物隶属于昆虫纲（91 种，58%），其次为鱼纲（20 种，12.66%）。从目水平分析，外来入侵动物物种种类数量最多的是鞘翅目（39 种，24.68%），其次为半翅目（18 种，11.39%）、双翅目（12 种，7.59%）、鳞翅目（11 种，6.96%）。从科水平分析，含 10 种及 10 种以上外来入侵动物的科有 2 个，分别为象甲科（11 种）和豆象科（10 种）；含 5～9 种外来入侵动物的科有 2 个，分别为实蝇科（5 种）和鲍科（5 种）；含 2～4 种外来入侵动物的科有 30 个，仅包含 1 种外来入侵动物的科有 52 个（图 1.6，表 1.2）。

二、外来入侵动物来源解析

据统计，中国 158 种外来入侵动物的原产地记录共计 262 频次（原产地划分参考了联合国的世界地理亚区划分资料）。通过宏观地理区域统计，我国外来入侵动物原产地以美洲最多，为 85 频次，占总频次的 32.44%；其次为欧洲，为 62 频次，占总频次的 23.66%；亚洲为 55 频次，占总频次的 20.99%；非洲为 48 频次，占总频次的 18.32%；大洋洲为 4 频次，占总频次的 1.53%；来源不详的有 8 频次，占总频次的 3.05%（图 1.7）。

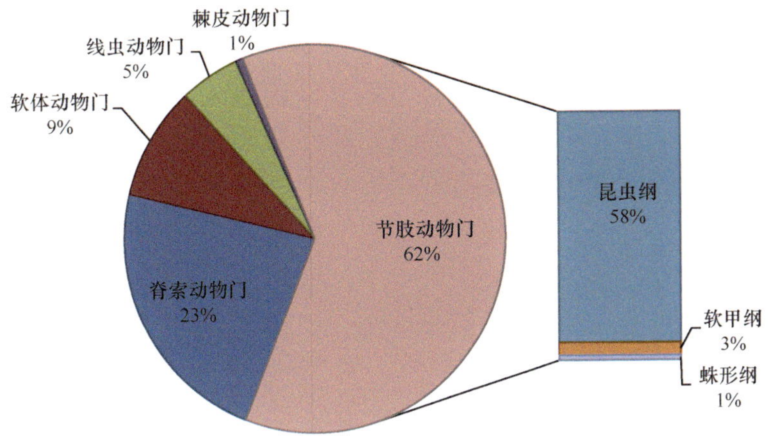

图 1.6 中国外来入侵动物物种组成

表 1.2 中国外来入侵动物物种组成信息表

序号	科名	拉丁学名	种数	序号	科名	拉丁学名	种数
1	象甲科	Curculionidae	11	28	蓟马科	Thripidae	2
2	豆象科	Bruchidae	10	29	扇贝科	Pectinidae	2
3	实蝇科	Tephritidae	5	30	粒线虫科	Anguinidae	2
4	鲍科	Haliotidae	5	31	异皮科	Heteroderidae	2
5	粉蚧科	Pseudococcidae	4	32	鳎科	Soleidae	2
6	麦蛾科	Gelechiidae	4	33	鳄龟科	Chelydridae	2
7	潜蝇科	Agromyzidae	4	34	龟科	Emydidae	2
8	鲑科	Salmonidae	3	35	蜚蠊科	Blattidae	1
9	粉虱科	Aleyrodidae	3	36	灯蛾科	Arctiidae	1
10	根瘤蚜科	Phylloxeridae	3	37	辉蛾科	Hieroxestidae	1
11	螟蛾科	Pyralidae	3	38	卷蛾科	Tortricidae	1
12	瘿蚊科	Cecidomyiidae	3	39	弄蝶科	Hesperiidae	1
13	对虾科	Penaeidae	3	40	广肩小蜂科	Eurytomidae	1
14	滑刃科	Aphelenchoididae	3	41	树蜂科	Siricidae	1
15	蛙科	Ranidae	3	42	吉丁虫科	Buprestidae	1
16	鼠科	Muridae	3	43	锯谷盗科	Siovanidae	1
17	牙鲆科	Paralichthyidae	2	44	拟步甲科	Tenebrionidae	1
18	鲤科	Cyprinidae	2	45	拟叩甲科	Languriidae	1
19	丽鱼科	Cichlidae	2	46	窃蠹科	Anobiidae	1
20	鳗鲡科	Anguillidae	2	47	天牛科	Cerambycidae	1
21	木白蚁科	Kalotermitidae	2	48	小蠹科	Scolytidae	1
22	姬小蜂科	Eulophidae	2	49	叶甲科	Chrysomelidae	1
23	蚁科	Formicidae	2	50	长角象科	Anthribidae	1
24	郭公甲科	Cleridae	2	51	螯虾科	Cambaridae	1
25	皮蠹科	Dermestidae	2	52	拟螯虾科	Parastacidae	1
26	铁甲科	Hispidae	2	53	叶螨科	Tetranychidae	1
27	长蠹科	Bostrychidae	2	54	瘿螨科	Eriophyidae	1

续表

序号	科名	拉丁学名	种数	序号	科名	拉丁学名	种数
55	蛞蝓科	Limacidae	1	71	鲈科	Percidae	1
56	玛瑙螺科	Achatinidae	1	72	狼鲈科	Moronidae	1
57	帆螺科	Calyptraeidae	1	73	石首鱼科	Sciaenidae	1
58	瓶螺科	Ampullariidae	1	74	太阳鱼科	Centrarchidae	1
59	缝栖蛤科	Hiatellidae	1	75	胡子鲇科	Clariidae	1
60	帘蛤科	Veneridae	1	76	脂鲤科	Characidae	1
61	饰贝科	Dreissenidae	1	77	腕海鞘科	Pyuridae	1
62	牡蛎科	Ostreidae	1	78	蝽科	Pentatomidae	1
63	短体科	Pratylenchidae	1	79	盾蚧科	Diaspididae	1
64	球海胆科	Strongylocentrotidae	1	80	蜡蚧科	Coccidae	1
65	仓鼠科	Cricetidae	1	81	蚧科	Monophlebidae	1
66	海狸鼠科	Myocastoridae	1	82	木虱科	Psyllidae	1
67	鸭科	Anatidae	1	83	网蝽科	Tingidae	1
68	鹦鹉科	Psittacidae	1	84	瘿绵蚜科	Pemphigidae	1
69	鳖科	Trionychidae	1	85	珠蚧科	Margarodidae	1
70	菱鲆科	Scophthalmidae	1	86	锥象科	Brentidae	1

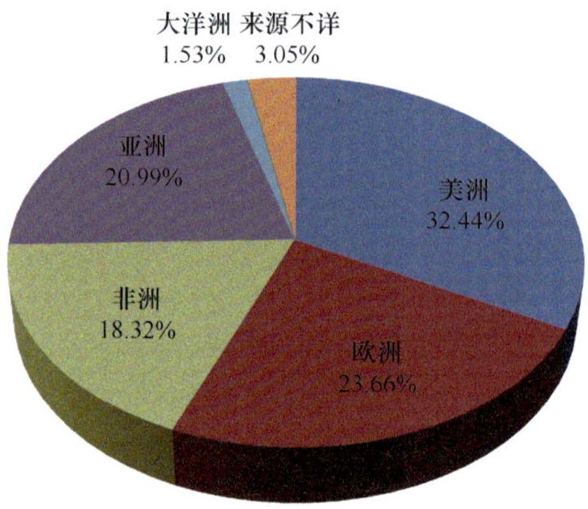

图 1.7　中国外来入侵动物原产地来源分析

根据地理区域亚区统计结果，中国外来入侵动物原产地记录以北美洲最多，有 46 频次，其次为中美洲，有 21 频次，这可能主要与东亚和北美洲、中美洲的气候类似且贸易来往密切相关（Callaway *et al.*，2006；Jenkins and Mooney，2006）。此外，中国外来入侵动物在亚洲地区主要来自南亚和东亚，其中东亚全部为日本地区，这或许与地区间地理位置相邻相关（图 1.8）。

三、外来入侵动物地理分布

中国外来入侵动物物种数量呈现由东部沿海和南部边境向内陆逐渐递减的趋势，这可能主要是由于沿海和南部边境地区的人类活动及对外贸易交流频繁。其中外来入侵动

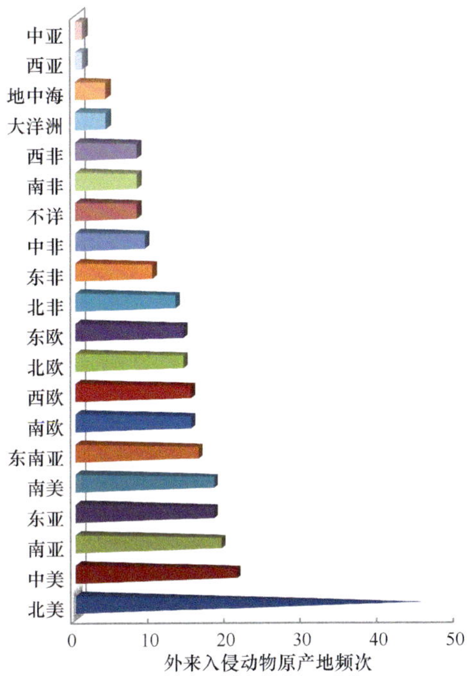

图 1.8　中国外来入侵动物原产地分析

物物种数量较多的省份是广东省和山东省，分别有 80 种和 71 种，最少的是西藏自治区，有 12 种（图 1.9）。在 158 种外来入侵动物中，仅在 1 个省（自治区、直辖市）有分布的外来入侵动物有 22 种，61 种外来入侵动物在 2～5 个省（自治区、直辖市）有分布，31 种外来入侵动物在 6～10 个省（自治区、直辖市）有分布，18 种外来入侵动物在 11～15 个省（自治区、直辖市）有分布，7 种外来入侵动物在 16～20 个省（自治区、直辖市）有分布，7 种外来入侵动物在 21～30 个省（自治区、直辖市）有分布，12 种外来入侵动物在 31 个及以上的省（自治区、直辖市）有分布。中国目前有 25 种外来入侵动物在全国超过一半的省（自治区、直辖市）有分布。

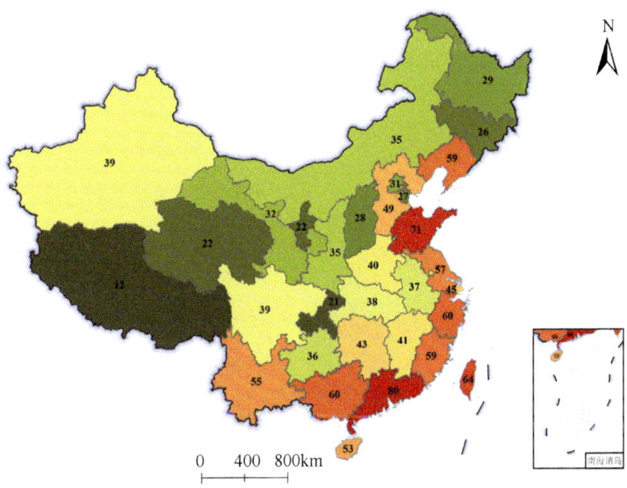

图 1.9　中国各省（自治区、直辖市）外来入侵动物物种数量

第三节　中国典型外来入侵物种潜在分布格局分析

为了保护生物多样性、维护生态系统功能、预防和控制外来物种入侵，生态环境部（原环境保护部）联合中国科学院发布了对中国自然生态系统具有严重危害的 4 批外来入侵物种名单。由于第三批名录中的豹纹脂身鲇（*Pterygoplichthys pardalis*）、红腹锯鲑脂鲤（*Pygocentrus nattereri*）、尼罗罗非鱼（*Oreochromis niloticus*）和巴西龟（*Trachemys scripta elegans*）目前主要为人工饲养，野外分布数据不足，且第四批名单中的刺果瓜（*Sicyos angulatus*）、食蚊鱼（*Gambusia affinis*）、美洲大蠊（*Periplaneta americana*）、德国小蠊（*Blattella germanica*）、无花果蜡蚧（*Ceroplastes rusci*）、枣实蝇（*Carpomya vesuviana*）、椰子木蛾（*Opisina arenosella*）、松树蜂（*Sirex noctilio*）等 8 个物种或因研究不足导致分布数据不易获取，或在全国均有分布，故本研究未纳入这些物种。前期我们已在《中国主要外来入侵物种风险预警与管理》著作中完成了其中 49 种外来入侵物种的潜在适生区预测，本节在此基础上运用最大熵模型进一步对另外 10 种外来入侵植物进行潜在适生区预测。通过文献查询、网站查询、标本查询、典型物种及典型区域调查，本研究构建了外来入侵物种的基本信息库和以县级行政单元为最小单位的空间分布数据库，并基于 GIS 技术制作了 10 种外来入侵植物的空间分布图。

本节汇编了 10 种外来入侵植物的生物学特征、分布与扩散、危害和适生性风险评估等内容。通过对 10 种外来入侵植物的潜在适生区分析，进一步增强我国对外来入侵物种的监管能力。

一、外来入侵物种潜在适生区分析方法

1. 模型筛选

目前，生态位因子分析（ecological niche factor analysis，ENFA）（杨瑞等，2008）、最大熵（maximum entropy，MaxEnt）模型（Rubio and Acosta，2011）、预设规则的遗传算法（genetic algorithm for rule-set production，GARP）（Larson *et al.*，2010；Wang *et al.*，2010）、箱盒环境包络（boxcar environmental envelope，BIOCLIM）（Rubio and Acosta，2011）（Ward，2007）等生态模型和研究方法被广泛用于物种潜在适生区预测。Hernandez 等（2006）对美国加利福尼亚州 18 种动物在 6 个样本量等级（5、10、25、50、75、100）下的模型模拟效果进行研究，认为 BIOCLIM、GARP、DOMAIN 等模型在小样本模拟时效果较差，而 MaxEnt 模型在各个样本量下均能稳定而精确地预测。Wisz 等（2008）的研究同样表明，与 BIOCLIM 相比，MaxEnt 模型在大、小样本量条件下均能很好地预测物种分布。受历史研究程度及数据采集方法所限，一些关注度高的外来入侵物种在中国具有丰富翔实的记录，而关注度低的入侵物种分布数据匮乏，外来入侵物种分布数据存在大、小样本的差异。与其他生态模型相比，MaxEnt 模型效果稳定且能准确预测大部分外来入侵物种的潜在地理分布（王运生等，2007）；该模型已应用于飞机草（*Chromolaena odorata*）（杨波等，2009）、稻水象甲（*Lissorhoptrus oryzophilus*）

（齐国君等，2012）等外来入侵物种在中国潜在分布区的预测，结果均能较好地与物种的实际分布吻合。故本研究选用 MaxEnt 模型对 10 种外来入侵物种开展潜在适生区模拟。

2. MaxEnt 模型模拟外来入侵物种潜在适生区

应用 MaxEnt 3.3.3k 软件进行外来入侵生物潜在适生区的预测分析，参照 Moreno 等（2011）的研究方法，选取 25%的分布点作为测试集，75%的分布点为训练集，模型训练方法选用 linear、quadratic 和 hinge 程序，在环境参数设置中选择刀切法，其他参数为软件默认值，分析结果以 logistic 格式、ASCII 类型文件输出。

3. 中国外来入侵物种潜在适生区分析

在 ArcGIS 10 软件中加载 MaxEnt 模型运算结果，将模型输出的 ASCII 类型文件转换成栅格数据，利用空间分析模块中的重分类功能对生成的栅格数据文件进行重分类，最终绘制完成 10 种外来入侵物种在中国的潜在适生区分布图。

4. 潜在分布区叠加分析

依据每个物种潜在分布预测数据，将网格落在潜在分布区域的标注为 1，将网格落在潜在分布区域之外的标注为 0，并构建每个物种的（0，1）数据矩阵，得到每个物种的潜在分布信息，将《中国主要外来入侵物种风险预警与管理》著作中的 49 种外来入侵物种和本节中的 10 种外来入侵物种的潜在分布区进行叠加，获取所有外来入侵物种的潜在分布图，并在此基础上确定入侵风险最高的区域。

二、中国典型外来入侵物种潜在适生区预测

1. 大狼耙草潜在分布格局

（1）大狼耙草概况

大狼耙草（*Bidens frondosa*）隶属于菊科（Asteraceae）鬼针草属（*Bidens*），为 1 年生草本植物。大狼耙草适应性强，喜于湿润的土壤上生长，常分布在荒地、路边和河道两边，具有较强的繁殖能力，易形成优势种群，排挤本地植物；在低洼的水湿处及稻田的田埂上生长较多，在稻田缺水的条件下，可大量侵入农田中，与农作物竞争养分，降低农作物产量。

（2）大狼耙草分布现状

大狼耙草原产于北美洲，现已分布于美洲、亚洲、欧洲的许多国家和地区。在中国已经遍布北京、河北、辽宁、吉林、上海等 22 个省（自治区、直辖市）（万方浩等，2012），并已形成优势种群。本研究确定了大狼耙草在中国的 40 个分布地点（图 1.10）。

（3）大狼耙草潜在适生区

MaxEnt 模型预测结果显示（图 1.11），大狼耙草在中国的适生区面积为 3.49×10^6km^2，

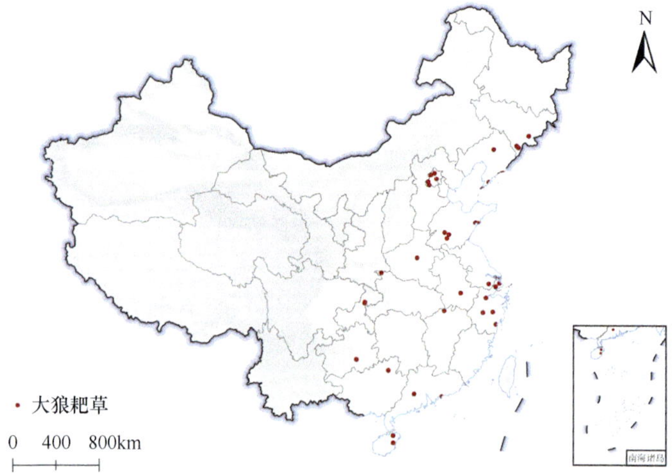

图 1.10　大狼耙草调查点分布

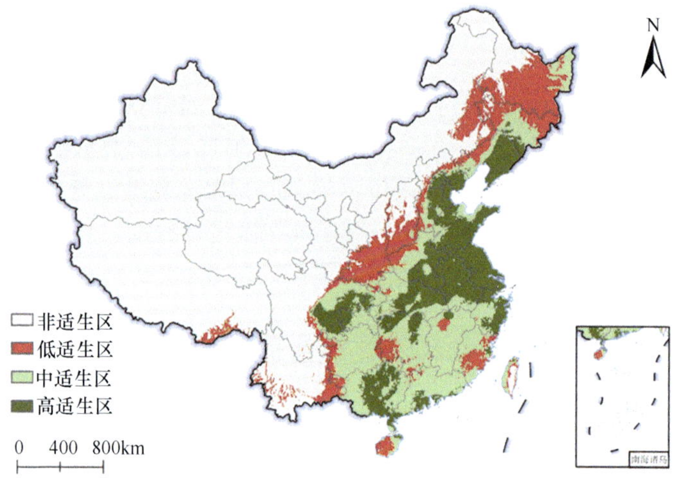

图 1.11　基于 MaxEnt 模型的大狼耙草潜在适生区

占全国陆地总面积的 36.35%。其中高适生区为 1.09×10^6km^2，占全国陆地总面积的 11.35%；中适生区为 1.32×10^6km^2，占全国陆地总面积的 13.75%；低适生区为 1.08×10^6km^2，占全国陆地总面积的 11.25%。

结合大狼耙草实际分布状况和 MaxEnt 模拟结果，大狼耙草适生区主要集中在中国东部地区，适生区域位于 19°N～46°N、106°E～133°E，具体为中国东北地区（辽宁省、吉林省、黑龙江省大部、内蒙古自治区东部）、华北地区（北京市、天津市、河北省中部及南部、山西省中南部）、华东地区（山东省、江苏省、浙江省、安徽省、江西省、福建省、台湾省西部和上海市）、华中地区（河南省、湖北省、湖南省）、华南地区（广东省、广西壮族自治区、海南省、香港特别行政区和澳门特别行政区）、西南部分地区（四川省东部、重庆市、贵州省、云南省的零星地区、西藏自治区的零星地区）及西北地区（陕西省中南部、甘肃省东南部）。其中大狼耙草高适生区主要包括辽宁省东南部（沈阳、丹东、营口、大连）、河北省（保定、衡水、唐山）、北京市、天津市、山东省、安徽省、江苏省、河南省东南部（商丘、周口、信阳）、湖北省中东部（武汉、黄冈、随州）、上海市、重庆市、浙江省东部（宁波、台州、温州）、湖南省北部（岳阳、益阳、张家界）、江西省南昌、四川省东部（成都、资阳、内江、眉山）及广东省广州周边地区、广西壮族自治区中部地区、海南省文昌。

此外，研究发现大狼耙草在中国仍呈逐步扩散态势。大狼耙草在辽宁省东南部（沈阳、大连、营口、丹东）、江苏省、安徽省中北部、山东省等地有大面积潜在高度适生区；在吉林省中部（白山、通化）、北京市东部、河北省（秦皇岛、衡水）、山东省（东营、烟台西北部、聊城、菏泽）、湖南省中南部、浙江省西部、福建省（武夷山、邵武、南平、龙岩）、江西省、贵州省、广东省大部、广西壮族自治区（百色、贺州、梧州）、重庆市东南部、四川省（绵阳、广元、巴中）等地区存在大面积潜在中度适生区。

2. 垂序商陆潜在分布格局

（1）垂序商陆概况

垂序商陆（*Phytolacca americana*）隶属于商陆科（Phytolaccaceae）商陆属（*Phytolacca*），多年生宿根草本植物，又称美洲商陆、美国商陆、十蕊商陆，原产于北美洲（Dumas，2011），最早是作为药用植物和观赏植物引入。1935 年垂序商陆在浙江省杭州市首次被发现（周兵等，2013），之后迅速入侵我国贵州、云南、河北、四川、山东等地区（李祖任等，2015）。垂序商陆全株有毒，果实和茎易被人和家畜误食引起中毒，给入侵地农林业生产及生物多样性带来严重威胁（徐海根和强胜，2004）。

（2）垂序商陆分布现状

本研究确定垂序商陆在中国分布地点 201 个，主要分布在四川盆地、长江中下游地区、京津地区和山东半岛东部（图 1.12）。

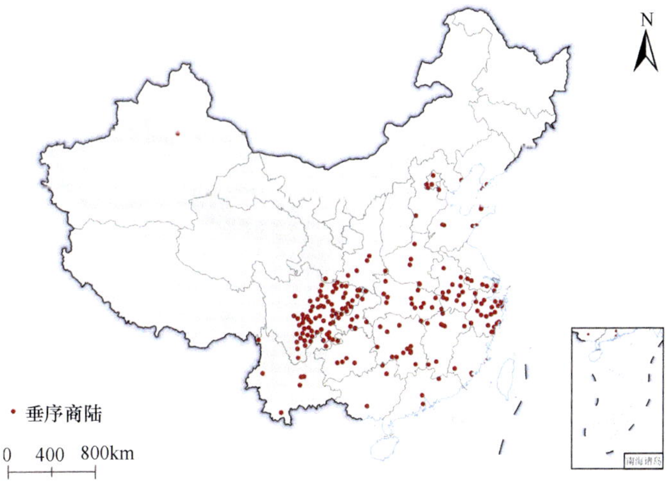

图 1.12　垂序商陆调查点分布

（3）垂序商陆潜在适生区

MaxEnt 模型预测结果显示（图 1.13），垂序商陆在中国的适生区面积为 $2.83\times10^6km^2$，占全国陆地总面积的 29.48%。其中高适生区为 $4.8\times10^5km^2$，占全国陆地总面积的 5.0%；

中适生区为 9.0×10^5km²，占全国陆地总面积的 9.38%；低适生区为 1.45×10^6km²，占全国陆地总面积的 15.10%。

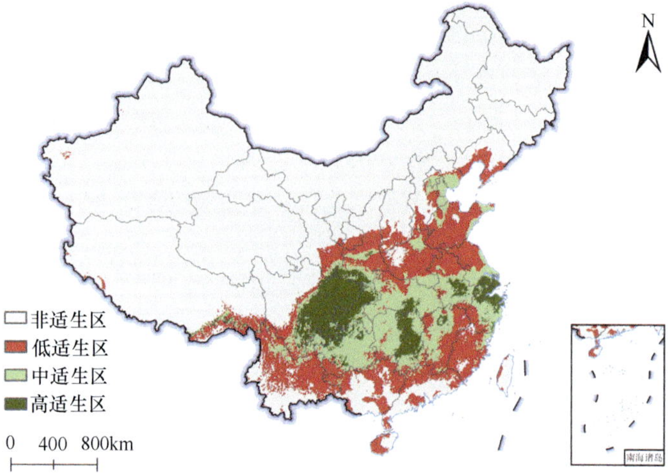

图 1.13 基于 MaxEnt 模型的垂序商陆潜在适生区

基于垂序商陆 MaxEnt 模拟结果，垂序商陆适生区位于 19°N～42°N、91°E～125°E，具体为中国东北地区（辽宁省南部）、华北地区（北京市、天津市、河北省东部、山西省南部）、华东地区（上海市、江苏省、浙江省、安徽省、福建省、江西省、山东省、台湾省西部）、华南地区（广东省北部、广西壮族自治区北部、海南省中部和西部、香港特别行政区、澳门特别行政区）、华中地区（河南省、湖北省、湖南省）、西南地区（重庆市、四川省中部和东部、贵州省、云南省中部和北部、西藏自治区南部）、西北地区（陕西省中部和南部、甘肃省南部）。其中垂序商陆高适生区主要包括我国上海市、江苏省南部、浙江省中部和北部、安徽省中部和南部、江西省北部、湖北省南部、湖南省中部、重庆市大部、四川盆地和贵州省北部。

3. 长芒苋潜在分布格局

（1）长芒苋概况

长芒苋（*Amaranthus palmeri*）隶属于苋科（Amaranthaceae）苋属（*Amaranthus*），1 年生草本。长芒苋原产于墨西哥西北部和美国南部（Sauer，1957），1985 年 8 月首次被发现于北京市丰台区范庄子村路边（李振宇，2003），现主要分布于京津地区。长芒苋植株高大，与本地植物争夺肥水、光照和生存空间的能力很强，容易形成优势种群。此外，长芒苋植株含有硝酸盐，家畜、家禽过量采食后会引起中毒，威胁当地畜牧业生产、生物多样性和生态环境安全（车晋滇，2008）。

（2）长芒苋分布现状

本研究确定长芒苋在中国分布地点 7 个，主要分布于京津地区（图 1.14）。

（3）长芒苋潜在适生区

MaxEnt 模型预测结果显示（图 1.15），长芒苋在中国的适生区面积为 9.3×10^5km²，占全国陆地总面积的 9.69%。其中高适生区面积为 8×10^4km²，占全国陆地总面积的

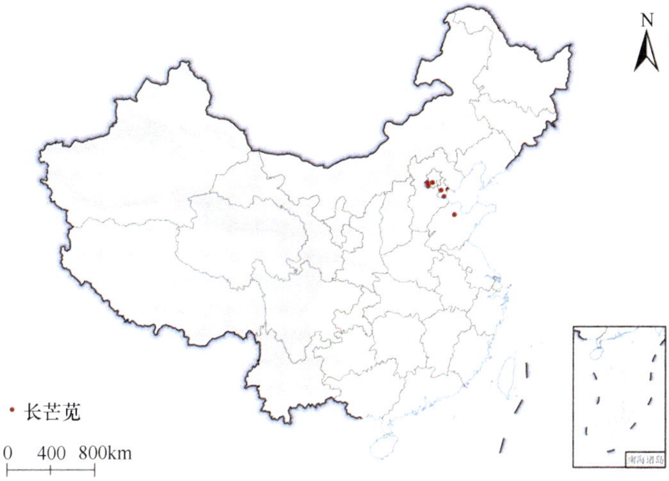

图 1.14　长芒苋调查点分布

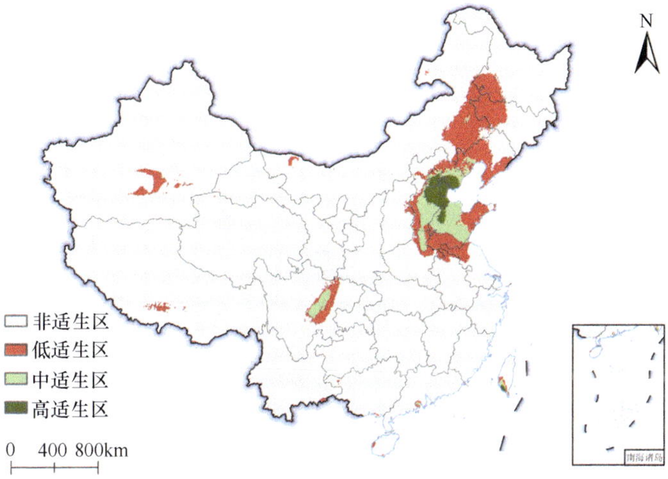

图 1.15　基于 MaxEnt 模型的长芒苋潜在适生区

0.83%；中适生区面积为 $1.8\times10^5km^2$，占全国陆地总面积的 1.88%；低适生区面积为 $6.7\times10^5km^2$，占全国陆地总面积的 6.98%。

基于长芒苋 MaxEnt 模拟结果，长芒苋适生区主要集中在中国华北地区和东北地区，位于 33°N～47°N、113°E～125°E，具体为中国东北地区（辽宁省西部和南部、吉林省西部、黑龙江省西南部、内蒙古自治区东部）、华北地区（北京市、天津市、河北省大部）、华东地区（山东省大部、台湾省西南部），以及河南省北部、四川省中部。其中高适生区集中分布于北京市、天津市和河北省中部。

4. 野燕麦潜在分布格局

（1）野燕麦概况

野燕麦（*Avena fatua*）隶属于禾本科（Poaceae）燕麦属（*Avena*），1 年生草本植物，又称燕麦草、铃铛麦，原产于欧洲南部及地中海沿岸，现在中国广泛分布。野燕麦作为世界性的恶性农田杂草，其形态与小麦极为相似，难以辨认，且分蘖力强，长势旺盛，严重影响小麦产量和品质（郭良芝等，2013）。此外，野燕麦能传播小麦条锈病、叶锈病，同时是多种害虫的中间寄主和越冬、越夏的栖息场所，严重威胁我国农业经济和生态环境安全。

（2）野燕麦分布现状

本研究确定野燕麦在中国分布地点 195 个。野燕麦在我国中部、南部、东部、西北地区广泛分布（图 1.16）。

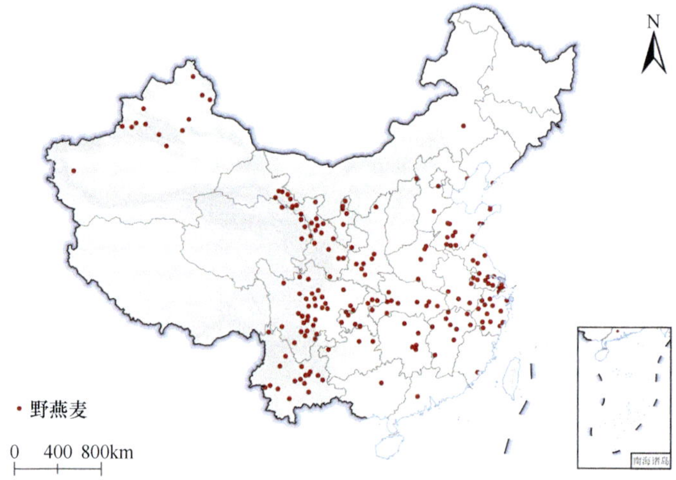

图 1.16 野燕麦调查点分布

（3）野燕麦潜在适生区

MaxEnt 模型预测结果显示（图 1.17），野燕麦在中国的适生区面积为 $4.85\times10^6km^2$，占全国陆地总面积的 50.52%。其中高适生区面积为 $1.17\times10^6km^2$，占全国陆地总面积的 12.19%；中适生区面积为 $1.93\times10^6km^2$，占全国陆地总面积的 20.10%；低适生区面积为 $1.75\times10^6km^2$，占全国陆地总面积的 18.23%。

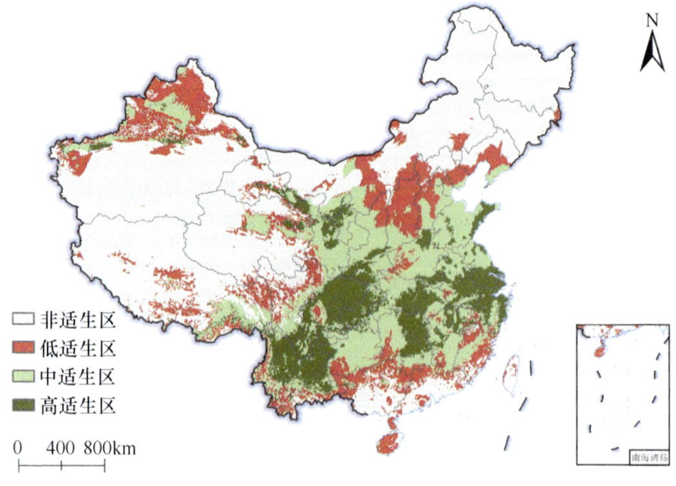

图 1.17 基于 MaxEnt 模型的野燕麦潜在适生区

基于野燕麦 MaxEnt 模拟结果，野燕麦适生区位于 19°N～48°N、74°E～124°E，具体为中国东北地区（辽宁省南部）、华北地区（北京市、天津市、河北省、山西省）、华东地区（上海市、江苏省、浙江省、安徽省、福建省、江西省、山东省）、华南地区（海南省、香港特别行政区、澳门特别行政区）、华中地区（河南省、湖北省、湖南省）、西南地区（重庆市、四川省、贵州省、云南省、西藏自治区东部）及西北地区（陕西省、甘肃省中部和南部、青海省中部、宁夏回族自治区、新疆维吾尔自治区北部）。其中野燕麦高适生区集中分布于上海市、江苏省南部、浙江省、安徽省南部、山东省东部、河南省北部、湖北省中部、湖南省中部和东部、重庆市、四川省东部、云南省中部和北部、陕西省南部、甘肃省中部、宁夏回族自治区、新疆维吾尔自治区天山附近等。

5. 五爪金龙潜在分布格局

（1）五爪金龙概况

五爪金龙（*Ipomoea cairica*）隶属于旋花科（Convolvulaceae）番薯属（*Ipomoea*），多年生草质藤本杂草，原产于热带美洲，在中国主要分布于福建、广东、广西、云南等地（李伟华和冯航，2007）。五爪金龙具有极强的攀爬能力，可顺着小乔木、灌木和草本植物攀爬，使其覆盖的植物得不到充足的阳光或分泌化感物质干扰植物的正常生理活动，从而使植物死亡，严重危害农林业生产和生物多样性（林淳和刘国坤，2008；赵则海等，2008）。

（2）五爪金龙分布现状

本研究确定五爪金龙在中国分布地点 50 个，集中分布于云南、广西、广东、福建、海南和台湾等地区（图 1.18）。

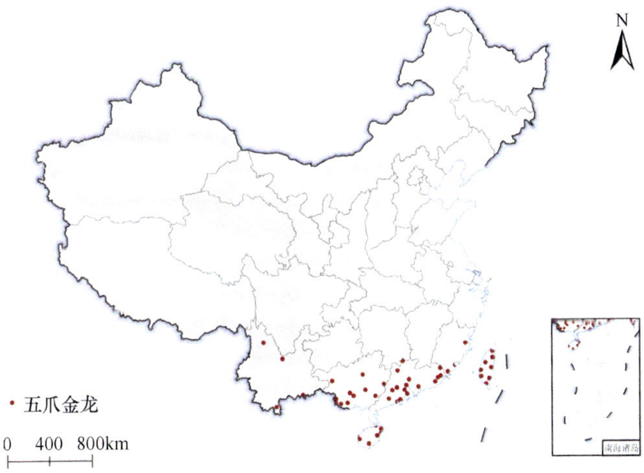

图 1.18　五爪金龙调查点分布

（3）五爪金龙潜在适生区

MaxEnt 模型预测结果显示（图 1.19），五爪金龙在中国的适生区面积为 7.02×10^5km²，占全国陆地总面积的 7.31%。其中高适生区面积为 2.36×10^5km²，占全国陆地总面积的 2.46%；中适生区面积为 1.39×10^5km²，占全国陆地总面积的 1.45%；低适生区面积为 3.27×10^5km²，占全国陆地总面积的 3.41%（因数据经过四舍五入，所以比例数值加和与总比例数值不一致，下同）。

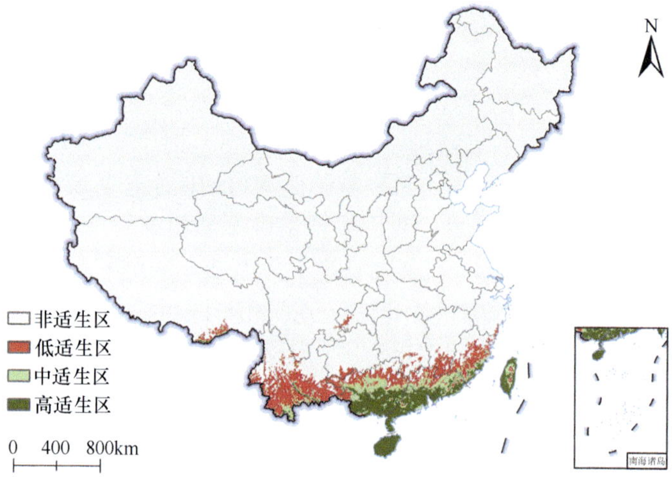

图 1.19　基于 MaxEnt 模型的五爪金龙潜在适生区

基于五爪金龙 MaxEnt 模拟结果，五爪金龙适生区位于 19°N～26°N、92°E～121°E，具体为中国华东地区（福建省东南沿海、台湾省）、华南地区（广东省、广西壮族自治区、海南省、香港特别行政区、澳门特别行政区）、西南地区（云南省南部、西藏自治区东南部）。其中五爪金龙高适生区集中于福建省东南沿海、广东省中部和南部、广西壮族自治区中部和南部、海南省、台湾省、云南省南部、香港特别行政区和澳门特别行政区。

6. 喀西茄潜在分布格局

（1）喀西茄概况

喀西茄（*Solanum aculeatissimum*）隶属于茄科（Solanaceae）茄属（*Solanum*），大型具刺杂草或亚灌木，又称为苦颠茄、苦天茄、刺天茄。19 世纪末在贵州省南部首次被发现，现主要分布于上海、江苏、浙江等地区。喀西茄全株含有毒生物碱，未成熟果实毒性较大，人和家畜误食可导致中毒，威胁畜牧业发展和生物多样性（杨秀桥等，2012）。

（2）喀西茄分布现状

本研究确定喀西茄在中国分布地点 46 个，主要分布在长江流域及南部地区（图 1.20）。

（3）喀西茄潜在适生区

MaxEnt 模型预测结果显示（图 1.21），喀西茄在中国的适生区面积为 $2.80\times10^6km^2$，占全国陆地总面积的 29.17%。其中高适生区面积为 $8.5\times10^5km^2$，占全国陆地总面积的 8.85%；中适生区面积为 $1.28\times10^6km^2$，占全国陆地总面积的 13.33%；低适生区面积为 $6.7\times10^5km^2$，占全国陆地总面积的 6.98%。

基于喀西茄 MaxEnt 模拟结果，喀西茄适生区位于 19°N～37°N、92°E～122°E，具体为中国华东地区（上海市、江苏省、浙江省、安徽省、福建省、江西省、山东省东部和南部、台湾省）、华南地区（广东省、广西壮族自治区、海南省、香港特别行政区、澳门特别行政区）、华中地区（河南省中部和南部、湖北省、湖南省）、西南地区（重庆市、四川省中部和东部、贵州省、云南省、西藏自治区南部）及西北地区（陕西省南部）。其中喀西茄高适生区集中于浙江省沿海、福建省中部和东部沿海、台湾省西部和东部、

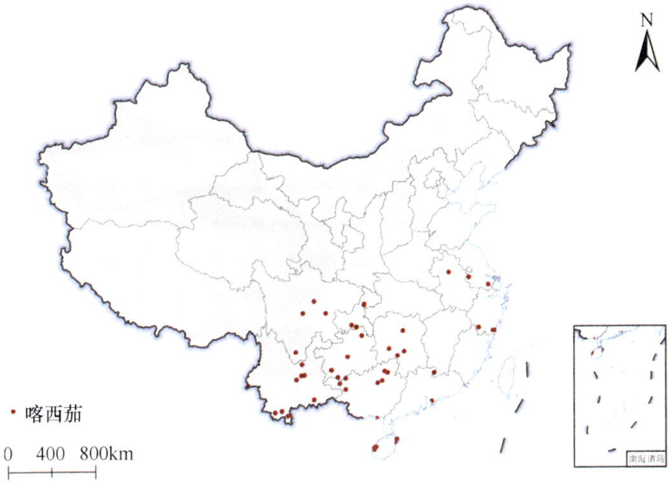

图 1.20　喀西茄调查点分布

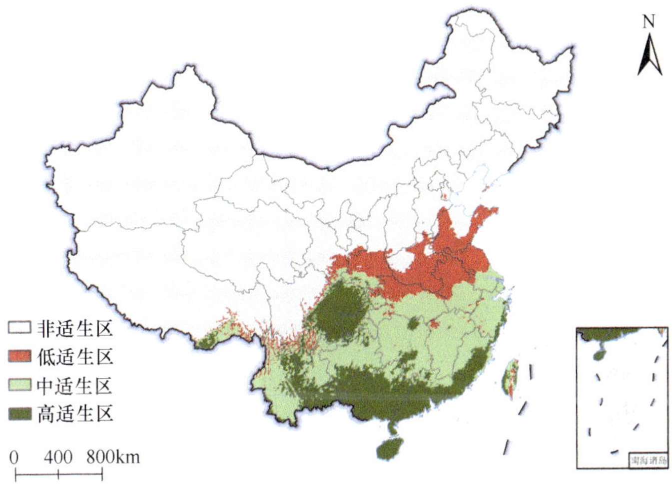

图 1.21　基于 MaxEnt 模型的喀西茄潜在适生区

广东省大部、广西壮族自治区大部、海南省、香港特别行政区、澳门特别行政区、重庆市西部、四川盆地、云南省中部和东南部。结合喀西茄实际发生状况和 MaxEnt 模拟结果，预测发现喀西茄分布点外围仍有大面积的潜在适生区，其中四川盆地、广西壮族自治区中部和南部、广东省中部和南部、福建省中部和东南部具有喀西茄潜在高适生区。

7. 水盾草潜在分布格局

（1）水盾草概况

水盾草（*Cabomba caroliniana*）隶属于睡莲科（Nymphaeaceae）水盾草属（*Cabomba*），多年生草本，原产于美国至巴西地区。1993 年在浙江省首次被发现（沈脂红，2000），现主要分布于上海市、江苏省、浙江省（丁炳扬等，2003）。水盾草的繁殖传播能力和环境适应能力强，定植成功后能迅速扩散，并取代本地种形成优势群落，对生态环境产生负面影响（丁瑜欣等，2020）。

（2）水盾草分布现状

本研究确定水盾草分布地点 37 个，主要分布于长江三角洲地区（图 1.22）。

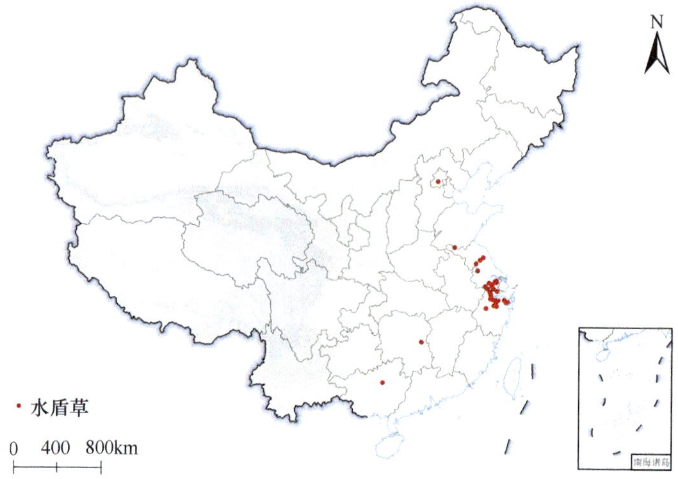

图 1.22　水盾草调查点分布

（3）水盾草潜在适生区

MaxEnt 模型预测结果显示（图 1.23），水盾草在中国的适生区面积为 7.53×10^5km^2，占全国陆地总面积的 7.84%。其中高适生区面积为 4.5×10^4km^2，占全国陆地总面积的 0.47%；中适生区面积为 1.02×10^5km^2，占全国陆地总面积的 1.06%；低适生区面积为 6.06×10^5km^2，占全国陆地总面积的 6.31%。

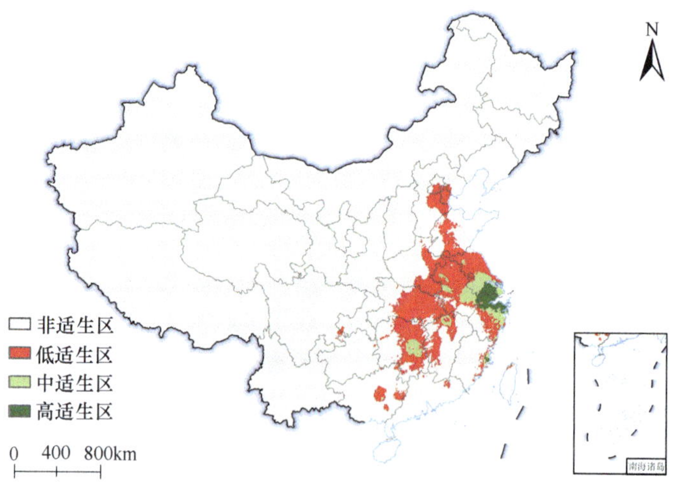

图 1.23　基于 MaxEnt 模型的水盾草潜在适生区

基于水盾草 MaxEnt 模拟结果，水盾草适生区位于 23°N～40°N、108°E～122°E，具体为中国华北地区（北京市中部和南部、天津市、河北省东部）、华东地区（上海市、江苏省、浙江省、安徽省、福建省东南沿海、江西省中部、山东省中部）、华中地区（河南省东部、湖北省中部和东部、湖南省中部和东部）。水盾草高适生区集中于上海市、江苏省南部和浙江省北部。结合水盾草实际发生状况和 MaxEnt 模拟结果，研究发现除记录点以外，福建省东南沿海地区存在水盾草潜在高适生区。

8. 藿香蓟潜在分布格局

（1）藿香蓟概况

藿香蓟（*Ageratum conyzoides*）隶属于菊科（Asteraceae）藿香蓟属（*Ageratum*），1年生草本，又称胜红蓟，原产于热带美洲。19 世纪在香港首次被发现，现主要分布于中国华南、西南、华东、华中地区（林敏等，2011）。该物种能够产生和释放多种化感物质（孔垂华等，2001），抑制本地植物的生长，常在入侵地形成单优势种群落，对入侵地生物多样性造成严重影响。

（2）藿香蓟分布现状

本研究确定藿香蓟在中国分布地点 191 个，主要分布于中国南方各地区（图 1.24）。

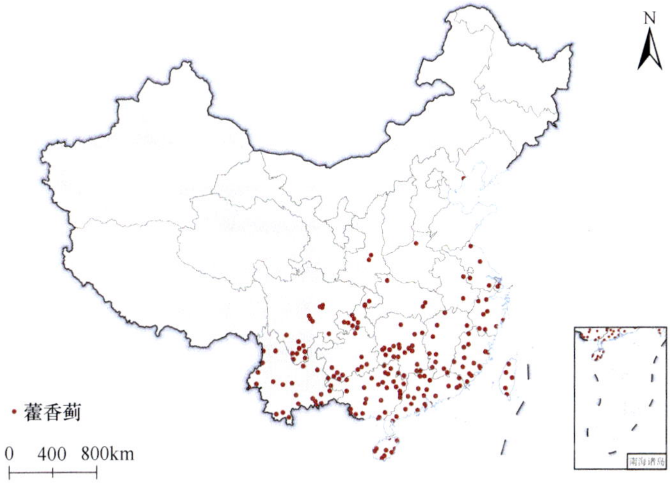

图 1.24 藿香蓟调查点分布

（3）藿香蓟潜在适生区

MaxEnt 模型预测结果显示（图 1.25），藿香蓟在中国的适生区面积为 2.44×10^6km^2，占全国陆地总面积的 25.42%。其中高适生区面积为 6.7×10^5km^2，占全国陆地总面积的 6.98%；中适生区面积为 1.04×10^6km^2，占全国陆地总面积的 10.83%；低适生区面积为 7.3×10^5km^2，占全国陆地总面积的 7.60%。

基于藿香蓟 MaxEnt 模拟结果，藿香蓟适生区位于 19°N～34°N、92°E～121°E，具体为中国华东地区（上海市、江苏省中部和南部、浙江省、安徽省、福建省、江西省、台湾省）、华南地区（广东省、广西壮族自治区、海南省、香港特别行政区、澳门特别行政区）、华中地区（河南省中部和南部、湖北省、湖南省）、西南地区（重庆市、四川省中东部和南部、贵州省、云南省、西藏自治区南部）。藿香蓟高适生区集中于福建省中部和南部、江西省中部和南部、台湾省西部和东部、广东省大部、广西壮族自治区中部和东部、海南省、香港特别行政区、澳门特别行政区、湖南省南部、四川省中部、云南省东部。

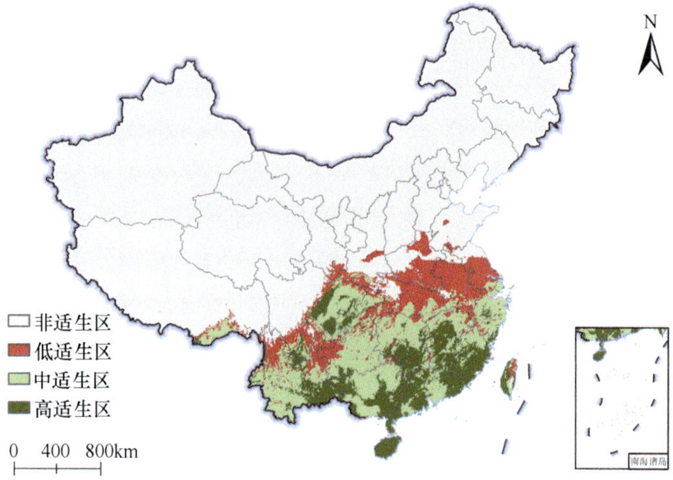

图 1.25 基于 MaxEnt 模型的藿香蓟潜在适生区

9. 黄花刺茄潜在分布格局

（1）黄花刺茄概况

黄花刺茄（*Solanum rostratum*）隶属于茄科（Solanaceae）茄属（*Solanum*），1 年生草本植物，又称刺萼龙葵、堪萨斯蓟、尖嘴茄，原产于北美洲。1982 年，关广清和高东昌首次在中国辽宁省朝阳县发现黄花刺茄，该种现已入侵中国辽宁、河北、北京、新疆等地（谷月，2017）。黄花刺茄对入侵地草场及农田经济作物生长具有严重危害，牲畜误食后可引起中毒死亡，同时还能传播病虫害，严重威胁入侵地的生物多样性和生态安全。

（2）黄花刺茄分布现状

本研究确定黄花刺茄分布地点 8 个，主要分布在北京、辽宁和新疆等地区（图 1.26）。

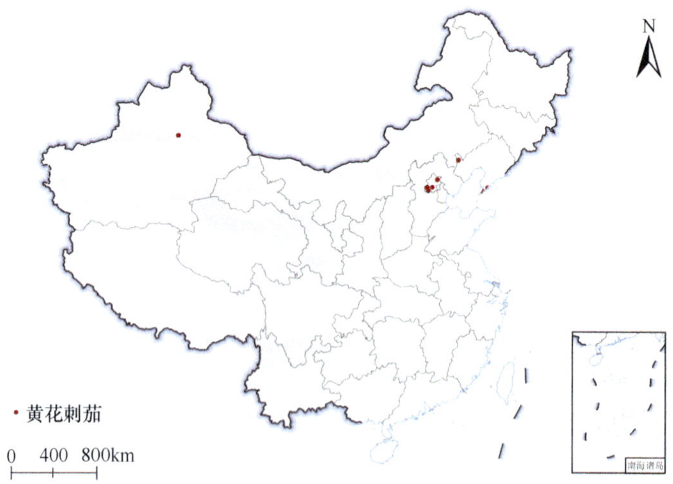

图 1.26 黄花刺茄调查点分布

（3）黄花刺茄潜在适生区

MaxEnt 模型预测结果显示（图 1.27），黄花刺茄在中国的适生区面积为 5.84×10^6km^2，占全国陆地总面积的 60.83%。其中高适生区面积为 9.7×10^5km^2，占全国陆地总面积的 10.1%；中适生区面积为 2.86×10^6km^2，占全国陆地总面积的 29.79%；低适生区面积为 2.01×10^6km^2，占全国陆地总面积的 20.94%。

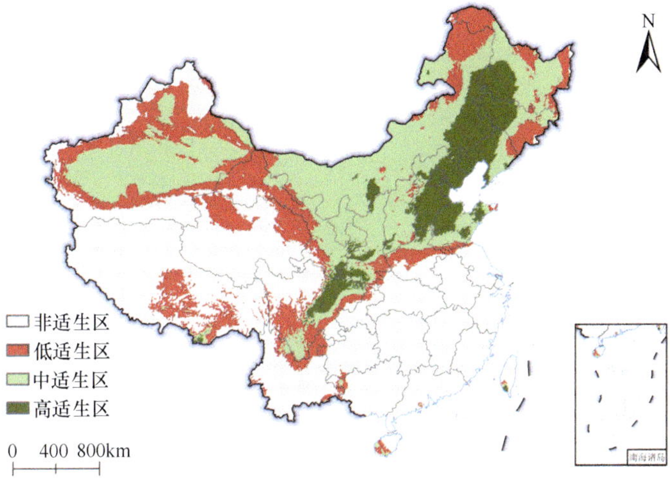

图 1.27　基于 MaxEnt 模型的黄花刺茄潜在适生区

基于黄花刺茄 MaxEnt 模拟结果，黄花刺茄适生区位于 25°N～53°N、74°E～133°E，具体为中国东北地区（辽宁省、吉林省、黑龙江省、内蒙古自治区东部）、华北地区（北京市、天津市、河北省、山西省、内蒙古自治区中部）、华东地区（山东省、台湾省西南部）、华南地区（海南省西南部）、华中地区（河南省北部）、西南地区（四川省东部和南部、西藏自治区南部零星地区）及西北地区（陕西省、甘肃省、宁夏回族自治区、新疆维吾尔自治区大部、内蒙古自治区西部）。结合黄花刺茄实际发生状况和 MaxEnt 模拟结果，发现黄花刺茄分布点外围仍有大面积的潜在适生区，其中辽宁省中部和西部、吉林省西部、黑龙江省西南部、天津市、河北省大部、内蒙古自治区东部、山东省北部和四川省东部具有黄花刺茄潜在高适生区。

10. 光荚含羞草潜在分布格局

（1）光荚含羞草概况

光荚含羞草（*Mimosa bimucronata*）隶属于豆科（Fabaceae）含羞草属（*Mimosa*），半落叶灌木或小乔木，俗称簕仔树。光荚含羞草原产于热带美洲，半个多世纪前由广东中山县（现为中山市）旅美华侨引入我国，目前在华南地区逸生为野生种蔓延，并形成单优势种群落。光荚含羞草排挤甚至杀死本地物种，降低了入侵地区的生物多样性，对入侵地的生态、社会、经济和文化甚至人类健康等各方面均造成危害（邵志芳等，2008；许瑾，2014；蓝来娇等，2019）。

（2）光荚含羞草分布现状

本研究确定光荚含羞草在中国分布地点 14 个，主要分布在福建、江西、广东、广西和海南等地区（图 1.28）。

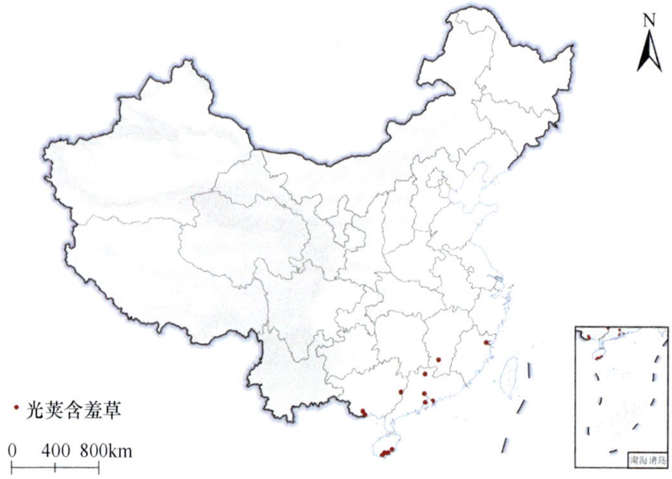

图 1.28 光荚含羞草调查点分布

（3）光荚含羞草潜在适生区

MaxEnt 模型预测结果显示（图 1.29），光荚含羞草在中国的适生区面积为 1.244×10^6km^2，占全国陆地总面积的 12.96%。其中高适生区面积为 1.96×10^5km^2，占全国陆地总面积的 2.04%；中适生区面积为 2.19×10^5km^2，占全国陆地总面积的 2.28%；低适生区面积为 8.29×10^5km^2，占全国陆地总面积的 8.64%。

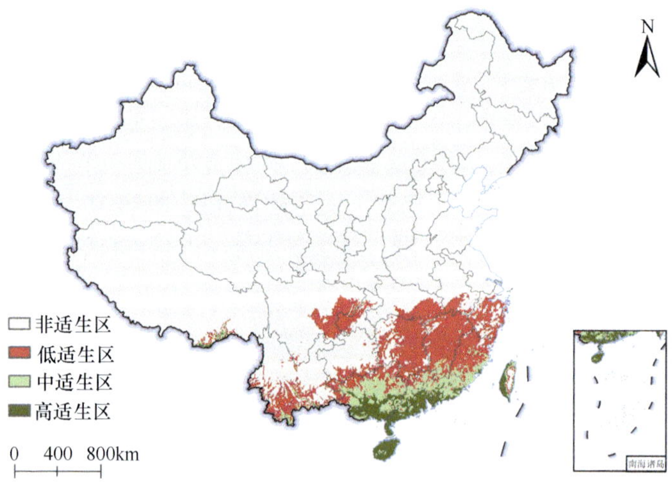

图 1.29 基于 MaxEnt 模型的光荚含羞草潜在适生区

基于光荚含羞草 MaxEnt 模拟结果，光荚含羞草适生区位于 19°N～30°N、92°E～121°E，具体为中国华东地区（浙江省大部、福建省、江西省、台湾省）、华南地区（广东省、广西壮族自治区、海南省、香港特别行政区、澳门特别行政区）、华中地区（湖北省南部、湖南省中部和东部）、西南地区（重庆市西部、四川省东部、云南省南部、西藏自治区南部）。结合光荚含羞草实际发生状况和 MaxEnt 模拟结果，发现除记录点以外，福建省东南沿海、广东省西南部、广西壮族自治区中部地区、海南省中部和北部等存在光荚含羞草潜在高适生区。

三、中国自然生态系统主要外来入侵物种潜在分布区综合分析

通过对 59 种外来入侵物种适生分析结果的综合性分析（图 1.30），发现中国几乎所有区域均适合外来入侵物种分布，其中约 63.9%的地区外来入侵物种适生数量低于 10 种，9.8%的地区外来入侵物种适生数量为 10～20 种，13.3%的地区外来入侵物种适生数量为 21～30 种，11.3%的地区外来入侵物种适生数量为 31～40 种，1.7%的地区外来入侵物种适生数量高于 40 种。

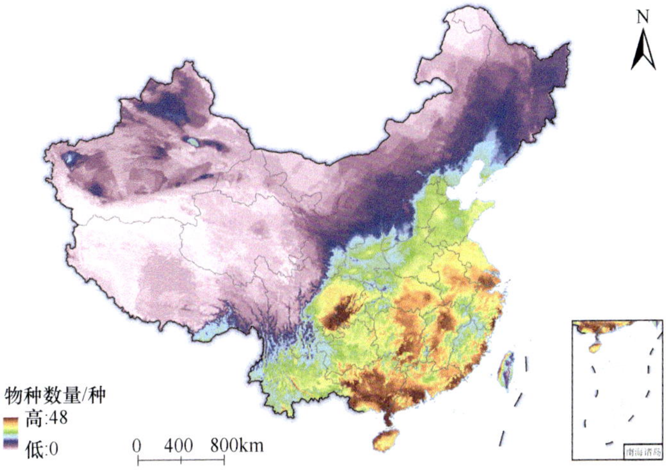

图 1.30　中国外来入侵物种适生性分布

中国外来入侵物种适生性风险在全国尺度上呈现由东南沿海向西北内陆递减趋势，这与中国外来入侵物种分布现状基本一致，从大尺度上来看，降水等气候因素是影响我国外来入侵物种尤其是外来入侵植物分布格局的主要因素（王国欢等，2017）。分析结果表明，中国西北地区、华北地区的内蒙古自治区、东北地区的黑龙江省北部、西南地区的西藏自治区和四川省的外来入侵物种适生性风险较低。值得注意的是，新疆维吾尔自治区吐鲁番、喀什、克拉玛依等地区具有较高的外来入侵物种适生性风险；华南地区、华中大部分地区、华东大部分地区以及重庆市等地外来入侵物种适生性风险较高，高适生性风险区集中分布于广东省、广西壮族自治区、海南省北部、福建省和浙江省沿海、上海市、重庆市等地区。

第二章　外来入侵物种对自然生态系统的影响评估

自然生态系统是人类赖以生存和发展的基础。人类社会不合理的开发利用导致自然生态系统不断遭受破坏，外来物种入侵对自然生态系统影响的问题也日益突出。外来入侵物种入侵自然生态系统后，通过占据生态位、争夺资源等方式排挤本地物种。由于缺少天敌，外来入侵物种在自然生态系统中迅速繁殖扩散，对自然生态系统的生物多样性构成威胁，同时对植物群落结构组成、本地物种遗传资源及生态系统营养链等产生严重危害。目前，外来物种入侵已成为导致生物多样性丧失的第二大因素。中国自然生态系统类型复杂多样，不同外来入侵物种对自然生态系统的影响方式和危害程度也不同。开展外来入侵物种对自然生态系统的影响评估，对于外来入侵物种的防控管理十分必要。本章针对滨海湿地、内陆湿地和陆地生态系统 3 种自然生态系统类型，通过阅读文献资料，总结了国内外有关外来入侵物种对自然生态系统影响评估的研究进展。

第一节　滨海湿地外来入侵物种影响评估

滨海湿地生态系统是地球上生产力最高、生物多样性最丰富、最具生态价值的生态系统之一，对于维护全球生态系统平衡具有十分重要的意义（崔保山等，2016）。中国拥有 18 000km 的漫长大陆海岸线，北起辽宁省的鸭绿江口，南至广西壮族自治区的北仑河口及沿海岛屿。第二次全国湿地资源调查结果显示，全国湿地总面积为 5360.26 万 hm^2，其中滨海湿地面积为 579.59 万 hm^2，占全国湿地总面积的 10.81%。滨海湿地是海陆交界的生态过渡带，兼具海洋和陆地双重特征，因此具有特殊的水文、植被、土壤特征，具体包括潮间带泥滩、沙滩和海岸其他咸水沼泽（李伟等，2014）。滨海湿地生态系统位于海陆交错地区，受到了陆地和海洋两大生态系统的双重影响与制约，因此它也是最为脆弱的湿地生态系统类型之一。滨海湿地生态系统提供了多种生态系统服务功能，如碳汇、维持生物多样性、控制污染、调节气候等，并且在调节区域资源平衡、改善环境质量及维持滨海地区生态安全等方面发挥了重要作用。

人为活动影响导致外来物种入侵滨海湿地生态系统，造成本地生境退化，打破了原有的生态系统平衡。例如，为了加强对海岸线的保护，我国于 1979 年引入了互花米草，在引入初期，不仅减少了滨海湿地潮汐对海岸的侵蚀，同时还在一定程度上起到了促淤造陆、绿化环境、减少污染等作用（解雪峰等，2020）。但是随着引入时间的延长，互花米草迅速扩散蔓延，占据了大面积的滩涂湿地，给滨海湿地生态系统带来了诸多负面影响。外来入侵物种对滨海湿地生态系统的影响主要集中在对生态系统物质循环的影响、对本地植物群落结构的影响、对土壤微生物的影响以及对底栖动物和鸟类的影响等方面。

一、外来入侵物种对滨海湿地物质循环的影响

滨海湿地碳循环过程较为复杂，不同的植物光合作用强度、植物呼吸速率以及凋落物分解速率对碳循环的影响均存在差异。互花米草入侵后，引起入侵地种群和群落结构改变，从而导致碳库和碳流发生改变（Zhang *et al.*，2010）。Cheng 等（2006）对长江口九段沙盐沼湿地的互花米草和土著植物海三棱藨草（*Scirpus mariqueter*）进行比较研究，总体来看，发现互花米草群落下土壤的总碳、有机碳和总氮三者含量都比海三棱藨草群落下的土壤要高（表 2.1），并通过稳定碳同位素技术揭示了互花米草在 1m 深的土壤中贡献了 0.9%～10.6%的有机碳。

表 2.1 九段沙盐沼湿地互花米草群落和海三棱藨草群落下土壤的碳和氮（Cheng *et al.*，2006）

群落类型	土壤深度/cm	总碳/%	非有机碳/%	有机碳/%	总氮/%
互花米草	0～5	1.33a	0.87a	0.46a	0.040a
	5～20	1.39a	0.82a	0.57a	0.047a
	20～40	1.47a	0.91a	0.56a	0.048a
	40～60	1.33a	0.81a	0.52a	0.039a
	60～80	1.30a	0.89a	0.41a	0.034a
	80～100	1.28a	0.88a	0.40a	0.034a
海三棱藨草	0～5	1.14b	0.86a	0.28b	0.023b
	5～20	1.24b	0.93a	0.31b	0.026b
	20～40	1.29b	0.81a	0.48b	0.034b
	40～60	1.27b	0.88a	0.39b	0.028b
	60～80	1.25a	0.90a	0.35b	0.026b
	80～100	1.29a	0.92a	0.36a	0.027b
群落		***	n.s.	***	***
深度		*	n.s.	*	*
群落×深度		n.s.	n.s.	n.s.	**

注：双因素方差分析得出两个变量对指标的影响水平（n.s.表示不显著；*$P<0.05$；**$P<0.01$；***$P<0.001$），不同小写字母表示两个群落之间同一土壤深度差异显著（$P<0.05$）

互花米草虽然能够增加生态系统碳汇和固碳能力，但同时也增加了温室气体 CH_4、CO_2、N_2O 的排放（Chen *et al.*，2015）。廖成章（2007）以互花米草在长江口九段沙入侵海三棱藨草和芦苇（*Phragmites australis*）作为建群种的湿地为例，探讨互花米草入侵对生态系统碳库和凋落物碳、氮循环的影响及其机制，研究发现互花米草的入侵改变了被入侵生态系统凋落物碳、氮循环过程，导致更多的氮进入被入侵生态系统（图 2.1）。

二、外来入侵物种对滨海湿地植物群落结构的影响

互花米草入侵滨海湿地生态系统以后，凭借其较强的竞争能力、对环境的适应能力以及较强的繁殖能力改变了植物群落结构，降低了植物的丰富度和多样性，从而打破生

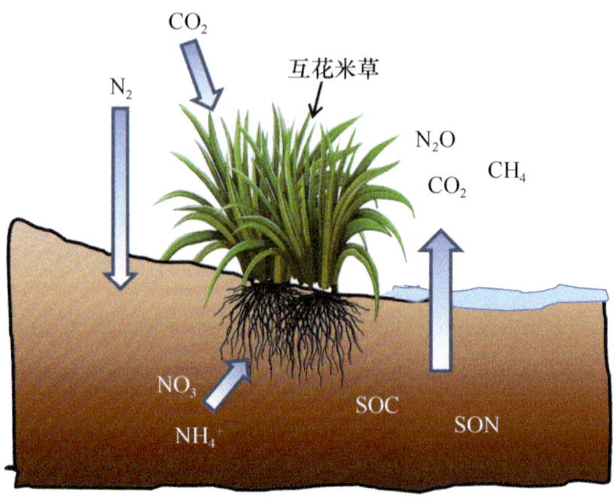

图 2.1　滨海湿地生态系统碳、氮循环

态系统平衡（解雪峰等，2020）。在我国，互花米草入侵后主要与红树林植物（福建、广东、广西）、短叶茳芏（闽江口）（Tong *et al.*，2012）、海三棱藨草和芦苇（长江口）（陈中义，2004；黄华梅，2009）、碱蓬（江苏沿海）（Chen *et al.*，2020）、柽柳（黄河三角洲）等原生植物发生竞争（Zuo *et al.*，2012）。通过占据本地植物生态位，减少本地植物生存空间，从而排挤本地物种，同时，互花米草抑制本地植物生长，逐渐替代本地植物。例如，互花米草入侵抑制了红树林秋茄（*Kandelia obovata*）幼苗的发育，限制了红树林植物的天然扩散与更新，使红树林的原始功能和服务发生了变化（Gao *et al.*，2019）（图 2.2）。

图 2.2　互花米草入侵北海红树林（朱金方 摄）

三、外来入侵物种对滨海湿地生态系统土壤微生物群落的影响

Yang 等（2019a）对不同互花米草入侵年份的滨海湿地土壤微生物进行调查研究，结果表明互花米草入侵能够显著提高土壤细菌的丰富度和多样性，土壤细菌群落组成随着互花米草入侵时间的延长逐渐由共生型向寡养型转变。同时，研究还发现互花米草入侵显著改变了土壤真菌的丰富度、多样性、群落组成、营养模式和功能群，这些变化影

响了土壤碳和氮的分解与累积过程（Yang *et al.*，2019b）。

四、外来入侵物种对底栖动物群落组成的影响

滨海湿地生态系统支持着丰富的生物多样性和复杂的食物网，其中底栖动物群落在滨海湿地食物网中起着不可替代的营养枢纽作用，但也极易受到外来干扰的影响而发生变化，进而影响整个滨海湿地的生物多样性以及物质循环和能量流动（冯建祥等，2018）。冯建祥等（2018）研究了互花米草入侵对盐沼和红树林滨海湿地底栖动物群落的影响，结果发现滨海湿地生态系统的底栖动物群落组成与互花米草盖度、入侵时间、生长特征等因素有关。互花米草入侵后期，高度占据底栖动物的活动空间，导致大型底栖动物的丰富度显著降低（陈中义等，2005）。此外，互花米草通过竞争替代原有的植物群落成为优势群落，导致生活在原生植物群落中的底栖动物丧失栖息地和食物资源，促使底栖动物物种丰富度降低。

赵彩云等（2014）在广西北海市滨海湿地研究了互花米草入侵对大型底栖动物的影响。该研究选择了不同入侵年限（1年、5年、20年）的互花米草群落，结果发现随着入侵年限的延长，土壤中大型底栖动物生物量逐渐降低，而大型底栖动物多样性无显著变化，通过回归分析表明，大型底栖动物生物量和多样性的变化与互花米草密度显著相关。

五、外来入侵物种对滨海湿地生态系统鸟类物种多样性的影响

在滨海湿地生态系统中，鸟类是湿地食物网中的主要消费者。外来入侵植物入侵滨海湿地之后，必然会对入侵地鸟类的栖息地、食物资源、繁殖等产生一定影响。外来入侵植物占领大面积的滩涂湿地，使得鸟类原有的栖息地丧失，难以进行捕食和繁殖活动，导致鸟类种类和数量大幅度减少。互花米草入侵导致部分鸟类栖息地破碎，互花米草扩张使美国旧金山海湾湿地鸟类的栖息地面积减少了33%（Stralberg *et al.*，2004）。我国江苏盐城滨海湿地曾是丹顶鹤的重要栖息地，而互花米草入侵并占领大部分沿海地区，导致适宜丹顶鹤生存的栖息地被互花米草侵占，丹顶鹤无法着陆和捕食，现在的互花米草入侵区已无丹顶鹤存在（陈潘等，2019；Wang *et al.*，2019）（图2.3）。

Gan等（2009）为了探讨互花米草入侵对鸟类多样性的潜在影响，比较了2008年春季崇明东滩由互花米草、芦苇、芦苇-互花米草、海三棱藨草和潮间带裸滩组成的栖息地中鸟类的物种丰富度（图2.4）。在原生生境中记录发现了大多数鸟类，其中鸣禽和繁殖鸟在芦苇生境中最为丰富，水鸟和候鸟在海三棱藨草和潮间带裸滩生境中较为丰富。在互花米草生境中，鸟类的种类数和种群密度均低于其他几种生境。尽管一些鸣禽和繁殖鸟利用了互花米草入侵的生境，甚至相比海三棱藨草和潮间带裸滩生境，更喜欢互花米草入侵的生境，但在互花米草入侵的生境中，它们的密度低于原生芦苇生境。这可能是由于密集的互花米草限制了鸟类的活动，而且为大多数鸟类提供的食物不足。这些结果表明互花米草的入侵对当地鸟类群落有负面影响。

近年来，有研究发现由于外来入侵物种对滨海湿地生态系统的显著影响，原生态系统的外在物理环境发生改变，影响了滨海湿地地貌系统（宁中华等，2018）（图2.5）。

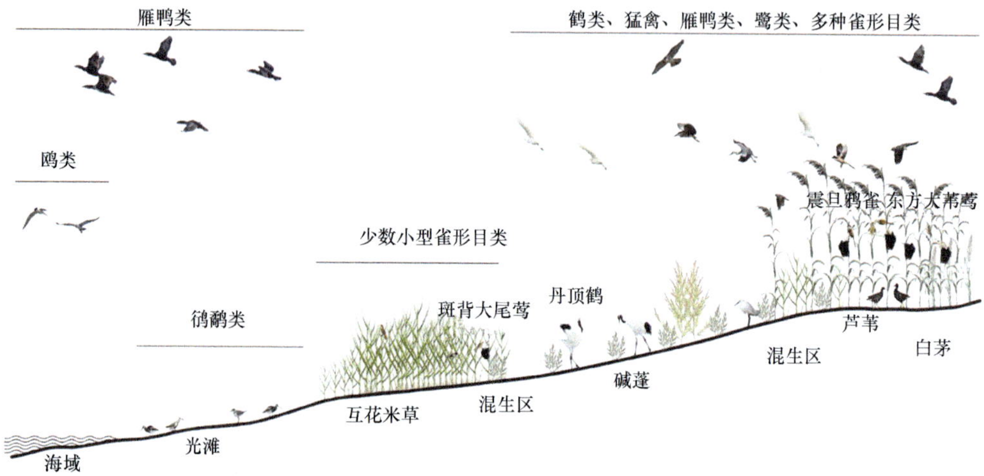

图 2.3　中国江苏盐城沿海互花米草入侵生境植物群落及主要鸟类类群分布模式图（改自陈潘等，2019）

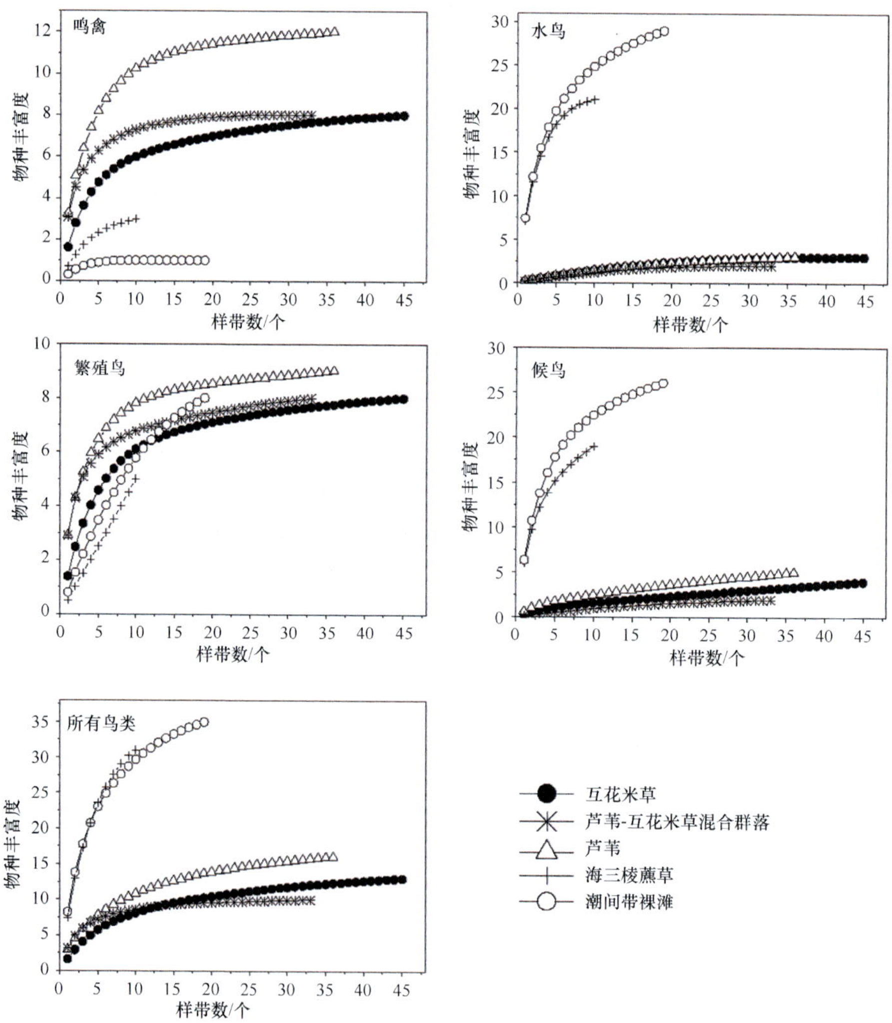

图 2.4　在 5 个栖息地样带观察的不同类群鸟类物种丰富度的随机累积曲线（改自 Gan *et al.*，2009）

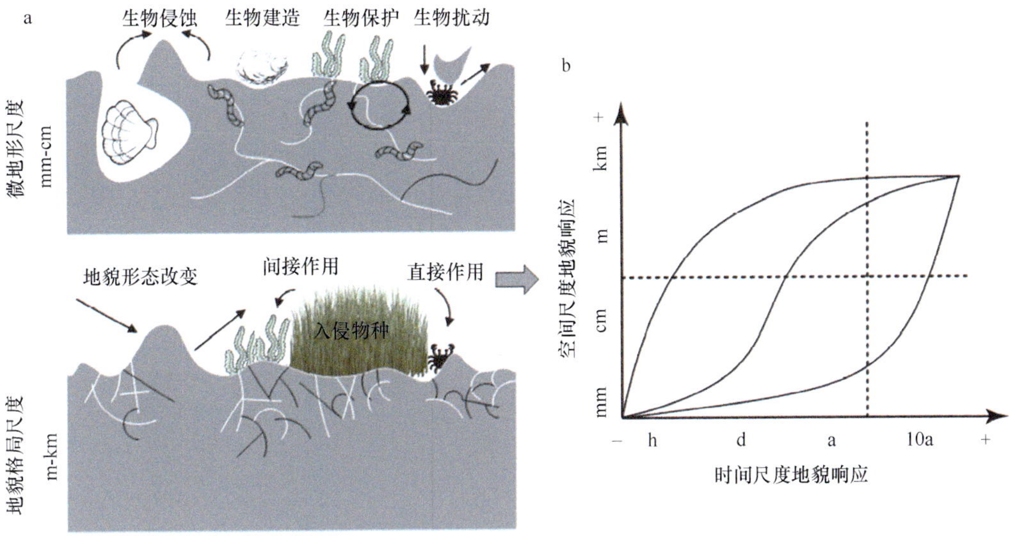

图 2.5 入侵物种生物地貌影响的时空尺度效应（宁中华等，2018）

例如，互花米草在我国沿海海岸的入侵，芦苇、柽柳在美国的入侵，庞大的地上生物量及地下根系导致的沉积物累积，改变了潮沟形态。

第二节 内陆湿地外来入侵物种影响评估

湿地是地球上各种生命形式高度聚集的生态体系之一，被称为“物种基因库”。湿地具有强大的生态功能和环境效益，是自然界生物多样性最丰富的生态系统和人类最重要的生存环境之一，又被称为“地球之肾”。中国湿地分为人工湿地和自然湿地，其中自然湿地中内陆湿地总面积为 4087.88 万 hm^2，包括沼泽湿地、湖泊湿地、河流湿地，占中国湿地总面积的 76.26%。外来入侵物种通过人为有意或无意引入以及自然扩散等途径入侵内陆湿地生态系统，给内陆湿地生物多样性和生态系统平衡造成严重危害，对水产养殖业也造成极大的经济损失，严重影响社会和经济发展。

中国大部分内陆湿地生态系统均面临着外来物种入侵的问题。例如，在云南滇池周边湿地公园的调查发现 37 种外来入侵植物，外来物种入侵破坏了滇池湿地的生态平衡，影响了社会经济及居民安全（何丹丹和杨普秋，2020）。草海作为贵州省最大的天然淡水湖，是候鸟保护和水产养殖的重要地区，空心莲子草在 20 世纪 50 年代作为饲料被推广至贵州地区，入侵草海后迅速占领大部分湿地。在浙江丽水九龙国家湿地公园，调查发现 47 种外来入侵植物（张晓青等，2017）。在洞庭湖湿地有外来入侵植物 43 种，以草本植物为主，占入侵植物物种总数的 86%，其中危害较大的外来入侵植物有美洲黑杨、意大利杨、空心莲子草、野胡萝卜、凤眼莲、垂序商陆、大薸等（侯志勇等，2011）。

外来入侵物种对我国内陆湿地生态系统造成诸多危害。外来入侵物种导致湿地生物多样性丧失。牛蛙主要作为餐饮食材被引入国内养殖，随后逃逸至自然生态系统中并建立自然种群，其生态位与土著蛙有重叠，导致部分土著两栖类动物的种群数量下降甚至灭绝（武正军等，2004）；巴西龟作为观赏宠物被引入，经过放生后入侵自然湿地，凭借较强的适应能力在各种湿地环境中开始繁殖，与本土龟类抢夺食物，对本土龟的生存产生较大威胁（王虹扬等，2006）；福寿螺作为食用螺被引入我国，在养殖和销售过程中逃逸或被遗弃，并在自然生态系统中成功建立种群（图 2.6）。福寿螺食量大，繁殖速度快，种群增长迅速，与湿地生态系统中的水生生物争夺生存空间、食物，占据本地物种生态位，威胁本地物种的生存，打破了原有的生态平衡或抑制其他物种生长，使本地水生物种的种类和数量减少，甚至濒危或灭绝，造成湿地生态系统功能退化。

图 2.6　福寿螺入侵湿地（朱金方　摄）

外来入侵物种破坏原有生态系统和景观。例如，凤眼莲、空心莲子草泛滥，严重破坏湿地生态系统的结构和功能，消耗水体中的氧气，导致大量水生动植物因缺氧而死亡，植物死亡后与泥沙混合沉积水底，导致多数河道、池塘、湖泊逐渐沼泽化，失去了原有的生态作用。

加拿大一枝黄花和空心莲子草是内陆湿地生态系统中典型的外来入侵物种，对生态系统中本土动植物和土壤微生物影响较大。加拿大一枝黄花入侵后对植物物种多样性的影响表现为抑制早春伴生植物如马兰、一年蓬、山莴苣等的生长（郭水良和方芳，2003）。加拿大一枝黄花还可以通过根际分泌化感物质抑制本地植物生长，Butcko 和 Jensen（2002）研究发现加拿大一枝黄花的根际提取物可以降低萝卜和莴苣种子的萌发率，抑制根系的生长。马淼（2003）研究发现，加拿大一枝黄花不同部位的水浸液对上海常见本地植物的种子萌发和生长同样起着抑制作用（表 2.2）。

对加拿大一枝黄花入侵前后土壤微生物的对比研究发现，该物种对土壤中的放线菌具有一定的促进作用，而链霉菌属的大量出现以及亚优势种群数量的急剧上升，导致细菌群落多样性明显降低。另外，其根系分泌物对土壤的好氧性纤维素分解菌、好氧性自生固氮菌、亚硝酸细菌、硫化细菌和氨化细菌的生长大多具有促进作用，而对反硫化细菌、厌氧性纤维素分解菌和反硝化细菌的生长大多有抑制效应（表 2.3）（沈荔花等，

2007）。

李涛（2011）在对加拿大一枝黄花入侵地土壤动物群落结构的研究中发现，加拿大一枝黄花对土壤动物的个体数量和类群数量都有明显的抑制现象。

表 2.2 加拿大一枝黄花不同部位水提取物处理的 9 个试验种的发芽率（马淼，2003）（%）

物种	对照（蒸馏水）	水提取物		
		干叶	干种子	鲜叶
野大豆 *Glycine soja*	94.0±3.0a	92.4±1.3a	94.6±2.2a	90.0±6.3a
苘麻 *Abutilon theophrasti*	91.2±2.3a	86.0±5.5a	89.4±1.3a	36.0±5.5b
反枝苋 *Amaranthus retroflexus*	91.2±2.3a	32.0±4.9c	58.6±14.3b	26.6±7.9c
青葙 *Celosia argentea*	88.6±3.8a	62.0±8.4b	50.0±7.0b	34.0±5.5c
挂金灯 *Alkekengi offcinarum* var. *franchetii*	96.6±4.8a	92.0±8.4a	90.2±6.3a	80.6±1.3b
田菁 *Sesbania cannabina*	96.0±5.5a	89.6±4.3a	88.5±5.4a	66.8±4.1b
下田菊 *Adenostemma lavenia*	96.6±4.8a	84.6±5.0a	90.4±6.3a	11.0±5.5b
打碗花 *Calystegia hederacea*	91.2±6.5a	86.6±5.2a	84.8±7.5a	55.6±9.9b
龙葵 *Solanum nigrum*	86.6±4.1a	30.4±3.7c	55.4±16.0b	24.6±6.8c

表 2.3 加拿大一枝黄花的根部土壤可培养微生物主要生理类群数量比较（沈荔花等，2007）

生理类群及抑制率	根表	根际	根圈	空白
氨化细菌/（$\times10^6$）	24.2	20.8	27.7	21.8
抑制率/%	−11	4.6	−27.1	
亚硝酸细菌/（$\times10^3$）	36.6	50.2	40.7	22.3
抑制率/%	−62.8	−123.8	−81.2	
反硝化细菌/（$\times10^5$）	1.7	1.6	2.4	2.4
抑制率/%	29.2	33.3	0.0	
好氧性自生固氮菌/（$\times10^2$）	33.5	23.8	22.0	10.6
抑制率/%	−216.0	−107.5	−124.5	
好氧性纤维素分解菌/（$\times10^2$）	18.4	22.8	6.6	16.4
抑制率/%	−12.2	−39.0	59.8	
厌氧性纤维素分解菌/（$\times10^2$）	3.7	6.7	4.9	18.4
抑制率/%	79.9	63.6	73.4	
硫化细菌/（$\times10^4$）	20.5	20.8	22.8	18.4
抑制率/%	−11.4	−13	−23.9	
反硫化细菌/（$\times10^3$）	1.7	2.4	3.3	2.7
抑制率/%	37	11.1	−22.2	

空心莲子草对生物群落的影响较大，张震等（2010）研究表明，当一个群落中空心莲子草的重要值超过 60.96%时，植物多样性指数会呈现下降的趋势。通过对空心莲子草漂浮植毡层中的本地物种研究发现，空心莲子草漂浮植毡层的存在对水鳖的叶宽有极显著的影响，能够降低竹叶眼子菜的分枝级数、分枝数、生物量和植株高度，降低刺苦草漂浮植株密度、冬芽密度、每株叶片数和植株生物量，但刺苦草的植株高度不受空心莲子草植毡层的影响，而且在漂浮植毡层下分布的冬芽个体生物量明显增加（刘春花，

2005）。郭连金等（2009）和徐沁等（2013）发现空心莲子草会使本地植物群落处于不稳定状态，并且随着入侵时间的增加，本地植物物种种间联结性由正联结逐渐转变为负联结，群落物种的种间竞争呈增大趋势。

对空心莲子草的化感作用分析发现，其地下茎浸提液对水莎草、千金子、青葙、油菜和小旱稗均有不同程度的影响，而且不同浓度的浸提液在不同时间段的影响都表现出一定程度的差异（苏丽和朱金松，2003）。张玲玉（2017）采用分解袋法，原位研究了空心莲子草入侵对荇菜（浮叶植物）和金鱼藻（沉水植物）的分解速率、养分释放动态和分解者生物群落（无脊椎动物和微生物）的影响，结果发现空心莲子草入侵生境中 C 和 N 剩余率显著升高，而 P 剩余率显著下降，表明空心莲子草的入侵影响荇菜和金鱼藻的营养释放。王颖（2016）发现空心莲子草入侵程度的加重会增加同一深度土壤有机碳、全氮、速效钾、有效磷及水分含量，而土壤动物数量随着入侵程度的增加呈现先上升后下降的趋势，轻、中度入侵更适宜土壤动物生存，但入侵程度变化对土壤真菌的群落结构和相似性影响都不显著。

第三节 陆地生态系统外来入侵物种影响评估

67 个国家级自然保护区外来入侵物种的调查结果表明，215 种外来入侵物种已入侵国家级自然保护区，其中 48 种外来入侵物种被列入《中国外来入侵物种名单》。外来入侵物种入侵陆地生态系统主要是通过竞争或化感作用排挤本地物种，成功入侵后，导致本地物种多样性降低，改变了本地植物群落的物种组成，若外来入侵物种数量多，则对整个群落结构及生态系统功能有重大影响。外来入侵物种对陆地自然生态系统的威胁越来越严重。

初级生产力是测定外来入侵植物影响的一个有利标准，可用来衡量外来入侵物种的相对重要性，而外来入侵物种对陆地生态系统初级生产力的影响可能为正的、负的或中性的（彭少麟和向言词，1999）。当外来入侵植物的生长速率小于本地植物时，会降低生态系统初级生产力；当外来入侵植物作为新的植被出现或者取代生长率低的本地种时，则会增加生态系统的初级生产力。

陆地生态系统外来入侵物种除了影响本地动植物多样性和初级生产力，对土壤生物多样性和生态系统过程影响也较大。Mangla 等（2008）在飞机草入侵严重的印度西高止山脉区域采集土样发现，飞机草根际土中聚集了一种高浓度的半裸镰刀菌（*Fusarium semitectum*）。半裸镰刀菌可以引起稻田蘑菇腐烂、茄子腐烂、棉苗红腐病、香蕉冠腐病、大豆根腐病、大米灰变等，并且可产生毒素使人中毒。在飞机草植株根际收集的土壤中，半裸镰刀菌孢子浓度比附近本地植物生长的土壤中的浓度高 25 倍。而在远离飞机草的地区，半裸镰刀菌的孢子量会逐渐减少；同时在飞机草占主导地位的区域，本地植物的物种丰度较低。喷洒飞机草根系浸提液的地区也出现同样的情况，说明飞机草通过这种聚集抑制了当地植物种子的萌发，促使植物致病，从而减少了土著植物的丰度。对豚草的研究发现，豚草能够显著改变入侵地土壤的理化性质，加速土壤碳氮转化过程，并且通过对豚草入侵地土壤微生物的研究发现，不同入侵程度的土壤其微生态发生了显著变化，豚草入侵程度的加重会使得土壤有效氮和有效磷显著增加并且能够改变土壤微生物的群落结构，显著降低真菌的含量（李会娜，2009）。贾伟（2010）对比了 3 种菊科外来入侵植物对土壤理化性质以及微生物群落的影响，发现紫茎泽兰（*Ageratina adenophora*）和黄顶菊（*Flaveria bidentis*）的入侵提高了土壤 pH，而豚草的入侵降低了土壤 pH，但这 3 种植物的入侵均提高了土壤中有机碳的含量，并且随着入侵程度的加深对土壤微生物群落结构产生较大的影响。陆地生态系统地下部分对于生态系统过程的重要性之一体现在它处于生态系统碳分配过程的核心环节，多数研究表明外来入侵植物对生态系统地下碳循环和碳库产生影响。入侵种通过影响群落凋落物的输入数量、质量以及输入时间，从而影响土壤的碳输入，而入侵种与土著种根系的差异以及入侵种对微生物群落的影响是造成土壤呼吸强度发生变化的主要因素，前者的土壤呼吸强度一般比后者高（闫宗平和仝川，2008）。

外来生物入侵是世界公认的导致生物多样性丧失的第二大因素，生物多样性丧失会严重影响生态系统功能（Maestre *et al.*, 2012）和生态系统服务（Perrings *et al.*, 2010）。Lonsdale（1999）的研究结果表明不同生态系统或生境外来物种的入侵程度存在差异。例如，不同生态系统对外来入侵物种的抵抗力、外来入侵物种多样性与本地物种的关系等问题一直以来都是入侵生态学研究争论的焦点（Stohlgren *et al.*，1999）。关于外来入侵物种多样性与本地物种多样性之间关系的研究较多，结论不尽相同。Darwin（1859）研究发现，本地物种丰富度低的地区比物种丰富度高的地区更容易受到外来生物入侵。Elton（1958）同样认为随着本地物种丰富度的增加，外来入侵物种可利用的资源和空余生态位减少，外来入侵物种丰富度降低，该观点被称为多样性阻抗假说（Knops *et al.*，1995；Davies *et al.*，2005）。生物多样性阻抗假说认为外来入侵物种丰富度与本地物种丰富度呈负相关关系，该假说在野外观察试验（Naeem *et al.*，2000；Lyons and Schwartz，2001；Chen *et al.*，2010）和控制实验（Tilman，1997）中均得到证实。支持该假说的前提是，在物种多样性丰富的群落中，物种对维持自身生存和繁育的必需资源的竞争相对激烈，在一定程度上抑制了入侵种在该群落中的种群建成，因此表现出更强的入侵抵抗力（Symstad，2000）。Levine 和 D'Antonio（1999）为生物多样性和可入侵性之间的这种关系提供了实质性的证据，他们的实验证明群落的生物多样性越高，越难被外来物种入侵，特别是物种搭配模型预测当物种较多时，生态位空间逐渐被占据，导致外来物种入侵的概率更低。然而，在近些年有关群落可入侵性和生物多样性相关性的实验研究中，却得出了两者呈正相关（Palmer and Maurer，1997）、负相关（Tilman and Downing，1994）甚至没有相关性（Higgins *et al.*，1999）等几种不同的结果。越来越多的研究发现，本地物种丰富度高的区域外来入侵物种丰富度更高（Cleland *et al.*，2004；Jauni and Hyvönen，2012；Zeiter and Stampfli，2012）。外来入侵物种与本地物种丰富度的关系与研究尺度密切相关（Fridley *et al.*, 2007; Chen *et al.*，2010；Tarasi and Peet，2018）。Fridley 等（2007）提出"入侵悖论"，认为在小尺度上（样方面积$<10m^2$），外来入侵物种数量与本地物种数量呈负相关关系，但是在大尺度——景观尺度或区域尺度上，外来入侵物种丰富度与本地物种丰富度呈正相关关系，且在大尺度上本地物种丰富度与外来入侵物种丰富度受非生物因子——环境异质性、干扰或景观等的影响，而在小尺度上受物种间竞争的影响。Davies 等（2007）和 Denslow 等（2010）的研究结果表明，外来入侵物种与本地物种丰富度的关系不仅与尺度相关，还与环境因素、生态系统过程有关。

自然保护区是生物多样性保护的重要区域，研究不同自然保护区外来入侵物种与本地物种丰富度之间的关系，有助于评估外来入侵物种对自然保护区的威胁（Funk *et al.*, 2008）。《2019 中国生态环境状况公报》显示，在 67 个已经开展外来入侵物种调查的国家级自然保护区中发现有 215 种外来入侵物种，对自然保护区生物多样性保护构成威胁。国内关于自然保护区外来入侵物种的研究较多，如我国已开展 53 个国家级自然保护区的调查（宫璐等，2017），报道了自然保护区外来入侵物种的分布状况（刘峰等，2008；陶永祥等，2017；张佳期等，2017）。宫璐等（2017）的研究结果表明已有 176 种外来植物入侵我国不同的自然保护区，且在不同自然保护区的入侵程度不同。汤敏喆等（2012）分析了加拿大一枝黄花扩散格局对庐山国家级自然保护区生物多样性的影响，发现加拿大一枝黄花即使在保护区郁闭度较好的林地也能实现种群更新，经过长时期入侵已经造成部分本地植物多度下降，尤其在每年 10 月群落植物多样性降至最低。

高珂晓等（2019）研究了广西九万山国家级自然保护区内外来入侵植物和本地草本植物多样性的垂直分布格局，结果发现保护区内外来入侵植物和本地草本植物物种多样性随海拔升高呈截然相反的空间分布格局（图 2.7），在海拔 800～1000m 地区外来入侵植物具有相对多样的群落组成和较稳定的群落结构，威胁本地植物多样性。本地物种多样性越高的地区外来入侵物种分布越少，表明本地植物多样性越高，生态系统对外来入侵物种的抵抗能力越强。

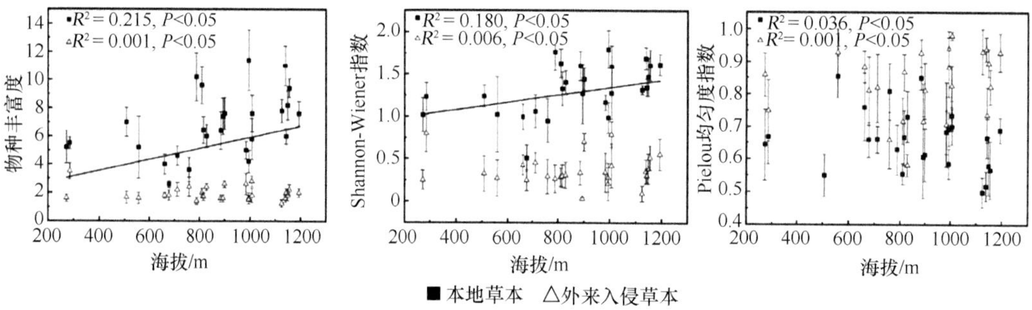

图 2.7 广西九万山国家级自然保护区本地与外来入侵草本物种丰富度、Shannon-Wiener 指数及 Pielou 均匀度指数随海拔的变化（高珂晓等，2019）

赵彩云等（2019）研究了云南省 6 个国家级自然保护区外来入侵草本植物与本地植物的关系，结果发现 6 个国家级自然保护区本地草本植物物种丰富度与外来入侵草本植物物种丰富度呈正、负两种相关关系，其中哀牢山国家级自然保护区、金平分水岭国家级自然保护区、无量山国家级自然保护区和西双版纳国家级自然保护区的外来草本植物物种丰富度随着本地草本植物物种丰富度的增加而降低，大围山国家级自然保护区和纳板河流域国家级自然保护区外来入侵草本植物物种丰富度与本地草本植物物种丰富度呈现正相关关系（图 2.8）。入侵是一个非常复杂的过程，尺度不是影响外来入侵物种与本地物种关系的必然因素。

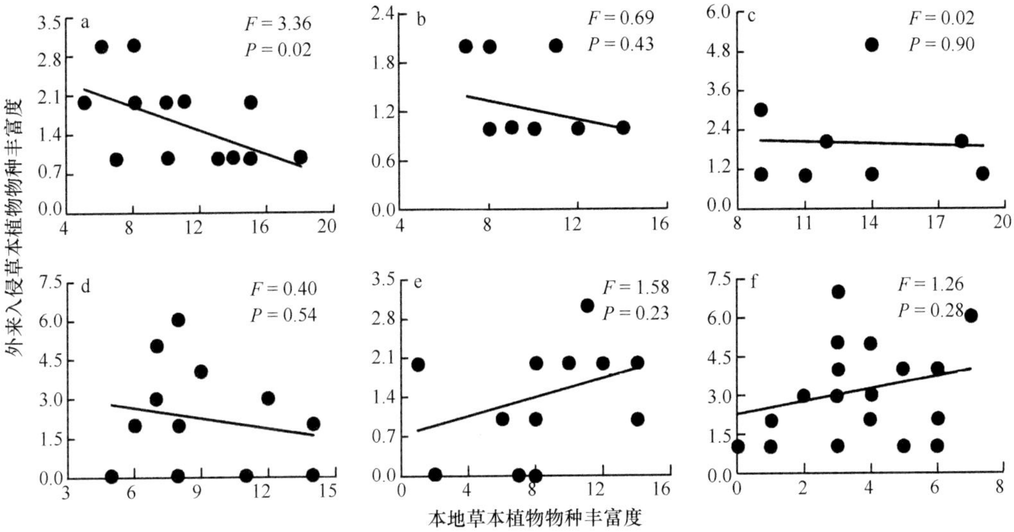

图 2.8　云南省 6 个国家级自然保护区外来入侵草本植物物种丰富度与本地草本植物物种丰富度的关系（赵彩云等，2019）

a～f 分别为哀牢山、金平分水岭、无量山、西双版纳、大围山和纳板河流域国家级自然保护区

第三章　外来物种入侵机制

外来入侵物种并不是一进入新的生态系统就能入侵，而是在一定条件下才能实现从引入到定植。外来物种要演变成入侵物种并成功定植在生态系统中，需要经历很复杂的过程，外来物种并不一定都会成为入侵物种。外来物种入侵过程主要包括 4 个阶段：引入、存活、定植及扩散。即使外来物种定植成功也并不一定能够形成入侵物种，如果定植成功的外来物种种群数量急剧增加，并不断向四周地区蔓延扩张，进入扩散阶段，将会对当地的生态系统结构和功能造成明显的损害，这时的外来物种就变成了入侵物种（张巧和郝建锋，2011）。在自然生态系统中，外来入侵物种的成功入侵除与外来入侵物种自身生长和繁殖特性有关之外，与入侵地自然生态系统结构组成也密切相关。一般来说，群落的结构越复杂，其对外来物种入侵的抵抗力越强，越不容易遭受入侵。本章通过查阅国内外文献资料，对群落可入侵性理论、外来物种入侵机制等方面的研究现状进行了整理，为我国外来入侵物种防控技术研究提供理论基础。

第一节　外来物种入侵特性

外来物种要实现成功入侵，首先它应该具有一定的入侵能力。外来物种对新环境的适应性及其遗传性、繁殖能力与分泌化感物质等特性对外来物种的成功入侵起到关键作用。因此，外来物种能否成功入侵与其自身的入侵能力强弱密切相关，外来物种的入侵特性是其入侵机制的重要组成部分。

一、遗传特性

国内外一些研究结果表明，成功入侵的外来物种具有遗传学上的特性，包括表型可塑性、遗传分化等，这些生物学特性是外来入侵物种成功入侵的重要基础。基于该方面的特性，有关学者提出了“内禀优势假说”，该假说认为外来植物能够成功入侵，自身可能具有独特的生物学特性或独特的内禀优势（如形态、生态、生理、行为和遗传优势等）。相对于土著种，具有内禀优势的外来种在进化中可能发生了更多的遗传变异，形成了具有更适应环境条件及利用更多资源的生态型，或者具有更强的抵抗外界环境胁迫的能力或性状，从而最终在竞争中获得优势，进而成功入侵（Sax and Brown，2000；Hufbauer and Torchin，2007）。

1. 表型可塑性

表型可塑性是指同一个基因型在不同环境条件下产生不同表型的特性，是生物在没有遗传变异的情况下适应环境的一种机制（张常隆等，2009）。在不同生境中，表型可塑性强的植物能够通过改变形态、生长、生物量分配和生理特性等增加对各种资源的获取，并占据多样化的生境。表型可塑性是外来植物适应入侵地新的环境进而成功入侵的重要机制之一。一般，外来入侵植物在表型可塑性方面主要通过两种方式来适应环境：一种方式是“表现最大化”，即在资源充足的情况下尽可能加快生长；另一种方式是“表现维持”，即在资源受限、存在胁迫的条件下仍然维持必要的生理功能且缓慢生长。入侵植物豚草（*Ambrosia artemisiifolia*）具有较强的水肥利用能力及生长繁殖能力，可以通过优先抢占水分、养分及光照等资源，占据多样化的生境（邓贞贞等，2015）。当豚草受到干旱和盐胁迫时，其通过改变生物量分配来适应干旱胁迫和盐胁迫环境（表现维持）（Onen *et al.*，2017）；在高氮环境下，豚草能产生更大的生物量和单株叶面积（表现最大化）（图 3.1，图 3.2），而在缺氮环境下，豚草生长受限，将资源更多地分配给繁殖器官，有利于其繁殖和扩散（表现维持）（Leskovsek *et al.*，2012）。

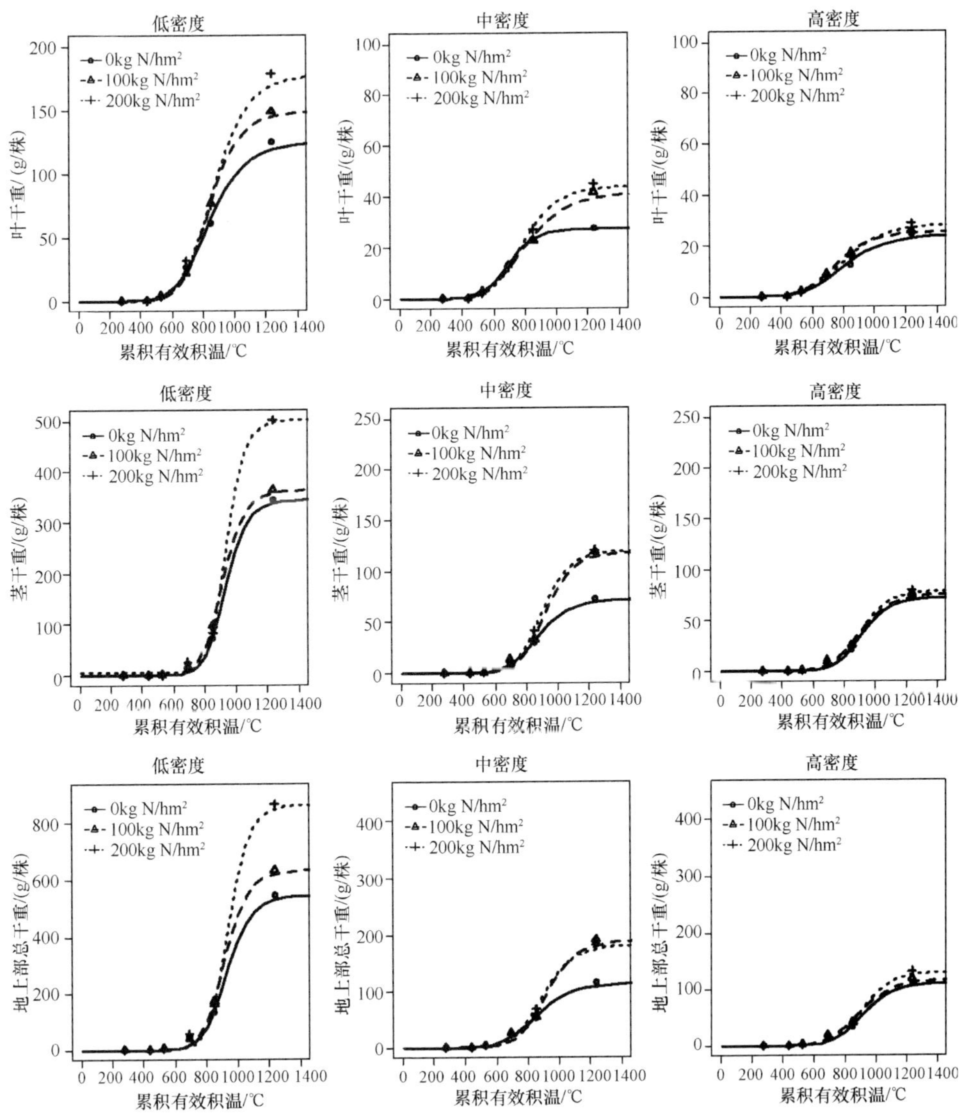

图 3.1　氮素水平和种植密度对豚草叶、茎和地上部干物质的影响（Leskovsek *et al.*，2012）

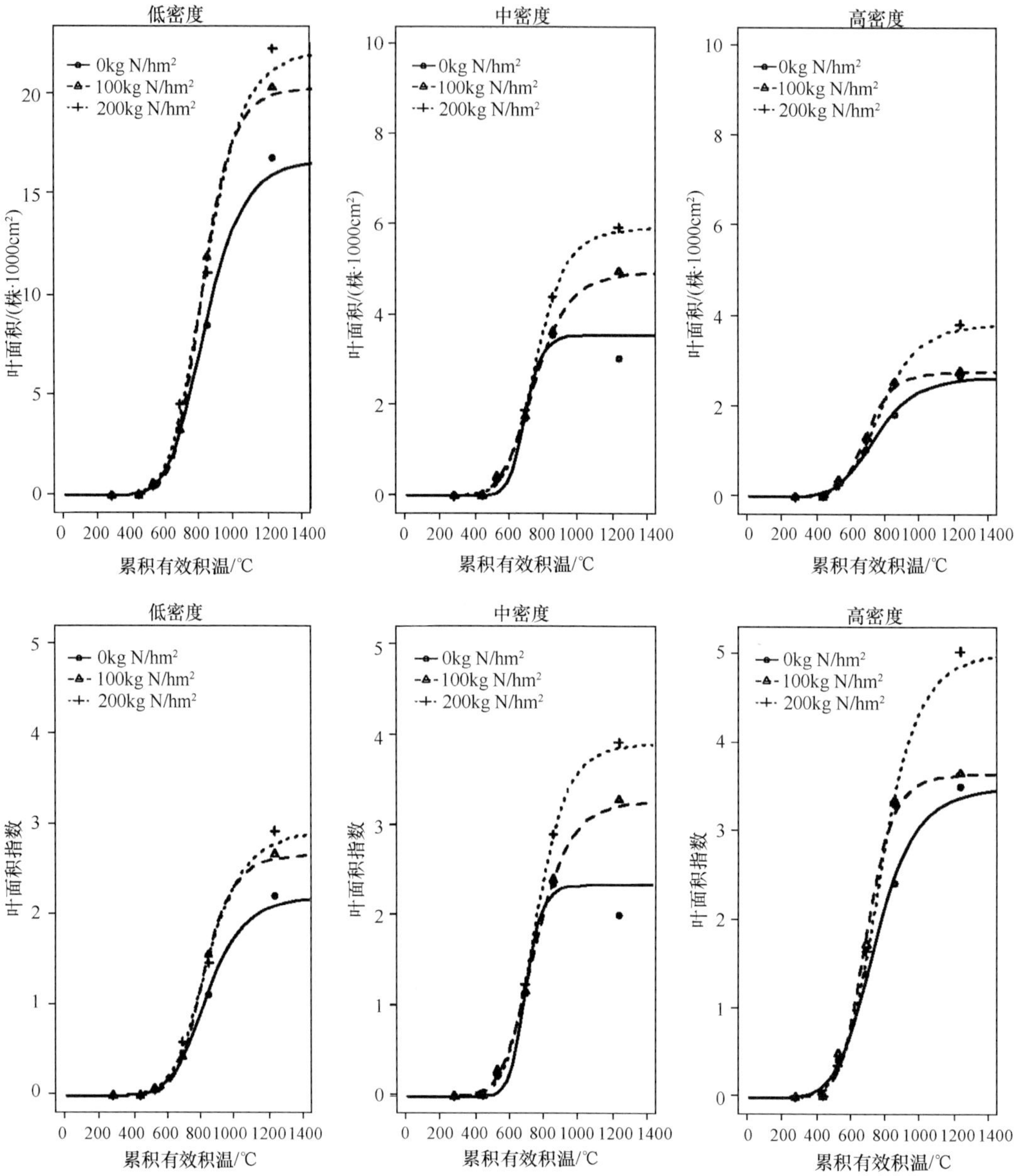

图 3.2　氮素水平和种植密度对豚草叶面积和叶面积指数的影响（Leskovsek *et al.*，2012）

张常隆等（2009）在对不同海拔生境下紫茎泽兰的表型可塑性研究中发现，在资源充足的低海拔生境中紫茎泽兰加快生长，而在资源受限或胁迫的高海拔生境中紫茎泽兰可以维持必要的生理功能并缓慢生长。Feng 等（2007）研究了紫茎泽兰对不同光辐照度的响应，结果发现紫茎泽兰能够很好地适应低光环境，光强升高后紫茎泽兰枝叶生长加快并荫蔽本地植物，这是紫茎泽兰成功入侵各种生境的重要原因之一（图 3.3）。

表型可塑性可能在入侵物种的成功入侵和随后的扩散中起到至关重要的作用。个体的表型可塑性对其生态和进化模式有重要影响，具有高表型可塑性的物种往往对不同生

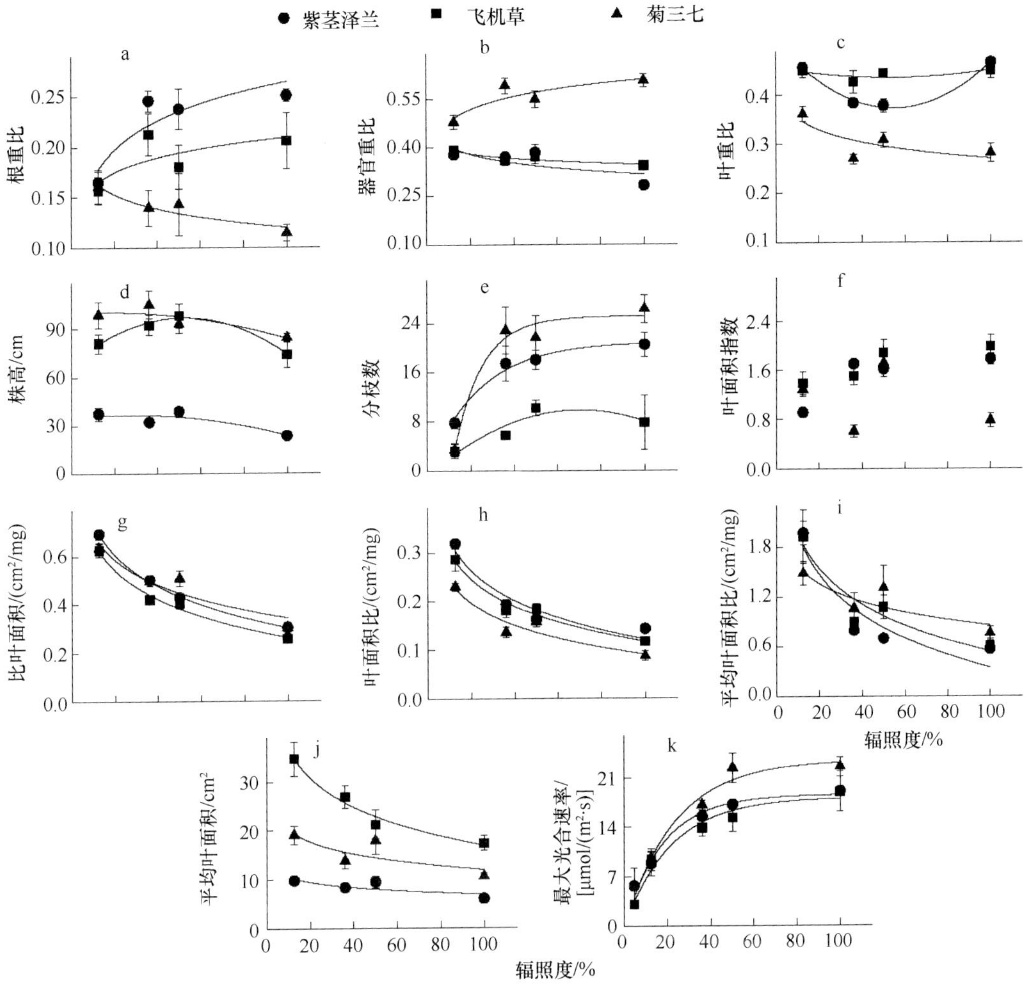

图 3.3　紫茎泽兰、飞机草和菊三七对光辐照度的响应（Feng *et al.*，2007）

境条件具有广泛的耐受性，因而分布范围广；而可塑性能力有限的物种其生态分布会被限制在一个较小的范围内。因此，可以把表型可塑性高低看作入侵物种入侵能力的一个重要指示（张巧和郝建锋，2011）。

2. 遗传分化

外来物种一般具有较高的遗传多样性，遗传分化是外来入侵植物适应异质生境的策略之一（耿宇鹏等，2004）。环境会给入侵生物带来选择压力，致使不同环境下的入侵种群间具有遗传上的差异。在经典的“新达尔文”模型中，基因型和表型具有一种简单的对应关系，种群对局部生境产生的自然选择表现出应答，通过改变群体的基因型频率形成分化的局域种群来适应异质性环境（Sultan，1995）。遗传分化常常影响植物在其分布范围内异质生境中的分布和多度。因此遗传分化常常发生在分布较广的外来入侵物种种群之间，是生物适应多变生境的重要策略之一。张常隆等（2009）在其研究中发现，不同海拔的紫茎泽兰种群之间存在着明显的遗传分化，认为这是对局域环境适应的结果。李晓春等（2015）研究了外来入侵植物粗毛牛膝菊（*Galinsoga quadriradiata*）在中国的 18 个地理种群的遗传多样性及遗传分化，发现粗毛牛膝菊种群间遗传分化程度较高，认为主要有两方面原因：一是粗毛牛膝菊在入侵过程中可能存在因人类的无意引种导致的种群定居和反复传播，同一个粗毛牛膝菊地理种群可能由来源不同的个体组成，种群间遗传分化较高；二是不同生境下的粗毛牛膝菊由于选择压力不同导致新的性状产生，生境的异质性也进一步加剧了粗毛牛膝菊地理种群间的遗传分化。

表型可塑性和遗传分化虽然是两种不同的适应策略，但并不互相矛盾。首先，表型可塑性具有独立的遗传基础，因此作为独立进化的性状，表型可塑性自身能够发生遗传分化。其次，表型可塑性和遗传分化能够发生复杂的相互作用。一方面，表型可塑性对选择作用具有缓冲效果，有利于遗传变异的保存，从而为进一步遗传分化积累素材；另一方面，可塑性的遗传变异又为其自身的进化提供了可能。最后，表型可塑性和遗传分化并不是互相排斥的。理论上，同时具有丰富的遗传变异和高度的表型可塑性的生物能够最有效地适应复杂多变的环境。而现实中不管是遗传分化还是表型可塑性，都存在一定的代价和限制，因此在长期进化过程中，两者存在着取舍和权衡。实际上，这两种策略可能只是一个策略连续谱的两个端点，更多的物种处于中间状态（耿宇鹏等，2004）。

二、生理学特性

1. 竞争能力强

外来入侵物种具有较广的生态幅，一般对不同环境都具有较强的忍耐性和适应性，如耐干旱、耐阴、耐贫瘠等。这些使得外来入侵物种在一些环境中拥有对本地物种的竞争优势，能够占据本地物种无法利用的生态位，从而成功入侵（张巧和郝建锋，2011）。紫茎泽兰对光照条件的适应能力较强，在遮阴的低光照条件下能够正常进行光合作用，在强光照生境下能够形成密集林分，这种适应方式使其在入侵地具有较强的竞争优势（Feng *et al.*，2009）。飞机草耐贫瘠、耐干旱能力强，研究发现飞机草在缓慢变得干旱的环境下入侵扩散能力更强。在科特迪瓦中部，由于农田长期耕作，土壤肥力下降，在休耕期飞机草大面积入侵农田，甚至有 80%的农民使用飞机草来提高农田土壤肥力（Koné *et al.*，2012）。

此外，“增强竞争力进化假说”认为由于在引进地缺乏天敌的控制，外来物种本来用于防御的资源投资就可以转移到自身的生长发育上，使其在新生境中更具竞争力。该假说是关于“生长或防御”权衡的重新分配，在“天敌逃逸假说”基础上进行了更深入的探讨（Blossey and Notzold，1995）。在“增强竞争力进化假说”的基础上，研究人员进一步提出了“氮分配进化假说”，认为天敌逃逸不仅使外来入侵植物降低体内氮元素向防御作用的分配，而且增加了氮元素向光合作用方向的转移（Feng *et al.*，2009）。这种独特的快速偿还型能量方式能够提高叶片的光合氮利用效率、光合能量利用效率及光合能力。此外，之后对飞机草的研究同样验证了这种快速偿还型能量方式对提高其生长能力的作用（Li *et al.*，2012）。

2. 繁殖能力强

外来入侵植物的繁殖能力与入侵能力呈正相关。成功的入侵物种往往都具有较强的繁殖能力，一般既可有性生殖，又可无性繁殖。繁殖体压力假说认为，植物繁殖体的大量引入和多次引入能通过高的遗传多样性、侵占当地种子库、持续补给及被引入适宜环境的较高的可能性增加成功入侵的可能。单次引入的个体数量越多，引入越频繁，繁殖体压力越大。繁殖体压力越大，被引入种群的遗传多样性则越高，因而更有利于外来种适应当地生态系统环境并成功建群（Lockwood *et al.*，2005；李小蒙等，2020）。同时，繁殖体压力越大，尤其是引入越频繁，入侵者被引入条件适宜的环境下的概率就越高。持续地引入还可为处于恶劣环境下或遭受瓶颈效应的入侵种群提供缓冲的机会。此外，入侵植物大的繁殖体压力可提高对侵入地种子库的侵占，增加拓殖和建群的可能性，并由此促进入侵的后续发生（李小蒙等，2020）。Warren 等（2011）研究了物种入侵中繁殖体压力、栖息地适宜性和密度依赖性繁殖之间的相互作用，结果发现外来入侵植物莠竹（*Microstegium vimineum*）能够通过产生大量繁殖体来提高种子发芽数量和幼苗存活数量，以此应对落叶层厚度对种子萌发和幼苗成活产生的抑制作用（图 3.4）。外来入侵植物以高的单株种子产量来弥补低种群密度，从而打破环境条件的限制屏障，使其具有较高的入侵潜力。

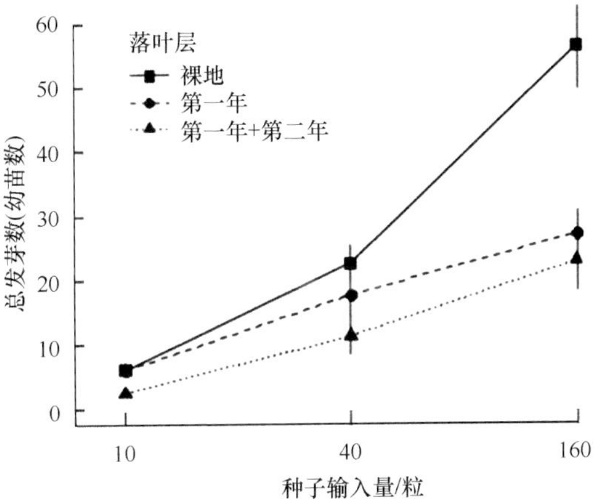

图 3.4　种子输入和落叶层对总发芽数的影响（改自 Warren *et al.*，2011）

三、化学特性

外来入侵植物具有化感作用的现象也早已被广泛研究（Thorpe *et al.*，2010），外来入侵植物与土著种之间往往存在着相互抑制的作用，这也是其入侵成功的重要因素之一（图 3.5）。这类因素往往是入侵植物根系分泌物可以抑制其他植物的种子萌发和植株生长，即化感作用。在此基础上，学者提出了“新武器假说”（Callaway *et al.*，2004；Callaway and Ridenour，2004）。史生晶等（2019）研究了入侵植物鬼针草（*Bidens pilosa*）和鳢肠（*Eclipta prostrata*）的化感作用，对比两个物种不同器官的水提液对自身和受体植物种子萌发与幼苗生长的影响，结果发现鬼针草能够通过化感作用抑制鳢肠种子萌发和幼苗生长，促进自身幼苗生长，增强自身的入侵性。此外，外来入侵植物还可通过分泌化感物质改变土壤微生物群落结构和土壤酶活性，从而创建适合自身生长和繁殖的土壤条件。郜凤姣等（2016）研究了外来入侵植物意大利苍耳（*Xanthium italicum*）的化感物质对土壤微生物群落结构、土壤酶活性和土壤养分的影响，结果发现意大利苍耳水提液能够改变土壤微生物群落结构、土壤酶活性和土壤养分，从而形成更加有利于自身生长和扩张的土壤条件。

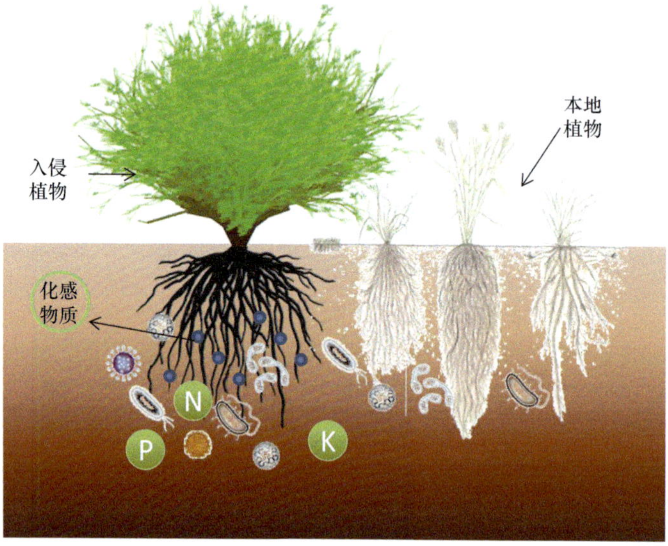

图 3.5　外来入侵植物化感作用对土壤微生物和本地植物的影响

外来入侵植物的化感作用不仅可以排挤本地植物，还可以通过延迟发育、拒食和毒性等作用减少植食性昆虫、大型动物及其他天敌对它们的取食，从而占据竞争优势，成功入侵（王明娜等，2014）。外来入侵植物通过产生丰富多样的次生代谢产物可以防御取食昆虫的危害，如黄花刺茄（*Solanum rostratum*）能够产生次生代谢产物生物碱，对麦蚜和小菜蛾具有毒杀效果，防止植食性昆虫对其进行取食，从而促进其成功入侵（邢庆新，2012）。

第二节　群落可入侵性

群落可入侵性是指群落易受外来物种入侵的程度，用于全面评价某群落或地区易遭受生物入侵的程度。外来物种在本地植物群落中的入侵是一种普遍存在的现象（Naeem *et al.*，2000；Dukes，2002），生物入侵通过改变生态系统的物种多样性和功能来影响生态系统的稳定性（Mack and D’Antonio，1998）。因此，群落的可入侵性问题受到越来越多的关注（Wardle，2001）。外来生物的成功入侵除了自身的生活史特征，与群落结构和群落的可入侵性也密切相关。由于各种原因，生态系统受外来入侵物种入侵的程度不同，有的群落更容易受外来入侵物种入侵。影响群落可入侵性的因素较多，主要包括演替历史、群落结构、干扰、资源可利用性等（许凯扬和叶万辉，2003）。从群落可入侵性角度研究外来物种的入侵机制，学者提出了一系列假说。

一、天敌逃逸假说

“天敌逃逸假说”认为，外来入侵物种引入新的栖息地后，脱离了原产地长期协同进化的天敌（如竞争者、捕食者和病原微生物）的控制，而本地竞争种的专一性天敌未对入侵物种产生影响，或者本地广食性天敌对入侵种的影响远小于对本地种的影响，从而导致外来入侵物种种群和分布范围的逐渐扩大。这个假说基于 3 个逻辑观点：①天敌是植物种群的重要调节者；②天敌对本地物种的影响大于对外来入侵物种的影响；③植物能够利用天敌调控，促进种群发育（Keane and Crawley，2002）。该假说最早由达尔文提出，用于解释一些物种为何在其原产地较稀少，而在入侵地却有数量上的增长和空间分布上的扩大现象（Darwin，2016）。近年来该假说逐渐发展成为一个相对完备的理论。Vilà 等（2005）通过比较食草动物对欧洲本地植物和源自北美洲的贯叶连翘（*Hypericum perforatum*）种群的压力，发现引入的贯叶连翘种群密度更大，受食草昆虫的破坏更小，死亡率也低于本地种群，这一结果证实了该假说。扁叶慈姑（*Sagittaria platyphylla*）是一种原产于美国东南部的大型水生植物，作为观赏植物被引入澳大利亚和南非，与原产地相比，引入地的扁叶慈姑繁殖能力更强，并逐渐形成入侵种。Kwong 等（2019）调查了原产地和引入地扁叶慈姑的天敌，发现原产地该植物的天敌包括取食花、果、叶、根、茎等组织的各种各样专一性天敌以及广食性的食草动物和病原体，而在引入地扁叶慈姑的天敌仅为少数广食性的节肢动物和病原体。此外，他们还对比研究了不同地区的扁叶慈姑受天敌损害的状况，结果发现在入侵地扁叶慈姑遭受食草动物和病原体损害的程度远远低于原产地，缺少天敌的影响促进了该物种在澳大利亚和南非的入侵，这也较好地论证了天敌逃逸假说（Kwong *et al.*，2019）。

二、多样性阻抗假说

Elton 在 1958 年提出了经典的“多样性阻抗假说”，他认为群落的生物多样性对抵抗外来物种的入侵起着关键的作用。物种组成丰富的群落对生物入侵的抵抗能力较强，而物种多样性低、结构简单的生态系统更容易受到外来物种的入侵。近年来的研究也证实，农田以及一些小岛屿等结构较单一的人工生态系统更容易遭到入侵（Lamarque *et al.*，2011；Schaffner *et al.*，2011）。该假说提出的主要依据为：物种丰富度越高的群落，含有竞争能力强的优势物种的概率可能越高，这些优势物种能够通过种间竞争排斥外来入侵物种，群落的可入侵性也就越低，同时物种丰富度高的群落通过种间互补效应能够充分利用资源，导致外来入侵物种可利用的资源量减少，群落的可入侵性降低（Tilman，1999）。然而不同尺度实验得出的结论并不一致，小尺度控制实验结果多与 Elton 观点一致（Dukes，2001；Selmants and Hernandez，2012），而大尺度调查结果表明，物种丰富度与群落可入侵性呈正相关（Mckinney，2002；Kellner and Hastings，2010），这个观点主要是考虑环境异质性程度，因为本地物种丰富度越高，环境异质性程度越高，高的环境异质性能够增加外来入侵物种入侵的概率。入侵物种和本地物种之间的生态位与适应性差异是入侵成功的两个驱动因素（MacDougall *et al.*，2009）。物种丰富度高的群落通常具有多样化的生态位，为外来植物提供更少的资源并降低入侵成功率。许凯扬等

（2004）研究了植物群落的生物多样性与其可入侵性的关系，研究发现空心莲子草在物种功能群丰富的群落中的入侵程度较低，尤其是在拥有与空心莲子草属于同一功能群且有着相似生态位的本地植物时，空心莲子草入侵程度更低，这也表明当群落中生物功能群丰富时，留给入侵种的生态位大大降低，群落可入侵性也随之大幅度降低。Zheng 等（2018）研究了物种组成与飞机草成功入侵的关系，他选择原产地的植物和入侵地的植物分别构建人工群落，结果发现物种丰富度和群落生物量与飞机草入侵成功率呈负相关关系，这个结论有力地证明了多样性阻抗假说。

对于物种多样性和可入侵性关系的研究，有较多的机理可以选择。然而，最普遍使用和广泛接受的两种机理为抽样效应（sampling effect）（Huston，1997；Tilman，1999）和互补效应（complementarity effect）（Tilman，1999）：抽样效应的基本前提是从物种库随机选择的物种越多，那么在相应变量测定中起主要作用的物种被选择的可能性越大；互补效应应用的前提是物种越多的群落其可利用资源的种类就越多，使得有限资源被更大限度地利用，而使外来入侵种可利用的资源量减少，从而降低生态系统的可入侵性。有学者在物种组成和物种多样性基础上提出了物种功能群多样性-可入侵性假说，该假说认为由于物种冗余的存在，物种多样性丰富的群落并不一定意味着抗入侵能力强，可入侵性取决于物种功能群的多样性，本地物种中与入侵物种生态位相似、资源利用方式相同或相近的物种越多，对外来入侵物种入侵的抵抗能力就越强（Dukes，2001；Young *et al.*，2010）。

三、资源机遇假说

“资源机遇假说”认为，在大尺度的空间范围内，可利用的环境资源是决定生态系统可入侵性的关键因素。在新栖息地的群落一旦具有入侵种所必需的生态资源（包括营养、光照、水分、土壤营养等），且这些生态资源大多没有被土著种有效利用，便为外来物种的入侵提供了可能的空间，事实上也就是新生境中存在空余的生态位。因此，该假说也是对“空生态位假说”的进一步解释。外来入侵物种为了能够成功定植，必须从环境中获得有效的水分、阳光和养分等资源。一般情况下，研究认为物种丰富的群落能够利用所有的可利用资源，因此低丰富度的群落对于外来入侵物种来说更容易建立种群（Elton，1958）。如果群落不能完全利用全部资源，将给外来入侵物种留下“空生态位”（Elton，1958）。例如，在美国西部，入侵植物长刺矢车菊（*Centaurea solstitialis*）通过利用本地植物根际以下的水资源来取代本地植物（Holmes and Rice，1996）。然而，当生长在有星带菊（*Hemizonia congesta*）分布的环境中时，与其他本地植物伴生的环境相比，长刺矢车菊的生长速度有所降低（Dukes，2002）。专家推测这是因为星带菊和长刺矢车菊具有相似的形态特征和生长习性，导致它们对相似的资源产生竞争。当本地植物不能够完全利用全部资源时，将给长刺矢车菊留下空生态位从而使其能够成功建群并入侵。

四、干扰假说或环境发生化学变化假说

干扰是外来植物入侵的关键驱动因素，人为干扰往往通过破坏本地物种间的相互作

用和改变资源可利用性从而为外来入侵植物创造空余生态位，降低这些区域中土著种对入侵种的抵抗力，使外来种易于进入并定居（Bradley *et al.*，2010），如道路修建、过度放牧、垦荒等人为干扰在很大程度上会改变局部环境，促进入侵种的传播（许凯扬和叶万辉，2003）。相比之下，自然干扰并不一定能够促进植物入侵，主要是因为本地植物群落在某种程度上已经适应了这种类型的干扰。一些小尺度干扰，如本地掘穴哺乳动物活动形成土丘，如果本地植物能够迅速在土丘上生长或广食性本地食草动物被吸引到这个空隙处，就可能减少外来植物的入侵（D'Antonio，1993）。然而，在某些情况下，自然干扰促进了外来入侵植物的定植和传播，如在加利福尼亚草原上，口袋地鼠对土壤的扰动对本地植物群落的演替产生了积极影响，但同时促进了外来植物大麦状雀麦（*Bromus hordeaceus*）的入侵（Hobbs and Mooney，1991）。在相同的生态系统中，巨型袋鼠洞穴挖掘活动促进了外来植物芹叶牻牛儿苗（*Erodium cicutarium*）和马德雀麦（*Bromus madritensis*）的入侵，但却是以破坏本地物种为代价（Schiffman，1994）。Torres-Díaz 等（2012）基于"生态位机遇假说"理论研究了本地啮齿动物鼹八齿鼠（*Spalacopus cyanus*）对土壤的干扰与外来植物攀援烟堇（*Fumaria capreolata*）入侵的关系，结果发现本地掘穴动物能够通过将入侵植物生长的微生境扩展到开阔区域并促进已入侵生境中外来植物的生长来促使外来植物入侵。

五、资源波动假说

Davis 等（2000）提出了可用资源波动性与植物群落可入侵性关系的理论：植物群落中可用资源的增加都将使该群落的可入侵性增加。该理论基于一种假设：一种入侵物种在入侵过程中必须有可利用的资源，如光照、养分和水。当与本地物种之间没有激烈的资源竞争时，外来物种入侵成功概率更大，因为竞争的强度与未用资源呈负相关关系。多余的养分通过两种主要方式变得可利用：第一，干扰或掠夺式破坏导致种群数量降低，本地物种降低对养分的吸收；第二，降雨增加或矿化作用增快，更多的来自外部或内部的养分变得可利用。因为外来入侵物种相比本地植物对多余的养分的吸收利用能力更强，因此群落更容易受到外来物种入侵。以马缨丹（*Lantana camara*）为例，Duggin 和 Gentle（1998）通过在澳大利亚新南威尔士州开展的一系列实验阐明了这个观点，分析了养分、生物量移除、火灾对马缨丹种子萌发、存活和生长的影响。马缨丹作为一种入侵灌木，原产于中南美洲，已被引入全球 60 多个国家，它能够在各种土壤类型和生境中生长，但是一般不会在未受干扰的森林中出现（Sharma *et al.*，2005）。

与此相关的假说还有"环境异质性假说""空生态位假说""机会窗假说"等。"环境异质性假说"认为，环境条件多样性高的栖息地拥有丰富的生态位，如果本地物种不足以利用所有生态位，入侵就有可能成功发生。与此相似，"空生态位假说"认为当本地物种非常有限，不能使当地群落和生态系统达到饱和，外来者就能占用未被利用的资源和生态位，从而成功入侵。"机会窗假说"则强调生态位的动态变化，认为生态位的可利用性会随着时间和空间的改变而发生改变。当合适的机会到来时，外来种就会成功拓殖、归化，并进一步成为成功入侵种（李小蒙等，2020）。

第四章 外来入侵物种危害快速识别、阻截与防控技术

外来入侵物种入侵自然生态系统之后，对生态系统结构、功能及生物多样性等造成严重危害。加强自然生态系统外来入侵物种防控对于降低外来入侵物种的入侵危害十分重要。在开展外来入侵物种防控之前，首先要对外来入侵物种危害进行快速识别，针对不同的生态环境类型应该选择相应的快速识别技术，如针对陆地生态系统的无人机遥感识别技术和针对水生生态系统的环境 DNA 识别技术。而识别出外来入侵物种危害区域之后，能够采取有效的阻截措施是防止外来入侵物种进一步扩散的关键。外来入侵物种防控技术目前已较为成熟，主要的防控技术包括物理防控、化学防控、生物防控和综合防控等 4 种，防控技术实施的最终目的是消除外来入侵物种对自然生态系统的影响，同时恢复受损生态系统的功能并提高自然生态系统自身对外来入侵物种的抵抗力。

本章总结了外来入侵物种防控过程中的有关技术，包括外来入侵物种危害快速识别技术、阻截技术和防控技术 3 个方面的国内外主要技术方法，为我国外来入侵物种防控提供理论基础。

第一节 外来入侵物种危害快速识别技术

一、遭受外来入侵物种侵害的陆地生态系统危害快速识别技术

生态系统危害识别是对其进行生态风险评价的基础（朱艳景等，2015）。传统的生态系统危害程度识别及监测方法主要依赖人工现场调查来判断（张红梅和陆亚刚，2017），而因地形、资金、时间、人工成本等因素制约，仅靠人工的方法很难及时准确地发现生态系统受损和危害程度，且生态系统受损程度识别和判定受调查者的主观因素影响较大。随着遥感技术、计算机数字图像处理技术的发展，国内外学者利用航空航天遥感图像等机器视觉技术对遭受病虫害和外来物种入侵危害的陆地生态系统进行危害程度识别和监测已成为研究趋势（Camargo and Smith，2009；胡根生等，2013；何青海等，2013；张建华等，2014；Barbedo *et al.*，2016；魏丽冉等，2017；Martin and Latheef，2018）。据研究，在广阔地带利用卫星遥感图像发现大面积外来入侵物种分布或遭受有害生物侵害的陆地生态系统非常有效，如不同时相的遥感影像已被广泛应用于滨海滩涂湿地互花米草的空间分布与动态变化监测（刘永学等，2001；黄华梅等，2005；李加林，2006；方民杰，2012；任广波等，2014），但对林下物种进行识别和监测存在不足，且卫星遥感图像受分辨率、卫星运行周期、天气状况、经费等因素的影响也难以推广使用。近年来新兴的无人机遥感识别技术具有成本低、操作简单、获取影像速度快、地面分辨

率高、灵活性高等传统遥感技术无法比拟的优势，成为地面观测和卫星遥感的重要衔接，被认为在生态学空间研究领域具有变革作用（Anderson and Gaston，2013；Turner，2014），已成为生态学及农业研究中的前沿手段。

无人机全称无人驾驶飞行器（unmanned aerial vehicle，UAV），是一种有动力、可控制、能携带多种任务设备、执行多种任务，并能重复使用的无人驾驶航空器（金伟等，2009），具有起降灵活、成本低、不受云层影响等优势（王峰和吴云东，2010；Colomina and Molina，2014；李明慈，2015）。无人机遥感，即无人驾驶飞行器和遥感技术的结合，以无人机为载体，通过搭载相机、光谱成像仪、激光雷达扫描仪等各种遥感传感器，获取高分辨率光学影像、视频、激光雷达点云等数据（金伟等，2009）。其综合了无人机和遥感技术的优势，为空间生态学研究提供了革命性的新工具（Anderson and Gaston，2013；Turner，2014）。2014 年，Whitehead、Hugenholtz 和 Whitehead 等对小型无人机在环境相关领域的研究进展和存在的挑战进行了系统综述。Paneque-Gálvez 等（2014）对无人机技术在森林管理中的应用进行了深入介绍。此后，无人机遥感技术在林草资源监测、植物病虫害监测、地质灾害调查、海洋监测等领域逐步开始应用（李宇昊和张同伟，2013；李德仁和李明，2014；孙红梅，2018），而在生态学和保护生物学等领域主要集中于森林冠层监测、动物行为和数量调查、生境监测、野生动植物保护、自然保护区管理等方面（Chabot and Bird，2015；马克平，2016；胡建波和张健，2018；刘方正等，2018）。近年来，无人机遥感逐步应用于外来入侵物种监测领域。例如，李卫正等（2014）利用无人机搭载单反数码相机获取了南京某地松材线虫疫情地区的高空间分辨率影像，经实地检验，正确率达 83.3%；李晓敏等（2017）利用无人机高光谱遥感对黄河三角洲国家级自然保护区互花米草开展了监测。但现有研究主要基于拍摄的照片对外来入侵物种进行简单辨识，缺少与无人机数据相匹配的高精度的地面调查数据（包括详细的物种分布及其对生态环境的影响数据），对遭受外来物种入侵的生态系统危害识别等领域研究不够。

遭受外来入侵物种侵害的陆地生态系统危害快速识别技术具体方法如下。

（一）无人机数据采集流程

（1）采样地点的勘察

在采用无人机进行影像采集的过程中，为保证无人机的安全，需提前进行人工勘探或高飞探查，寻找适合的起降地点，一般要选取没有遮挡、地表起伏不大、具有开阔视野的区域。在飞行过程中关注遥控信号和飞机信号，使两者始终保持连接，以保证飞机的状态实时传回到地面，实现飞机飞行过程中的安全和后期手动返航信号的接收，保证无人机作业过程中的安全。

（2）布设地面控制点

为了保证影像的精确度，防止发生几何形变，需要对影像进行校正，因此需在飞行区域布设控制点，一般常用红白相间直角三角形条带，布设在明显区域，采用 RTK（差分 GPS）测量顶点的 GPS 信息，控制点要求不少于 4 个。

（3）实际采样

在布设样方实际采集部分入侵植物的地上部分，记录经纬度信息，带回实验室后烘干，测量生物量。具体做法：首先在选定区域内根据入侵植物长势确定具有代表性的30个样地，样地面积为1m×1m；收集入侵植物地上生物量，然后记录样地中心GPS位置信息，保证入侵植物生物量样本的采样点能对应到待估测湿地地表植物群落高度变化模型影像和可见光植被指数模型影像中；最后利用烘干法计算入侵植物的生物量，将采集的入侵植物的地上部分置于烘箱内，每个样品在65℃条件下恒温烘干至其达到恒重，称重并记录数值，用于后续的建模分析。

（4）无人机航线的设计

本次研究所采用的无人机型号为北京数字绿土科技股份有限公司的GV1300，传感器是美国MicaSense公司的MicaSense RedEdge-M多光谱成像光谱仪。无人机航线的设计在计算机端的DJI gis pro桌面版完成，确保精度。根据1m分辨率的谷歌地图影像，选定要飞行的区域，然后自动生成航线。对于计算机端的DJI gis pro则需要较为精确的GPS信息点，根据150m分辨率的地图大致放置多个航点，然后根据精确的GPS信息导入每个航点中，生成航线。该过程需要在航线设计时注意飞行高度以保证地面分辨率小于10cm，以达到测绘要求，具体计算公式如下：

$$\mathrm{GSD} = H \times \frac{a}{f} \tag{4.1}$$

其中，GSD为地面分辨率；H为飞行高度；a为像素大小；f为焦距（a、f与相机参数有关）。

在设计航线时需保证航向重叠度和旁向重叠度达到要求，航向重叠度要求为70%，旁向重叠度要求至少达到30%，一般为50%。航向重叠度与飞行速度和摄影间隔（可见光一般时差为1张/s，多光谱成像光谱仪会自行计算）、飞行高度有关；旁向重叠与航线间距、飞行高度有关。具体计算公式如下：

$$D = \mathrm{GSD} \times \frac{\partial}{100} \times (1 - C) \tag{4.2}$$

其中，D为航线间距（航向方向移动距离）；C为旁向（航向）重叠度；GSD为地面分辨率；∂为横向（纵向）像元数。

摄影间隔计算公式如下：

$$T = \frac{D}{V} \tag{4.3}$$

其中，D为航向方向移动距离；V为飞行速度；T为摄影间隔。

（5）无人机航摄作业要求

在进行无人机航摄前，要确保传感器及无人机相关设备的正常以及电量的状态，在确保设备正常和相关移动电源设备状态以后，方可进行飞行，具体飞行步骤如下。

1）准备工作

将电源设备与无人机进行连接，让无人机预热稳定一段时间，接通传感器电源，然后对磁罗盘进行校正，确认无人机的工作灯为绿色慢闪后进行飞行。

2）无人机的起飞

飞行前，操作人与机头部保持面对面状态，以保证起飞时遇到特殊紧急情况时来得及进行正确的反应，起飞瞬间避免过多的冗余操作，使飞机尽快离地，然后稳定上升高度，最后执行航飞。

3）飞行过程

在飞行过程中，实时观察电池、信号等参数，计算无人机飞行的时间，以保证无人机安全返航，完成航线任务以后，切入无人机手动控制模式。

4）无人机的着陆

无人机着陆前应将无人机的机尾方向与操作人员保持面对面状态，以保证在降落过程中出现突发情况时能进行正确的反应。飞机降落到一定高度以后，将脚架放下，然后平缓降落（切记不可快速降落），降落地点应保持尽量水平，没有起伏和坡度。在遇到大风的情况下，应轻微操作，以抵抗风力，保证飞机的平稳。降落过程中不可大动作地移动，要缓慢操作，避免人员伤害和机体损伤。最后确保影像的存储以后，将电源设备断电，收好相应设备即可。

（二）数据处理和分析流程

（1）生成正射影像

首先将航摄影像数据导入图像处理软件 Lightroom 中并对影像参数进行调节，提高影像数据质量，然后提取无人机搭载的航线轨迹记录仪中的航测 GPS 轨迹信息，并导入处理后的影像，对应相同时刻匹配影像的 GPS 信息，给所有影像赋予对应的 GPS 信息，利用软件 Agisoft Photoscan 中自带的运动恢复结构算法和多视角立体重构算法，对处理后的影像数据进行拼接处理，生成稀疏点云数据，输入地面控制点的经纬度坐标及高程，引入控制点，确定将要生成正射影像的坐标系，让所有生成的点云数据处于同一坐标系下，之后对稀疏点云进行加密，形成稠密点云，再基于稠密点云数据生成三角网模型，以三角网模型作为参考，使影像上所有的点云数据处于同一平面内，最后生成高分辨率的地面正射影像。

（2）提取高度数据

利用软件 Agisoft Photoscan 将加密获得的稠密点云数据生成数字表面模型（digital surface model，DSM），然后利用稠密点云生成基础的地面变化模型，再把 DSM 与基础的地面变化模型利用内插法生成数字高程模型（digital elevation model，DEM），利用软件 SAGA-GIS 的影像数据运算功能将 DSM 和 DEM 叠加相减得到地表植物群落冠层高度模型（canopy height model，CHM），即获得待估测区地表植物群落高度变化模型影像。

（3）对影像进行分类

对无人机获取的影像进行分类，每个地类选择的样本数依据影像大小而定，一般各地类的样本数至少 30 个，其中主要把入侵生物所在地类挑出来，其他地类可以模糊处理。

（4）计算可见光植被指数

利用遥感图像处理平台（ENVI）中植被指数模型建立功能，采用可见光植被指数公式对待估测区地面正射影像进行可见光波段运算，生成可见光植被指数（VDVI）模型影像。VDVI 的计算公式如下：[2×band（green）–band（blue）–band（red）]/[2×band（green）+band（blue）–band（red）]。通过该指数能够有效地对植物进行突显。

（5）回归分析

根据采样的样方大小，对影像图进行重采样，保证两者的尺度一致，然后依据采样位置，使用最邻近法，计算采样区域的平均可见光植被指数，记为 V。与对应区域的生物量（记为 B）进行回归分析，具体可通过软件 SPSS 或 Excel 建立可见光植被指数 V 与植物生物量 B 的一元函数关系，表达式大致为 $B=a\times V+b$。若植物高度差异较大，可考虑加入高度变量 h，进行高度、植被指数与植物生物量的二元回归分析，表达式大致为 $B=a\times V+b\times h+c$。

（6）生成生物量分布图

首先根据分类图，利用 Raster to Polygon 工具导出图，然后利用 Create Fishnet 根据刚生成的面状矢量图生成 1×1（格网大小由采样样方大小决定）的格网，将格网文件用之前的矢量图裁剪过后，得到只包括入侵植物的格网。再根据生物量与 VDVI 的回归模型（若有高度变量则一并加上），利用高度图和 VDVI 影像，计算入侵植物生物量。之后利用 Extract Value to Point 将生物量数据导入之前生成的格网数据的中心点，利用 Spatial Join 将生物量信息赋予裁剪后的格网，将点数据导入对应的格网上，即可得到平均生物量，最后将格网数据转为栅格数据，调整分级以生物量形式显示，即可得到入侵植物的生物量分布情况。

（7）生成盖度图

通过之前生成的含有入侵植物的面状矢量图，统计各小块面积，再除以格网面积，就得到了入侵植物的盖度。将其转为栅格文件，调整分级（多级均分），以不同颜色显示盖度。

技术流程（图 4.1）如下。

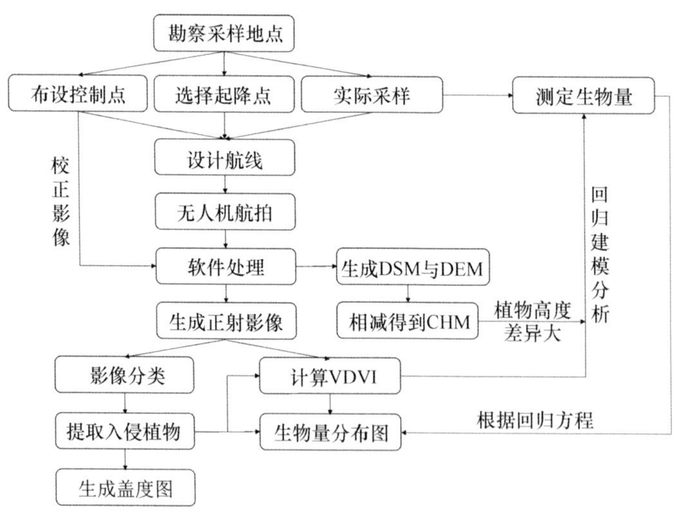

图 4.1　技术流程图

二、遭受外来入侵物种侵害的水生生态系统危害快速识别技术

水生生物是众所周知难以进行计数调查的生物（Barbour *et al.*，1999）。人们对水生

生态系统生物多样性的评估大都是基于对水生生物及其群落的大规模采样、专家肉眼鉴定、人工计数而获得的，耗时耗力（Snyder，2003；Machida *et al.*，2009；Lindeque *et al.*，2013）。随着分子生物学研究的迅速发展，尤其是 DNA 分类和鉴定技术的问世，环境 DNA（environmental DNA，eDNA）技术因准确、便捷、高效、成本低廉等优势而被广泛应用（Rees *et al.*，2014；Goldberg *et al.*，2015）。

据研究，所有细胞生物都会以组织器官脱落、细胞裂解、分泌物、排泄物等形式将其 DNA 分子遗留在生活或者活动的环境中，形成 eDNA（Haile and Papadopoulou，2007；Matisoo-Smith *et al.*，2008；Haile *et al.*，2009；Andersen *et al.*，2012）。这些 DNA 可作为该物种在特定环境中生活过的证据。而通过环境 DNA 的深度解析可推知活动生物的状况。eDNA 技术则是从环境样品（土壤、沉积物和水体等）中直接提取 DNA 片段，然后利用测序技术进行定性或定量分析的方法（Ficetola *et al.*，2008；Haile *et al.*，2009）。其最早出现在环境微生物学领域，被用于分离和纯化沉积物中微生物的 DNA（Ogram *et al.*，1987）。2008 年，Ficetola 等首次在水样中提取 DNA 来监测水生生态系统中的入侵物种美洲牛蛙（*Rana catesbeiana*）。之后 eDNA 技术被逐渐应用于水生生态系统物种监测，研究对象也扩展到了两栖类（Ficetola *et al.*，2008）、鱼类（Takahara *et al.*，2012）、节肢动物（Thomsen *et al.*，2012）、腹足纲动物（Goldberg *et al.*，2013）等类群。随着技术的成熟，eDNA 技术由最初的物种监测等定性研究发展到了现在的定量或半定量研究，Takahara 等（2012）率先尝试利用 eDNA 的方法对日本 Iba-naiko 湖中的普通鲤进行资源量评估，发现水体中 eDNA 的浓度与鲤的生物量呈正相关关系。水环境中 eDNA 的种类和浓度可以大致反映水生物种的存在和生物量（Rees *et al.*，2014）。

入侵物种是影响水生生态系统生物多样性的最重要因素。对水生生态系统开展外来入侵生物监测和预警对当地生物安全管理有着重要的意义。eDNA 技术可对水生生态系统的外来入侵物种进行快速、准确的监测。只要收集环境中的水样，不需要对目标物种进行直接观测和追踪，就可以通过生物条形码鉴定得知是否有目标物种的存在。2012 年，Mahon 等利用 eDNA 技术对五大湖-圣劳伦斯河道过往船只的压载水进行快速监测，旨在控制船只压载水携带入侵物种沙筛贝（*Mytilopsis sallei*）。Jerde 等（2011）利用 eDNA 技术研究美国芝加哥地区河流中的两种入侵亚洲鲤科鱼类（鲢 *Hypophthalmichthys molitrix* 和鳙 *Aristichthys nobilis*），发现使用传统电气捕鱼法检测到一条鱼需要 93 人/天，而采用 eDNA 技术检测到目标物种只需要 0.174 人/天。在亚洲鲤科鱼种群密度很低的区域，只有 eDNA 技术能够检测到这两种鱼（Lahaye *et al.*，2008）。此外，eDNA 技术还可以监测水生生态系统中的美国牛蛙（Ficetola *et al.*，2008）、亚洲鲤（Jerde *et al.*，2011）、大西洋鲑（*Salmo salar*）（Takahara *et al.*，2012）、克氏原螯虾（*Procambarus clarkii*）（Treguier *et al.*，2014）和西伯利亚鲟（*Acipenser baerii*）（Dejean *et al.*，2011）等入侵动物。受技术和成本限制，现有研究仍主要集中于外来入侵物种鉴定和监测等方面，利用 eDNA 技术半定量或定量地监测入侵生物并快速评估其对生态系统的危害等的研究较少。随着技术的成熟和测序成本的降低，量化水生生态系统的外来入侵物种丰富度并开展生态系统危害评估将是入侵生态学家越来越感兴趣的领域。

以克氏原螯虾为例，遭受外来入侵物种侵害的水生生态系统危害快速识别技术的具体方法和流程如下。

（一）环境 DNA 的采集

所有的采样材料和设备都经过灭菌处理。操作者全程戴乳胶手套。使用蠕动泵或真空针管等将水体泵入囊式滤器中，待到达目标过滤体积后，向囊式滤器中注入无水乙醇，然后将囊式滤器的进水口和出水口盖子旋紧，并以封口胶再次封住进、出水口。将囊式滤器放入自封袋，并标记采样信息。在野外和运输过程中，需保持温度的恒定，避免温度的频繁变动，避光避热。

（二）环境 DNA 的提取与保存

（1）克氏原螯虾组织 DNA 的提取

克氏原螯虾组织 DNA 的提取在环境 DNA 操作室的 DNA 提取室中进行。组织 DNA 的提取采用 DNA DNeasy Blood and Tissue Kit 试剂盒（Qiagen，Hilden，Germany），完全按照试剂盒说明书有关组织 DNA 的提取方法进行。

（2）环境 DNA 样品的提取

环境 DNA 样品的提取在环境 DNA 操作室的 DNA 提取室中进行。环境 DNA 的提取不可与组织 DNA 的提取工作同时进行，在两种 DNA 的提取实验之间，实验室必须进行彻底紫外灭菌处理。环境 DNA 的提取采用 DNA DNeasy Blood and Tissue Kit 试剂盒（Qiagen，Hilden，Germany），操作员全程戴乳胶手套进行操作。具体步骤包括：①将囊式滤器中的乙醇完全排出后，进水口和出水口保持敞开，在超净工作台上进行室温过夜干燥；②关上出水口，向囊式滤器中注入 DNA 裂解液和蛋白酶 K，关上进水口后，振荡混匀后 56℃温育 24h；③将消化液倒入低蛋白吸附离心管中；④后期处理按照试剂盒说明书的提取方法，将消化液转入 DNA 过滤柱进行离心、洗脱及溶解。

（3）DNA 样品的检测

组织 DNA 和环境 DNA 样品采用 NanoDrop 紫外分光光度计进行定量检测。

（4）DNA 样品的提取后保存

提取环境 DNA 后，分装 10μL 作为工作液，工作液保存于环境 DNA 操作室的加样室的 4℃冰箱中，自分装开始使用时间不超过 1 个月。剩余的 DNA 放入–40℃或–80℃超低温冰箱长期保存。

（三）设计特异性引物

（1）克氏原螯虾的 DNA 条形码

使用 DNA 条形码通用引物 HCO2198 和 LCO1490 扩增克氏原螯虾的 COI 全长序列，并使用软件 Geneious 5 进行序列排列、比对、校正和正反向拼接。

（2）设计引物和探针

在软件 Geneious 5 中输入获得的克氏原螯虾序列，并对其进行特异性引物和探针的设计。引物设计完毕后，使用软件 ecoPCR 进行引物的特异性验证，软件显示，该引物和探针具有特异性；另外，采用该引物和探针还对利莫斯螯虾（*Orconectes limosus*）、宽大太平螯虾（*Pacifastacus leniusculus*）、奥斯塔欧洲螯虾（*Astacus astacus*）等几种相近物种组织中提取的 DNA 进行了验证，该引物不能扩增这些物种，证明该引物和探针具有特异性。

（四）环境 DNA 的定量检测

环境 DNA 的定量检测包括 PCR 预混液的配制、加样、定量 PCR（qPCR）扩增及分析。

（1）PCR 预混液的配制

PCR 预混液的配制在环境 DNA 操作室的 PCR 前处理室（试剂混配间）中进行。每一份 PCR 预混液的组成为：10μL *Taq*Man Environmental Master Mix 2.0（Life Technologies，Carlsbad，California，USA），4μL 超纯水，0.8μL 正向引物（10μmol/L），0.8μL 反向引物（10μmol/L），0.8μL 探针（2.5μmol/L）。

（2）加样

加样在环境 DNA 操作室的加样室中进行。加样包括作为标准曲线的 4 个浓度梯度的组织 DNA、环境 DNA 样本、野外阴性对照、DNA 提取的阴性对照以及 PCR 扩增的阴性对照，每个 PCR 体系中加入 3.6μL DNA 模板。每一份样本重复 3 次定量 PCR 反应。

（3）定量 PCR（qPCR）扩增及分析

定量 PCR（qPCR）扩增及分析在环境 DNA 操作室的 PCR 扩增室中进行。使用的定量 PCR 仪器是 QuantStudio 12K Flex Real-Time PCR System（Life Technologies）或可用于 *Taq*Man 探针法检测的其他设备。

定量 PCR（qPCR）扩增的程序设定为：50℃ 5min，95℃ 10min，95℃ 30s（进行 55 个循环），最后 56℃ 1min。

（五）环境 DNA 的定量分析

（1）标准曲线

使用克氏原螯虾组织 DNA 的 4 个浓度梯度建立标准曲线。

（2）阴性对照

阴性对照为野外阴性对照、DNA 提取的阴性对照以及 PCR 扩增的阴性对照，当定量 PCR 结果为未检测到荧光信号或 C_t 值在 45 以上时，可判读为阴性对照未被污染。

（3）环境 DNA 的阳性判读

当环境 DNA 的定量 PCR 结果为：检测到荧光信号，且 C_t 值在 40 以内，可判读该样本为阳性，即该 DNA 对应的水样中有克氏原螯虾的 DNA。当 3 个重复皆为阴性或检测到荧光信号，但 C_t 值为 40～45，且 3 个定量 PCR 重复中都不是阳性结果时，需再次重复该份样本的定量 PCR 从而确定其是否为阳性。

（4）定量 PCR 分析

当环境 DNA 的定量 PCR 结果都为阳性时，按照标准曲线的浓度换算为具体的浓度值。当定量 PCR 结果都为阳性时，取 3 次 PCR 的平均值；当 3 次定量 PCR 结果不全为阳性时，判读为阴性的样本取值为 0，然后取 3 次定量 PCR 的平均值；当第一轮定量 PCR 结果均为阴性，第二轮定量 PCR 结果仍为阴性时，判定该样本为阴性。

（5）利用 DNA 条形码技术确定阳性扩增产物

在每一批次的定量 PCR 阳性产物中，随机挑选 3 份产物，使用 ABI 3730 XL 型测序仪进行测序，测序结果使用软件 Geneious 5 与经过 DNA 条形码测序获得的克氏原螯虾 COI 序列进行比对，进而对定量 PCR 的阳性产物进行确认。

第二节　外来入侵物种阻截技术

外来入侵物种对生态系统安全和社会经济发展造成危害，日益成为全球关注的焦点问题。一方面，由于人类干扰后多数生态系统对外来入侵物种的抵抗能力减弱，现有入侵物种扩散和暴发趋势严重，生态系统的完整性受到了极大的破坏；另一方面，随着经济全球化进程加快，更多新的外来物种传入国内，新的生物入侵风险不断加大，社会经济发展不断面临新的威胁（鞠瑞亭等，2012）。外来入侵物种具有繁殖速度快、扩散能力强的特点，给我国林业、农牧业造成严重危害（万方浩等，2002）。外来入侵物种主要入侵生态位空缺且与其无竞争或竞争程度弱的生态系统（Dukes，2001）。基于该理论，应筛选与其竞争关系激烈且有优势的物种，通过配置人工群落在入侵前沿地区建立阻截带，防止外来入侵物种的进一步入侵和扩散（Romanuk and Kolasa，2005；Akatov and Akatova，2013）。

目前，国内外在阻截物种筛选方面开展了大量的研究工作，一些研究通过筛选对外来物种具有较强化感作用的本地植物来抑制外来物种入侵。侯玉平等（2016）通过研究山东半岛丘陵生境的 4 种本土优势物种对火炬树（*Rhus typhina*）种子的化感作用，发现麻栎（*Quercus acutissima*）能够显著抑制火炬树种子萌发和幼苗生长。张震等（2012）研究发现葎草（*Humulus scandens*）浸提液对空心莲子草根茎的分蘖力具有明显抑制作用，且葎草地下部分浸提液较地上部分对空心莲子草的化感抑制强度更明显。筛选资源竞争能力强的本地植物来阻截外来入侵物种的扩散也是目前常用的方法。Shen 等（2015）将甘薯（*Dioscorea esculenta*）与微甘菊（*Mikania micrantha*）混合种植，试验表明微甘菊的形态指标及生物量被显著抑制，主要是因为甘薯在生长方面具有更强的优势，对土壤养分有较强的吸收能力，同时还发现微甘菊的生殖生长被严重抑制，主要是由于甘薯的竞争推迟了微甘菊的开花期，降低了传粉者数量（Shen *et al.*，2016）。除了土壤养分竞争，对光能的竞争也能抑制外来入侵物种的生长，杨晴等（2014）的研究发现黄顶菊（*Flaveria bidentis*）种子需要光照刺激才能萌发，而藜（*Chenopodium album*）的遮阴郁闭作用有效阻止其萌发。少数萌发的黄顶菊很难与长势高、郁闭度高的本地植物如紫穗槐（*Amorpha fruticosa*）、斜茎黄芪（*Astragalus laxmannii*）争夺光照资源，因此其植株生长受到显著抑制，繁殖能力也显著降低（张瑞海等，2016）。

关于利用本地群落多样性组成来阻截入侵植物目前已有一些研究（高尚宾等，2017），但从入侵种与群落物种间亲缘关系入手、从进化历史与系统发育角度探讨本地群落多样性组成与系统发育亲缘关系对外来物种不同入侵阶段的阻截作用与机制的研究，还较为少见。

第三节　外来入侵物种防控技术

针对外来入侵物种的防控，国内外开展了大量的研究工作，主要防控技术包括物理防控、化学防控、生物防控和综合防控（杨逢建，2003）。物理防控是以机械清除或人工拔除为主，但该防控技术受疫情面积或入侵区环境影响，人工拔除主要针对零星分布的小面积入侵植物，人力、物力成本较高，而机械清除主要是清除大面积的外来入侵植物，但是仅清除其地上部分，地下部分仍可以萌发，特别是对于多年生且能进行无性繁殖的外来入侵植物，很容易导致原有入侵物种及其他外来入侵物种的二次入侵。化学防控主要是通过化学药剂对入侵物种进行处理，虽然处理效果显著，但是对环境影响较大，很容易导致环境污染，在药效失去后，同样也会产生二次入侵。生物防控主要是引入外来入侵物种在原产地的天敌，以昆虫为主，但是有可能对近缘本地植物造成危害，也有可能导致引入的物种形成新的入侵物种（张黎华和冯玉龙，2007）。综合防控则是将各种防控技术相结合，治理外来物种入侵效果较好，是现在较为常用的方式（张建华等，2008；唐赛春等，2011）。但是这些方法主要是直接作用于入侵植物，而不是对生态系统进行修复，因此很容易导致二次入侵或被另外一种植物入侵。所以，最好的修复方式是提高生态系统对入侵物种的抵抗力（Prober and Lunt，2009；Sitzia *et al.*，2016）。

替代控制是指利用植物的种间竞争关系，用一种或多种植物的生长优势来抑制入侵物种的生长和扩散，从而实现对外来入侵物种的完全控制或减轻危害（全国明等，2009）。一般根据本地植物群落的演替规律选择合适的替代物种来取代外来入侵植物，最终在入侵地重建替代植物群落，实现植被恢复。从生态生理学的角度来看，替代控制的作用机制为植物竞争，替代植物强大的竞争优势或特殊的他感作用（异株克生）能对其他植物产生直接或间接的毒害作用（于亮等，2009；彭恒等，2010；杨晴等，2014；高尚宾等，2017）。从恢复生态学角度来看，这一过程则体现为群落演替。用高生态位植物替代低生态位植物，如用木本植物替代草本植物，削弱植物的种群优势，抑制植物的生长势，降低其生态优势，为其他当地植物提供相对宽裕的生态空间，从而使生态系统内多物种和平相处，使单一种群转变为多物种和谐共存的良性演替的生态系统，从而增强生态系统对外来入侵物种的抵抗力（杜文琴等，2006；唐赛春等，2011；冯建祥等，2017）。

各　论

第五章　外来入侵植物飞机草

飞机草（*Chromolaena odorata*）为菊科飞机草属多年生丛生草本或亚灌木，可独立或攀缘于其他植物生长，高3～7m。20世纪30年代，飞机草入侵中国云南地区，现在已蔓延扩散至海南、香港、澳门、广东、广西、台湾等南方多地。随着全球变暖的加剧以及区域间经济贸易、交通运输业的高速发展，飞机草在中国的蔓延速度、扩散范围还有可能不断增加。

飞机草喜好充足的光照，但有一定的耐阴能力，可以适应林下弱光到全光照的各种光照环境，喜温不耐寒、喜湿不抗旱、不抗霜、不耐盐，一般分布于年降水量2000mm以上、气温20～37℃的温暖湿润地区（王俊峰等，2003）。飞机草对土壤没有特殊要求，其根表及根际周围有自由的具有生物活性的固氮菌，这些固氮菌可协助飞机草进行固氮作用，因此飞机草在贫瘠的土地上也能生长，表现出极强的养分适应能力，而在高氮环境下，飞机草具有更强的竞争优势（王满莲和冯玉龙，2005）。

飞机草入侵扩散机制主要有以下几种。①较高的繁殖体压力。飞机草具有超强的繁殖能力，单株产种近500 000粒（全国明等，2011）。种子质量轻，可以通过多种途径进行有效传播。种子具有冠毛等附属结构，有利于风媒传播。此外，种子还带有短钩状的刺，容易粘到衣服、毛发上，随着人类和动物的活动实现远距离的传播扩散，不断侵占新的生境与扩大分布范围，这将增加飞机草入侵防控的难度。飞机草种子萌发过程中不需要特别的养分供应，并且能够忍耐一定程度的干旱胁迫，对环境条件的适应性较强。②竞争策略多样性。与本地植物相比，飞机草具有更高的光合速率和更快的生长速率，具有先天的竞争优势。到达入侵地后，针对新的物理环境、天敌和竞争对象等发生快速的适应性进化，进一步增强了竞争能力。飞机草还具有较强的化感作用，这些因素共同推动了飞机草的成功入侵（Qin *et al.*，2013；Zheng *et al.*，2013，2015）。

飞机草能入侵危害的土地有多种类型，如新种植幼苗的开放式经济植物园，包括橡胶、油棕、椰子、茶、咖啡、腰果、杧果、红毛丹、柚木，以及农业耕地、牧场、休耕地、荒地、路边、河岸等，并为许多农作物害虫提供栖息场所。

由于有大量的专一性昆虫取食及病原菌侵染，飞机草在原产地中南美洲并没有造成危害。但是在其入侵地区，由于缺乏天敌控制，飞机草一般生长繁茂，密集成丛，通常以成片的单优势种群落出现，能通过遮阴作用排挤本地物种，其入侵严重影响入侵地区农林牧业生产并威胁本地植物的生长及入侵地区的生物多样性资源，导致环境恶化。在我国西南地区，尤其是云南省，飞机草已经对当地宝贵的生物资源构成巨大威胁，使得大批当地的野生名贵药材失去了生存环境（曹坳程等，2003）。因飞机草生物量极大，在我国广东某林场每年对桉树追施的肥料多半被其利用，从而降低了桉树的生长量，造成较大的经济损失（曹洪麟等，2004）。飞机草干枯植株极易燃烧，成为火灾隐患，然而火烧只能毁坏其地上部分，雨季来临之后其根部又可发芽再生，成为火烧后第一种再生长的优势植株。飞机草还具有化感作用，化感化合物主要是黄酮类化合物、生物碱和非蛋白氨基酸。这些化合物通过雨水冲刷叶片、根部渗出、植株腐烂分解等方式释放到环境中，抑制邻近植物的生长（Ambika and Jayachandra，1980）。飞机草叶片和幼芽的硝酸盐含量较高，会引起人的皮肤过敏，出现红肿、起泡等症状，家畜误食后会中毒（余香琴等，2010）。

第一节 飞机草入侵对生物多样性的影响

近年来，有关飞机草入侵对生态系统危害的研究主要集中在群落结构和土壤特性两个方面（Honu and Dang，2000；Koutika *et al.*，2004；Mandal and Joshi，2014；Quan *et al.*，2015）。飞机草入侵后，通过竞争占据本地物种生态位，影响本地物种生存；分泌化感物质，抑制其他物种生长，形成大面积单优势种群落，降低物种多样性。在广西，贾桂康和薛跃规（2011a）对飞机草入侵生境的物种多样性进行了分析研究，结果表明飞机草入侵生境的物种多样性显著低于未入侵生境的物种多样性。李志刚等（2006）对广西隆安县屏山乡石灰岩地的飞机草群落特征进行研究后发现，飞机草入侵后与雀梅藤（*Sageretia thea*）、龙须藤（*Phanera championii*）等优势种竞争群落生境资源，并逐渐占据明显生存优势，甚至在某些样地飞机草已成为主优势种，而雀梅藤、龙须藤等降为次优势种，表现出本地物种被排斥的趋势。

一、研究区域及方法

研究区域位于广西平果石漠化地区灌草交错带，依据飞机草入侵程度不同选择了5个典型样区，依次为六下、果弄、弄井、弄怀、龙何后山（图5.1）。开展样方调查，每个生境下设置3个10m×10m的乔木样方，每个乔木样方下设置3个4m×4m的灌木样方和5个1m×1m的草本样方，分别统计物种种类、物种盖度、物种高度，以及飞机草密度和生物量，计算物种相对重要值、物种多样性指数、物种均匀度指数等指标。

二、研究结果

1. 研究区域物种组成

根据调查统计，本次调查植物86种，其中8种外来入侵物种，分别为飞机草、小蓬草（*Erigeron canadensis*）、鬼针草（*Bidens pilosa*）、假臭草（*Praxelis clematidea*）、银合欢（*Leucaena leucocephala*）、一年蓬（*Erigeron annuus*）、马缨丹（*Lantana camara*）和苏门白酒草（*Erigeron sumatrensis*）。调查的植物分属38科，其中菊科11种、禾本科9种、大戟科9种、豆科6种、凤尾蕨科5种、蔷薇科4种、芸香科3种，防己科等8科各2种、其他23科各1种（图5.2）。

2. 飞机草入侵程度与其生物量、高度等指标的相关性

飞机草的入侵程度以飞机草的盖度作为主要衡量指标，与其自身的密度、高度和生

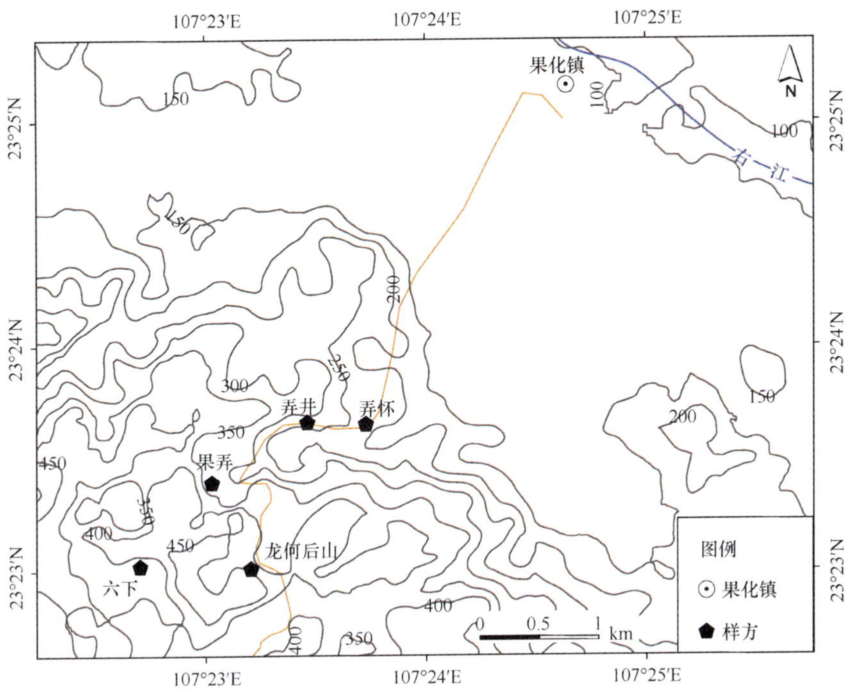

图 5.1 广西平果飞机草样方分布图

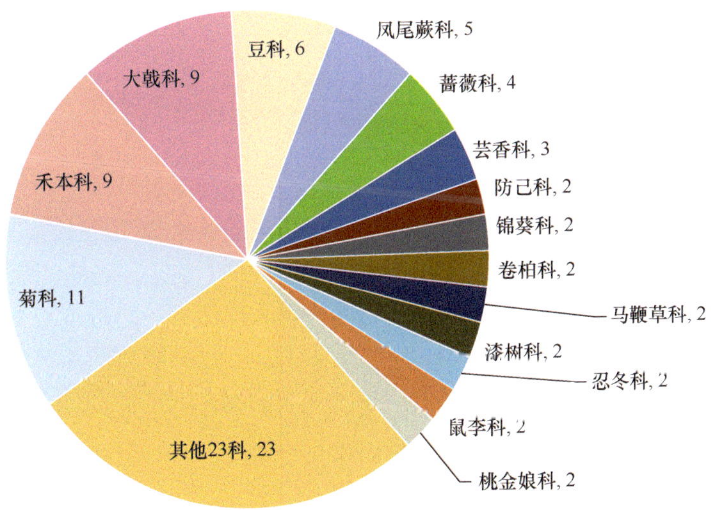

图 5.2 研究区域物种组成

物量有较大关系。通过分析，结果表明飞机草盖度与其生物量、密度、株高呈显著或极显著正相关关系，随着飞机草入侵程度（盖度）的增强，飞机草生物量显著增加，飞机草的密度显著增大，飞机草的株高显著增高（图 5.3）。

3. 飞机草不同入侵等级与本土灌草群落结构的相关性研究

外来入侵植物飞机草的入侵危害主要是对本地植物群落结构产生破坏。通过竞争和化感作用排挤本地物种，迅速占领本地植物栖息地，影响本地植物的物种组成，导致群

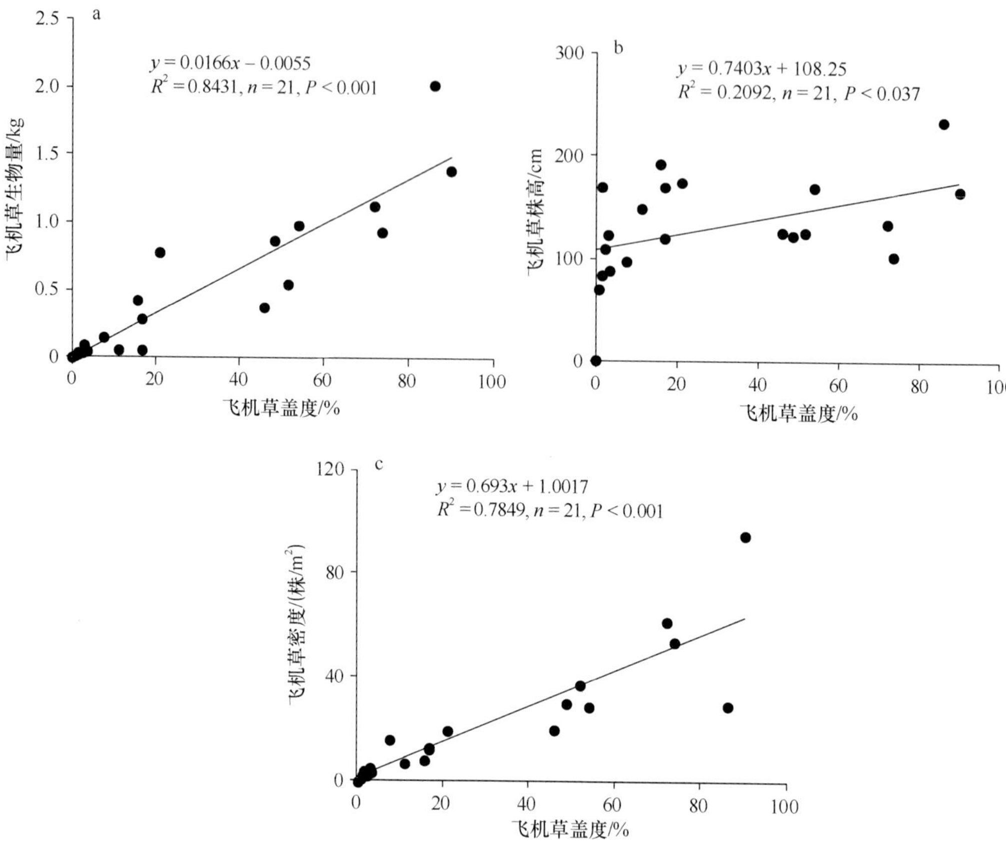

图 5.3　飞机草盖度与生物量（a）、株高（b）、密度（c）的关系

落结构简单化，破坏生态环境。通过调查分析，结果表明飞机草盖度与本地物种丰富度呈显著负相关，飞机草盖度与本地物种的 Shannon-Wiener 指数显著相关（图 5.4）。随着飞机草入侵程度（盖度）的增加，群落内本地物种丰富度显著降低。而群落内植物的 Shannon-Wiener 指数在入侵后显著降低，当飞机草入侵达到一定程度后，一些伴生种开始出现，Shannon-Wiener 指数又出现一定幅度的增加，这与群落的演替规律相符合。飞机草入侵程度对群落内本地物种均匀度指数无显著影响。

4. 飞机草不同入侵等级与灌木群落的相关性研究

灌木作为研究区的主要植被类型，对飞机草的入侵有一定影响。如图 5.5 所示，飞机草盖度与灌木高度呈极显著负相关关系，一般在灌木高度较高的生境下，飞机草盖度较低，主要是因为灌木生长对飞机草起遮阴效果，不利于飞机草生长，相反在灌木低矮的生境下，飞机草能够成功入侵并定植。灌木丰富度与飞机草入侵程度也具有显著相关性，一般随着灌木丰富度的增加，飞机草盖度呈降低趋势，但在飞机草盖度高的生境中，灌木丰富度也较高，这可能是灌木高度较低造成的。

飞机草入侵程度与灌木 Shannon-Wiener 指数之间呈波动性变化，表明飞机草入侵对灌木 Shannon-Wiener 指数的影响较小。一般情况下，灌木物种多样性高的地区，飞机草入侵程度偏低，然而在低矮灌丛或稀疏灌丛中，飞机草的入侵程度将会增强。灌木均匀度指数与飞机草入侵程度无显著相关性（图 5.6）。

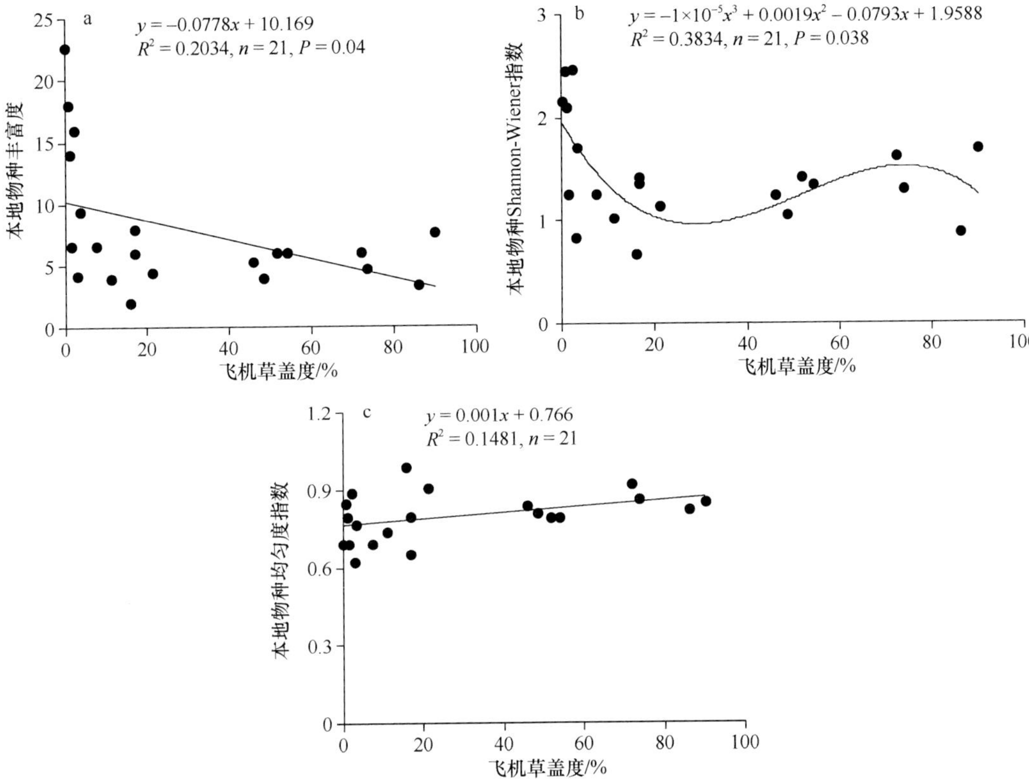

图 5.4　飞机草盖度与本地物种丰富度（a）、Shannon-Wiener 指数（b）和均匀度指数（c）的关系

未标识 P 值表征差异不显著；下同

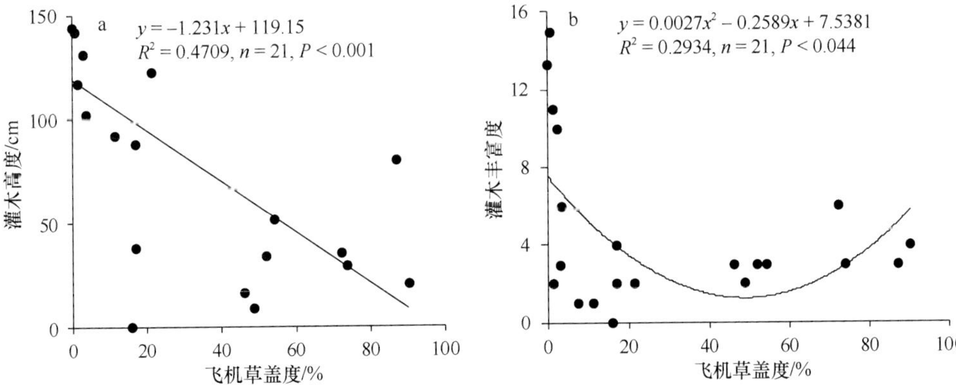

图 5.5　飞机草盖度与灌木高度（a）和灌木丰富度（b）的关系

5. 飞机草不同入侵等级与本地草本群落的相关性研究

飞机草作为一种外来入侵杂草，首先对本地草本群落产生较大影响。由图 5.7 可知，研究区内随着飞机草入侵程度（盖度）的增加，物种 Shannon-Wiener 指数、物种均匀度指数、物种丰富度等均呈下降趋势，表明飞机草入侵严重破坏本地草本群落结构，导致草本物种多样性降低、群落结构简单化、群落功能退化。

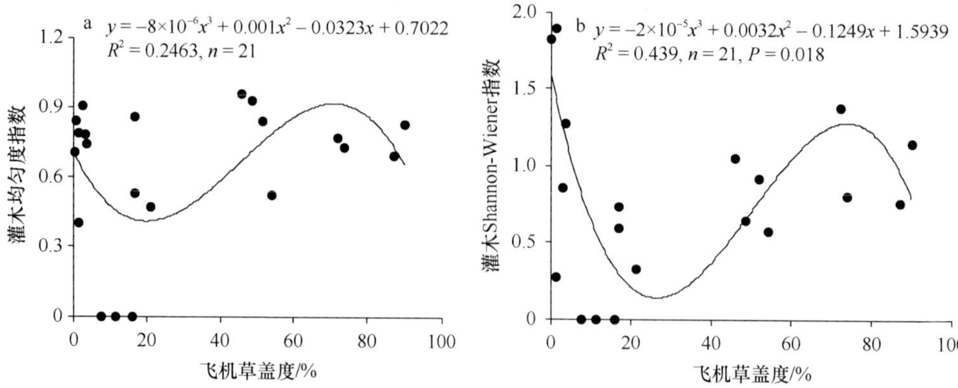

图 5.6 飞机草盖度与灌木均匀度指数（a）和 Shannon-Wiener 指数（b）的关系

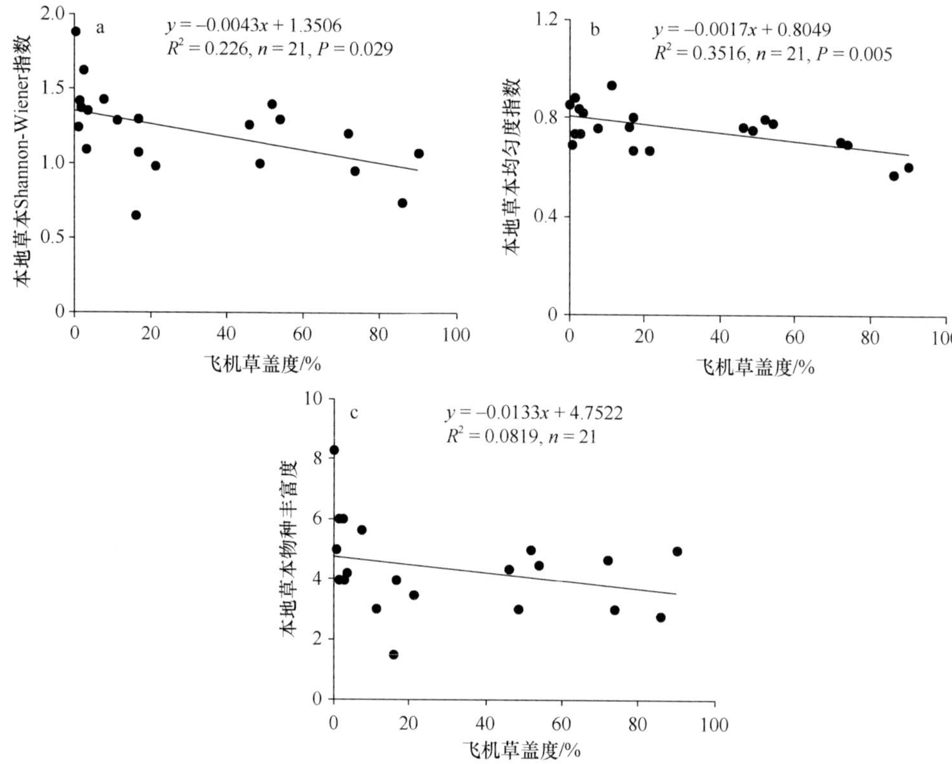

图 5.7 飞机草盖度与本地草本 Shannon-Wiener 指数（a）、均匀度指数（b）和物种丰富度（c）的关系

第二节 飞机草扩散路径

一、研究方法

1. 样品采集

在飞机草原产地（中南美洲）和入侵地（亚洲）采集各种群的种子（表 5.1），在每个样点（种群）随机选择 10 株采集种子，任意两株之间至少间隔 20m，每株的种子（家

系）分别保存。之后将各种群的种子在中国科学院西双版纳热带植物园温室的苗床上育苗，育苗 2 个月后将大小一致的幼苗移栽到同质种植园中生长，作为种质圃。生长 1 年后，采集同质种植园里 22 个飞机草种群所有家系的叶片作为实验样品，采用已筛选出的 11 对多态性较好的简单重复序列（simple sequence repeat，SSR）引物进行居群遗传学研究。

表 5.1 飞机草种群基本信息

样本编号	国家/区域	纬度	经度	海拔/m
		入侵地种群		
BK	泰国中部	14°25′N	101°23′E	739
JD	云南景东	24°17′N	100°50′E	1263
ML	云南勐仑	21°56′N	101°15′E	544
MY	马来西亚	2°22′N	102°21′E	50
PH	菲律宾	8°10′N	124°10′E	107
SL	斯里兰卡	7°11′N	80°25′E	451
SM	云南思茅	22°46′N	100°56′E	1380
SY	海南三亚	18°19′N	109°12′E	23
WX	老挝万象	17°58′N	102°37′E	170
YNS	越南南部	11°20′N	107°24′E	125
		原产地种群		
BRO	佛罗里达	26°08′N	80°06′W	1～5
CDV	墨西哥	23°40′N	99°11′W	600
COY	墨西哥	16°44′N	93°09′W	640
CUB	古巴	22°45′N	82°50′W	565
FAK	佛罗里达	25°52′N	80°29′W	1～5
MAR	佛罗里达	27°06′N	80°15′W	1～5
MD	佛罗里达	25°38′N	80°20′W	1～5
MIC	墨西哥	18°51′N	103°37′W	950
PM	波多黎各	18°12′N	67°06′W	103
PP	波多黎各	18°12′N	67°06′W	103
T1	特立尼达和多巴哥	10°27′N	61°17′W	63
T2	特立尼达和多巴哥	10°31′N	61°25′W	10

2. DNA 序列分析

利用改进的十六烷基三甲基溴化铵（cetyltrimethyl ammonium bromide，CTAB）法提取所有样本飞机草的核 DNA，采用 GeneAmp System 9600 PCR 仪（ABI，USA）进行 PCR 扩增反应，反应体系是 1.5μL 10×Buffer I、1.0μL 上游和下游引物（5μmol/L）、0.3μL dNTP（10mmol/L）、0.1μL *Taq* 酶（5U/μL，TaKaRa）、15ng DNA、ddH$_2$O 补齐至 15μL。扩增反应过程是：第一步模板 DNA 变性，温度升至 95℃，维持 10min；第二步模板 DNA 与引物结合，温度降至 58℃，30s；第三步引物延伸，温度升至 72℃，维持 7min；共循环 35 次。由于每一个上游引物都有一种荧光染料标记（表 5.2），因此扩增出来的 DNA 片段有荧光标记，采用 3730XL DNA analyzer（ABI，USA）检测 PCR 扩增片段长度：①96 孔板中每孔加入 ROX-500 分子量内标（北京阅微基因技术股份有限公司）和甲酰胺混合液（0.5∶8.5）9μL，PCR 产物 1.0μL；②95℃变性 3min，上机检测。将检测得到的原始数据文件导入 GeneMapper ID v3.2 软件中进行分析。

表 5.2　11 对飞机草 SSR 引物信息

位点	引物序列	荧光染料	退火温度/℃	循环数/次	片段长度/bp	GenBank 登录号
CO15	F：GTGGGTGTTACCTCTTGG R：ATCGGACATAATTTCTCCTC	TAMRA	64	38	184～200	HM137035
CO26	F：CAGACTGGATCATAAGAA R：TTACGTGTAATAGAGCCT	TAMRA	58	40	265～271	HM137036
CO50	F：TACCCTGTTATTCCCACT R：CCTAAGCCTTCTTATTTGAT	FAM	60	40	283～311	HM137037
CO56	F：ACTGGTTGGGTTTCAATG R：CTGCGTATAAAAGCGAA	HEX	58	38	128～132	HM137038
CO65	F：CAGTTATCTTCAACACCCAA R：TTTCCGACTAAACCCATC	TAMRA	58	38	266～290	HM137039
CO77	F：TTACCGAACGTATGTTAC R：ATGCTTCATTCTTATCCC	HEX	50	40	141～143	HQ913181
CO115	F：TCGTGGTAGAGCAGAAGA R：AACTGCCAGATCAGGTTG	FAM	54	38	312～346	HM137040
CO189	F：AGAGTAAGCACGAGACCG R：AGAACTTTACCTCCCACA	FAM	60	38	159～173	HM137042
CO195	F：AAGAATGCACAAAATCAG R：CTTTCAGTCTCAGACGAA	HEX	56	40	183～187	HM137043
CO227	F：GTTCGTCACCCTTTTCTC R：ATCTGCACTTCATCTTCTTC	HEX	62	40	193～219	HM137044
CO250	F：AAGGACCTCTACCTATCA R：ATTTCTGCCCATCTTATT	FAM	58	40	79～95	HQ913184

注：TAMRA，四甲基罗丹明；FAM，羧基荧光素；HEX，六氯荧光素

利用 GENALEX 软件转换数据格式，采用 Structure Version 2.3.4 软件对不同的飞机草种群进行聚类分析，该方法可推断不同地理种群最可能的聚类情况（K），分析时我们采用混合模型（admixture model），“length of burn-in-period”设定为 1 000 000，“number of MCMC replications after burn in”设定为 100 000，K 值定义为 2～22，每个 K 值运行 15 次，将最终运行的结果以压缩文件的形式上传到 Structure Harvester 网站上（Earl，2012），依据ΔK 的大小选出一个合适的 K 值。采用 Arlequin suite ver. 3.5（Excoffier *et al.*，2005）软件计算不同产地间、入侵地不同种群间及原产地不同种群间的遗传分化指数（F_{ST}）以及进行 AMOVA 分析，采用 POPGENE VERSION 1.31 软件分析居群的遗传多样性并进行聚类分析。

二、研究结果

1. 不同产地间飞机草的遗传差异

通过对原产地及入侵地飞机草种群 SSR 分子数据进行方差分析，结果发现产地间的变异约占总变异的 13.21%，嵌套在产地下的种群间的变异约占总变异的 18.72%，种群

间（种群内不同家系）的变异约占总变异的68.07%（表5.3）。F_{ST}值计算结果显示，产地间约为0.319，入侵地种群间约为0.0107，原产地种群间约为0.322（表5.4）。

表5.3 原产地及入侵地飞机草种群SSR分子数据方差分析结果

方差来源	平方和	方差成分	百分比变化
产地间	88.585	0.361 75	13.209 59
嵌套在产地下的种群间	235.773	0.512 72	18.722 24
种群间	756.657	1.864 09	68.068 17
合计	1 081.015	2.738 56	

表5.4 产地内及产地间的遗传分化指数（F_{ST}）

项目	F_{ST}平均值	95%的置信区间
产地间	0.319 32	0.247 33～0.391 90
入侵地种群间	0.010 73	0.002 91～0.023 61
原产地种群间	0.321 54	0.277～0.361

2. 不同产地间飞机草的遗传多样性指数

POPGENE VERSION 1.31软件分析结果表明，入侵地种群的每一位点处的等位基因数为2～8个，平均值为3.727个，低于原产地种群的平均值10.273个，入侵地种群的期望杂合度（H_e）和观测杂合度（H_o）的平均值分别是0.270 80和0.450 83，低于原产地种群的0.558 36和0.479 43（表5.5）。另外，基于11对引物的SSR分子标记分析结果表明，入侵地种群的香农信息指数为0.4468±0.3457，低于原产地种群的1.2768±0.6923（表5.6），说明入侵地种群的多态性及遗传多样性水平均低于原产地种群。

表5.5 218个飞机草个体的多态性分析结果

位点	原产地种群（N=118）			入侵地种群（N=100）		
	A	H_o	H_e	A	H_o	H_e
CO77	5	0.033 90	0.033 68	2	0.070 00	0.067 89
CO227	11	0.763 16	0.773 94	4	1.000 00	0.527 05
CO250	11	0.618 64	0.615 76	5	0.570 00	0.432 01
CO26	14	0.241 38	0.539 86	5	0.040 00	0.039 70
CO115	12	0.305 08	0.540 64	3	0.030 00	0.029 80
CO195	4	0.559 32	0.437 47	2	0.979 38	0.502 38
CO65	19	0.448 60	0.745 60	2	0.010 00	0.010 00
CO15	4	0.635 59	0.452 83	2	0.940 00	0.500 70
CO56	4	0.313 56	0.290 05	2	0.020 41	0.020 30
CO189	19	0.618 64	0.868 12	8	0.330 00	0.316 88
CO50	10	0.735 85	0.844 00	6	0.969 39	0.532 13
平均值	10.273	0.479 43	0.558 36	3.727	0.450 83	0.270 80
标准差	9.133	0.230 18	0.252 20	2.054	0.445 92	0.234 94

注：A，等位基因数；H_e，期望杂合度；H_o，观测杂合度

表 5.6　香农信息指数

位点	入侵地种群	原产地种群
CO77	0.1517	0.1094
CO227	0.8060	1.8159
CO250	0.7186	1.2749
CO26	0.1258	1.2702
CO115	0.0874	1.1823
CO195	0.6929	0.7771
CO65	0.0315	2.0171
CO15	0.6913	0.7359
CO56	0.0569	0.5771
CO189	0.7041	2.3040
CO50	0.8490	1.9811
平均值	0.4468	1.2768
标准差	0.3457	0.6923

3. 不同产地飞机草种群的聚类分析

佛罗里达的一个种群（FAK）和墨西哥的 3 个种群（MIC、CDV、COY）聚类在一起，亲缘关系较近，佛罗里达的另外 3 个种群（MD、MAR、BRO）和入侵地的所有种群（BK、SL、SY、SM、JD、WX、ML、MY、YNS、PH）聚类在一起，关系较近，表明佛罗里达这 3 个种群（MD、MAR、BRO）很可能就是入侵亚洲飞机草的原始种源。特立尼达和多巴哥的两个种群（T1、T2）和波多黎各的两个种群（PP、PM）聚类在一起，亲缘关系较近，与入侵地种群亲缘关系也较近（图 5.8）。

各群体单株遗传结构分析结果显示，ΔK（2，3）的 lnP（D）差值为 1459，ΔK（3，4）的 lnP（D）差值为 0.71，随后趋于稳定，即可取 K 为 3（图 5.9）。所有 22 个种群可分为 3 个组（图 5.10，K=3），这一结果与 POPGENE VERSION 1.31 软件分析结果相似。

4. 入侵地飞机草祖先种群的确定

SSR 分子标记结果表明，亚洲地区飞机草种群的原始种源可能是佛罗里达的 3 个（MD、MAR、BRO）、特立尼达和多巴哥的 2 个和波多黎各的 2 个种群，而墨西哥、古巴（CUB）、佛罗里达（FAK）飞机草种群与亚洲飞机草种群的遗传背景相差较大，不太可能是亚洲飞机草种群的种源。入侵地种群每一位点处的等位基因数、期望杂合度（H_e）、观测杂合度（H_o）的平均值和香农信息指数等指标均低于原产地种群，表明飞机草在入侵过程中很可能存在严重的奠基者效应。

5. 飞机草入侵路线的重建

根据文献报道，并结合我们的实验结果，飞机草的入侵路线可能如图 5.11 所示。

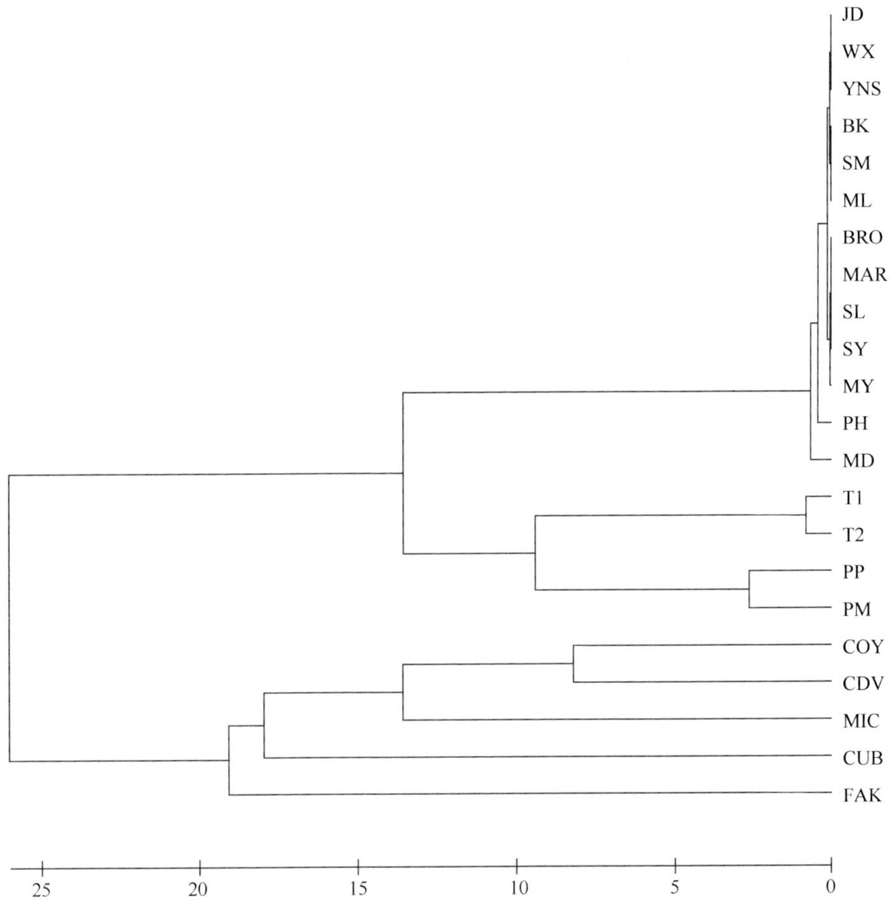

图 5.8　基于 SSR 分子标记数据的非加权分组平均法（UPGMA）聚类

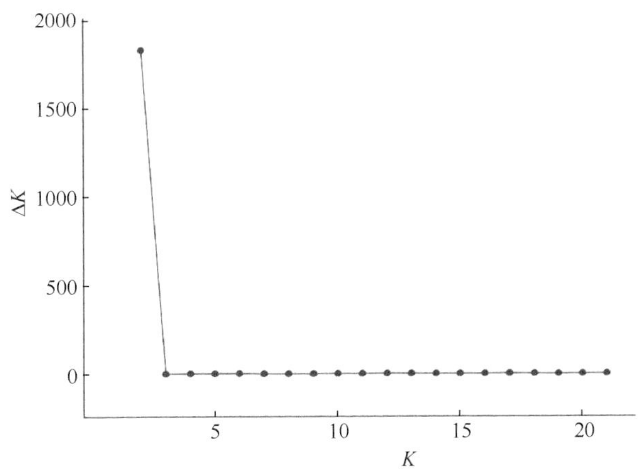

图 5.9　*K* 值

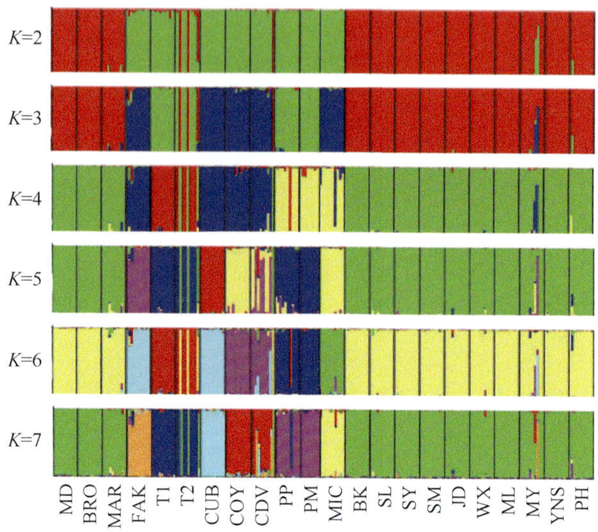

图 5.10　22 个种群的遗传结构

色块代表亚群，每个直方柱代表一个样本，柱的颜色及颜色比例体现这个样品属于哪个亚群及所占的亚群比例

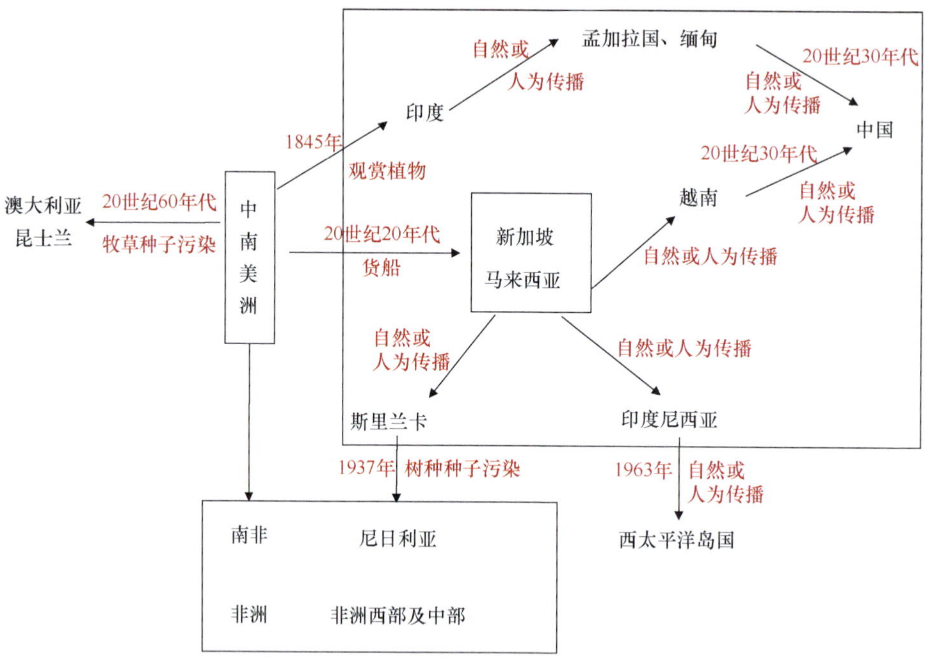

图 5.11　飞机草可能的入侵路线

第三节　飞机草阻截技术

人工群落阻截带技术的主要理论体系为生态位理论和多样性阻抗假说。本节基于该理论，采集常见相似生活型的本地植物构建不同物种多样性的人工群落，筛选最适物种组合，配置人工群落，研发人工群落阻截带技术。

一、研究方法

1. 种子采集

2011 年研究人员从墨西哥莫雷洛斯州和韦拉克鲁斯州采集 8 种当地物种的种子，2012 年从云南省西双版纳和普洱采集飞机草和 12 种本地物种的种子（表 5.7），这些物种均为常见种并与飞机草生长在同一区域内。每个物种分别从 10 株个体上采集种子，每个个体之间相距至少 20m，采集种子后将其混合装入纸袋中。为了降低母体效应的影响，选择使用下一代的种子：2013 年 4 月在苗床上进行种子萌发，2013 年 6 月，幼苗高度达到 10cm 左右后，630 株相似尺度的幼苗（每个物种 30 株）被移栽至西双版纳热带植物园的一个同质园中；2013 年底和 2014 年初，对这些移栽植物的种子进行收集，留作实验。

表 5.7 种子信息及采样点

物种名	区域	地点	海拔/m	经度	纬度	生长型	生活史	高度/m
猪屎豆 *Crotalaria pallida*	中国	勐海（X）	1197	100°25′E	21°57′N	亚灌木	多年生	2
黄蜀葵 *Abelmoschus manihot*	中国	思茅（P）	1378	100°59′E	22°47′N	草本	多年生	1.5
白羊草 *Bothriochloa ischaemum*	中国	勐仑（X）	560	101°15′E	21°56′N	草本	多年生	1
多花蒿 *Artemisia myriantha*	中国	宁洱（P）	1686	101°06′E	23°09′N	草本	多年生	1.5
云南黄花稔 *Sida yunnanensis*	中国	墨江（P）	1763	101°45′E	23°27′N	亚灌木	多年生	1
倒提壶 *Cynoglossum amabile*	中国	思茅（P）	1653	101°03′E	22°49′N	草本	1 年生	0.6
瓦子草 *Puhuaea sequax*	中国	宁洱（P）	1679	101°07′E	23°05′N	亚灌木	多年生	2
薏苡 *Coix lacryma-jobi*	中国	勐腊（X）	721	101°35′E	21°28′N	草本	多年生	1.5
金盏银盘 *Bidens biternata*	中国	镇沅（P）	1103	101°05′E	24°01′N	草本	1 年生	1
类芦 *Neyraudia reynaudiana*	中国	澜沧（P）	1683	99°52′E	22°40′N	草本	多年生	2
刺田菁 *Sesbania bispinosa*	中国	镇沅（P）	1183	101°05′E	24°01′N	草本	1 年生	1.5
磨盘草 *Abutilon indicum*	中国	景东（P）	1503	101°55′E	24°28′N	亚灌木	多年生	2
飞机草 *Chromolaena odorata*	中国	勐仑（X）	560	101°15′E	21°56′N	亚灌木	多年生	2
Aldama dentate	墨西哥	Tlayacapan（M）	1634	98°58′W	18°57′N	草本	多年生	1.5
Calea ternifolia	墨西哥	Miacatlan（M）	1296	99°23′W	18°49′N	亚灌木	多年生	1.5
Eupatorium ligustrinum	墨西哥	Teocelo（V）	1160	96°58′W	19°23′N	亚灌木	多年生	2
Tagetes lucida	墨西哥	Tlayacapan（M）	1634	96°58′W	18°57′N	草本	多年生	1
Tithonia tubiformis	墨西哥	Tlayacapan（M）	1634	96°58′W	18°57′N	亚灌木	多年生	2
Cosmos sulphureus	墨西哥	Tlayacapan（M）	1634	96°58′W	18°57′N	草本	1 年生	1
Chrysanthemum leucanthemum	墨西哥	Tlayacapan（M）	1634	96°58′W	18°57′N	草本	多年生	1
Lasianthaea helianthoide	墨西哥	Miacatlan（M）	1296	99°23′W	18°49′N	亚灌木	多年生	2

注：X，西双版纳；P，普洱；M，莫雷洛斯州；V，韦拉克鲁斯州。一些物种因在国内没有分布，没有中文名

2. 人工群落设置

中国本地物种建立 24 个组合：1 个物种的人工群落 12 个，2 个物种的组合群落 6 个，4 个物种的人工群落组合 6 个。墨西哥当地物种建立 18 个组合：1 个物种的人工群落 8 个，2 个物种组合的人工群落 6 个，4 个物种组合的人工群落 4 个（表 5.8）。每个人工群落组合有 9 个重复，共计 378 个。将所有群落设置在同质园中，每个人工群落的面积为 1.5m×1.5m，每个群落之间相距 1.5m。2014 年 4 月，将不同物种的种子分别播撒在温室苗床上；6 月，每个物种取 5 株采集地上部分并测量每株干重，然后将个体形态相似的幼苗移栽至同质园中。每个人工群落含有墨西哥或中国本地物种 16 株和飞机草 9 株（图 5.12）。移栽后前两周每天每个群落浇 10L 水，两周以后不再浇水，使植物在自然条件下生长。实验过程中，人工小心割除非实验移栽杂草。

表 5.8　人工群落的物种组合

1 个物种的群落	2 个物种的群落	4 个物种的群落
	中国	
Crotalaria pallida *Abelmoschus manihot* *Bothriochloa ischaemum* *Artemisia myriantha* *Sida yunnanensis* *Cynoglossum amabile* *Desmodium sequax* *Coix lacryma-jobi* *Bidens biternata* *Neyraudia reynaudiana* *Sesbania bispinosa* *Abutilon indicum*	*Crotalaria pallida +Abelmoschus manihot* *Abutilon indicum+Bothriochloa ischaemum* *Artemisia myriantha+Sida yunnanensis* *Cynoglossum amabile+Desmodium sequax* *Coix lacryma-jobi+Bidens biternata* *Neyraudia reynaudiana+Sesbania bispinosa*	*Crotalaria pallida+Abelmoschus manihot+Cynoglossum amabile+Bothriochloa ischaemum* *Artemisia myriantha+Sida yunnanensis+Cynoglossum amabile+ Desmodium sequax* *Coix lacryma-jobi+Bidens biternata+Neyraudia reynaudiana+Sesbania bispinosa* *Crotalaria pallida+Abelmoschus manihot+Artemisia myriantha+Sida yunnanensis* *Bidens biternata+Bothriochloa ischaemum+Cynoglossum amabile+Desmodium sequax* *Crotalaria pallida+Bothriochloa ischaemum+Coix lacryma-jobi+ Neyraudia reynaudiana*
	墨西哥	
Aldama dentate *Calea ternifolia* *Eupatorium ligustrinum* *Tagetes lucida* *Tithonia tubiformis* *Cosmos sulphureus* *Chrysanthemum leucanthemum* *Lasianthaea helianthoides*	*Aldama dentata+Calea ternifolia* *Eupatorium ligustrinum+Tagetes lucida* *Tithonia tubiformis+Cosmos sulphureus* *Chrysanthemum leucanthemum+Lasianthaea helianthoides* *Aldama dentata+Eupatorium ligustrinum* *Cosmos sulphureus+Chrysanthemum leucanthemum*	*Aldama dentata+Calea ternifolia+Eupatorium ligustrinum+Tagetes lucida* *Tithonia tubiformis+ Cosmos sulphureus+Chrysanthemum leucanthemum+Aldama dentata* *Calea ternifolia+ Eupatorium ligustrinum+Tithonia tubiformis+Chrysanthemum leucanthemum* *Eupatorium ligustrinum+ Tagetes lucida+ Aldama dentate+Tithonia tubiformis*

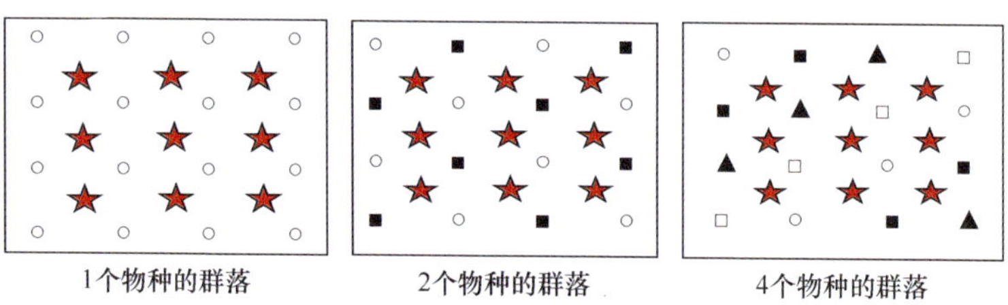

图 5.12　人工群落物种组合布置方式

★表示飞机草，○■▲□表示本地物种

同时，为了探究植物和土壤微生物相互作用及化感物质对可入侵性的潜在影响，分别向群落土壤中添加杀菌剂多菌灵和活性炭，每个组合的人工群落选择 3 个重复，剩余的 3 个作为对照。添加杀菌剂时，将 6g 多菌灵溶解到 10L 水中，统一在实验的第一周添加。在添加活性炭时，将 1250g 活性炭与每个群落 0～15cm 土壤混合均匀。我们通过预实验已经验证多菌灵的添加量对植物生长无显著影响，同时活性炭的添加量对土壤中总氮和水解氮的含量也无显著影响。

3. 指标测定

在 2015 年 2 月，收割所有群落的地上部分，80℃烘干 72h 后称重。对于只有 1 个本地物种的群落，将每个植物个体的叶片和茎分开。使用 Li-3000A 叶面积仪（Li-Cor，Lincoln，NE，USA）测定植物叶面积。比叶面积（specific leaf area，SLA）为叶面积与叶生物量的比，叶面积比（leaf area ratio，LAR）为叶面积与地上生物量的比。相对生长速率（relative growth rate，RGR）按照 Poorter（1999）的方法进行计算。收获后，通过根系发芽和种子萌发产生新的植株。我们主要保留实验物种幼苗，同时阻止其他物种进入人工群落。2016 年 2 月，收获所有植物的地上生物量，在 80℃条件下烘干 72h 并称重。

在本研究中，通过计算飞机草生物量占人工群落中所有植物生物量的比例作为飞机草的入侵成功率。飞机草生物量所占比例越高表明群落越容易受飞机草入侵，飞机草入侵成功率越大。

通过比较第一年（2015 年）和第二年（2016 年）飞机草入侵成功率的变化来评估时间的影响，这个主要通过第二年飞机草生物量比与第一年生物量比的差除以第一年飞机草生物量比来计算。

4. 功能特征距离计算

为了计算飞机草和其他物种之间的功能特征距离，我们制作每个特征个体和所有特征结合的功能特征系统树图。在系统树构建之前，将所有的 SLA、LAR 和 RGR 数据进行对数转换。采用算术平均层次聚类的非加权成组配对法来建立特征系统树（Swenson，2014）。这个系统树表达了物种之间的特征相似性（Swenson *et al.*，2011）。对于只有 1 个本地物种的人工群落，我们利用功能特征系统树来计算入侵物种与被入侵群落的功能距离。对于多个物种的群落，则计算入侵物种与每个本地物种之间的平均距离。

5. 遗传距离计算

遗传距离按照 Zheng 等（2018）的方法来计算。

6. 统计分析

采用线性混合模型分析地区（本地物种的来源）、收获时间、物种丰富度、处理方式（对照、杀菌剂、活性炭）对飞机草入侵成功率的影响。地区、收获时间、物种丰富度和处理方式及它们之间的相互作用作为固定因子，物种组合作为随机因子。

采用线性和非线性回归分析入侵成功率与功能或遗传距离、物种丰富度、群落本地物种生物量的关系。在只有 1 个本地物种的群落中（对照，第一年）采用线性回归分析入侵成功率与每个功能特征（SLA、LAR、RGR）的关系。

二、结果与分析

除处理方式以外，地区、收获时间（时间）和物种丰富度（丰富度）对飞机草入侵成功率有极显著影响。地区×丰富度、地区×时间、时间×丰富度和时间×地区×丰富度等的交互作用对飞机草入侵成功率影响显著或极显著，但其他因素交互作用则对飞机草入侵成功率无显著影响（表 5.9）。来自墨西哥与中国的物种组成的群落中飞机草入侵成功率差异显著。收获时间对来自不同地区的物种组成的群落影响效果不同。

表 5.9　线性混合影响模型结果

变量	df	F	P
地区	1	113.61	＜0.0001
丰富度	2	37.47	＜0.0001
处理	2	0.3	0.7411
时间	1	242.19	＜0.0001
地区×丰富度	2	5.3	＜0.01
地区×处理	2	0.08	0.9214
地区×时间	1	3.88	＜0.05
时间×丰富度	2	8.74	＜0.001
时间×处理	2	0.19	0.8277
丰富度×处理	4	0.25	0.9121
地区×丰富度×处理	4	0.39	0.8134
时间×丰富度×处理	4	1.76	0.1368
时间×地区×处理	2	0.64	0.5293
时间×地区×丰富度	2	14.33	＜0.0001
时间×地区×丰富度×处理	4	0.414	0.7985

在第一年和第二年，中国物种组成的群落中飞机草的入侵成功率均显著高于墨西哥物种组成的群落（图 5.13）。中国物种组成的群落和墨西哥物种组成的群落的入侵成功率在第二年均显著高于第一年，且中国物种组成的群落入侵成功率的增加量明显高于墨西哥物种组成的群落（图 5.13）。入侵成功率与两个地区物种组成群落的物种丰富度均呈极显著负相关关系（图 5.14）。在物种丰富度相同的情况下，中国物种组成的群落中飞机草入侵成功率显著高于墨西哥群落，且第二年的差异更大（图 5.14）。

飞机草在中国物种组成的群落中入侵成功率与功能特征距离呈显著正相关关系，但在墨西哥物种组成的群落中，飞机草入侵成功率与功能特征距离无显著相关性（图 5.15）。在两个地区的人工群落中，飞机草入侵成功率与比叶面积距离无显著相关性（图 5.16），而在第一年的墨西哥人工群落和第二年的中国人工群落中，飞机草的入侵成功率与叶面积比距离呈极显著正相关关系（图 5.17b，图 5.17c）。仅在第一年的中国人工群落中相对生长速率距离与飞机草入侵成功率呈极显著正相关关系，在其他人工群落中无显著相关关系（图 5.18）。墨西哥人工群落第一年的飞机草入侵成功率和中国人工群落第二年的飞机草入侵成功率与遗传距离呈显著负相关关系（图 5.19b，图 5.19c），而中国人工群落第一年的飞机草入侵成功率和墨西哥人工群落第二年的飞机草入侵成功

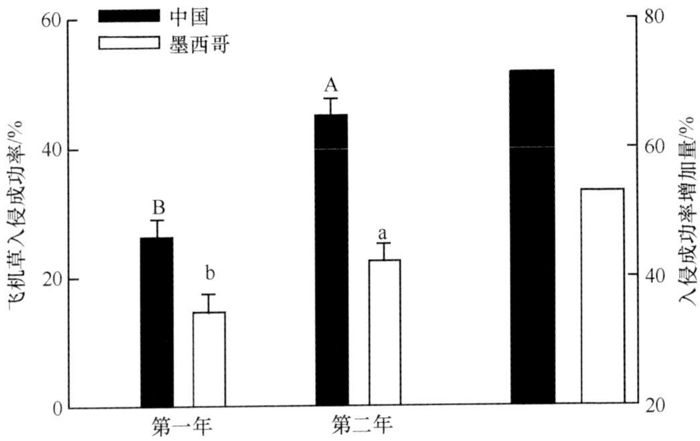

图 5.13 第一年与第二年中国物种群落和墨西哥物种群落入侵成功率的平均值，以及与第一年相比入侵成功率的增加量

大写字母不同表示中国物种群落飞机草入侵成功率第一年和第二年之间差异显著；小写字母不同表示墨西哥物种群落中飞机草入侵成功率第一年和第二年之间差异显著

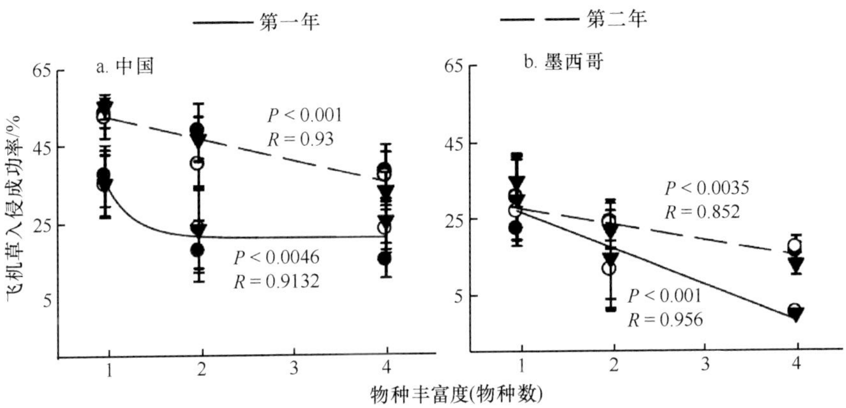

图 5.14 飞机草入侵成功率与群落物种丰富度的关系

不同符号表示不同处理：●为对照，○表示杀菌剂，▼表示活性炭

功率与遗传距离无显著相关关系（图 5.19a，图 5.19d）。在两个地区的物种组成的人工群落中，飞机草入侵成功率均与本地植物的生物量呈极显著负相关关系（图 5.20）。总体来说，墨西哥本地物种的生物量比中国本地植物的生物量要高，中国物种组成的人工群落的飞机草生物量要高于墨西哥物种组成的群落（图 5.21）。

三种处理措施对飞机草入侵成功率没有显著影响，而土壤微生物和化感物质对飞机草入侵成功率的影响很大程度取决于个别本地和非本地植物（图 5.22）。

三、飞机草扩散阻截技术示范区

根据以上理论成果，本研究于2017年4月和2018年4月选用狗尾草（*Setaria viridis*）、皇竹草（*Pennisetum × sinese*）、高丹草（*Sorghum bicolor × sudanense*）、宽叶雀稗（*Paspalum wettsteinii*）、白灰毛豆（*Tephrosia candida*）、魔芋（*Amorphophallus konjac*）等物种，分别在景洪的人工橡胶林林下、宁洱的次生林边缘、景东的撂荒地建立了飞机草的防控阻

截示范区 80 亩[①]。

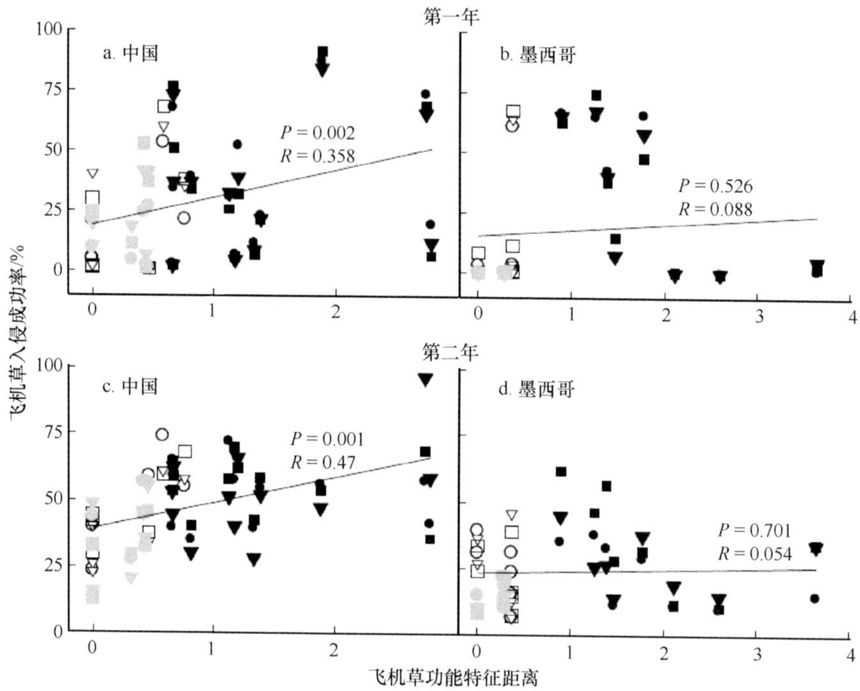

图 5.15 飞机草入侵成功率与功能特征距离的关系

不同形状图标表示不同处理：○代表对照，▽代表杀菌剂，□代表活性炭；不同颜色图标代表不同物种数量：黑色图标代表 1 个物种的人工群落，白色图标代表 2 个物种的人工群落，灰色图标代表 4 个物种的人工群落。下同

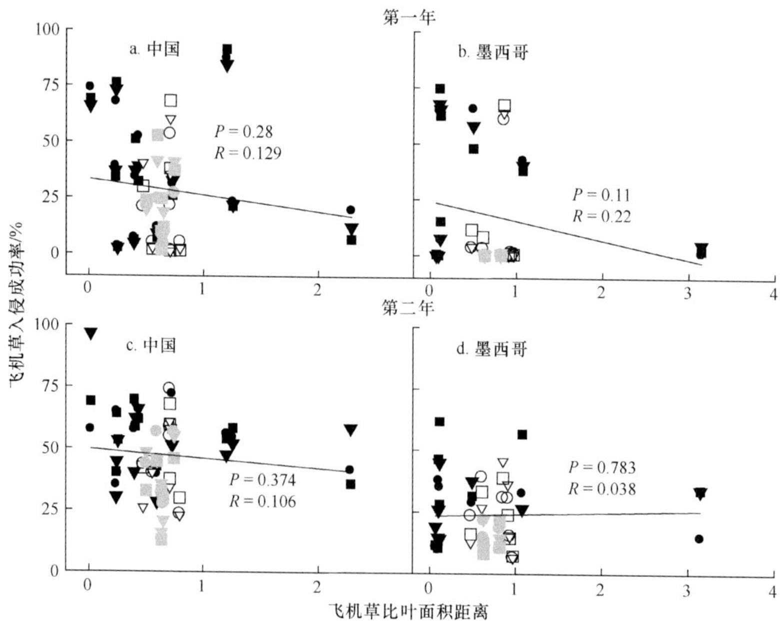

图 5.16 飞机草入侵成功率与比叶面积距离的关系

① 1 亩≈666.7m²

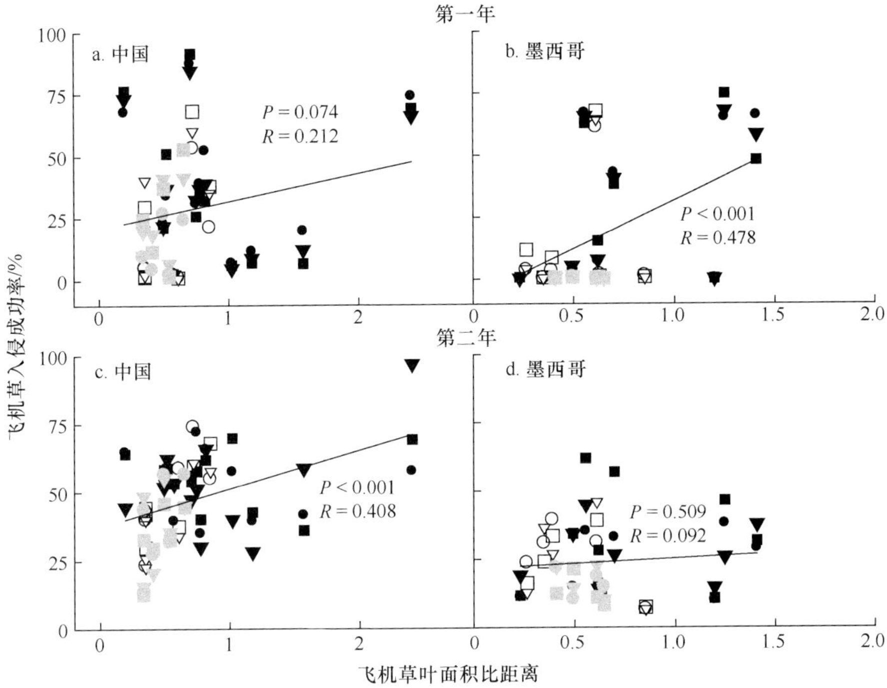

图 5.17　飞机草入侵成功率与叶面积比距离的关系

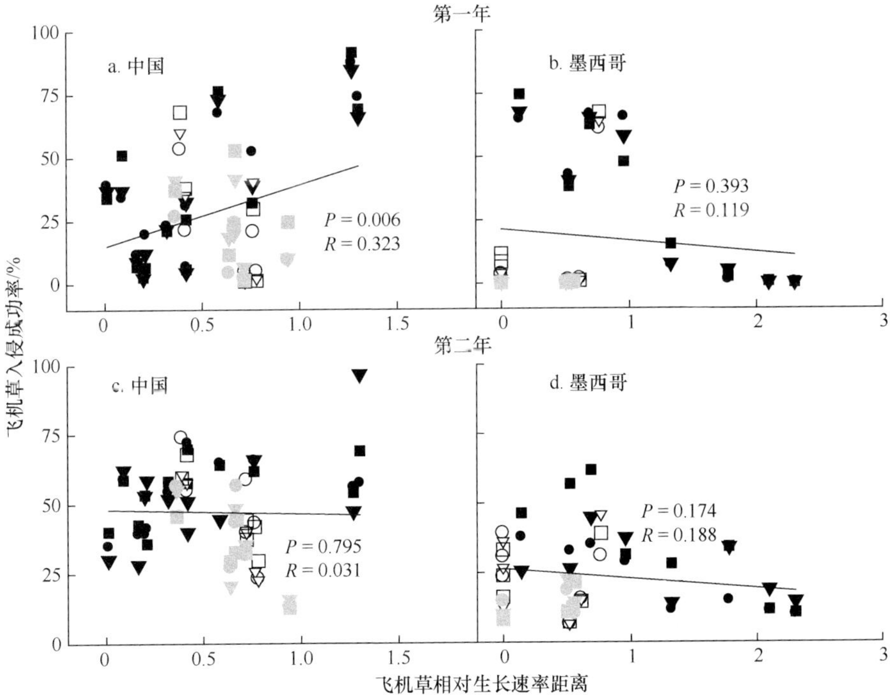

图 5.18　飞机草入侵成功率与相对生长速率距离的关系

在景洪（图5.23）、宁洱（图5.24）、景东（图5.25）建设飞机草阻截示范区，阻截效果较好，在所有的示范区第一年飞机草的盖度基本上降到了10%以下，而对照区飞机草的盖度都在70%以上。皇竹草、狗尾草、白灰毛豆等物种的长期控制效果较好，能够遏制飞机草的进一步扩散。同时，示范区内土壤中的总氮及水解氮含量都高于对照区，说明示范区的建设还可以改善土壤的理化性质，提高土壤肥力，具有良好的生态效益。

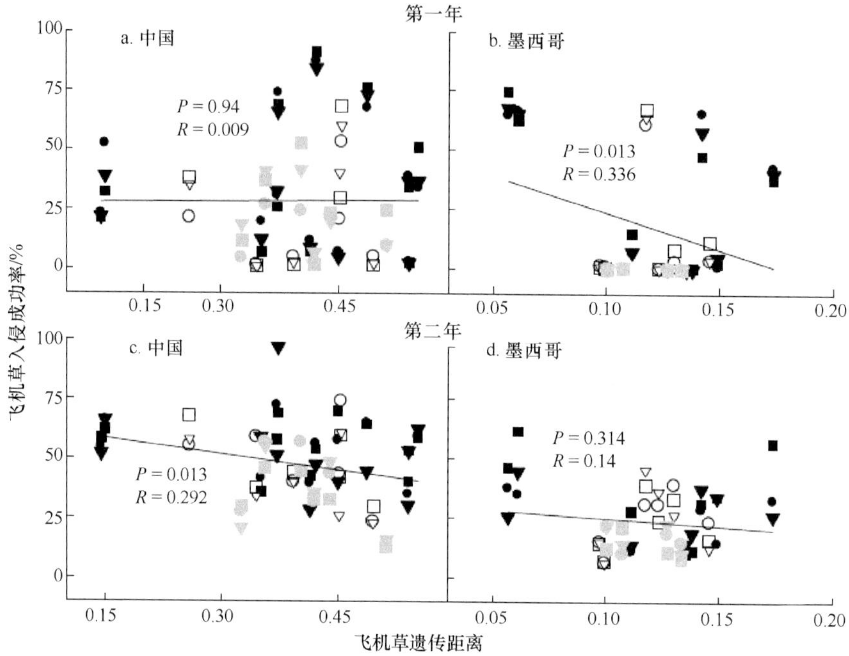

图 5.19 飞机草入侵成功率与遗传距离的关系

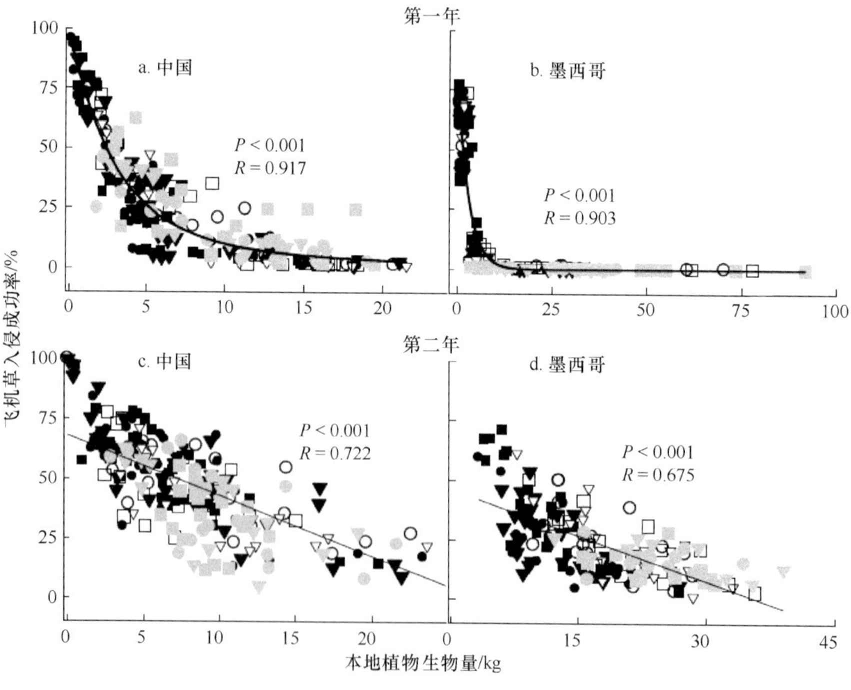

图 5.20 飞机草入侵成功率与本地植物生物量的关系

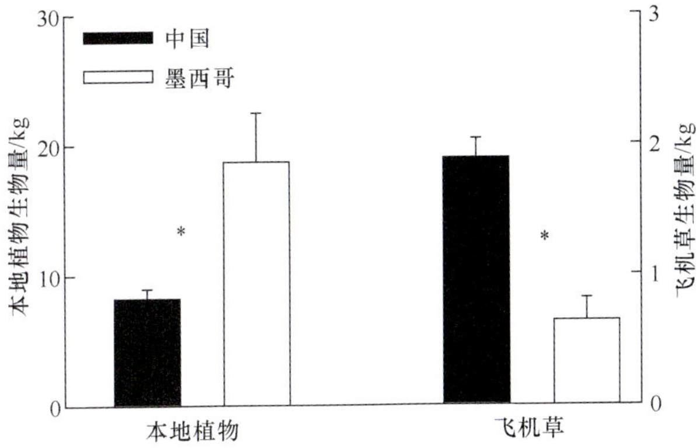

图 5.21 不同地区本地植物与飞机草生物量

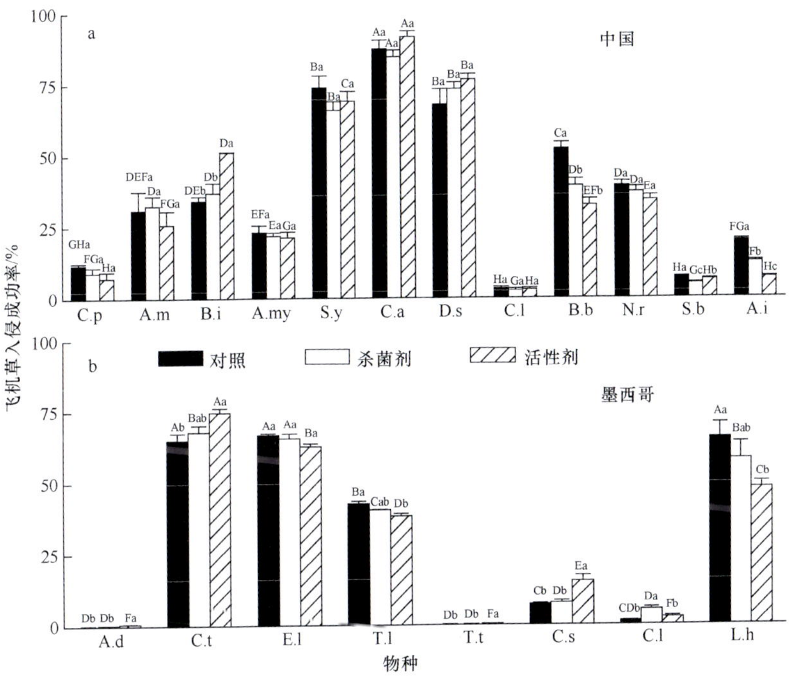

图 5.22 第一年不同处理方式下单物种群落内飞机草入侵成功率

C.p, *Crotalaria pallida*; A.m, *Abelmoschus manihot*; B.i, *Bothriochloa ischaemum*; A.my, *Artemisia myriantha*; S.y, *Sida yunnanensis*; C.a, *Cynoglossum amabile*; D.s, *Desmodium sequax*; C.l, *Coix lacryma-jobi*; B.b, *Bidens biternata*; N.r, *Neyraudia reynaudiana*; S.b, *Sesbania bispinosa*; A.i, *Abutilon indicum*; A.d, *Aldama dentate*; C.t, *Calea ternifolia*; E.l, *Eupatorium ligustrinum*; T.l, *Tagetes lucida*; T.t, *Tithonia tubiformis*; C.s, *Cosmos sulphureus*; C.l, *Chrysanthemum leucanthemum*; L.h, *Lasianthaea helianthoides*

图 5.23　景洪飞机草防控阻截示范区

图 5.24　宁洱飞机草防控阻截示范区

图 5.25　景东飞机草防控阻截示范区

第四节　飞机草防控技术

一、基于生境改良的入侵植物治理技术

入侵植物常常具有抑制本地植物种子萌发和生长等特性，但也有一些本地植物亦具有抑制入侵植物种子萌发和生长的化感作用（Zhao *et al.*，2008；Tang *et al.*，2012）。如果能够筛选并以对入侵植物具有抑制作用的本地植物为原料加工植物源抑制剂，相比化学药剂对环境是安全友好的。

选择本地植物茶条木（*Delavaya toxocarpa*）、艾蒿（*Artemisia argyi*）、类芦（*Neyraudia reynaudiana*）和青蒿（*Artemisia carvifolia*）等为供体，飞机草为受体。采集供体植株地上部分，阴干后磨成粉末。用纯净水浸提，分别配制浓度为2.5%、5%、7.5%和10%（即每100mL纯净水中分别添加2.5g、5.0g、7.5g和10g干物质）的浸提液，以纯净水为对照。通过生物分析测试，比较各浸提液对飞机草和本地植物的影响，筛选能够抑制入侵植物种子萌发和生长的植物源抑制剂及其使用方法等。

结果表明，5%和7.5%的茶条木浸提液能使飞机草种子萌发率分别下降42.2%和78.4%；低浓度到高浓度（2.5%、5%、7.5%）的类芦和艾蒿浸提液则可使飞机草种子萌发率分别下降35.5%、44.0%、67.4%及63.8%、79.4%、97.2%（图5.26a），效果非常明显；此外，10%的茶条木浸提液能使飞机草的生物量下降22.94%（图5.26b），但对本地植物类芦影响不显著（图5.26c）。因此，本研究首次发现茶条木、类芦和艾蒿等本地

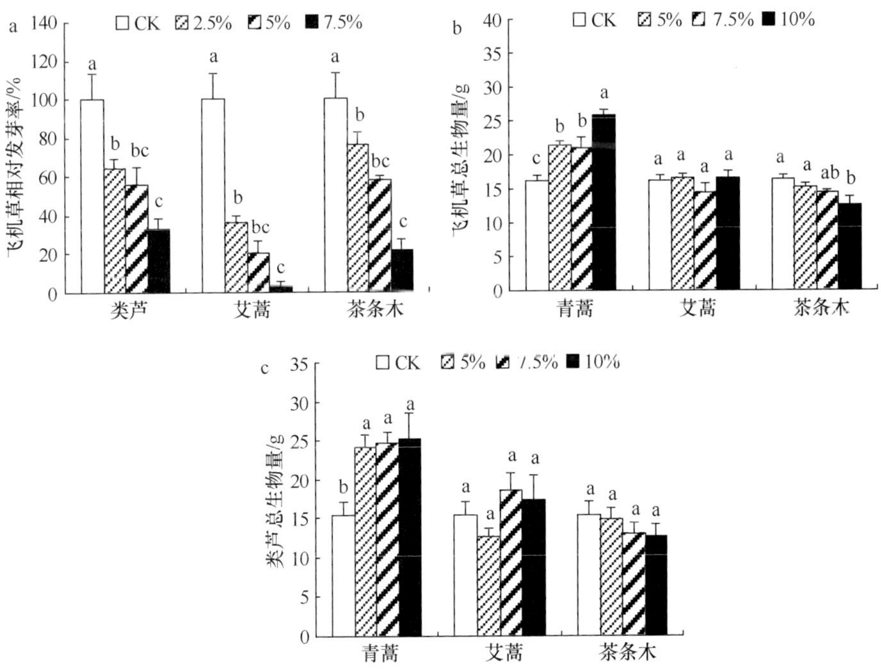

图 5.26　不同植物源抑制剂对飞机草和本地植物的影响

a. 类芦、艾蒿和茶条木对飞机草种子萌发的影响；b. 青蒿、艾蒿和茶条木对飞机草生长的影响；c. 青蒿、艾蒿和茶条木对类芦生长的影响。不同小写字母表示同一抑制剂不同浓度下差异显著（$P<0.05$）

植物能显著抑制飞机草种子萌发，同时茶条木还具有抑制飞机草生长的作用，表明这些植物可以作为飞机草生物抑制剂或生物除草剂的植物源材料，对生态环境保护具有非常重要的意义。

二、入侵地受损植被生态修复技术

基于近年来对西南山地外来入侵植物种群分布、生物生态学和化感作用及其与本地植物竞争等研究，结合该地区植物资源的地理分布、生态适应性和开发利用价值等，初步筛选了约 80 种本地资源植物，建立本地植物替代控制物种资源库；结合本地植物功能群配置、保育植物利用和本地植被优化配置等技术，研发了入侵地受损植被生态修复技术。

1. 筛选优良本地植物，建立本地植物替代控制物种资源库

近年来的野外调查发现，在我国西南山地生态系统中，飞机草作为主要的外来入侵植物，在不同植物群落或植被类型之间的种群数量或优势程度存在较大差异，表明外来入侵植物的优势地位及其危害程度等与本地植物群落的种类组成和群落结构等关系十分密切。以桂西南喀斯特山区为例，在飞机草与本地植物共存的灌草丛群落中，随着本地植物黄荆（*Vitex negundo*）、荩草（*Arthraxon hispidus*）和红背山麻秆（*Alchornea trewioides*）等植株高度和盖度的增加，飞机草个体或分枝数量、平均高度和盖度等逐渐降低（图 5.27），而在植物种类较多、群落层次比较复杂和郁闭度高的茶条木群落中，飞机草个体或分枝数量很少甚至完全消失。

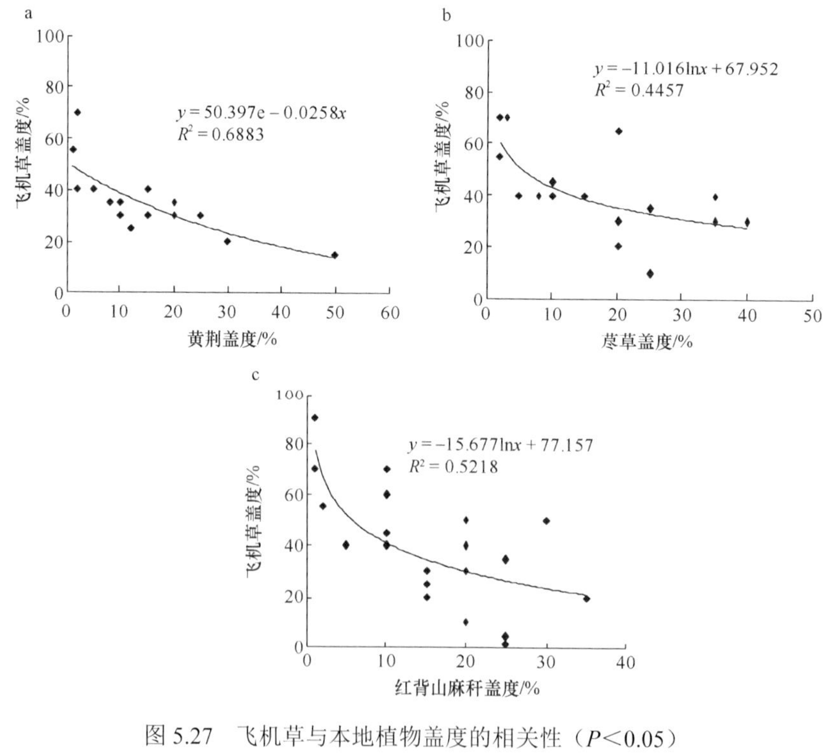

图 5.27　飞机草与本地植物盖度的相关性（$P<0.05$）

此外，在对入侵植物生物生态学特性的研究中，还发现飞机草根、茎和叶各浓度的提取液对白饭树（*Flueggea virosa*）种子萌发没有明显的抑制作用（图 5.28a）；除叶的高浓度提取液外，飞机草提取液对假地豆（*Desmodium heterocarpon*）种子萌发也没有明显的抑制作用（图 5.28b）；但是，飞机草根和叶的提取液对桃金娘（*Rhodomyrtus tomentosa*）种子萌发具有一定的抑制作用（图 5.28c）。因此，在西南山地生态系统中，用于替代控制外来入侵植物的优良本地植物筛选，主要基于近年来对该地区外来入侵植物的种群分布、生物生态学和化感作用等特性及其与本地植物种间竞争关系等研究，同时结合长期对该地区本地植物资源的地理分布、生态适应性、开发利用技术和退化生态系统重建等方面的研究结果，初步筛选出 77 种种质资源比较丰富、开发利用技术比较成熟和植被修复效果明显的本地资源植物，包括乔木 42 种、灌木 21 种和草本 14 种（表 5.10），建立外来入侵植物飞机草的替代控制物种资源库。本地替代物种资源库的建立可为云南、贵州和广西等西南山地入侵植物替代控制的本地植物选择与配置提供重要依据和参考，而且从生物安全的角度考虑，在本地遭受外来植物入侵的退化生态系统的替代控制和植被修复中，应尽可能地以本地物种作为目标物种，避免盲目使用外来物种造成新的生物入侵的可能，从而保障本地生物的安全。

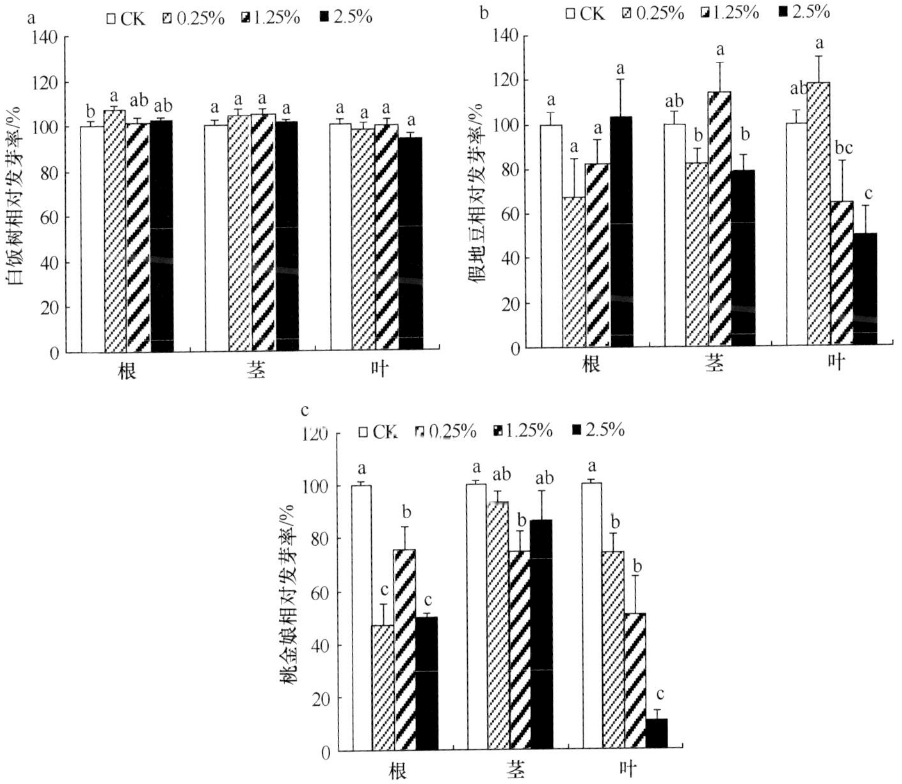

图 5.28 飞机草提取液对白饭树（a）、假地豆（b）和桃金娘（c）种子萌发的影响

图中柱顶的不同小写字母表示同一组织不同处理之间在 0.05 水平上差异显著。本书余同

2. 替代控制的本地植物功能群配置模式

根据地质环境特点，西南山地主要分为喀斯特区和非喀斯特区两种区域，两者在立

表 5.10　西南山地飞机草替代控制本地资源植物

植物类型	物种名称
乔木	马尾松（*Pinus massoniana*）、杉木（*Cunninghamia lanceolata*）、樟树（*Cinnamomum camphora*）、阴香（*Cinnamomum burmannii*）、潺槁树（*Litsea glutinosa*）、茶条木（*Delavaya toxocarpa*）、任豆（*Zenia insignis*）、顶果木（*Acrocarpus fraxinifolius*）、红椿（*Toona ciliata*）、香椿（*Toona sinensis*）、狗骨木（*Cornus wilsoniana*）、樟叶槭（*Acer cinnamomifolium*）、伊桐（*Itoa orientalis*）、降香黄檀（*Dalbergia odorifera*）、麻栎（*Quercus acutissima*）、蚬木（*Excentrodendron hsienmu*）、海南椴（*Hainania trichosperma*）、仪花（*Lysidice rhodostegia*）、肥牛树（*Cephalomappa sinensis*）、秋枫（*Bischofia javanica*）、楹树（*Albizia chinensis*）、苹婆（*Sterculia nobilis*）、南酸枣（*Choerospondias axillaris*）、喜树（*Camptotheca acuminata*）、赤杨叶（*Alniphyllum fortunei*）、毛竹（*Phyllostachys heterocycla*）、吊丝竹（*Dendrocalamus minor*）、枫香（*Liquidambar formosana*）、西南桦（*Betula alnoides*）、木荷（*Schima superba*）、火力楠（*Michelia macclurei*）、米老排（*Mytilaria laosensis*）、钝叶黄檀（*Dalbergia obtusifolia*）、栲树（*Castanopsis fargesii*）、红锥（*Castanopsis hystrix*）、多穗柯（*Lithocarpus polystachyus*）、青冈栎（*Cyclobalanopsis glauca*）、白栎（*Quercus fabri*）、大叶栎（*Quercus griffithii*）、大叶女贞（*Ligustrum compactum*）、格木（*Erythrophleum fordii*）、蒜头果（*Malania oleifera*）
灌木	白饭树（*Flueggea virosa*）、苏木（*Caesalpinia sappan*）、灰毛浆果楝（*Cipadessa cinerascens*）、黄荆（*Vitex negundo*）、盐麸木（*Rhus chinensis*）、假苹婆（*Sterculia lanceolata*）、石山巴豆（*Croton euryphyllus*）、龙须藤（*Phanera championii*）、密蒙花（*Buddleja officinalis*）、山苍子（*Litsea cubeba*）、牛耳枫（*Daphniphyllum calycinum*）、阔叶十大功劳（*Mahonia bealei*）、野牡丹（*Melastoma candidum*）、化香树（*Platycarya strobilacea*）、黄栀子（*Gardenia jasminoides*）、雀梅藤（*Sageretia thea*）、红背山麻杆（*Alchornea trewioides*）、胡枝子（*Lespedeza bicolor*）、中平树（*Macaranga denticulata*）、大叶山蚂蝗（*Pleurolobus gangeticum*）、假地豆（*Desmodium heterocarpon*）
草本	类芦（*Neyraudia reynaudiana*）、五节芒（*Miscanthus floridulus*）、蔓生莠竹（*Microstegium fasciculatum*）、水蔗草（*Apluda mutica*）、艾蒿（*Artemisia argyi*）、牡蒿（*Artemisia japonica*）、夏枯草（*Prunella vulgaris*）、芒草（*Miscanthus sinensis*）、淡竹叶（*Lophatherum gracile*）、草珊瑚（*Sarcandra glabra*）、假蒟（*Piper sarmentosum*）、虎杖（*Reynoutria japonica*）、荩草（*Arthraxon hispidus*）、柳叶箬（*Isachne globosa*）

地条件、乡土植物种类和植被类型等方面存在着比较明显的差别。因此，西南山地生态系统入侵地替代控制的本地植物功能群配置主要以地质环境为基准，以多年乡土植物资源调查（含植物种类、植被类型和群落结构等）、退化生态系统重建及乡土植物与入侵植物的竞争关系等前期研究成果为依据，根据不同地质环境并结合具体地段立地条件特点等，配置包括乔木、灌木和草本等种类的本地植物功能群（表 5.11），重建和恢复涵盖乔木层、灌木层、草本层等层次的复层乡土植物群落，用于替代控制外来入侵植物飞机草。

表 5.11　西南山地入侵植物飞机草替代控制植物功能群配置表

入侵植物	地质环境		群落层次		
			乔木层	灌木层	草本层
飞机草	喀斯特区	平洼地	顶果木、香椿、降香黄檀、任豆、仪花、南酸枣、红椿、秋枫	假苹婆、苏木、石山花椒、雀梅藤、黄荆、石山巴豆、灰毛浆果楝、火棘、盐麸木、白饭树、红背山麻杆	类芦、五节芒、蔓生莠竹、水蔗草、牡蒿、荩草、假地豆
		坡地	青冈栎、樟叶槭、狗骨木、潺槁树、麻栎、茶条木、蒜头果、伊桐、喜树、降香黄檀		
	非喀斯特区		马尾松、杉木、樟树、红椿、香椿、青冈栎、红锥、格木、阴香、降香黄檀、西南桦	火棘、牛耳枫、胡枝子、山胡椒、桃金娘、中平树、山合欢、大叶山蚂蝗、铁冬青	类芦、五节芒、柳叶箬、艾蒿、虎杖

其中，喀斯特区选择了石漠化严重、飞机草分布面积较广且优势明显的广西平果市龙何生态重建示范区（以下简称龙何示范区），以弃耕地为重点，以降香黄檀、顶果木、蒜头果、茶条木、青冈栎、狗骨木、樟叶槭和苏木等 20 多种乡土植物为替代控制目标

种，同时根据具体地段的立地条件特点配置目标种类，采取种子直播和苗木移植相结合及人工抚育等技术构建与管理乡土先锋群落，取得了良好的替代控制和生态恢复效果，与试验前和对照区相比，试验区飞机草的平均株高、平均盖度和平均地面生物量分别下降39.9%和41.6%、97.33%和97.66%、98.09%和98.11%，效果非常明显（表5.12）。

表5.12 替代控制前后飞机草种群的基本特征

调查区域	时间	平均株高/cm	平均盖度/%	平均地上生物量/（g/m²）
试验区	第一年（2013年）	128.4±4.42a	45.0±3.2a	210.39±12.68a
	第四年（2016年）	77.2±4.08b	1.2±0.4b	4.02±1.28b
对照区	第四年（2016年）	132.2±4.52a	51.3±2.7a	212.70±14.41a

注：同列数据后不同小写字母表示不同处理之间差异显著（$P<0.05$）

3. 西南山地退化生态系统保育植物利用技术

保育植物也称为护理植物，是指那些能够在其冠幅下辅助其他目标植物生长发育的植物。保育植物多发生在环境比较恶劣的植物群落演替早期或退化生态系统恢复早期阶段，而能够作为保育植物的绝大多数种类为乡土先锋植物，这些种类涵盖苔藓、草本、灌木和乔木等不同类型的植物，其作用方式一般表现为苔藓保育草本、草本保育灌木和灌木保育乔木等，且发生保育现象的植物之间一般都存在一一对应的种对（保育植物-目标植物）关系。

在我国西南山地，入侵植物的种群数量或在群落中的优势、危害程度往往与其定居地的原生植被退化程度成正比，即原生植被退化越严重，入侵植物种群数量就越多，其群落优势和危害程度亦越明显。与此同时，由于原生环境的严重退化，立地条件随之恶化，从而增加了本地目标植物成功定居的难度，这在立地条件本就十分恶劣的喀斯特石漠化山区更为明显。筛选和利用保育植物为促进替代控制的本地目标植物成功定居、提高入侵地植被修复效率等提供了可能和保障。因此，保育植物筛选与应用主要是从现存植被中筛选和应用有利于目标植物（主要是乡土树种）成功定居的植物种类，通过就地利用或移栽利用的方式构建“保育植物+目标植物”的植被修复新模式，从而有效提高外来入侵植物在入侵地的生态修复效率。

（1）保育植物就地利用技术

保育植物就地利用研究在广西平果市龙何示范区进行。以狗骨木和樟叶槭为目标树种，选择乔木先锋树种任豆进行冠下幼苗移栽试验，以任豆冠外空地（简称空地，下同）为对照，探讨任豆对2种幼苗的保育功能及变化趋势等。

任豆冠下狗骨木幼苗和樟叶槭幼苗生长的监测结果表明，无论是在阳坡还是阴坡，任豆对2种幼苗都存在一定的保育作用（RII值＞0）（表5.13），其冠下2种幼苗的保存率和株高及基径生长量均大于空地（图5.29），其中阳坡的冠下与空地之间均差异显著（$P<0.05$）。在不同坡向中，无论是在任豆冠下还是空地，同一时期、同一目标树种幼苗生长量都是阴坡大于阳坡且差异明显，但RII值计算结果却显示任豆对2种幼苗的RII值均为阳坡大于阴坡（表5.13），表明任豆对2种幼苗的保育作用具有阳坡大于阴坡的特点。

表 5.13 任豆树冠对 2 种幼苗生长量的影响

目标树种	测定指标	坡向	小生境	净生长量			RII 值		
				1 年生	2 年生	3 年生	1 年生	2 年生	3 年生
狗骨木	株高/cm	阳坡	空地	8.6±8.0a	24.9±22.5a	38.7±26.1a			
			冠下	9.8±8.0b	37.3±25.3b	101.0±50.2b	0.0652	0.1994	0.4460
		阴坡	空地	17.4±15.0a	123.0±46.2a	246.3±63.9a			
			冠下	19.2±15.3a	142.9±45.8a	290.6±78.3b	0.0492	0.0748	0.0825
	基径/mm	阳坡	空地	1.45±0.93a	4.76±2.28a	8.76±3.41a			
			冠下	2.00±0.81b	6.63±2.25b	12.35±3.82b	0.1594	0.1642	0.1701
		阴坡	空地	3.88±1.45a	17.98±4.95a	33.68±7.53a			
			冠下	4.28±2.17a	20.17±5.42a	37.79±8.44b	0.0490	0.0574	0.0575
樟叶槭	株高/cm	阳坡	空地	5.0±3.3a	19.3±14.2a	46.4±30.1a			
			冠下	7.6±4.6a	35.1±18.3b	85.0±33.7b	0.2063	0.2904	0.2938
		阴坡	空地	17.8±8.7a	79.9±34.8a	126.6±47.2a			
			冠下	24.2±13.4b	90.2±40.6a	143.5±55.6a	0.1524	0.0606	0.0626
	基径/mm	阳坡	空地	1.28±0.61a	4.06±1.40a	6.39±2.61a			
			冠下	1.98±0.86b	5.13±1.71a	8.78±2.46b	0.2147	0.1164	0.1575
		阴坡	空地	3.32±1.07a	9.55±2.79a	15.34±3.93a			
			冠下	3.64±1.40a	11.15±4.21a	18.15±5.42b	0.0460	0.0773	0.0839

注：同列不同小写字母表示同一坡向、同一树种在不同小生境中差异显著（$P<0.05$）；RII 值为相对相邻作用系数，RII 值大于 0 表明有保育作用，RII 值小于 0 表明有抑制作用，绝对值越大，保育作用或抑制作用越明显

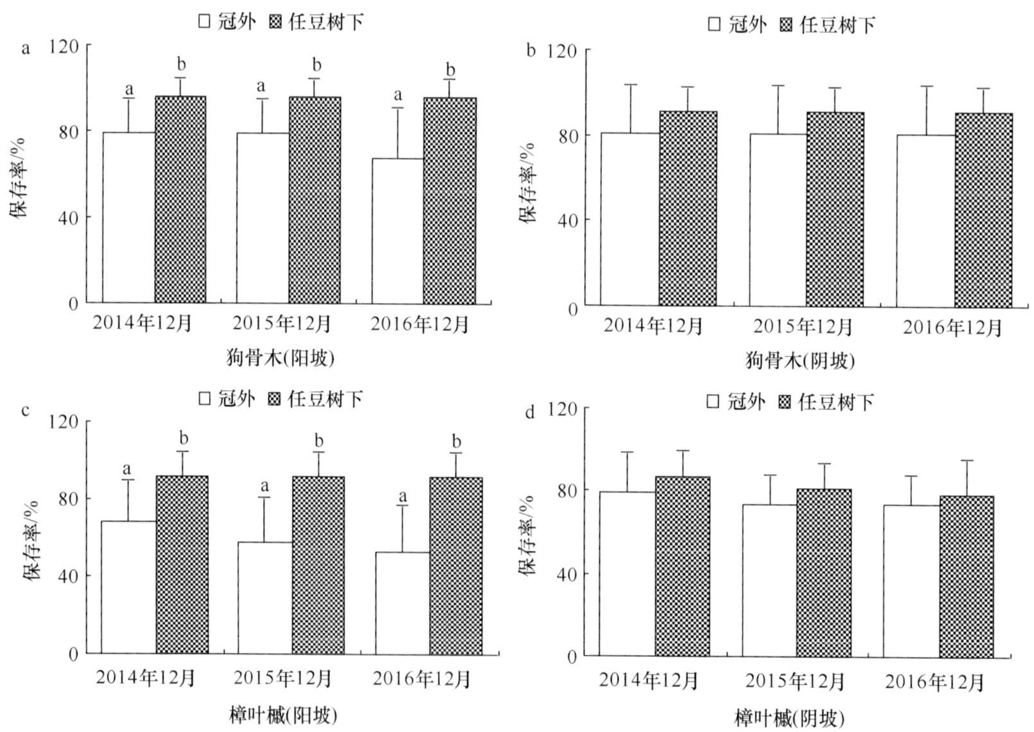

图 5.29 任豆树冠对 2 种幼苗保存率的影响

不同小写字母表示同一树种在同一时期、不同处理之间差异显著（$P<0.05$）

（2）保育植物移栽利用技术

保育植物移栽利用技术同样在广西平果市龙何示范区进行。在植被比较稀疏、无灌木植物覆盖的地段，先按一定密度或距离移栽耐旱、耐贫瘠、定植成活率高和恢复生长快的灌木植物黄荆，然后在其冠幅下移栽茶条木和狗骨木 2 种幼苗，以空地上同一目标植物幼苗为对照，定期观测和对比黄荆冠下及空地目标植物幼苗成活率和植株生长量等。

从监测结果来看（表 5.14），虽然黄荆对林冠下 2 种幼苗造林当年保存率的影响有限，但其对 2 种幼苗的植株生长均存在比较明显的保育作用，且具有随时间延长保育作用愈加明显的特点。与空地相比，在黄荆的保育作用下，茶条木幼苗和狗骨木幼苗 1 年生和 2 年生株高生长量分别增加 14.9cm 和 12.9cm、50.7cm 和 26.2cm，增幅分别达 70.3%和 43.1%、77.1%和 38.9%。因此，在石漠化区替代控制外来入侵植物时，可以选择黄荆作为茶条木和狗骨木的保育植物，在撂荒地或其他植被覆盖率较低的地段，采用“黄荆+茶条木”和“黄荆+狗骨木”的造林模式能够取得良好的修复效果。

表 5.14 先锋灌木黄荆对 2 种幼苗生长的影响

目标树种	小生境	造林当年保存率%	株高生长量/cm	
			1 年生	2 年生
茶条木	空地	98.2	21.2	65.8
	黄荆	100.0	36.1	116.5
狗骨木	空地	100.0	29.9	67.4
	黄荆	92.9	42.8	93.6

4. 西南山地入侵植物入侵地本地植被优化配置技术

本地植被优化配置技术研究主要是以快速建立群落结构复杂和生态调节功能明显的本地植被为目的，运用一些本地植物物种之间存在互利共生的特点，构建与立地环境相宜的复层本地植物群落。

在广西平果市龙何示范区植被覆盖率较低的撂荒地进行本地植物优化配置技术试验，以茶条木为目标树种，与该区比较常见的耐旱、耐贫瘠灌木黄荆进行配置造林。试验采取小区试验方式并设置 4 个处理：①茶条木（1 年生实生裸根苗，平均株高 145cm，平均基径 1.14cm，下同）单种，截干高度 120cm（常规造林方式，以下简称对照）；②茶条木单种，截干高度 40cm；③茶条木与黄荆混种，茶条木截干高度 120cm；④茶条木与黄荆混种，茶条木截干高度 40cm。在配置造林试验前，先将造林地上的灌木（除黄荆外）和草本植物的地上部分全部割除，然后选择和挖取株高 90～120cm、冠幅 100cm 以上的黄荆植株，按密度 2m（株距）×2.5m（行距）或根据土壤分布情况定植黄荆。随后在黄荆树冠滴水线外 10cm 范围挖掘茶条木苗的定植坑，坑间距离不小于 100cm，随挖随种。

根据调查统计，在配置造林试验中，黄荆移栽成活率达 100%，茶条木造林当年保存率均在 98%以上，虽然配置造林处理与对照的造林当年成活率相差甚小，但由于恢复生长期较短，因此其茶条木幼苗株高生长量相比对照均有不同程度的提高，调查期间平均株高生长量大小均为④>②>③，分别比对照提高 29.8%～533.3%和 17.2%～300.3%，其中试验处理②和④与对照之间均存在极显著差异（P<0.01）。在 3 种配置方式中，试验处理④的茶条木苗在造林当年和造林后 2 年的平均株高总生长量最大，分别达到 36.1cm 和 116.5cm，比对照分别提高 533.3%和 300.3%，效果非常明显（表 5.15）。由此可见，在龙何示范区，选择合适的本地先锋植物与目标树种进行配置造林，对提高入侵植物入侵地的植被修复效率具有明显的促进作用。

表 5.15　不同配置造林方式对茶条木幼苗的影响

试验处理	造林当年成活率/%	平均株高总生长量			
		第一年/cm	比率/%	第二年/cm	比率/%
①	98.6	5.7±12.9A	100.0	29.1±33.9A	100.0
②	100.0	21.2±12.9B	371.9	65.8±45.7B	226.1
③	98.2	7.4±19.0A	129.8	34.1±37.2A	117.2
④	98.0	36.1±26.6C	633.3	116.5±68.8C	400.3

注：同列数据后不同大写字母表示不同处理之间差异极显著（P<0.01）

5. 西南山地低干造林技术

截干造林是荒山造林和退化生境植被修复中比较常用的一种技术方法，截干高度一般为100～120cm。在龙何示范区，低干造林试验主要选择茶条木、狗骨木、大叶女贞和阴香等树种，在苗木定植后将其主干截剪至距地面40cm 处，并与常规截干高度（120cm）或保全定植（苗高80～100cm）方法对比，观察比较同一树种不同截干高度的幼苗保存率和株高生长量等指标的变化。

根据 2 年的试验观察结果，与常规截干造林或保全定植相比，茶条木等树种低干造林的幼苗保存率和 1～2 年生株高生长量均有不同程度的提高（表 5.16），其中造林当年保存率提高 5.8%（狗骨木）～17.3%（茶条木），造林后第一年株高生长量提高 11.3%～118.2%，第二年株高生长量提高 44.2%～95.7%，造林效果比较明显，主要原因在于采取低干造林的苗木在定植造林后恢复生长期较短、长势较好，而采取常规造林的苗木除恢复生长期较长和长势较差外，主干发生部分干枯的现象非常普遍。此外，采取低干造林的茶条木苗，在 2 年生时的平均根萌数为常规造林的 2.3 倍，表明采取低干造林能在更短的时间内形成丛生状植株，有利于提高其覆盖地表的速度和效率。

表 5.16　低干造林调查统计表

树种	造林方式	截干高度/cm	幼苗保存率/%	株高生长量/cm		比率/%	
				1 年生	2 年生	1 年生	2 年生
茶条木	常规法	110	75.6	3.3	34.9	100.0	100.0
	低干法	40	88.7	7.2	68.3	218.2	195.7
狗骨木	常规法	保全定植	87.5	12.4	49.4	100.0	100.0
	低干法	40	92.6	13.8	72.8	111.3	147.4
阴香	常规法	保全定植	83.3	17.9	49.1	100.0	100.0
	低干法	40	89.2	24.1	70.8	134.6	144.2

三、基于地下-地上入侵植物立体控制与生态修复的调控技术体系

西南山地是我国遭受外来入侵植物危害最为严重的区域之一，本地植被及整个自然生态系统的结构和功能退化问题严重，急需对本地植被进行重建与恢复。通过以上筛选或配制具有削弱或消除其化感作用、改良生境和提高本地植物竞争优势的植物源抑制剂和多功能复合配剂，配置并构建多种类组成的本地植物功能群和层次复杂、功能多样的乡土植物群落，结合植被修复技术研发，建立了西南山地地下（生境改良）-地上（替代控制）入侵植物立体控制与生态修复的调控技术体系（图 5.30），并在广西平果市建立飞机草防控修复示范基地，为我国西南山地入侵植物治理和生态修复提供技术支撑与范例。

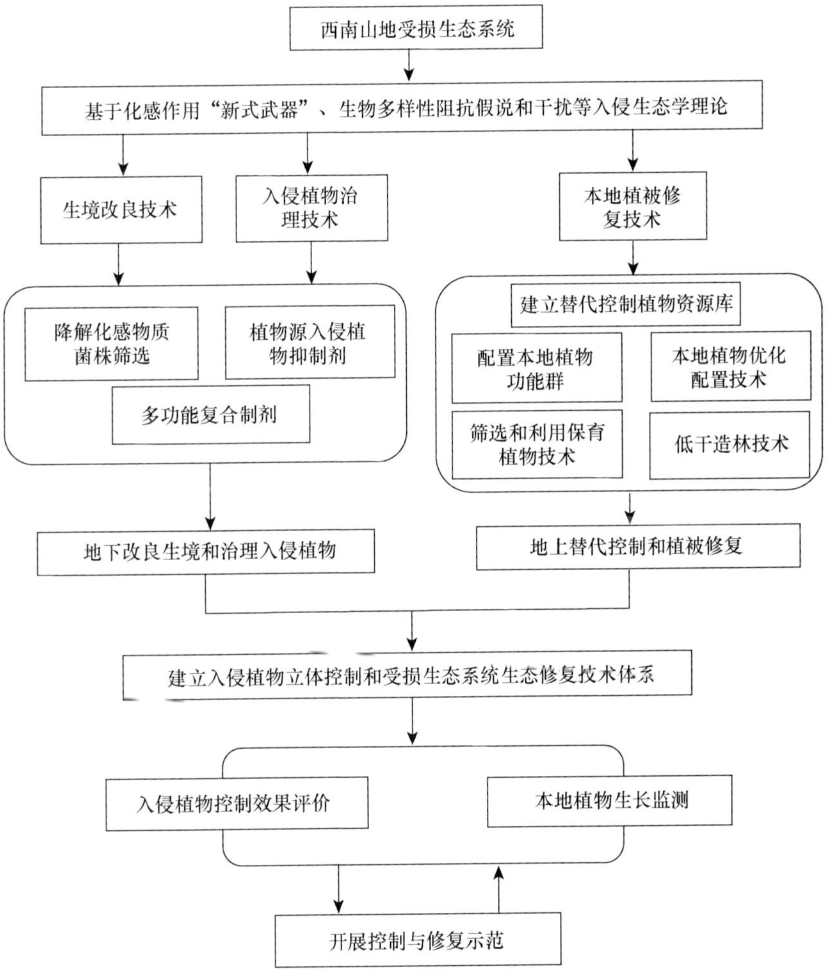

图 5.30　基于地下-地上入侵植物立体控制与生态修复的调控技术体系

四、飞机草防控技术示范

西南山地位于我国西南的广西、贵州和云南等省（区），既是我国生物多样性十分

独特而丰富的地区，也是我国入侵植物种类最多和侵害程度最为严重的区域之一。多年的野外调查结果显示，在我国西南山地，生态系统退化往往与外来植物的入侵和蔓延关系十分密切，一方面原生植被退化和消失为入侵植物的成功定居及扩散提供了机会和条件；另一方面入侵植物的入侵和蔓延又增加了退化生境恢复重建的难度，因此这些区域面临着退化生态系统重建和入侵植物治理双重难题的困扰，这些问题在喀斯特地区尤其是石漠化山区更为突出。根据入侵植物种群分布特征、生态治理及入侵地生态修复的理论研究成果，恢复重建与原生植被种类组成相近和群落结构相似的复层乡土植物群落，是西南山地生态系统入侵植物治理与生态修复最为关键且持之有效的技术方法。因此，西南山地生态系统入侵植物治理与生态修复示范主要是在调查适生优良乡土植物（树种）资源的基础上，收集和开发利用其优质种源并培育可用于入侵植物治理与生态修复的合格苗木，同时通过人工造林在外来入侵植物定居地构建能够有效促进乡土植物复层群落形成和正向演替的复合型乔木群落，逐步实现退化生境修复和入侵植物有效治理的双重目标。

1. 示范区地理位置及环境特点

根据多年的野外调查并结合西南山地入侵植物的分布情况，乡土植物群落的快速构建与高效管理技术示范以该区分布面积较广和危害比较严重的飞机草为对象，在广西平果市果化镇布尧村龙何屯（龙何示范区）建立入侵植物治理与生态修复示范区，主要进行不同立地条件下植物功能群的高效配置、人工造林和抚育管理等方面的技术研究与示范。

龙何示范区位于广西平果市果化镇南部的大石山区（图 5.31），以布尧村龙何屯为中心，地理位置 23°23′04″N、107°23′20″E，总面积超过 500hm^2，属于比较典型的喀斯特峰丛洼地分布区，洼地底部海拔 200～400m，石峰海拔 300～550m，高差 50～250m，山体坡度多在 25°以上，是广西乃至我国南方非常典型的喀斯特石漠化区域，立地条件恶劣，生态退化严重，不但喀斯特森林等原生植被消失殆尽，森林植被覆盖率极低，而且飞机草、白花鬼针草（*Bidens alba*）和银胶菊（*Parthenium hysterophorus*）等入侵植物分布面积较大，危害十分严重，成为其石漠化治理和生态修复最主要的障碍之一。尽管经过多年的生态治理和植被修复，但近年来随着劳动力减少，弃耕地面积不断扩大，飞机草等入侵植物的蔓延和危害仍呈现逐步扩展和加重的趋势。龙何示范区主要开展示范的内容包括：①替代控制中适生优良乡土植物资源收集与优质苗木培育；②极端退化生态系统中替代控制本地植被的重建与管理；③不同立地条件或微地形环境中本地植物功能群的配置与管理；④入侵植物飞机草的人工抑制或清除；⑤本地替代控制目标植物的定植与抚育等。

2. 适生优良乡土树种种苗培育示范

适生优良乡土树种种苗培育主要根据适地适树的基本原则和要求，从龙何示范区所在地及其相邻或气候相近的地区收集适生优良乡土树种的种子和苗木，在上述两个示范区及桂林植物园等地建立专用苗圃，培育能用于入侵植物替代控制与生态修复的优质苗木（图 5.32）。

图 5.31　石漠化山区飞机草治理与生态修复示范区（龙何示范区）

图 5.32　优良乡土树种种苗培育示范

经过 10 多年石漠化治理及其他退化生态系统生态重建的探索和实践，我们已经筛选出 30 多种适用于石漠化治理及其他退化生境生态重建的优良树种和其他资源植物，有关种类的苗木培育、人工造林和抚育管理等技术日臻成熟，在具体应用中已取得了非常良好的效果。因此，从 2016 年 7 月至 2018 年 12 月，主要收集与飞机草存在竞争优势的茶条木、青冈栎和樟叶槭等 11 种乡土优良树种（含常绿树种 6 种，落叶树种 5 种）的种子和幼苗，培育可用于人工造林的合格苗木 19 700 株，其中袋装苗 12 800 株、裸根苗 6900 株（表 5.17）。在苗木培育过程中，各树种的苗木类别主要根据各树种苗期生长和定植移栽等特性以及示范区的立地环境和交通条件等因素确定，并且选用与示范区土壤类型融合良好的轻基质材料和可快速自然降解的无纺布营养袋等培育袋装苗，有效降低了苗木运输和定植移栽的难度与强度。同时，为了提高苗木移栽前后的抗逆性与环境适应能力，在其生长后期至人工造林前的一段时期内，还采取定期炼苗的方式处理苗木，为提高造林成活率和植被修复效率创造了比较有利的条件。

表 5.17　2016～2018 年乡土树种育苗造林统计

树种	树种状况	主要用途	苗木类别	育苗数量/株	造林方法	造林面积/亩
茶条木	常绿小乔木	薪炭、油料	裸根苗	1 300	植苗	1 000
			袋装苗	3 500	植苗	2 100
青冈栎	常绿乔木	材用、薪炭	袋装苗	2 500	植苗	1 500
樟叶槭	常绿乔木	材用	裸根苗	600	植苗	500
喜树	落叶乔木	药材、材用	裸根苗	1 000	植苗	800
顶果木	落叶大乔木	材用	袋装苗	3 200	植苗	3 000
潺槁树	常绿小乔木	药材、饲料	袋装苗	2 000	直播	15 000
南酸枣	落叶乔木	材用	裸根苗	1 500	植苗	1 000
狗骨木	落叶乔木	油料、材用	裸根苗	2 000	植苗	1 200
香椿	落叶乔木	材用	裸根苗	500	植苗	4 500
降香黄檀	常绿乔木	材用	袋装苗	1 000	植苗	2 700
蒜头果	常绿乔木	油料、材用	袋装苗	600	直播	800
麻栎	落叶乔木	薪炭、材用	裸根苗	—	植苗	6 000
红椿	常绿乔木	材用	袋装苗	—	植苗	3 800
苏木	落叶灌木	药材	—	—	直播	12 000
樟树	常绿乔木	材用、香料	袋装苗	—	植苗	200
阴香	常绿乔木	材用、薪炭	袋装苗	—	植苗	800
铁冬青	常绿小乔木	绿化	袋装苗	—	植苗	300
仪花	常绿大乔木	材用	袋装苗	—	植苗	200
小计	—	—	裸根苗	6 900	植苗	29 600
	—	—	袋装苗	12 800	直播	27 800
合计	—	—	—	19 700	—	57 400

3. 飞机草治理与生态修复技术示范

龙何示范区总面积（含新造林地替代控制和幼林抚育林地替代控制）达 300 亩以上，地跨龙何下、弄锥和弄歪等相邻但相对独立的山弄，主要选择以外来入侵植物飞机草为优势或分布较为集中的弃耕地、荒坡灌草丛等地段进行乡土植物群落快速构建的高效管理技术示范。

在制定该区域入侵植物治理与生态修复短、中、长期目标的基础上，选择适生优良、用途多样的乡土资源植物（主要是乔、灌木树种），根据当地乡土植物先锋群落的种类组成、群落结构和自然演替等特点，选择多个不同性状的乔、灌木树种构建复层乔木先锋群落，同时运用近年来在保育植物应用、微地形应用和低干造林等方面的最新研究成果进行植物群落配置、人工造林和抚育管理等替代控制示范。据统计，2017 年和 2018 年，龙何示范区先后收集和应用了 14 个树种进行替代控制的乡土植物群落构建和管理技术示范，其中常绿乔木和小乔木树种6个，落叶乔木和灌木8个，完成茶条木、樟叶槭、狗骨木、顶果木、红椿和降香黄檀等植苗造林18 000多株，苏木、蒜头果和潺槁树等直播造林30 000多株，替代控制飞机草的新造林地总面积超过150亩。为了促进其他地段本地植物生长和植物群落的快速恢复，除新造林地替代控制外，还对弄烈、弄情和弄怀等山弄近年来的人工幼林进行了苗木补植和人工抚育等定向管理，促进替代控制的成功，总面积为150亩。根据2018年11～12月的调查结果（表5.18），尽管同一

表5.18 龙何示范区新造林地乡土目标树种生长量调查统计表

地点	目标树种	生境	造林时间	造林方法	平均生长量/cm		树龄
					株高	基径	
龙何下	红椿	梯地	2017年3月	植苗	340.9	6.05	2年生
		平洼地	2017年3月	植苗	456.6	6.77	2年生
		梯地	2018年3月	植苗	126.4	2.75	1年生
	顶果木	梯地	2017年3月	植苗	321.3	4.53	2年生
		平洼地	2017年3月	植苗	408.2	4.65	2年生
	降香黄檀	梯地	2017年3月	植苗	208.5	3.30	2年生
	蒜头果	梯地	2017年3月	直播	128.0	1.82	2年生
弄锥	红椿	梯地	2017年3月	植苗	314.7	5.33	2年生
		梯地	2018年3月	植苗	105.6	2.85	1年生
	顶果木	梯地	2017年3月	植苗	363.8	5.14	2年生
	降香黄檀	梯地	2017年3月	植苗	247.1	3.04	2年生
	蒜头果	梯地	2017年3月	直播	143.9	1.92	2年生
	南酸枣	梯地	2018年3月	植苗	79.4	1.28	1年生
		平洼地	2018年3月	植苗	138.8	2.31	1年生
	茶条木	梯地	2018年3月	植苗	65.0	1.48	1年生
	樟叶槭	梯地	2017年3月	植苗	106.8	2.64	2年生
	狗骨木	梯地	2017年3月	植苗	274.4	3.57	2年生
	喜树	平洼地	2018年3月	植苗	60.8	1.35	1年生
		梯地	2018年3月	植苗	43.2	0.84	1年生
	香椿	梯地	2018年3月	植苗	69.7	1.45	1年生
弄歪	苏木	梯地	2017年4月	直播	80.3	1.17	2年生
	潺槁树	梯地	2017年8月	直播	41.0	0.73	2年生
	红椿	梯地	2018年3月	植苗	104.3	2.67	1年生
	顶果木	梯地	2017年3月	植苗	286.1	4.97	2年生
		梯地	2018年3月	植苗	150.4	2.49	1年生
	降香黄檀	梯地	2018年3月	植苗	70.8	1.27	1年生
	南酸枣	梯地	2018年3月	植苗	63.6	1.21	1年生
	麻栎	梯地	2017年3月	植苗	113.6	1.70	2年生
	茶条木	梯地	2017年3月	植苗	264.3	2.41	2年生
	青冈栎	梯地	2017年3月	植苗	106.6	1.53	2年生
		梯地	2018年3月	植苗	30.5	0.83	1年生
	樟叶槭	梯地	2017年3月	植苗	112.2	2.43	2年生
	狗骨木	梯地	2017年3月	植苗	108.5	1.77	2年生

替代控制目标树种在不同小生境的生长存在一定差异，但新造林地绝大多数幼苗、幼树生长表现良好，总体平均成活率达70%以上，其中红椿和顶果木等树种年均株高生长量超过150cm，茶条木、狗骨木和降香黄檀等树种年均株高生长量达100cm以上，乔木先锋群落的主体框架初步形成；与此同时，飞机草种群的分枝密度、平均盖度、平均高度、重要值和单位面积平均生物量下降明显（表5.19），入侵植物治理和生态修复的效果十分突出（图5.33）。

表5.19　龙何示范区治理前后飞机草种群变化特征

小生境	调查时间	飞机草种群特征					
		平均分枝数/（个/丛）	分枝密度/（个/m²）	平均盖度/%	平均高度/cm	重要值/%	平均生物量/（g/m²）
梯地	2016年10月	3.4±1.2	13.4±15.6	42.8±34.9	114.7±62.1	51.09	146.45±106.92
	2018年12月	2.1±1.1	4.3±1.6	7.5±4.1	72.3±50.9	15.01	10.11±4.72
平洼地	2016年10月	2.2±1.8	5.1±2.8	36.3±7.5	136.3±37.3	94.04	86.41±27.2
	2018年12月	1.7±0.9	2.9±1.5	4.0±1.2	33.3±9.4	17.29	0.73±0.28

图5.33　石漠化山区（龙何示范区）飞机草治理与生态修复效果
a～f分别为顶果木、狗骨木、茶条木、红椿、降香黄檀、红椿+顶果木，2017年3月种植，拍摄于2018年12月

第五节　飞机草防控效果

在飞机草野外防控示范的基础上，针对受损生态系统不同的修复年限，分析生态系

统群落结构和土壤环境的变化，研究替代防控对飞机草入侵受损生态系统的修复效果，建立效果评估技术体系，并对防控效果进行评估，为我国外来种入侵受损生态系统的修复效果评估提供重要的理论基础。

一、研究方法

在飞机草防控示范样区内，根据飞机草的入侵状况和修复年份共设置 5 个样地，分别为修复前（0 年）、修复 3 年、修复 5 年和修复 10 年的生境，作为研究样地，以飞机草未入侵生态系统作为对照（CK）。样地分布情况如图 5.34 所示，野外样地情况如图 5.35 所示。

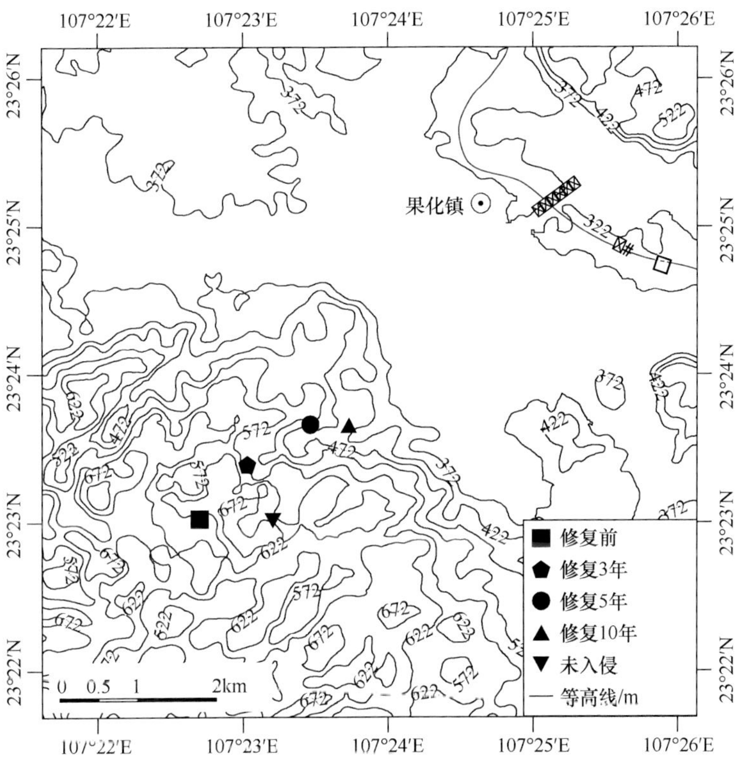

图 5.34　样地分布状况

1. 样方调查

植被调查采用样方法，每个修复阶段根据植被类型分别设置 3 个 10m×10m 的乔木样方，9 个 4m×4m 的灌木样方、15 个 1m×1m 的草本样方。调查样方内飞机草的密度、盖度、生物量和基径，并记录样方内物种名称、数量，草本、灌木和乔木的盖度，样方经纬度。由于土壤层浅薄，多数样地土壤厚度在 20cm 左右，因此本评估主要采集 0～20cm 深度的土壤，每个样地设置 5 个重复。

2. 土壤理化性质测定

土壤容重采用环刀法测定；非毛管孔隙度、毛管孔隙度采用环刀浸泡法测定；总孔

a. 修复前　b. 修复3年　c. 修复5年　d. 修复10年　e. 未入侵

图 5.35　不同修复年份野外情况

隙度为毛管孔隙度和非毛管孔隙度之和；采用凯氏定氮法测定土壤全氮；采用火焰光度计法测定土壤全钾；采用全磷比色法测定土壤全磷；采用电位法测定土壤 pH；采用重铬酸钾容量法测定土壤有机质；采用火焰光度计法测定土壤速效钾；采用钼锑抗比色法测定土壤有效磷。

3. 数据分析

（1）物种多样性

采用 Shannon-Wiener 指数来表征植物的物种多样性，计算公式如下：

$$H = -\sum_{i=1}^{S} P_i \ln P_i,\ P_i = \frac{N_i}{N} \tag{5.1}$$

其中，S 为样方内物种数；P_i 为样方内第 i 个物种的个体数占样方内物种总数的比例；N 为样方内所有物种的个体总数；N_i 为样方中第 i 个物种的个体数。

（2）Pielou 均匀度指数

Pielou 均匀度指数（J_{sw}）指植被群落物种的分布均匀程度，计算公式为

$$J_{sw} = \frac{H}{\ln S} \tag{5.2}$$

其中，H 为多样性指数，S 同上。

（3）物种丰富度（D）

物种丰富度为群落中物种的种类数量，即 $D=S$。

4. 数据处理

采用 Excel 进行数据整理，采用 SPSS 软件分析不同修复年限之间群落物种多样性、均匀度、丰富度、盖度及飞机草生长指标的显著差异性并进行单因素方差分析；使用 Origin8.0 进行图表制作；使用 Past 软件分析不同修复年份群落的物种组成相似性。

二、生态修复对飞机草种群特征的影响

1. 不同修复年限飞机草密度变化

随着生态修复年限的增加，飞机草密度呈显著降低趋势（图 5.36）。在修复前的生境（0 年）下，飞机草平均密度达到了 76.00 株/m^2，在修复 3 年后，飞机草密度降低到 17.33 株/m^2，相比修复前降低了 77.20%，降低水平显著（$P<0.05$）；修复 5 年和 10 年后，飞机草密度分别降低到 6.67 株/m^2、2.67 株/m^2，均显著低于修复前（$P<0.01$）。通过植被修复，飞机草密度得到明显抑制（F=1674.96，$P<0.01$）。

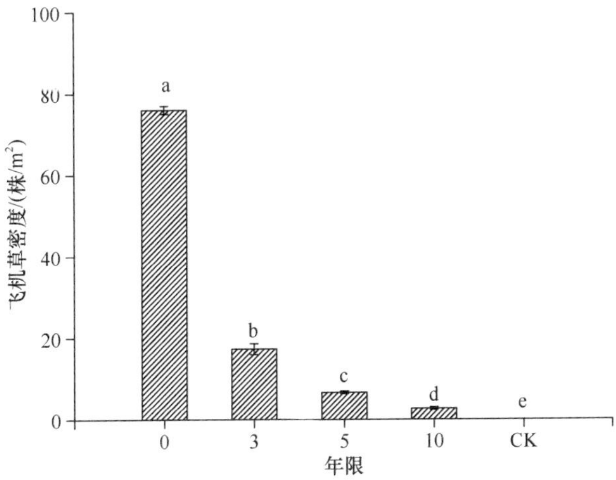

图 5.36　不同修复年限飞机草密度变化

2. 不同修复年限飞机草盖度变化

随着植被修复年限的增加，飞机草盖度呈极显著降低趋势（F=409.4，P<0.01）（图5.37）。修复前，飞机草盖度最大，高达 86.67%；修复 3 年后，飞机草盖度降低至 15.67%，相对修复前降低了 81.92%，降低水平极显著（P<0.01）；修复 5 年、10 年后飞机草盖度分别降低至 4.67%、2.33%，且与 CK 无显著差异。结果表明，修复 5 年后，飞机草从盖度上对本地物种的影响基本上可以忽略不计，达到了防治目的。

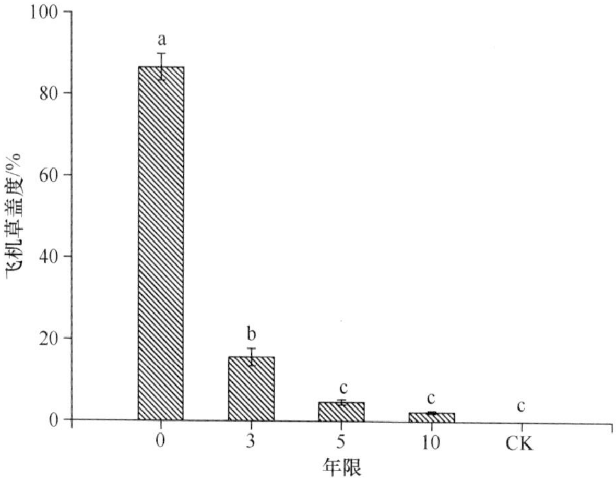

图 5.37　不同修复年限飞机草盖度变化

3. 不同修复年限飞机草生物量的变化

如图 5.38 所示，飞机草生物量随着修复年份的增加呈降低趋势。在修复前，飞机草生物量最大，为 1.71kg/m^2；修复 3 年、5 年、10 年以及 CK，飞机草生物量均极显著低于修复前（P<0.01），且各个修复年限之间无显著差异。单因素方差分析结果表明，植被修复对飞机草生物量的降低效果较为明显（F=103.60，P<0.01）。

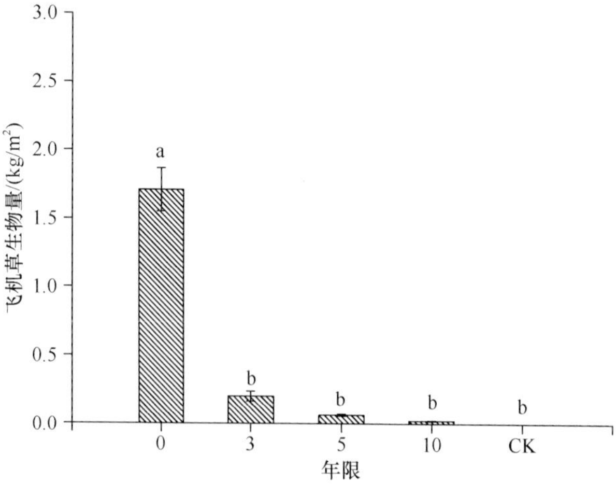

图 5.38　不同修复年限飞机草生物量的变化

4. 不同修复年限飞机草基径的变化

由图 5.39 可知，飞机草基径随着植被修复年限的增加呈降低趋势。在修复前，飞机草基径最大，为 7.00mm；在修复 3 年、5 年后，飞机草基径分别降低到了 3.67mm、2.33mm，相比修复前分别降低了 47.57%、66.71%，降低水平均极显著（$P<0.01$）；在修复 10 年后，飞机草基径降低到一个相对最小值，为 1.00mm，且与 CK 样地的飞机草基径相比无显著差异。单因素方差分析表明，植被修复随着修复年限的增加，对飞机草生长的抑制效果极显著（F=41.75，$P<0.01$）。

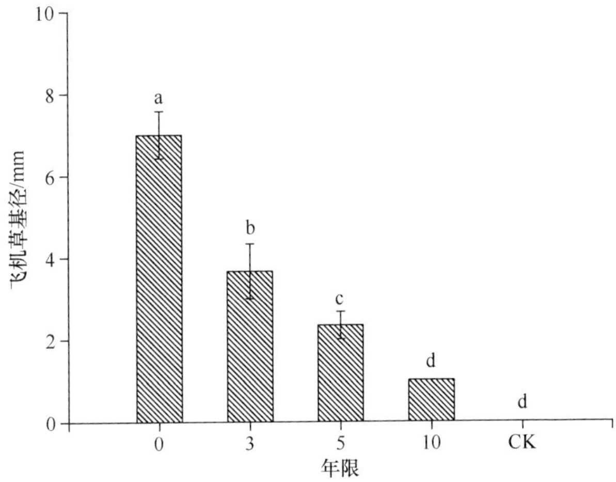

图 5.39 不同修复年限飞机草基径的变化

三、生态修复对入侵生境植被群落结构的影响

1. 不同修复年限对植物物种丰富度的影响

如图 5.40 所示，草本层、灌木层和乔木层物种丰富度随着修复年限的增加呈现不同

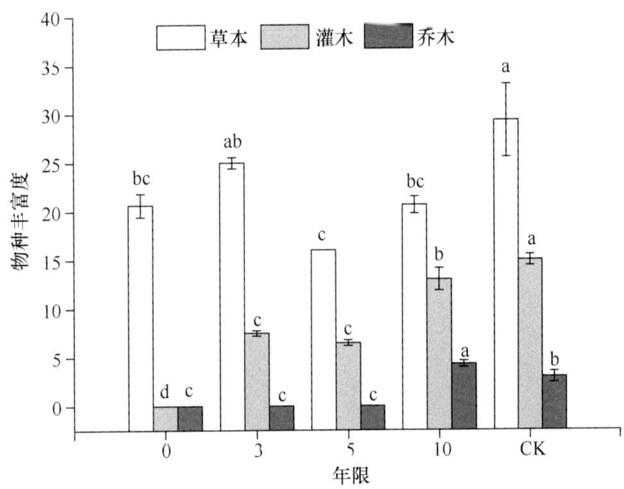

图 5.40 不同修复年限植物物种丰富度的变化

的变化规律。草本层物种多样性随着修复年限的增加呈先升高后降低再升高的趋势，修复前与修复后 3 年、5 年、10 年的草本层物种丰富度均无显著差异，表明在一定修复年限内，草本层物种丰富度受植被修复的影响不大。灌木层物种丰富度则表现出显著升高的趋势，在修复 3 年与 5 年之间无显著差异，这主要与人为种植有关，但在修复 10 年后灌木层物种丰富度极显著升高（$P<0.01$），表明随着修复年限的增加，群落不断演替，灌木层物种开始增加。在乔木层，物种丰富度在修复前 5 年尚未出现，在修复 10 年后，随着植被的生长，小的乔木树苗逐渐长成大的个体，使得乔木层物种丰富度增加。

2. 不同修复年限对植物物种 Shannon-Wiener 指数的影响

由图 5.41 所示，草本层、灌木层、乔木层物种 Shannon-Wiener 指数随着修复年限的增加均呈一定的升高趋势。草本层物种在修复前 Shannon-Wiener 指数为 1.85，而在修复 3 年后极显著增加（$P<0.01$），而在修复 5 年后又有所降低，且与修复前无显著差异，主要是由于人工种植的植被开始生长，灌木层郁闭度增加，影响下层草本植物的生长，因此草本层物种 Shannon-Wiener 指数有所降低，但仍高于修复前草本植物的 Shannon-Wiener 指数；在修复 10 年后，草本层物种 Shannon-Wiener 指数相比修复 5 年的样地又极显著升高（$P<0.01$），且与 CK 无显著差异，主要是因为种植的植被逐渐长高，给草本层提供了生长空间，因此草本层物种 Shannon-Wiener 指数有所升高。灌木层物种 Shannon-Wiener 指数在修复 3 年和 5 年后无显著差异，在修复 10 年后，随着群落的不断演替，灌木层物种 Shannon-Wiener 指数随之增加，但与 CK 相比还存在显著差异（$P<0.05$）。乔木层物种 Shannon-Wiener 指数在修复 10 年后基本恢复到未入侵的水平，与 CK 相比无显著差异。

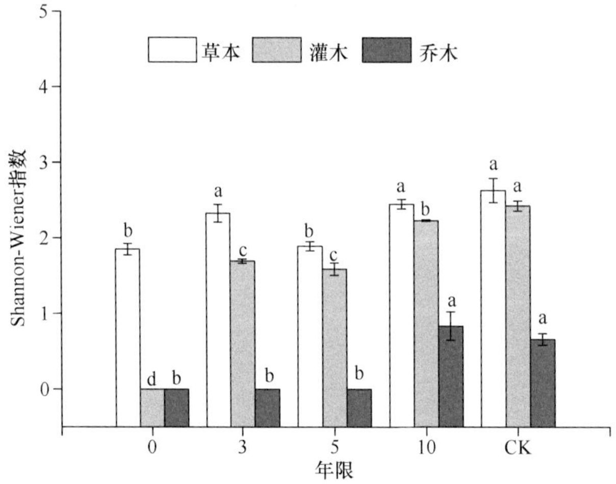

图 5.41　不同修复年限植物物种 Shannon-Wiener 指数的变化

3. 不同修复年限对 Pielou 均匀度指数的影响

如图 5.42 所示，草本层、灌木层、乔木层物种 Pielou 均匀度指数随着修复年限的增加呈逐渐升高趋势。在修复前，草本层以飞机草为主，其他草本植物较少且个体数量不同，因此在修复前 Pielou 均匀度指数相对较低，为 0.60，在修复 3 年后草本层物种

Pielou 均匀度指数明显升高，相对修复前升高了 18.43%，升高水平极显著（$P<0.01$）；在修复 5 年后，虽然相对于修复 3 年后的样地 Pielou 均匀度指数有所降低，但仍高于修复前水平；修复 10 年后草本层物种 Pielou 均匀度指数达到较高的水平，为 0.78，与 CK 相比无显著差异。灌木层物种 Pielou 均匀度指数较高，修复后不同年份之间差异较小，修复 3 年、10 年后与 CK 均无显著差异，仅在修复 5 年后的样地内有所偏低，这可能是调查样方选择所引起的差异。乔木层在修复 10 年后，Pielou 均匀度指数为 0.55，极显著低于 CK（$P<0.01$）。

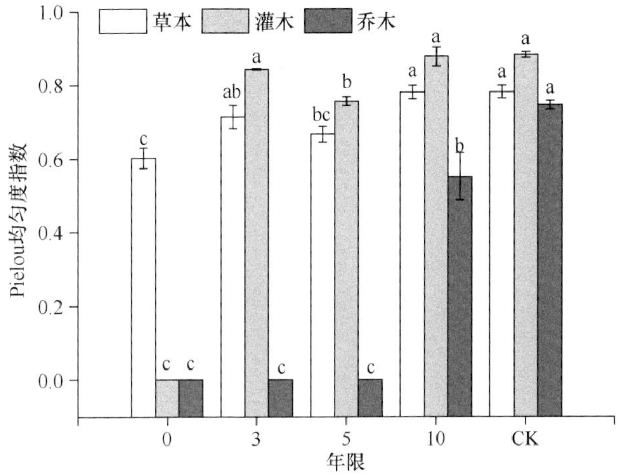

图 5.42 不同修复年限物种 Pielou 均匀度指数的变化

4. 不同修复年限对植被盖度的影响

图 5.43 显示不同修复年限本地植被盖度的变化。单因素方差分析结果表明，随着修复年限的增加，草本层（F=53.92，$P<0.01$）、灌木层（F=75.60，$P<0.01$）、乔木层（F=155.74，$P<0.01$）的盖度均呈现显著性变化。草本层随着修复年限的增加呈先升高后降低趋势，

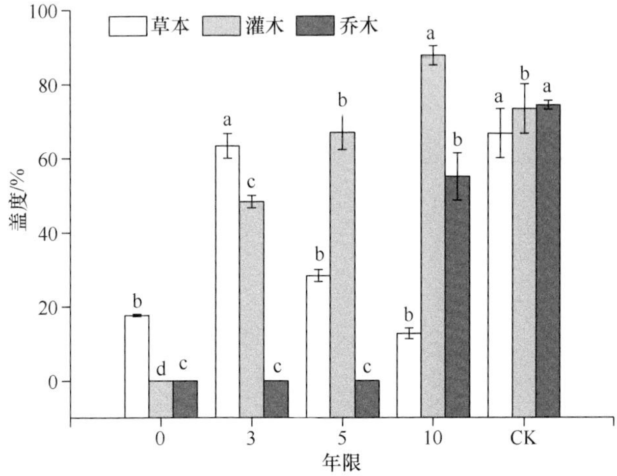

图 5.43 不同修复年限植被盖度的变化

修复3年后，草本层盖度相比修复前增加显著，增加了258%，而在修复5年后虽然盖度高于修复前，但增加不显著，修复10年时低于修复前，主要是由于灌木层和乔木层的发育抑制了草本植物的生长。但在CK生境下，草本层盖度最高，为66.67%，主要是因为经过长时间的演替，草本层主要为耐阴和喜阴植物（如蕨类植物）。灌木层在修复3年后，盖度显著增加（$P<0.05$），主要是人工种植的灌木所造成的，而在修复5年、10年后仍呈显著增加的趋势，表明灌木层能够实现正向演替，群落发育较好，物种增加。而乔木层在修复10年后才显著增加，主要是因为在10年后乔木逐渐长大，形成乔木种群。

5. 不同修复年限对群落结构相似性的影响

由图5.44可知，不同修复年限草本、灌木和乔木群落结构存在一定的差异性。草本、灌木、乔木群落随着修复年限的增加，群落结构与CK之间距离均越来越短，说明草本、灌木和乔木群落组成相似性越来越高，表明植被修复使得群落结构逐渐恢复到未入侵状况。

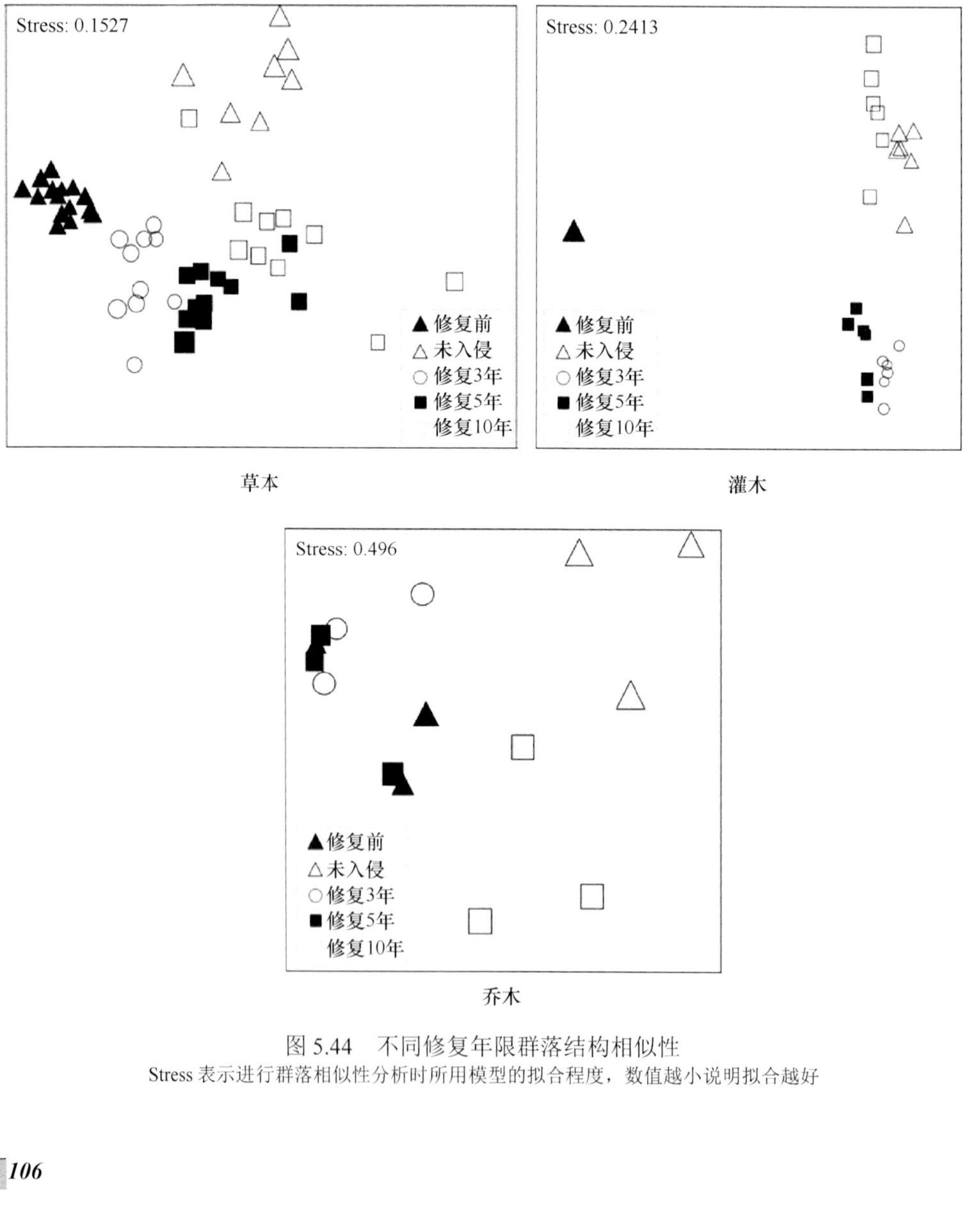

图5.44　不同修复年限群落结构相似性

Stress表示进行群落相似性分析时所用模型的拟合程度，数值越小说明拟合越好

6. 飞机草生长分布与群落结构之间的相关性分析

飞机草生长分布与群落结构密切相关，生态系统群落结构越复杂，越能限制飞机草的生长和扩散。由表 5.20 可知，草本层物种丰富度与飞机草各生态指标之间的相关性均不显著，表明草本植物物种数量在一定范围内对飞机草的生长和分布影响较小；草本植物 Shannon-Wiener 指数与飞机草盖度、密度、生物量之间呈显著负相关关系（$P<0.05$），与飞机草基径呈极显著负相关关系（$P<0.01$），表明草本植物物种多样性的升高能够在一定水平上控制飞机草的生长；草本植物 Pielou 均匀度指数与飞机草各生态指标之间呈极显著负相关关系（$P<0.01$），表明草本植物均匀度的增加能明显抑制飞机草的生长。飞机草密度、盖度、生物量、基径等生态指标均与灌木层物种丰富度、Shannon-Wiener 指数、Pielou 均匀度指数呈极显著负相关关系（$P<0.01$），表明对入侵区灌木层进行修复能够有效抑制飞机草的生长和扩散；飞机草密度与乔木层物种丰富度、Pielou 均匀度指数呈显著负相关（$P<0.05$），飞机草基径与乔木层物种丰富度、Shannon-Wiener 指数、Pielou 均匀度指数均呈极显著负相关（$P<0.01$），表明乔木层主要限制飞机草的个体生长。

表 5.20 飞机草生长分布与群落结构之间的相关系数

指标和群落类型		飞机草			
		密度	盖度	生物量	基径
物种丰富度	草本	−0.169	−0.155	−0.177	−0.276
	灌木	−0.861**	−0.839**	−0.817**	−0.927**
	乔木	−0.517*	−0.482	−0.449	−0.682**
Shannon-Wiener 指数	草本	−0.596*	−0.570*	−0.579*	−0.688**
	灌木	−0.963**	−0.952**	−0.938**	−0.938**
	乔木	−0.513	−0.479	−0.443	−0.682**
Pielou 均匀度指数	草本	−0.751**	−0.721**	−0.723**	−0.812**
	灌木	−0.976**	−0.979**	−0.976**	−0.861**
	乔木	−0.545*	−0.505	−0.466	−0.753**
盖度	草本	−0.367	−0.376	−0.390	−0.303
	灌木	−0.948**	−0.936**	−0.916**	−0.908**
	乔木	−0.545*	−0.505	−0.466	−0.753**

*表示在显著性水平 $P<0.05$ 上相关，**表示在显著性水平 $P<0.01$ 上相关

四、生态修复对入侵生态系统土壤理化性质的影响

1. 不同修复年限土壤容重的变化

土壤容重是土壤物理性质的一个重要指标，在一定程度上反映土壤的蓄水能力，与土壤质地、有机质含量及土壤松紧度等密切相关，在森林生态系统中，土壤容重反映了植被对土壤物理性质的改善程度，尤其是土壤孔隙度和蓄水能力（刘霞等，2004；孙艳红等，2006；刘云鹏等，2011）。一般情况下，土壤容重越小，说明植被对土壤的改善

效果越好。单因素方差分析结果表明，不同植被修复年限对飞机草入侵生境的土壤物理结构改善效果显著（F=6.21，P<0.01）。如图 5.45 所示，在修复前的样地中，土壤容重为 1.15g/cm^3，经过 3 年修复后，土壤容重降低为 1.04g/cm^3，相比修复前降低水平并不显著，这可能是因为在修复初期，替代植物个体小，生长较慢，枯落物累积量少，对土壤物理性质改善不明显；在植被修复 5 年和 10 年的样地中，土壤容重分别为 0.98g/cm^3、0.94g/cm^3，相比修复前分别降低了 14.8%、18.3%，降低水平均显著（P<0.05）；修复后各年份土壤容重与 CK 均无显著差异。表明随着修复区林分的不断发育，枯落物的累积量增加，同时土壤中根系密度增加，土壤物理性状逐渐得到改善，且逐渐恢复到飞机草入侵前的水平。

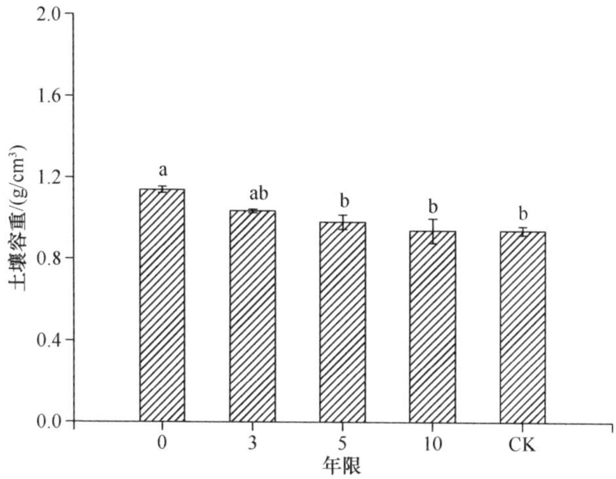

图 5.45 不同修复年限土壤容重的变化

2. 不同修复年限土壤孔隙度的变化

土壤孔隙度对土壤通气透水性和根系穿插的难易程度起决定性作用，并对土壤中水、肥、气、热和微生物活性等发挥不同的调节功能（张雷燕等，2007；盛茂银等，2013）。由表 5.21 可知，飞机草入侵生境不同修复年限之间土壤孔隙度组成表现出一定的差异性。在飞机草入侵样地的植被修复过程中，土壤毛管孔隙度随着修复年限的增加呈逐渐降低趋势，单因素方差分析结果表明，修复年限对土壤毛管孔隙度的影响显著（F=4.60，P<0.05）。在修复前，土壤孔隙度为 46.68%，在修复 3 年和 5 年的样地中，土壤孔隙度相比修复前虽有降低，但降低水平均不显著；在修复 10 年的样地中，土壤毛管孔隙

表 5.21 不同修复年限土壤孔隙度的变化 （%）

修复年限	毛管孔隙度	非毛管孔隙度	总孔隙度
0 年	46.68±0.32ab	6.51±0.22c	53.18±0.10c
3 年	44.20±1.42bc	11.63±0.36b	55.84±1.65bc
5 年	44.88±2.00bc	13.95±2.49b	58.83±1.42ab
10 年	41.38±0.21c	17.89±0.95a	59.38±0.85ab
CK	49.55±1.95a	10.57±0.30b	60.12±1.67a

度降低至 41.38%，与修复前相比差异显著（$P<0.05$），但各修复年限之间并无显著差异；与未入侵样地相比，各个修复年限的土壤毛管孔隙度均显著低于 CK（$P<0.05$）。

土壤非毛管孔隙是土壤重力水移动的主要通道，非毛管孔隙能够快速容纳降水并及时下渗，对土壤蓄水能力起决定性作用，土壤非毛管孔隙度的修复年限不同，其涵养水源能力不同（孙艳红等，2006；张雷燕等，2007）。单因素方差分析结果表明，修复年限的增加能够极显著提高飞机草入侵生境土壤的非毛管孔隙度（F=12.02，$P<0.01$）。土壤非毛管孔隙度在修复前的飞机草入侵生境中仅为 6.51%，在修复 3 年后，土壤非毛管孔隙度与修复前相比显著降低（$P<0.05$）；随着修复年限的增加，土壤非毛管孔隙度逐渐升高，在修复 5 年、10 年的样地中，土壤非毛管孔隙度分别为 13.95%、17.89%，与修复前相比分别升高了 114.29%、174.81%，升高水平均显著（$P<0.05$），且修复 10 年的样地中非毛管孔隙度显著高于修复 3 年的样地（$P<0.05$）。修复 3 年、5 年后土壤非毛管孔隙度与 CK 相比无显著差异，但 10 年后显著高于 CK（$P<0.05$），表明非毛管孔隙度在修复过程中得到较好的改善。

土壤总孔隙度随着植被修复年限的增加也表现为逐渐升高趋势。单因素方差分析结果表明，不同修复年限能够显著影响土壤的总孔隙度（F=5.10，$P<0.05$）。在修复前的样地中，土壤总孔隙度为 53.18%，在修复 3 年后，总孔隙度虽有升高，但相比修复前差异不显著；在修复 5 年、10 年的样地中，土壤总孔隙度分别升高至 58.83%、59.38%，均显著高于修复前（$P<0.05$），且与 CK 相比无显著差异，表明土壤总孔隙度在修复后得到改善，且逐渐恢复到入侵前的水平；但不同植被修复年限之间的土壤总孔隙度无显著差异。

3. 不同修复年限土壤蓄水能力的变化

土壤中的水分主要贮存在土壤毛管孔隙和非毛管孔隙中，贮存在土壤毛管孔隙中的水称为土壤吸持水，而贮存在非毛管孔隙中的水称为土壤滞留水，两种水分的生态功能有所不同。土壤吸持水是水分通过毛管吸持力贮存在毛管孔隙中，这部分水主要用于提供植物生理活动所需水分，不参与径流和地下水的形成，因此其对于植被生长起关键作用；而土壤滞留水则是土壤水分达到饱和后暂时贮存在非毛管孔隙中的水分，在强降雨发生时起到临时贮存的作用，可有效减少地表径流，降低雨水对地表的冲刷，具有防止水土流失的功能，同时土壤滞留水在雨后会逐渐下渗，补充地下水或以壤中流的形式进入附近的水体中，因此还具有涵养水源的功能（刘云鹏等，2011；吴庆贵等，2012）。由表 5.22 可知，土壤吸持蓄水量总体呈降低趋势，单因素方差分析结果表明，不同植被修复年限对土壤吸持蓄水量影响显著（F=4.60，$P<0.05$）。在修复前的样地中，土壤吸持蓄水量为 93.35mm，经过修复后，在修复 3 年、5 年、10 年的样地中土壤吸持蓄水量分别为 88.41mm、89.75mm、82.76mm，与修复前相比均有所降低，但只有在修复 10 年的生境下土壤吸持蓄水量显著低于修复前（$P<0.05$），相比修复前降低了 11.3%。但不同修复年限的土壤吸持蓄水量均显著低于 CK（$P<0.05$）。

单因素方差分析结果表明，不同植被修复年限对土壤滞留蓄水量具有极显著影响（F=12.45，$P<0.01$）。在修复前的样地中，土壤滞留蓄水量为 13.01mm，经过植被修复后，土壤滞留蓄水量在修复 3 年、5 年、10 年的样地中分别为 23.26mm、27.91mm、

35.77mm，与修复前相比均显著升高（P<0.05），分别升高了 78.8%、114.5%、174.9%，且修复 10 年的样地中土壤滞留蓄水量显著高于修复 3 年的样地（P<0.05）。

表 5.22　不同修复年限土壤蓄水能力的变化　（单位：mm）

修复年限	吸持蓄水量	滞留蓄水量	饱和蓄水量
0 年	93.35±0.64ab	13.01±0.44c	106.37±0.19c
3 年	88.41±2.84bc	23.26±0.71b	111.68±3.29bc
5 年	89.75±3.99bc	27.91±4.97b	117.66±2.83ab
10 年	82.76±0.42c	35.77±1.89a	118.75±1.69ab
CK	99.10±3.91a	21.15±0.60b	120.25±3.33a

土壤饱和蓄水量随着植被修复年限的增加逐渐升高，受植被修复影响效果显著（F=5.10，P<0.05）。在修复前，样地土壤饱和蓄水量为 106.37mm，修复 3 年后，土壤饱和蓄水量为 111.68mm，与修复前相比无显著差异；修复 5 年、10 年的样地中土壤饱和蓄水量分别达到 117.66mm、118.75mm，相比修复前分别升高了 10.6%、11.6%，升高水平显著（P<0.05），且与 CK 相比无显著差异，表明土壤饱和蓄水量在修复 5 年后基本恢复到入侵前的水平。

4. 不同修复年限土壤 pH 的变化

图 5.46 为飞机草入侵样地在不同修复年限土壤 pH 的变化，随着修复年限的增加，土壤 pH 呈降低趋势。单因素方差分析结果表明，不同修复年限对土壤 pH 无显著影响（F=2.976，P>0.05）。修复前，土壤 pH 为 7.54，与 CK 相比差异显著（P<0.05）；在修复 3 年、5 年、10 年后，土壤 pH 分别为 7.43、7.42、7.47，与修复前相比均无显著差异，与 CK 相比也无显著差异，表明土壤 pH 在经过植被修复后基本恢复到入侵前的水平。

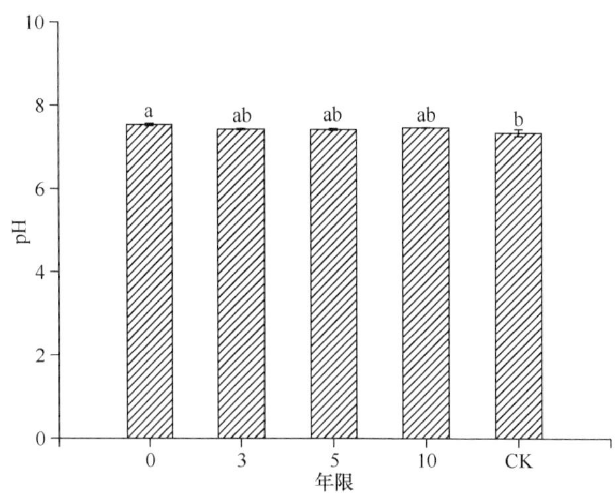

图 5.46　不同修复年限土壤 pH 的变化

5. 不同修复年限土壤全氮含量的变化

由图 5.47 可知，土壤全氮含量随着植被修复年限的增加呈逐渐升高趋势。单因素方差分析结果表明，生态修复能够极显著提高飞机草入侵生境土壤全氮含量（F=11.12，P<0.01）。修复前，土壤全氮含量为 3.56g/kg，修复 3 年、5 年后土壤全氮含量分别增加到 3.99g/kg、3.87g/kg，与修复前相比无显著差异；而修复 10 年后土壤全氮含量增加到 4.68g/kg，与修复前相比增加了 31.46%，增加水平显著（P<0.05），但仍显著低于 CK 样地的土壤全氮含量（5.72g/kg）（P<0.05）。

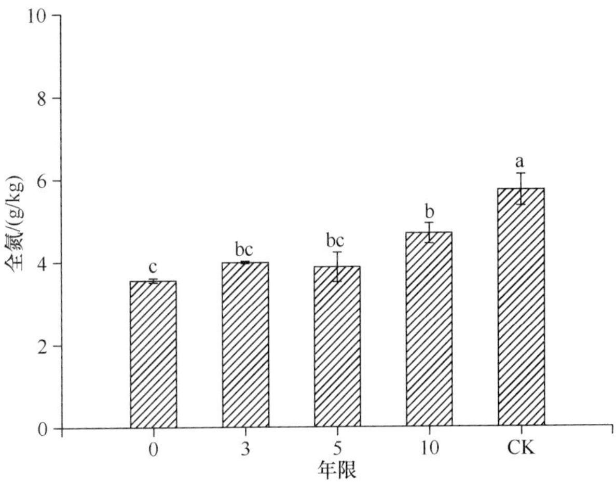

图 5.47 不同修复年限土壤全氮含量的变化

6. 不同修复年限土壤全钾和速效钾含量的变化

由图 5.48 可知，土壤全钾含量随着修复年限的增加呈逐渐降低趋势，单因素方差分析结果表明，植被修复对土壤全钾含量影响极为显著（F=315.19，P<0.01）。修复前，土壤全钾含量最高，为 6.19g/kg，修复 3 年、5 年、10 年后，土壤全钾含量分别降低至 4.44g/kg、1.57g/kg、0.92g/kg，相比修复前分别降低了 28.27%、74.64%、85.14%，

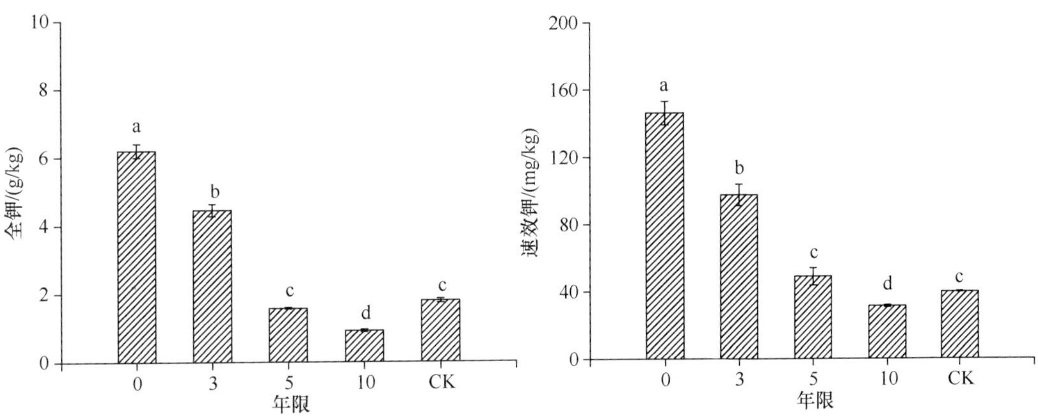

图 5.48 不同修复年限土壤全钾和速效钾含量的变化

降低水平均显著（$P<0.05$）；与 CK 相比，修复前和修复后 3 年的样地均显著高于 CK（$P<0.05$），而修复 5 年后土壤全钾含量则与 CK 相比无显著差异，修复 10 年后显著低于 CK（$P<0.05$），表明土壤全钾含量在修复 5 年后基本恢复到入侵前的水平。

土壤速效钾含量随着植被修复年限的增加呈降低趋势，单因素方差分析结果表明，植被修复能够极显著降低土壤速效钾的含量（$F=100.15$，$P<0.01$）。修复前，土壤速效钾含量为 146.00mg/kg，修复 3 年、5 年、10 年后土壤速效钾含量分别降低至 97.33mg/kg、48.67mg/kg、31.00mg/kg，相比修复前分别降低了 33.34%、66.66%、78.77%，降低水平均显著（$P<0.05$）；与未入侵样地相比，修复前和修复 3 年的样地土壤速效钾含量均显著高于 CK（$P<0.05$），修复 5 年的样地速效钾含量与 CK（相比）无显著差异，而修复 10 年后土壤速效钾的含量则显著低于 CK（$P<0.05$），表明生态修复有助于降低土壤速效钾含量且在修复 5 年后恢复到入侵前的水平。

7. 不同修复年限土壤全磷和有效磷含量的变化

由图 5.49 可知，土壤全磷含量随着植被修复年限的增加呈降低趋势。方差分析结果表明，植被修复年限对土壤全磷含量的降低效果极显著（$F=37.64$，$P<0.01$）。修复前土壤全磷的含量最高，为 1.27g/kg；植被修复 3 年、5 年、10 年后土壤全磷含量分别降低至 1.02g/kg、0.99g/kg、0.67g/kg，与修复前相比均显著降低（$P<0.05$）；CK 样地土壤全磷含量为 0.80g/kg，与不同修复年限下土壤全磷含量均差异显著（$P<0.05$），且土壤全磷含量位于修复 5 年和 10 年的样地土壤全磷含量之间，表明经过植被修复后土壤全磷含量恢复到入侵前的水平。

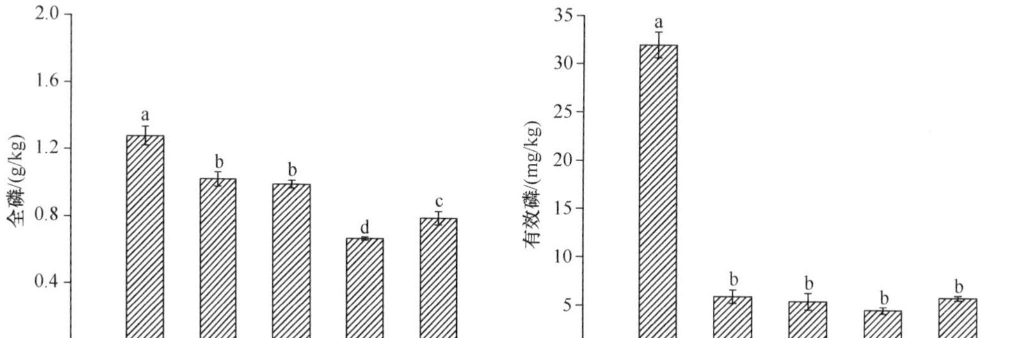

图 5.49　不同修复年限土壤全磷和有效磷含量的变化

土壤有效磷含量随植被修复年限的增加呈降低趋势。单因素方差分析结果表明，植被修复对飞机草入侵生态系统土壤有效磷含量的影响极显著（$F=214.03$，$P<0.01$）。植被修复前土壤有效磷含量最高，为 31.99mg/kg；在修复后，土壤有效磷含量显著降低，修复 3 年、5 年、10 年的样地以及入侵前土壤有效磷含量均显著低于修复前（$P<0.05$），但各修复阶段与未入侵样地之间的土壤有效磷含量均无显著差异，表明修复后土壤有效磷含量能够较快地恢复到入侵前的水平。

8. 不同修复年限土壤有机质含量的变化

由图 5.50 可知，随着对飞机草入侵地修复年限的增加，土壤有机质含量呈增加趋势。单因素方差分析结果表明，植被修复能够极显著提高飞机草入侵样地土壤有机质含量（F=20.189，P<0.01）。修复前土壤有机质含量最低，为 45.85g/kg；修复 3 年、5 年、10 年的样地土壤有机质含量分别为 68.39g/kg、58.82g/kg、96.24g/kg，与修复前相比，3 年、10 年的样地土壤有机质含量显著增加（P<0.05），而修复 5 年的样地土壤有机质含量升高并不显著。未入侵样地土壤有机质最高，为 108.69g/kg，除修复 10 年的样地与 CK 无显著差异外，其他各样地均显著低于 CK（P<0.05），表明修复 10 年后飞机草入侵样地的土壤有机质含量基本恢复至入侵前的水平。

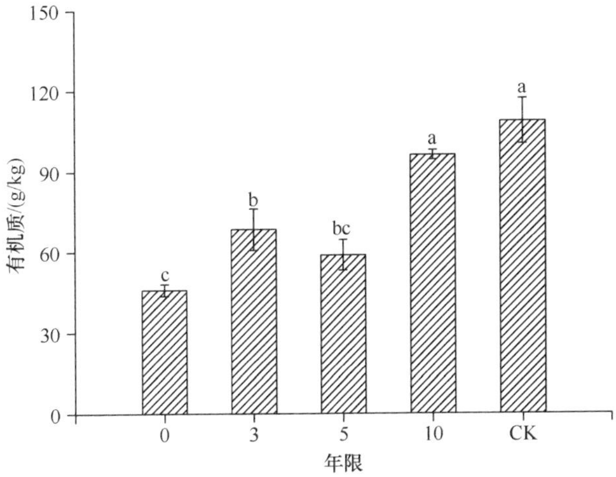

图 5.50 不同修复年限土壤有机质含量的变化

9. 土壤各化学指标与飞机草生长之间的相关性分析

相关性分析结果显示，Shannon-Wiener 指数与飞机草密度和生物量呈极显著负相关（表 5.23），表明物种多样性增加能够极显著抑制飞机草的生长和扩散；同时 Shannon-Wiener 指数与全钾和全磷含量也呈显著或极显著负相关，而与全氮和有机质含量则呈极显著

表 5.23 各因素之间的相关性分析

相关系数	Shannon-Wiener 指数	Patrick 丰富度指数	飞机草密度	飞机草生物量	全氮	全钾	全磷	有机质
Shannon-Wiener 指数	1							
Patrick 丰富度指数	0.778**	1						
飞机草密度	−0.725**	−0.419	1					
飞机草生物量	−0.706**	−0.388	0.982**	1				
全氮	0.725**	0.852**	−0.559*	−0.511	1			
全钾	−0.612*	−0.448	0.838**	0.778**	−0.675**	1		
全磷	−0.685**	−0.522*	0.79**	0.799**	−0.587*	0.823**	1	
有机质	0.805**	0.741**	−0.675**	−0.639*	0.825**	−0.841**	−0.776**	1

*表示在 P<0.05 水平上显著相关；**表示在 P<0.01 水平上极显著相关

正相关，表明随着生态修复年限的增加，物种多样性的增加能够提高土壤氮和有机质的含量，改善土壤肥力，降低土壤钾和磷等飞机草生长所需营养元素的含量，减弱飞机草与本地植物之间的竞争力，促进本地植物的生长。

五、飞机草入侵受损生境的生态修复效果评估

1. 指标筛选

通过对飞机草生长指标与植被群落组成和土壤理化性质之间的相关性分析，将相关性显著的指标作为评估生态修复效果的主要指标。相关性分析结果如表 5.24 所示：飞机草密度、盖度、生物量和基径均呈显著或极显著负相关的指标有草本多样性、非毛管孔隙度、全氮、草本均匀度、灌木丰富度、灌木多样性、灌木均匀度、灌木盖度、总孔隙度、土壤有机质，呈极显著正相关（$P<0.01$）的指标包括土壤容重、全钾、全磷、速效钾、有效磷。乔木丰富度与飞机草密度呈显著负相关（$P<0.05$），与飞机草基径呈极显著负相关（$P<0.01$）。草本多样性与飞机草密度、盖度和生物量呈显著负相关（$P<$

表 5.24 飞机草生长指标与各环境指标之间的 Pearson 相关性

指标	飞机草密度	飞机草盖度	飞机草生物量	飞机草基径
草本丰富度	−0.169	−0.155	−0.177	−0.276
灌木丰富度	−0.861**	−0.839**	−0.817**	−0.927**
乔木丰富度	−0.517*	−0.482	−0.449	−0.682**
草本多样性	−0.596*	−0.570*	−0.579*	−0.688**
灌木多样性	−0.963**	−0.952**	−0.938**	−0.938**
乔木多样性	−0.513	−0.479	−0.443	−0.682**
草本均匀度	−0.751**	−0.721**	−0.723**	−0.812**
灌木均匀度	−0.976**	−0.979**	−0.976**	−0.861**
乔木均匀度	−0.545*	−0.505	−0.466	−0.753**
草本盖度	−0.367	−0.376	−0.390	−0.303
灌木盖度	−0.948**	−0.936**	−0.916**	−0.908**
乔木盖度	−0.545*	−0.505	−0.466	−0.753**
土壤容重	0.822**	0.809**	0.800**	0.789**
毛管孔隙度	0.15	0.164	0.173	−0.031
非毛管孔隙度	−0.693**	−0.686**	−0.678**	−0.561*
总孔隙度	−0.750**	−0.726**	−0.706**	−0.771**
pH	0.597*	0.576*	0.597*	0.582*
全氮	−0.579*	−0.549*	−0.514*	−0.722**
全钾	0.890**	0.872**	0.831**	0.894**
全磷	0.837**	0.803**	0.793**	0.882**
有机质	−0.690**	−0.663**	−0.628*	−0.796**
速效钾	0.899**	0.879**	0.834**	0.924**
有效磷	0.974**	0.985**	0.967**	0.842**

*表示在 $P<0.05$ 水平上显著相关；**表示在 $P<0.01$ 水平上极显著相关

0.05），与飞机草基径呈极显著负相关（$P<0.01$）；乔木多样性与飞机草基径呈极显著负相关（$P<0.01$），与飞机草其他指标的相关性并不显著（$P>0.05$）；乔木均匀度、盖度与飞机草密度呈显著负相关（$P<0.05$），与飞机草基径呈极显著负相关（$P<0.01$）；土壤 pH 与飞机草各指标均呈显著正相关（$P<0.05$）；土壤非毛管孔隙度与飞机草密度、盖度、生物量均呈极显著负相关（$P<0.01$），与飞机草基径呈显著负相关（$P<0.05$）。因此，将与飞机草各生长指标显著或极显著负相关的指标作为评价飞机草入侵生境修复效果评估的主要指标，分别为灌木丰富度、灌木多样性、灌木盖度、灌木均匀度、草本多样性、草本均匀度、非毛管孔隙度、总孔隙度、全氮、有机质 10 个指标，分为 2 个类别，即植被群落结构、土壤理化性质。

2. 评估指标体系的总体构架

飞机草入侵受损生态系统的治理修复效果，主要在于对飞机草的防控，植被及土壤的修复状况。根据各个指标的特点构建评估指标体系，共分为 3 个层次，即目标层（A）、要素层（B）、指标层（C）。

目标层（A）：表述飞机草入侵受损生态系统修复效果的总体状况，即是否修复良好，修复程度如何。

要素层（B）：从不同侧面反映飞机草入侵受损生态系统的治理修复效果，即飞机草入侵状况（B_1）、植被（B_2）、土壤（B_3）。

指标层（C）：指标层是飞机草入侵受损生态系统修复效果评估指标体系的最基本层次。通过选取易测、具有代表性的指标，对要素层给予直接度量。其中飞机草入侵状况包括飞机草盖度（C_1）、密度（C_2）、生物量（C_3）和基径（C_4）；植被群落结构包括草本多样性（C_5）、草本均匀度（C_6）、灌木多样性（C_7）、灌木丰富度（C_8）、灌木均匀度（C_9）、灌木盖度（C_{10}）；土壤环境主要为土壤理化指标，包括土壤非毛管孔隙度（C_{11}）、总孔隙度（C_{12}）、全氮（C_{13}）、有机质（C_{14}）。飞机草入侵受损生态系统修复效果评估指标体系如图 5.51 所示。

3. 评估指标体系说明与分级

（1）飞机草入侵状况各指标与分级

飞机草作为该修复措施的目标植物，其入侵状况是生态修复效果最直接的体现。因此，本部分用飞机草密度、飞机草盖度、飞机草生物量以及飞机草基径来反映飞机草的入侵状况，随着飞机草入侵受损生态系统的不断修复，飞机草密度、盖度逐渐减小，生物量降低，个体越来越小，当修复完全时，飞机草彻底从入侵环境中消失。因此，本部分选择了飞机草的盖度、密度、生物量、基径 4 个指标来评估飞机草的入侵状况。

1）飞机草盖度（C_1）

飞机草盖度是指飞机草在草本群落中的盖度，反映了飞机草对入侵生态系统草本层的影响。飞机草盖度越高，对生态系统中草本植物的负面影响越大，会通过遮蔽作用影响本地草本植物的生长。飞机草盖度的高低也反映了飞机草入侵受损生态系统修复效果的优劣。飞机草盖度最高为修复前的数值，为 86.67%（表 5.25），最低为未入侵生境，即 CK，为 0。该指标分级值划分标准如表 5.26 所示。

表 5.25　不同修复年限飞机草各个指标

飞机草指标	0 年	3 年	5 年	10 年	CK
盖度/%	86.67	15.67	4.67	2.33	0
密度/（株/m^2）	76.00	17.33	6.67	2.67	0
生物量/（kg/m^2）	1.71	0.20	0.07	0.02	0
基径/mm	7.00	3.67	2.33	1.00	0

表 5.26　飞机草各个指标分级标准

飞机草指标	分级值				
	1	2	3	4	5
盖度/%	≥80	55～80	30～55	5～30	＜5
密度/（株/m^2）	≥70	50～70	30～50	10～30	＜10
生物量/（kg/m^2）	≥1.7	1.2～1.7	0.7～1.2	0.2～0.7	＜0.2
基径/mm	≥7	5～7	3～5	1～3	＜1

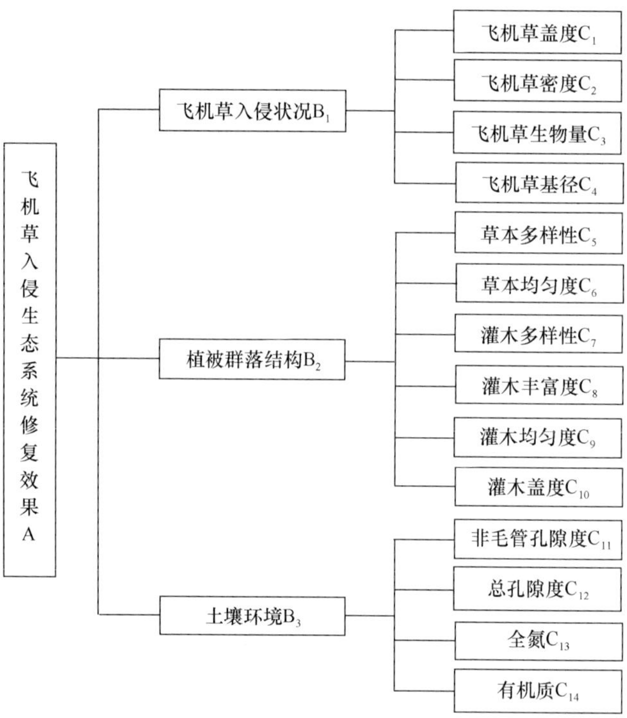

图 5.51　飞机草入侵受损生态系统修复效果评估指标体系

2）飞机草密度（C_2）

飞机草密度反映飞机草竞争力的强弱，密度越高，说明入侵危害越大。飞机草通过高的繁殖能力，占领大多数本地种的生态位，排挤本地物种。飞机草密度存在一定范围，但当修复完全时，飞机草密度最低，为 0 株/m^2，最高为修复前，为 76 株/m^2（表 5.25）。该指标分级值划分标准如表 5.26 所示。

3）飞机草生物量（C_3）

飞机草生物量是指单位面积飞机草的质量，反映了飞机草入侵对生态系统资源的竞争。生物量越高，表明飞机草对生态系统资源占用的比例越高，导致本地植物资源可用量的减少。飞机草生物量的高低也反映了飞机草对入侵生态系统的危害。飞机草在修复过程中的生物量为 0.02～1.71kg/m^2（表 5.25）。该指标分级值划分标准如表 5.26 所示。

4）基径（C_4）

飞机草基径表征飞机草个体在入侵生态系统中的生长状况，基径越高，表明飞机草生长状况越好，反映飞机草对入侵生境适应能力越强，具有更强的入侵性。在各个修复阶段，飞机草基径为 1～7mm（表 5.25）。该指标分级值划分标准如表 5.26 所示。

（2）植被群落结构各指标与分级

飞机草入侵受损生态系统的修复，除了治理飞机草，最主要的是提高生态系统对飞机草入侵的抵抗力，防止飞机草的二次入侵。不同冠层对飞机草的影响不同，因此将群落结构分为 3 层，即草本层、灌木层、乔木层。不同层的群落结构指标不同，对飞机草的影响也不同，一般物种越丰富，生物多样性指数越高，但是这种高是有限度的，将未入侵生态系统的各指标作为飞机草入侵受损生态系统修复效果的参考，即达到未入侵生态系统群落各指标值时，说明受损生态系统得到良好的修复。

1）草本多样性（C_5）

草本多样性以 Shannon-Wiener 指数作为参数，草本层 Shannon-Wiener 指数越高，表明草本层物种数量越多，根据生态位理论，生态系统中没有生态位空缺，那么飞机草就很难入侵生态系统。因此将草本多样性作为评估飞机草入侵受损生态系统修复效果的指标，在一定程度上，草本层 Shannon-Wiener 指数越高，说明修复效果越好。在 CK 样地中，草本多样性指数为 2.63（表 5.27）。该指标分级值划分标准如表 5.28 所示。

表 5.27　不同修复年限群落结构各个指标

指标	0 年	3 年	5 年	10 年	CK
草本多样性	1.85	2.33	1.89	2.45	2.63
草本均匀度	0.60	0.71	0.67	0.78	0.78
灌木多样性	0	1.7	1.59	2.23	2.43
灌木丰富度	0	7.5	6.5	13	15
灌木均匀度	0	0.84	0.76	0.87	0.88
灌木盖度/%	0	50	68	53	73

2）草本均匀度（C_6）

草本均匀度是指物种在群落中分布的均匀程度，本地植物均匀度越高，说明草本层物种间关系越稳定，物种多样性越高，越不会造成物种排挤。如果草本均匀度过低，那么会造成群落结构单一，很容易产生生态位空缺，造成飞机草的入侵。因此选择草本均匀度作为评估飞机草入侵受损生态系统修复效果的指标。在 CK 生境中，草本均匀度为 0.78（表 5.27）。该指标分级值划分标准如表 5.28 所示。

表 5.28　群落结构各个指标分级标准

指标	分级值				
	1	2	3	4	5
草本多样性	<1.88	1.88～2.13	2.13～2.38	2.38～2.63	≥2.63
草本均匀度	<0.60	0.60～0.66	0.66～0.72	0.72～0.78	≥0.78
灌木多样性	<0.5	0.5～1.0	1.0～1.5	1.5～2.0	≥2.0
灌木丰富度	<3	3～7	7～11	11～15	≥15
灌木均匀度	<0.25	0.25～0.45	0.45～0.65	0.65～0.85	≥0.85
灌木盖度/%	<10	10～30	30～50	50～70	≥70

3）灌木多样性（C_7）

灌木多样性（Shannon-Wiener 指数）是指多种多样的灌木类型和种类，代表着群落演替过程中对特定环境的生态适应性。灌木多样性体现了灌木层的结构类型、发展阶段和生境差异。灌木多样性指数高低反映了生态系统环境的质量，同时也反映了灌木层的稳定性。灌木作为草本的上层群落结构，对草本层影响较大，灌木多样性高，降低了飞机草的生长空间，并起到遮蔽阳光的作用，抑制飞机草的生长。因此，选择灌木多样性作为评估飞机草入侵受损生态系统修复效果的指标。在 CK 生境中，灌木多样性为 2.43（表 5.27）。该指标分级值划分标准如表 5.28 所示。

4）灌木丰富度（C_8）

灌木丰富度是指灌木层物种的数量。物种丰富度越高，相应的物种多样性指数越高，生态系统结构越稳定，对飞机草的防治效果就越好。同时，物种丰富度高可以避免因季节性生长而产生生态位的临时空缺，使得灌木层对草本层中的飞机草持续产生抑制效果。因此选择灌木层的物种丰富度作为评估飞机草入侵受损生态系统修复效果的指标。灌木丰富度在 CK 生境中的值为 15（表 5.27）。该指标分级值划分标准如表 5.28 所示。

5）灌木均匀度（C_9）

灌木均匀度表征灌木层物种在群落内的分配状况，均匀度越高，灌木群落越稳定，能够更好地防止飞机草的入侵。因此，选择灌木均匀度作为评估飞机草入侵受损生态系统修复效果的指标。在 CK 生境中，灌木均匀度为 0.88（表 5.27）。该指标分级值划分标准如表 5.28 所示。

6）灌木盖度（C_{10}）

灌木盖度是对草本层影响最为直接的指标，它能够通过遮挡阳光直接影响草本层植物的光合作用，从而抑制草本层飞机草的生长。灌木盖度越高，抑制效果越好。因此，选择灌木盖度作为评估飞机草入侵受损生态系统修复效果的指标。在 CK 生境中，灌木盖度为 73%（表 5.27）。该指标分级值划分标准如表 5.28 所示。

（3）土壤环境各指标与分级

土壤是喀斯特生态系统植物生长的重要限制性因子，在喀斯特地区，土壤层薄，而且是生态系统中一切动植物以及微生物赖以生存的物质基础。根据研究结果，选择土壤非毛管孔隙度、总孔隙度、全氮、有机质作为飞机草防控修复土壤方面的效果评估指标。

1）非毛管孔隙度（C_{11}）

土壤非毛管孔隙大小决定生态系统临时蓄水能力的强弱，对防止水土流失意义重大。因此，本部分选择土壤非毛管孔隙度作为评估飞机草入侵受损生态系统修复效果的指标。在 CK 生境中，土壤非毛管孔隙度为 10.57%（表 5.29）。该指标分级值划分标准如表 5.30 所示。

表 5.29 不同修复年限土壤环境各个指标

指标	0 年	3 年	5 年	10 年	CK
非毛管孔隙度/%	6.51	11.63	13.95	17.89	10.57
总孔隙度/%	53	55	58	59	60
全氮/（g/kg）	3.56	3.99	3.87	4.68	5.72
有机质/（g/kg）	4.59	6.84	5.88	9.62	10.87

表 5.30 土壤环境各个指标分级标准

指标	分级值				
	1	2	3	4	5
非毛管孔隙度/%	<7.5	7.5～8.5	8.5～9.5	9.5～10.5	≥10.5
总孔隙度/%	<54	54～56	56～58	58～60	≥60
全氮/（g/kg）	<3.5	3.5～4.0	4.0～4.5	4.5～5.0	≥5.0
有机质/（g/kg）	<4.5	4.5～6.5	6.5～8.5	8.5～10.5	≥10.5

2）总孔隙度（C_{12}）

土壤总孔隙度是指土壤中孔隙的数量、大小孔隙的比例及其在土体中的分布。土壤孔隙度是表征土壤结构的重要指标之一，是植物根系生长的场所，孔隙度的组成将直接影响根系穿插的难易程度和土壤通气透水性，并对土壤中的水、肥、气、热和微生物活性等发挥着不同的调节功能。另外，孔隙度也是土壤中微生物、空气、水分和养分等活动的场所、贮存库和迁移通道。土壤总孔隙度大，表明土壤质地结构良好，反之亦然。在未入侵生境中，土壤总孔隙度为 60%。该指标分级值划分标准如表 5.30 所示。

3）全氮（C_{13}）

土壤全氮是植物生长的必需营养元素之一，同时在很多情况下也是植物生长过程中的限制性影响元素，是土壤养分重要的物质基础之一。该指标分级值划分标准如表 5.30 所示。

4）有机质（C_{14}）

土壤有机质是土壤固相部分的重要组成成分，是植物营养的主要来源之一，能促进植物的生长发育，改善土壤的物理性质，促进土壤生物的活动，促进土壤中营养元素的分解，提高土壤的保肥性和缓冲性作用。该指标分级值划分标准如表 5.30 所示。

4. 指标权重的确定

在构建飞机草入侵受损生态系统评估指标技术体系与指标层分级的基础上，研究采用层次分析法对指标进行权重值分析，使各指标之间具有可比性。具体分析方法如下。

（1）构造层次单排序判断矩阵

构建层次单排序判断矩阵，逐层因子进行两两比较，对重要性作出判断，用标准的方法构造出要素层（B）对目标层（A），指标层（C）对要素层（B）的判断矩阵，运算出层次单排序的重要性权重值（*W*）结果，如表 5.31～表 5.34 所示。

表 5.31　判断矩阵 *A-B*

A	B_1	B_2	B_3	*W*
B_1	1	3	5	0.6370
B_2	1/3	1	3	0.2583
B_3	1/5	1/3	1	0.1047

表 5.32　判断矩阵 B_1-*C*

B_1-*C*	C_1	C_2	C_3	C_4	*W*
C_1	1	1/5	2	4	0.1884
C_2	5	1	6	7	0.6378
C_3	1/2	1/6	1	3	0.1185
C_4	1/4	1/7	1/3	1	0.0553

表 5.33　判断矩阵 B_2-*C*

B_2-*C*	C_5	C_6	C_7	C_8	C_9	C_{10}	*W*
C_5	1	1/3	1/7	1/6	1/6	1/6	0.0300
C_6	3	1	1/5	1/5	1/5	1/4	0.0519
C_7	7	5	1	4	2	3	0.3744
C_8	6	5	1/4	1	1/2	1/2	0.1353
C_9	6	5	1/2	2	1	2	0.2412
C_{10}	5	4	1/3	2	1/2	1	0.1672

表 5.34　判断矩阵 B_3-*C*

B_3-*C*	C_{11}	C_{12}	C_{13}	C_{14}	*W*
C_{11}	1	2	3	1/3	0.2599
C_{12}	1/2	1	2	1/2	0.1838
C_{13}	1/3	1/2	1	1/3	0.1061
C_{14}	3	2	3	1	0.4502

（2）一致性检验

通过判断矩阵的一致性检验，所有判断矩阵均具有满意一致性，检验结果如表 5.35 所示。

（3）层次总排序

层次总排序即通过两次总排序运算最终得出指标体系的指标层（C）相对于目标层（A）的重要性权重值，结果如表 5.36 所示。

表 5.35 各判断矩阵一致性检验

判断矩阵	最大特征根	一致性指标值	平均随机一致性指标值	一致性比率	是否具有一致性
A-B	3.0385	0.0193	0.52	0.0370	是
B_1-C	4.1533	0.0511	0.89	0.0574	是
B_2-C	6.3203	0.0641	1.26	0.0508	是
B_3-C	4.1638	0.055	0.89	0.0614	是

表 5.36 指标层（C）对目标层（A）的权重

指标层	B_1	B_2	B_3	C 对 A 的权重
	0.6370	0.2583	0.1047	
C_1	0.1884			0.1200
C_2	0.6378			0.4063
C_3	0.1185			0.0755
C_4	0.0553			0.0353
C_5		0.0300		0.0077
C_6		0.0519		0.0134
C_7		0.3744		0.0967
C_8		0.1353		0.0350
C_9		0.2412		0.0623
C_{10}		0.1672		0.0432
C_{11}			0.2599	0.0272
C_{12}			0.1838	0.0192
C_{13}			0.1061	0.0111
C_{14}			0.4502	0.0471

5. 评估结果

（1）评估分值

根据指标层各个指标的数据、分级值和权重值对飞机草入侵受损生态系统不同修复年限的修复效果进行评估，修复效果评估结果如表 5.37 所示。

表 5.37 不同修复年限修复效果评估值

结果	年限				
	0 年	3 年	5 年	10 年	CK
评估分值	1.0793	3.8281	4.4138	4.8014	5

（2）评估等级

采用等间距法，按最大可能总得分为 5 分，最小总得分为 1 分，将最终的生态修复效果评分划分为 5 个等级：劣、差、中、良、优，其代表的意义如表 5.38 所示。

表 5.38　飞机草入侵受损生境的生态修复效果等级划分

生态修复效果评估等级	生态修复效果评分 F	生态修复状况描述
优	$4.2<F\leq 5.0$	入侵地生态修复效果显著，飞机草完全得到控制，与未入侵生境水平相当
良	$3.4<F\leq 4.2$	入侵地生态修复效果较为显著，飞机草得到较好控制，略逊于未入侵生境
中	$2.6<F\leq 3.4$	入侵地生态修复效果有所改善，飞机草基本控制效果较差，与未入侵生境差距较大
差	$1.8<F\leq 2.6$	入侵地生态修复效果不明显，飞机草完全未得到控制，生态系统状况略优于修复前
劣	$1<F\leq 1.8$	入侵地生态修复效果无改善，生态系统状况与修复前类似

注：根据等级划分的标准，飞机草入侵受损生态系统在修复 3 年后修复效果达到良，修复 5 年和修复 10 年后修复效果基本达到未入侵水平，为优

小　　结

本章以飞机草为例，研究了飞机草入侵对本土群落生物多样性的影响、飞机草扩散路径、阻截技术、防控技术，并对防控效果进行了评估。研究结果如下。

在广西平果，通过对飞机草入侵地野外植被进行调查分析，结果表明随着飞机草入侵程度的增加，飞机草密度、生物量、株高等指标均显著增加，本地植物物种丰富度降低，草本层受飞机草影响最为严重，群落结构单一化，生态系统稳定性遭到破坏。

采集原产地和入侵地的飞机草居群，利用 DNA 序列技术，比较不同飞机草居群遗传差异性，通过聚类分析并结合历史发生记录，推断飞机草可能的扩散路径，重建了飞机草入侵路线，为飞机草的扩散阻截提供了基础数据。

以多样性阻抗假说为理论基础，通过建立不同的人工群落，研究飞机草入侵成功率与物种丰富度的关系，结果表明本地物种丰富度越高，飞机草入侵成功率越低，同时也发现飞机草入侵成功率均与本地植物的生物量呈极显著负相关关系。通过野外阻截示范发现，多物种配置群落建立的阻截带能够较好地防控飞机草的扩散。

飞机草的防控主要采用替代控制的方法，通过筛选本地优势植物，优化配置人工群落，并在野外开展示范。建立了飞机草防控效果评估技术体系，对广西平果飞机草野外防控示范区的防控效果进行评估，评估结果发现在防控 5 年后，基本消除了飞机草对本地生态系统的影响。

第六章　外来入侵植物互花米草

大量研究表明，自然生态系统中二次入侵现象普遍存在。国外已经在湖泊、湿地、森林、草原以及海洋等生态系统开展了有关多种植物、动物二次入侵的广泛研究，但互花米草二次入侵的相关研究尚处于起步阶段。彭辉武和郑松发（2009）调查了海桑林死后互花米草二次入侵的状况以及无瓣海桑对互花米草生物控制的效果。但该研究仅限于调查描述，未开展机制研究。肖德荣等（2012）在崇明东滩进行的互花米草二次入侵研究表明，有性繁殖所产生的种子和实生苗是互花米草进行二次入侵的基础，两者可在潮水的带动下向治理区临近裸地传播与定居，而从连续植被群落边缘通过无性繁殖向治理区扩散的距离很小，对于二次入侵的贡献不大。但该研究仅初步探讨了互花米草二次入侵过程，尚未开展二次入侵的过程性研究。综合来看，国内外对于二次入侵机制尤其是互花米草二次入侵的研究尚处于起步阶段。从水文动力、泥沙动力、沉积地貌、土壤理化性质、植物特性等多方面综合开展互花米草不同繁殖体随潮流传播后的定植窗口、存活机遇与瓶颈等过程性研究，对理解互花米草二次入侵过程、提升相关部门对互花米草二次入侵事件的预警和应急管理能力具有重要意义。

为了有效控制互花米草的爆发式扩张、改善入侵地的生态系统质量，国内外正在积极采取各种方法加以控制，包括物理防治方法（人工拔除、覆盖抑制、刈割控制、火烧清除、围堤水淹等）、化学防治方法（施用化学除草剂）和生物防治方法（释放昆虫、真菌及病原体等专一性天敌）（Patten，2002；Major *et al.*，2003；Grevstad *et al.*，2003；Yuan *et al.*，2011）。但不同防控方式的除草效果不一（Grevstad *et al.*，2003；Major *et al.*，2003），同一治理措施，不同时间、不同地区施用的治理效果及其生态影响也存在显著差异（Patten，2002；Yuan *et al.*，2011）。在实际操作中，将上述各种方法相结合的综合控制策略取得了良好的控制效果。例如，崇明东滩互花米草生态控制与鸟类栖息地优化工程应用“刈割+水位调节”集成技术对崇明东滩湿地大面积的互花米草进行圈围治理，切断了互花米草的扩散途径，有效遏制了互花米草的肆意蔓延（Yuan *et al.*，2011），但在淹水分割堰的漫滩区域仍分布有零星小斑块亟须治理。

目前大部分的治理研究主要是针对大面积互花米草，对于治理后残存斑块和二次入侵形成的小斑块的应急处置研究未见报道。考虑到物理综合防控步骤复杂，经济代价高，加之自然潮滩每天的涨落潮和淤泥质潮滩外业工作的困难性，继续采用“围—割—淹”的灭草技术治理残留斑块和新生小斑块已不现实，而开展生物防治可能导致新的生物入侵（袁琳等，2008）。因此，开发操作简便、除草效率高、同时具有无/低毒、安全环保的化学除控剂治理技术是目前的首选方案。在我国，很少使用化学防控的方法控制互花米草，主要原因是部分学者和管理者认为喷施除草剂可能会造成环境污染。但在其他一些发达国家，如美国、澳大利亚、新西兰等，使用除草剂是他们开展互花米草防控时采用的最主要方法，且已成功实施多年，并形成了实施手册和地方标准。目前用于防除互花米草的化学试剂主要有草甘膦（Hedge *et al.*，2003）、咪唑烟酸（Patten，2002）、盖草能（Miller and Miller，2004）、米草净（刘建等，2005）和滩涂互花米草除控剂（主要成分是*N*-膦羧甲基甘氨酸）（许珠华，2010）等。其中，在新西兰进行的互花米草化学防控实践证明，盖草能是根除互花米草最成功的除草剂，单次使用可达95%的灭草率（Miller and Miller，2004）。国际研究证实，化学药剂的专一性、施加剂量和施药时间、频率等均是影响互花米草化学防控的重要因素，此外，施用化学药剂后对当地动植物的影响和药剂残留等方面的评估是开展化学防控的必要步骤（Patten，2002），而目前国内有关这方面的研究开展较少。

第一节　互花米草二次入侵机制

互花米草治理控制区出现的二次入侵主要是通过邻近互花米草群落中的种子或实生苗随潮水传播带入，以及邻近群落边缘无性繁殖扩散来实现的，但两者在入侵过程中的作用不同。互花米草二次入侵机制主要有以下几种。

一、繁殖体压力

互花米草同禾本科大多数植物一样，繁殖方式包括有性繁殖与无性繁殖。其繁殖体包括种子、根状茎与断落的植株（Feist and Simenstad，2000）。种子繁殖是互花米草进入新生境的一种重要方式。在适宜条件下，互花米草3～4个月就可进入有性繁殖期，而且雌花先熟，这种策略有助于保证顺利杂交。每个花序存在3～4周，这样就有大量的异花授粉机会，使自交的比例降低（Daehler，1998）。互花米草每个花序上的种子数量变异较大，为133～636粒。

二、强大的传播与扩散能力

互花米草还可以进行大量的克隆生长，利用根状茎或营养片段扩散来扩大种群。尤其在入侵带的前沿，相互隔离的入侵先锋克隆株主要依靠营养繁殖扩大分布并最终连接成片。根状茎长度和营养繁殖系数受基质有机质含量的影响，在高有机质状态下一个生长季每个实生苗最多可通过营养繁殖产生14个新枝，由实生苗形成的根状茎4cm长就能产生一个新枝。互花米草在我国沿海各省（市）的早期扩张因人为引种和移栽而呈现长距离跳跃式扩散模式，此后在各入侵立地通过克隆繁殖进行短程的流式扩张和近距离跳跃式扩散，而且这种流式扩张基本上是沿着平行于海岸线（海堤）的方向，垂直于海岸线的扩张幅度相对较小（Zhang *et al.*，2004）。互花米草种群长距离扩散除有意引种外，主要是种子随压舱物或压舱水无意带入新栖息地。互花米草在欧洲的入侵就是这种模式。此外，鸟类在互花米草种群传播与扩散中具有一定的作用（Vivian-Smith and Stiles，1994）。而非生物扩散主要是借助河流和潮汐传播种子，种子的潮汐传播主要是在水体表面而不是沿沉积物移动，种子最终的定居点取决于风速和潮流的方向。

三、竞争优势

在潮间带，互花米草与其他植物间表现出强烈的竞争关系（Callaway and Josselyn，

1992)。互花米草比芦苇、海三棱藨草等本地植物具有更强的耐盐性和更高的光合作用速率，从而具有更强的竞争能力（Chen *et al.*，2004)。此外，互花米草具有较明显的化感作用，其植株体可通过雨淋、海水冲刷等作用，将自身含有的水溶性化感物质（长链脂肪酸，主要有棕榈酸、油酸和邻苯二甲酸）释放出来，营造有利于自身生长的环境，增强生存优势（杜玮等，2009；张琦，2016)。

四、表型可塑性

互花米草在局域异质生境中通常表现出不同的功能性状来适应相应环境，如形态、生物量和繁殖分配特征在潮间带不同高程存在显著差异（任丽娟等，2010)，植株高度和密度随着入海口沿江盐度的变化而存在显著差异（黄冠闽，2009)。此外，不同纬度地区间互花米草的个体特征和种群密度特征也存在显著差异。位于分布区中部的福建、浙江、江苏地区的互花米草株高、基径、节数、节长和单株地上生物量显著高于分布区两端的广西北部湾地区、广东雷州地区和辽宁地区。而中部地区互花米草的种群密度显著低于两端地区（张亦默，2008)。这些差异表明互花米草在其分布中心区和边缘区分别采取提高个体竞争力和群体环境耐受性的适应对策。表型可塑性对互花米草在小尺度上占据不同高程环境的过程中有重要作用。

五、遗传多样性

有研究采用不同分子标记方法对中国互花米草种群遗传多样性进行分析，发现无论是局部地区还是中国沿海大范围的互花米草种群，结果都显示中国互花米草种群的遗传多样性低于美国种群，即中国的互花米草种群受瓶颈效应的影响明显（沈栋伟，2007)。另外，环境异质性所引起的分化选择可以导致克隆植物的基因多样性，滨海地理环境复杂，受潮汐影响大，环境异质性比较高，从而提高了互花米草的遗传多样性。

第二节　互花米草二次扩散路径

一、基于遥感解译的上海滨海湿地优势植物分布现状调查

利用多光谱遥感影像，采用监督分类和目视解译结合的方法对上海滩涂植被进行解译分析。结合全球定位系统（GPS）的样点定位，对分类结果进行全面的野外核实和修正，同时利用地理信息系统（GIS）对解译结果进行数据合成，统计上海滨海湿地优势植物的分布区域及面积等数据。

1. 遥感分析

（1）遥感数据来源

采用2016年8月4日长江口十二景Pleiades卫星遥感数据，影像空间分辨率为0.5m。卫星影像仅是某一瞬间地面实况的反映，而滩涂植被的季节变化大，因此选择植物生长旺季8月的遥感影像，其光谱信息明显，易于判读。该影像成像时刻潮滩瞬时水边线未

淹没潮滩植被，故解译不考虑潮位对植被的影响。

（2）遥感影像预处理及解译

为保证遥感数据的精确性、可靠性，需要对遥感影像进行预处理。利用 ENVI 5.1 软件进行遥感影像几何校正。首先导入影像图的坐标系统（WGS_1984_UTM_Zone_50N），投影方式为横轴墨卡托投影，在统一的地理坐标下，根据 1∶10 000 比例尺的地形图从遥感影像中选择合适数量、相对稳定且均匀分布的地物控制点，以 2015 年影像为参考影像，选择地面交叉路口等明显地物为控制点。校正精度控制在两个像元内。

通过 ENVI 5.1 软件，运用目标区域 AOI 工具分幅裁减选出滩涂部分，以便提高解译的精确性和目的性，进行单独解译和分类。结合野外实地调查记录和历史数据资料，辨识植被的大致范围和类别，建立了光滩及水域、互花米草群落、海三棱藨草/藨草群落、芦苇群落训练样区，由于海三棱藨草和藨草在解译时存在异物同谱现象，糙叶薹草、水烛和白茅分布面积较小，且常与芦苇混生，解译时很难将其分布信息准确提取，故本次解译参照野外实地调查记录和历史资料，将长江口自然滩涂分为光滩及水域、互花米草、海三棱藨草/藨草、芦苇、菰 5 种地物类型。在此基础上，利用 ROI 可分离性工具来计算任意类别间的统计距离，以此来分析和评价训练样区。由所得参数可知，4 个样区间的可分离值均大于 1.9，样本之间可分离性好，均属于合格样本。在此基础上，利用最大似然法进行监督分类，之后结合野外现场调查数据纠正分类结果中出现的误分类现象，对分类有误的像素进行人工校正、重新赋值，确定植物群落类别。

（3）数据合成分析

将 ENVI 5.3 软件执行监督分类后生成的各时相的图像进行栅格矢量转换，利用地理信息平台 ArcGIS 10.3 进行专题图的拓扑构图和空间叠加分析，获得上海市滩涂主要植被群落（互花米草群落、海三棱藨草/藨草群落、菰群落和芦苇群落）的空间数据，之后将解译图像与数字地图进行空间叠加，进而得到上海市滩涂植被类型分布现状图，并统计出各区域、各类滩涂植被的面积以及长江口互花米草分布总面积。

2. 上海滨海湿地优势植物分布

根据遥感影像分类与解译结果，研究获得 2016 年上海滨海湿地植被分布图（图 6.1）和面积变化表（表 6.1）。由统计数据可知：2016 年，在上海市滨海湿地中，互花米草分布面积最大，为 6194.44hm^2，占湿地植被总面积的 39.4%，主要分布在崇明北滩、崇明东滩和九段沙的下沙、中沙；芦苇在上海市滨海湿地的大部分区域均有分布，面积达 6132.74hm^2，占湿地植被总面积的 39.0%，主要分布区域为崇明岛周缘湿地、崇明东滩以及九段沙的上沙；海三棱藨草/藨草作为长江口滩涂的先锋物种，主要分布在滨海湿地的前沿位置，分布面积为 3233.14hm^2，占总面积的 20.6%；菰分布面积小，主要分布于炮台湾湿地和九段沙的江亚南沙，面积为 150.93hm^2，虽然不到总面积的 1%，但有逐步增加的趋势。

互花米草的主要分布区为九段沙、崇明东滩和崇明岛周缘（图 6.2）。如表 6.2 所示，相比 2008 年，2016 年上海滨海湿地互花米草的分布面积有所上升，增加了 496.49hm^2。由于互花米草竞争能力强，在九段沙下沙与中沙保持持续扩散的趋势，分布面积较 2008 年增加了 1642.12hm^2，这是上海市滨海湿地互花米草总量增加的最重要原因；除此之

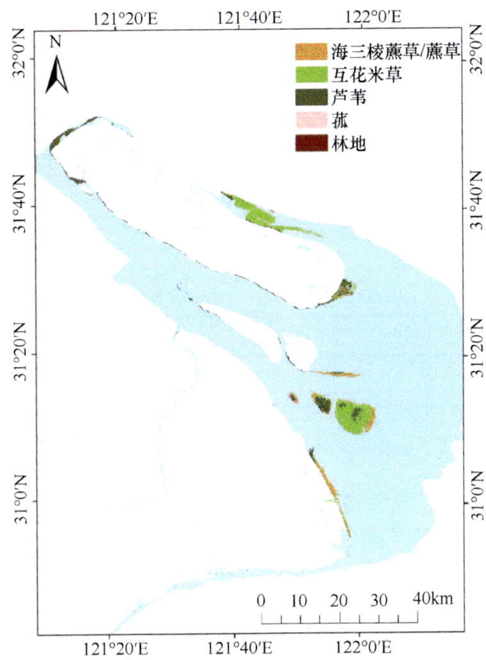

图 6.1　2016 年上海滨海湿地植被分布图

表 6.1　2016 年上海滨海湿地优势物种分布面积

湿地植物类型	海三棱藨草/藨草	互花米草	芦苇	菰	总计
面积/hm^2	3 233.14	6 194.44	6 132.74	150.93	15 711.25

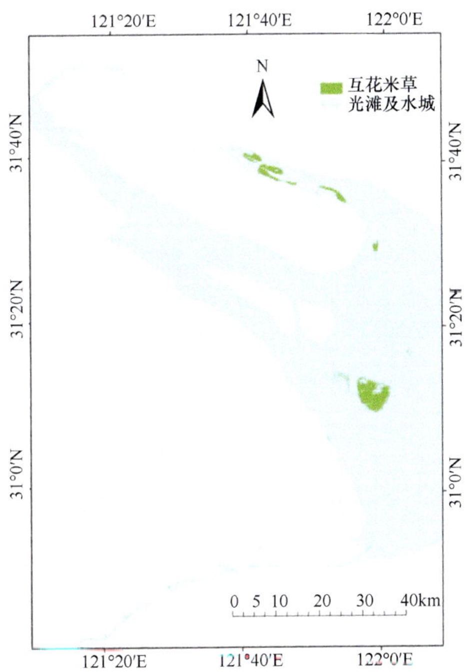

图 6.2　2016 年上海滨海湿地互花米草分布情况

表 6.2 上海滨海湿地互花米草面积及增减变化情况

分布位置	面积/hm^2（2016 年）	面积/hm^2（2008 年）	增减变化/hm^2
金山奉贤边滩	263.23	303.03	–39.80
南汇东滩	145.94	0	145.94
崇明东滩	718.87	1377.45	–658.58
崇明岛周缘	1683.07	2268.88	–585.81
长兴/横沙岛	32.63	40.01	–7.38
九段沙	3350.69	1708.57	1642.12
总计	6194.43	5697.94	496.49

外，南汇东滩的互花米草沿海堤呈条带状分布，面积也增加了 145.94hm^2。崇明东滩、崇明岛周缘湿地由于人为控制除草，互花米草的面积分别减少了 658.58hm^2 和 585.81hm^2。长兴/横沙岛与金山奉贤边滩的互花米草减少则是由于土地利用方式发生变化，长兴岛西侧青草沙水库建设圈围大量互花米草，横沙岛东侧圈围减少了互花米草面积，但新生湿地上又逐渐有互花米草分布，使得互花米草净变化量为–7.38hm^2；而金山奉贤边滩湿地圈围作鱼塘、蟹塘、农场等，导致互花米草面积减少了 39.80hm^2。

二、互花米草居群的遗传结构分析

近年来，随着高通量测序技术的发展，基因分型的成本持续降低，GBS（genotyping-by-sequencing）技术作为在第二代深度测序基础上发展起来的简化基因组测序技术，通过采用酶切加标签的方法，使多样本高通量平行测序得以实现。这不仅大大降低了基因测序的成本，也使得对大样本全基因组进行基因分型成为可能，对深入了解种质资源的遗传背景和系统演化具有重要意义。同时，GBS 获得的短读序列可通过有参或无参基因组的形式进行拼接组装，进而获得高密度的单核苷酸多态性（single nucleotide polymorphism，SNP）标记，利用这些 SNP 标记可进行遗传图谱构建、加密，基因组的辅助组装，全基因组关联分析等相关研究。目前，GBS 技术作为基因分型的重要手段，已经在遗传多样性研究、遗传图谱构建、种质鉴定及品种识别等领域得到广泛的应用。

本研究以互花米草为研究对象，采用 GBS 技术对互花米草入侵群体及潜在亲本群体的遗传多样性及遗传结构展开研究，以揭示不同互花米草地理群体的遗传差异，同时绘制分子系统进化谱系图，分析互花米草二次入侵的地理来源及其入侵路线。其研究成果可为互花米草二次入侵的管理与防治提供理论参考。

1. 样品采集

根据互花米草分布，将长江口互花米草种群划分为江苏群体、崇明北部群体、崇明南部群体、横沙群体、九段沙群体、南汇群体、二次入侵群体，共 7 个居群（图 6.3）。采样时每两个样品相隔 1000m 以上，避免来自同一基株。采集嫩叶，置于密封袋，放入冰盒保存，每个群体至少采集 5 个样品，尽快带回实验室并置于–80℃冰箱保存。

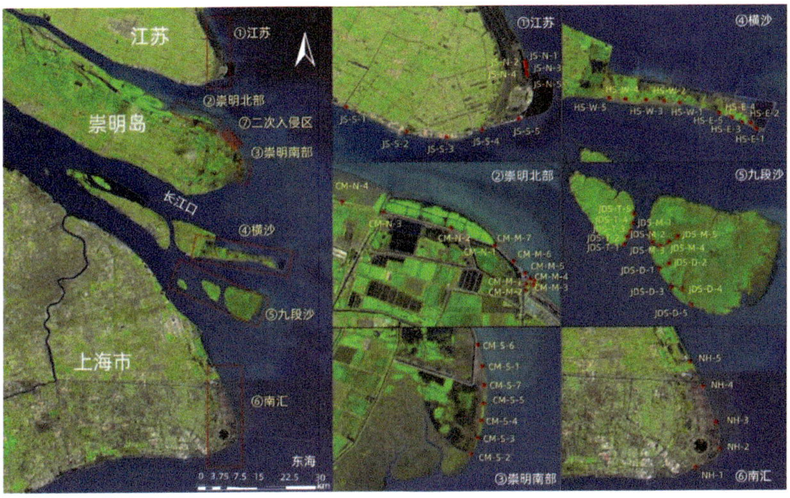

图 6.3 互花米草群体划分及采样点分布示意图

2. 实验方法

（1）DNA 提取和 GBS 文库构建

利用天根生化科技（北京）有限公司的基因组 DNA 提取试剂盒（TIANamp Genomic DNA Kit）提取 DNA。使用紫外分光光度计（Nanodrop，Thermo Scientific），在 260nm 和 280nm 处分别测定 DNA 的吸光值，并通过 1.2%琼脂糖凝胶电泳检测 DNA 的质量。提取的 DNA 经过纯化、定量后，应用限制性内切酶（*Mse* Ⅰ+*Eco*R Ⅰ酶切组合）对基因组进行酶切，加上带有 barcode（条形码）的接头后，对每个样品进行扩增，然后对样品进行混合，选择需要的片段，按照基于双酶切测序基因分型（double digest genotyping-by-sequencing，dd-GBS）的方式进行文库构建（图 6.4）。利用第二代测序技术（next-generation sequencing，NGS），基于 Illumina HiSeq 测序平台，对文库进行双末端（paired-end）150bp 的测序。

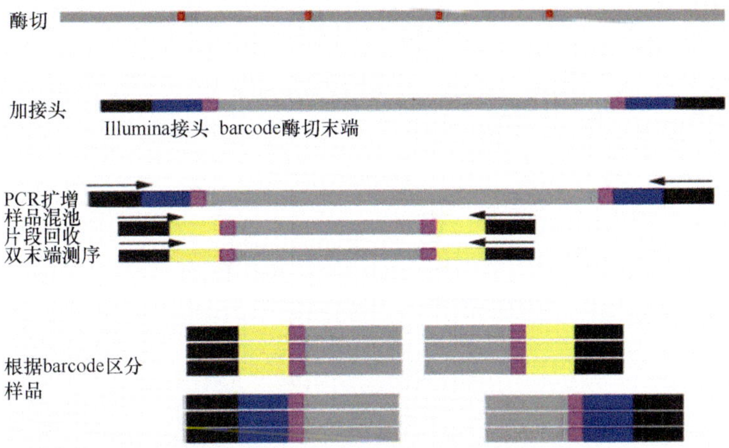

图 6.4 GBS 实验流程

（2）单核苷酸多态性（SNP）鉴定

每条测序数据按照条形码划分到对应的样本中，对每条序列进行严格的质控筛选，去除原始测序序列中的接头序列和低质量的短读序列，包括单端测序中含有的N数量超过该条序列长度比例的10%，或者单端测序中低质量（$Q \leqslant 5$）碱基数超过该条序列长度50%的序列。SNP 检测采用 Samtools 软件进行，对齐的匹配文件用 Samtools 软件转换为 BAM 文件后进行变异调用，Samtools 软件收集 BAM 文件中的汇总信息，计算可能基因型的似然值，再利用 Bcftools 应用先验值进行变异调用，采用贝叶斯模型检测群体中的多态性位点从而获得 VCF 文件。

（3）遗传数据分析

采用 stacks 程序包中的 populations 命令进行群体遗传多样性各参数的计算，分析各群体的遗传多样性水平、群体间的遗传分化程度。

采用邻接法（neighbor-joining method）构建进化树。检测 SNP 之后，得到的个体 SNP 可以用于计算种群之间的距离。

运用 Treebest-1.9.2 软件计算距离矩阵，以此为基础，通过邻接法构建系统进化树。引导值（bootstrap value）经过 1000 次计算获得。通过 GCTA 软件计算特征向量以及特征值，并利用 R 软件绘制 PCA 分布图。

3. 群体遗传多样性分析结果

（1）杂合度分析

杂合度反映了群体中的遗传变异程度，杂合度越高，表明群体内遗传多样性越高。各群体平均杂合度值详见表 6.3。其中江苏群体、南汇群体和崇明南部群体表现出较高的遗传多样性水平，平均观测杂合度（H_o）分别为 0.433 62、0.431 94 和 0.374 62，平均期望杂合度（H_e）分别为 0.413 00、0.396 71 和 0.363 14。崇明北部群体、横沙群体和九段沙群体的遗传多样性相近，平均观测杂合度（H_o）分别为 0.305 86、0.324 93 和 0.303 26，平均期望杂合度（H_e）分别为 0.293 90、0.312 75 和 0.279 27。二次入侵群体的杂合度最低，表明二次入侵群体内遗传多样性较低，其平均观测杂合度（H_o）和平均期望杂合度（H_e）分别为 0.243 87 和 0.236 86。此外，各群体的观测杂合度均大于期望杂合度，表明各群体内无近交。

表 6.3　不同群体遗传多样性水平

群体	观测杂合度（H_o）	期望杂合度（H_e）
JS	0.433 62	0.413 00
CM-N	0.305 86	0.293 90
CM-S	0.374 62	0.363 14
HS	0.324 93	0.312 75
JDS	0.303 26	0.279 27
NH	0.431 94	0.396 71
R	0.243 87	0.236 86
总计	2.418 10	2.295 63

注：JS，江苏；CM-N，崇明北部；CM-S，崇明南部；HS，横沙；JDS，九段沙；NH，南汇；R，二次入侵区

（2）分子方差分析

分子方差分析（analysis of molecular variance，AMOVA）是指对分子差异性的分析。它通过对所研究群体进行不同层次的归类和划分，可界定不同的遗传结构并进行统计学检验，从而估计出群体间、群体内以及个体间表现的差异占总变异的比例。利用这种方法可以讨论不同地理群体间是否存在相应的遗传变异。

由表 6.4 可知，7 个互花米草群体的 AMOVA 结果显示，在总遗传变异中，群体间存在极小分化，3.53%的遗传变异存在于群体间，96.47%的遗传变异存在于群体内，Buso 认为分化指数为 0～0.05 说明群体间分化很弱，分化指数为 0.05～0.15 表示中等分化，分化指数为 0.15～0.25 表示分化大，分化指数大于 0.25 表示分化极大（Buso *et al.*，1998），本研究结果为 0.0353，说明群体之间分化很弱。

表 6.4　群体分子方差分析

变异来源	自由度	平方和	方差分量	变异百分率
群体间	6	137.156	0.489 22	3.53
群体内	135	1 807.301	13.387 42	96.47
合计	141	1 944.457	13.876 64	

注：数据计算经过四舍五入

（3）群体主成分分析结果

主成分分析（PCA）是一种纯数学的运算方法，可以将多个相关变量经过线性转换选出较少个数的重要变量。PCA应用于很多学科中，在遗传学中，主要用于聚类分析，它基于个体基因组SNP差异程度，按照不同性状特征将个体按主成分聚类成不同的亚群，同时用于和其他方法相互验证。

PCA 结果如图 6.5 所示。横沙群体的样本分群现象比较好，能够和其他群体的样本分开，形成一小支；南汇群体和九段沙群体聚类成单独的亚群；二次入侵群体主要与崇明南部群体和崇明北部群体的部分样本聚在一起，而江苏群体、崇明南部群体和崇明北部群体的剩余部分样本的分群现象不明显。

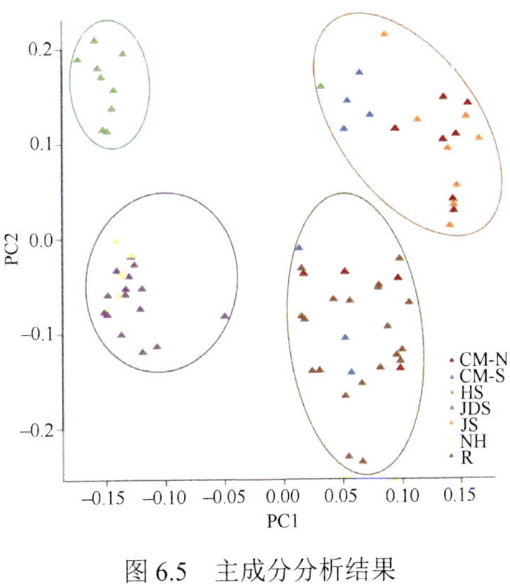

图 6.5　主成分分析结果

（4）群体进化树分析结果

系统进化树（phylogenetic tree，又称 evolutionary tree，进化树）是描述群体间分化顺序的分支图或树，用来表示群体间的进化关系。根据群体的物理或遗传学特征等方面的共同点或差异可以推断出它们的亲缘关系远近。

由于南汇群体和九段沙群体聚类成单独的亚群，其他群体分群现象不明显，故基于横沙群体、崇明北部群体、崇明南部群体和二次入侵群体样本，采用邻接法构建系统进化树。分析结果如图 6.6 所示，二次入侵群体主要与崇明南部群体和崇明北部群体的遗传距离较近，与江苏群体的遗传距离较远。

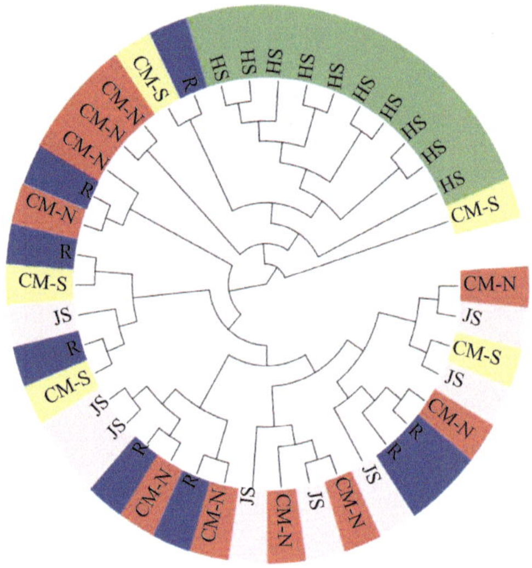

图 6.6　系统进化树结果

4. 二次入侵扩散路径分析

结合群体主成分分析结果和群体进化树分析结果可知：二次入侵的互花米草与崇明岛内部互花米草群落的亲缘关系较近，与崇明岛周边的江苏、横沙岛、九段沙等地亲缘关系较远。因此，可以推断出崇明东滩二次入侵互花米草的传播路径（图 6.7），即崇明

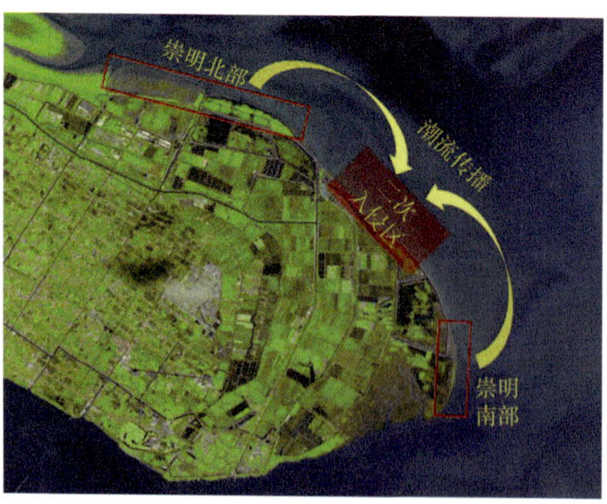

图 6.7　互花米草二次入侵传播路径

东滩二次入侵的互花米草植株主要来自崇明东滩北部，少数来自崇明东滩南部。

吴娟子等（2012）采用遗传距离计算的 UPGMA 聚类分析也显示崇明岛的互花米草种群相对于其他地区互花米草种群的遗传距离大一些。本研究也证明了可能受地理位置的影响，崇明岛的互花米草表现出一定的特殊性。此外，崇明东滩二次入侵的互花米草主要源于本岛内部的互花米草群体，可能是因为岛屿的地理隔离阻碍了基因交流，其作用主要体现在对种子和幼苗传播的阻碍上。

第三节 互花米草二次入侵阻截技术与示范

上海崇明东滩鸟类国家级自然保护区是国际重要湿地，是亚太地区迁徙鸟类重要的中途停歇地，亦是长江口规模最大、发育最完善的河口型淤涨湿地，有着重要的生态价值（李蕙等，2017）。互花米草（*Spartina alterniflora*）于 1995 年被引种到崇明东滩以积淤筑陆、保护河堤，但由于其极强的扩散与竞争能力，现已在潮间带湿地大肆蔓延扩散，改变了原有植被分布格局和演替动态，导致当地生态系统生物多样性减少、系统组成结构简单化和系统功能衰退（Xiao *et al.*，2010；祝振昌等，2011）。

为有效控制上海崇明东滩鸟类国家级自然保护区内的互花米草并优化受损的鸟类栖息地，国家林业局和上海市自 2013 年起开展了崇明东滩互花米草生态控制与鸟类栖息地优化工程，该工程项目研发和应用了“刈割＋水位调节”技术以治理互花米草，同时采取多种生态恢复技术以恢复本地植物群落（海三棱藨草和芦苇）、保护鸟类生物多样性，目前基本达到了控制互花米草入侵、优化候鸟栖息地、保护生物多样性的目的（阮关心，2012；汤臣栋，2016）。自 2013 年开始，互花米草生态控制工程区的围堤以外滩涂由于泥沙的持续淤积而向海延伸，形成了大面积的新生潮滩湿地，这为盐沼植物的生长提供了合适的生态位。由于在工程区外围及崇明岛周边地区仍有大量互花米草分布，且其种子、实生苗等繁殖体可以借助潮流进行远距离传播（Feist and Simenstad，2000；Taylor and Hastings，2004），使已治理区域及新生潮滩自 2015 年开始持续受到互花米草二次入侵的威胁。已有研究表明 1 株互花米草根茎苗即可在植被区实现稳定存活、种群扩张和成功入侵，当源株密度足够大时，亦可成功入侵光滩区（赵志远等，2018）。若不加以重视，二次入侵的零星互花米草能以无性繁殖的方式充分占据空间优势，实现肆意蔓延的强劲态势，必然会给滩涂湿地的生态恢复与生物多样性保护带来极大的负面影响。若能够在互花米草二次入侵早期，通过对互花米草零星斑块进行适当干预，阻截其进一步暴发，可大大降低互花米草的二次入侵风险和后期控制的经济花费。

在国内外众多的互花米草治理案例中，物理（机械）控制方法由于对环境友好、对治理区生物多样性影响较小而常常成为首选方法，尤其是将各种物理措施相结合的综合物理方法在实际运用中取得了良好的防治效果（李贺鹏，2007；Yuan *et al.*，2011）。崇明东滩互花米草控制工程采用袁琳等（2008）研发的“刈割+水淹”集成技术，对互花米草入侵区域实施物理防控，有效遏制互花米草的扩张与生长，治理区的生境质量得到明显改善，鸟类数量显著增加（阮关心，2012；汤臣栋，2016）。但该项技术需要机械割草、围堰淹水，防控步骤较多，实施资金巨大（袁琳等，2008），只能用于重点区域如保护区内大面积互花米草的治理。加之自然潮滩每天的涨落潮和淤泥质潮滩外业工作的困难性，继续采用“围—割—淹”的灭草技术治理二次入侵新生斑块已不现实，而开展生物防治可能导致新的生物入侵（袁琳等，2008）。因此，在研发针对互花米草零星斑块高效、环保的化学治理技术的基础上，形成互花米草二次入侵阻截技术，对于巩固上海崇明东滩鸟类国家级自然保护区互花米草治理成效、遏制残存斑块进一步扩散、阻截二次入侵极为必要。

一、互花米草二次入侵扩散阻截技术框架

本研究根据互花米草的地理分布，结合已有的物理防控技术与新研发的化学防控技术，实施分区防控，开发基于入侵源“歼灭”、入侵区“阻击”等关键步骤的主动防御型互花米草二次入侵扩散阻截技术，具体技术框架如图 6.8 所示。

图 6.8　互花米草二次入侵扩散阻截技术示意图

二、入侵源“歼灭”技术

1. 原理

针对潜在种源区大面积分布的互花米草，采用已经比较成熟的围—割—淹的物理控制技术（Yuan *et al.*，2011），以达到实现种源区“歼灭”及扩散阻截效果（图 6.9）。实施该技术后，样区内互花米草的地上部分和地下部分都已完全死亡并开始腐烂，措施实施当年即达到有效控制治理区互花米草的效果。

2. 技术方案步骤

（1）种源区互花米草种群的圈围

在计划控制的互花米草种群外围修筑简易围堤，可根据治理面积和预算采用土工布灌浆的简易工程土堤或人工修筑土堤。围堤的基本要求是牢固（通常为梯形结构，上窄下宽）、渗水率低（紧实，或用土工布包裹使其不易渗水）、高度超过 70cm（能保证至少 50cm 的水位）。

（2）互花米草地上部刈割

待进入互花米草扬花期（7～8 月），对圈围区域内的互花米草实施刈割。可采用人

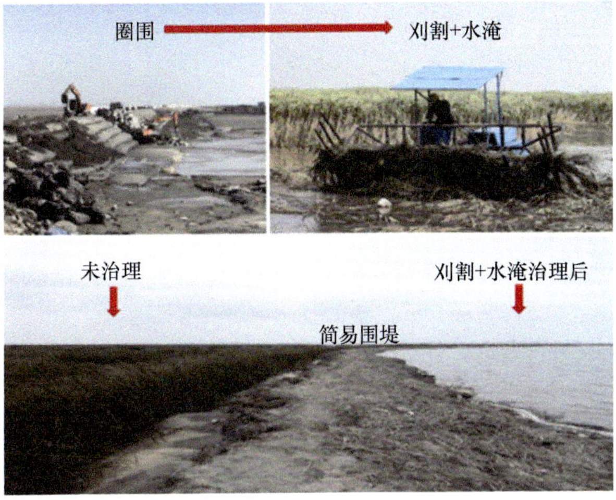

图 6.9　物理防控实施步骤及治理效果

工或机械的方法，齐地刈割（贴着地面割除）互花米草地上部分。割除后，将刈割的互花米草地上部分移出控制区，防止后期淹水处理后腐烂，造成水质恶化。

（3）互花米草圈围区的淹水处理

围堤修筑成功后，从圈围区域外围的蓄水沟或水域抽水注入围堤，实施水淹处理，水位保持在 30～50cm。随后根据水位情况及时向围堤内补水，使水位保持在 30～50cm。

（4）技术实施效果

互花米草是一种适应性很强的外来物种。以往的研究表明，单一的控制技术往往只能起到短暂的抑制作用，而不能有效、彻底地根除互花米草。因此为了达到快速有效控制和治理大面积互花米草种群的目标，必须利用综合方法来有效控制。

采用互花米草种群圈围+扬花期刈割+水位调节的集成技术，在互花米草生长的关键扬花期，刈割其地上部分。此时，互花米草不但失去了原有地上部分进行光合作用提供的物质和能量，同时地下部分的物质和能量储备最少，植物抗逆性最弱，无法迅速恢复再生长。在这种低氧环境中，残存的植株迅速失去生命活力。至当年生长季末期 10 月（持续淹水处理后 3 个月），样区内互花米草的地上部分和地下部分都已完全死亡并开始腐烂，可达到有效控制种源区互花米草的效果。

三、入侵区“阻击”技术

针对二次入侵早期形成的分散、面积小的互花米草零星斑块，研发互花米草化学防控技术，以实现入侵区“阻击”及遏制扩散效果。研究根据滨海湿地水文变化特征，选择最佳的施药时间，并靶向喷施浓度适量的环境友好型化学药剂，达到快速、有效、精准控制互花米草的效果，同时降低化学方法自身可能产生的环境和生态风险。

1. 筛选最优施药浓度

（1）实验设计

2016 年 8 月在崇明东滩 1 号研试样区内设置 15 个固定监测样方（5m×5m），样方间相隔 5m 以上(图 6.10)。参考盖草能田间推荐剂量的高量和低量共设计 4 个喷施浓度，即 3g/亩、6g/亩、9g/亩、18g/亩，另设不施药空白对照，分别用 G3、G6、G9、G18、G0 表示。每个处理重复 3 次，采用随机区组排列。

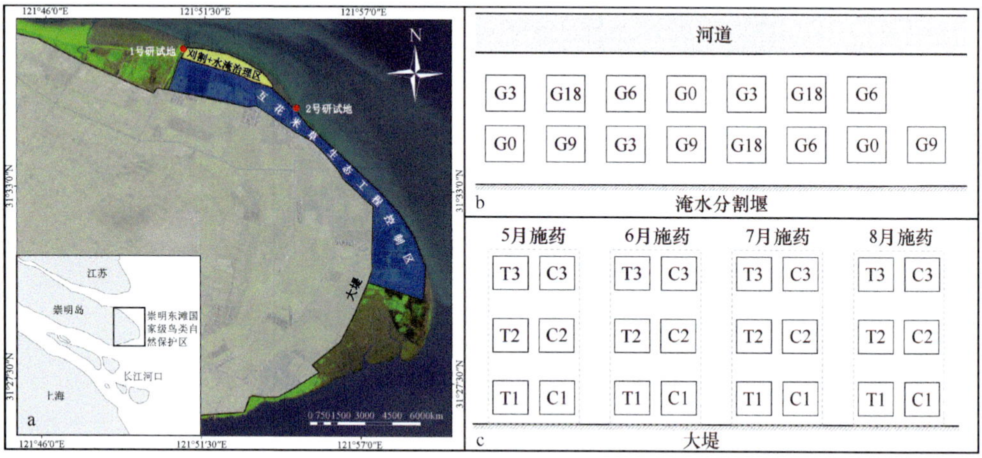

图 6.10　研究区域示意图

b. 1 号研试地实验设计示意图（G0，0g/亩；G3，3g/亩；G6，6g/亩；G9，9g/亩；G18，18g/亩）；c. 2 号研试地实验设计示意图（T，施药处理；C，对照）

施药时，根据已设用药量计算各个样方用量（$1mL/25m^2$，$2mL/25m^2$，$3mL/25m^2$，$6mL/25m^2$），采用背负式机动喷雾器进行茎叶喷雾。先用清水喷施对照组，然后按照浓度由低到高依次将各浓度试剂喷施到相应样方。

（2）除草效果监测

分别于施药前 1 天，药后 3 天、7 天、14 天、21 天、30 天，在各样地中采取五点取样法对互花米草的生长特征进行连续观测记录，每个点大小为 0.5m×0.5m，主要监测指标包括存活植株密度、高度，并按照以下公式计算除草率以评价相应施药浓度治理互花米草的效果。

$$\text{除草率}(\%)=\frac{\text{样方施药前互花米草株数}-\text{样方施药后互花米草株数}}{\text{样方施药前互花米草株数}}\times 100\% \quad (6.1)$$

（3）药后小型底栖动物群落动态调查

分别于施药前 1 月、1 天，药后 1 天、3 天、7 天、14 天、30 天，利用改良的注射器（10mL），在各样方随机抽取 3 块表层沉积物（深 2cm，约 4mL），用终浓度为 2%的戊二醛固定装瓶，每个样方设 2 个重复。每时段采样共计 30 瓶小型底栖动物样品。

将固定后的沉积物样品利用 Ludox 液进行离心分层，之后将目标生物转移至滤膜上。经过琼脂包埋后，利用高锰酸钾对滤膜进行漂白，之后利用银染法进行染色。使用亚硫酸钠和硫代硫酸钠进行显影与定影。之后使用异丙醇常规脱水法进行脱水后再进行中性树胶封片。每瓶样品统计 2 张制片。利用显微镜（OLYMPUS DP80），在 100～200 倍放大倍数下进行鉴定计数。小型底栖动物按线虫、桡足类等类群统计。

（4）药后沉积物药剂残留检测

分别于施药后 1 天、3 天、7 天、14 天、30 天，在每个样方中随机用铁铲采集 25cm

（宽）×25cm（长）×3cm（深）的表层沉积物样品 1 份，装入样品瓶并放入冰盒，保持低温状态，尽快带回实验室冷冻（–20℃）。各时段样品采集完毕后，一并送至第三方检验机构（上海微谱化工技术服务有限公司）进行治理互花米草后沉积物药剂残留测试[前处理方法参照黄雪等（2013）；利用液相色谱-质谱连用仪（LC-MS）测定]，出具检测报告。

2. 确定最佳施药时间

（1）实验设计

2017 年 4 月，在 2 号研试地设置 8 条纵向研究样带（长 100m，宽 20m），间隔大于 50m。在每条样带内，根据互花米草小斑块分布格局与生长状况，自堤坝向海方向设置 3 个固定样方（2m×2m），间隔约 40m。2017 年 5～8 月，在每月的小潮汛、低潮期、晴朗、无风天气时选择一条样带，对固定样方进行施药处理，施药时间为退潮后半小时内，下次涨潮至少为 6h 后，施药浓度均为第一轮实验确定的最适剂量，并以邻近样带的固定样方作为不施药对照，每月每个处理各 3 个重复，施药方法与第一轮实验一致。

（2）除草效果监测

分别于施药前 1 天，施药后 1 个月、2 个月、3 个月，对各样地中互花米草的生长特征进行连续观测记录，主要监测指标包括存活植株密度、高度，并计算除草率以评价相应月份施药治理互花米草的效果。

3. 不同浓度盖草能的除草效果

从图 6.11 可以看出，喷施盖草能之前，1 号研试地各样方内互花米草密度、株高均不存在显著差异。此时互花米草处于生长旺盛期，平均密度为（273.73±17.61）株/m^2，平均株高为（210.69±8.52）cm。

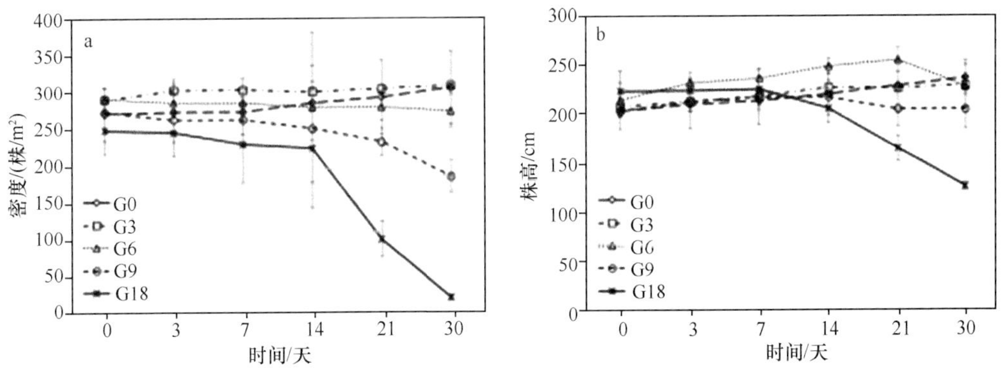

图 6.11　喷施不同浓度盖草能对互花米草密度（a）和株高（b）的影响

G0、G3、G6、G9、G18 分别为不施药空白对照、3g/亩、6g/亩、9g/亩、18g/亩

施药后观察发现，G3 处理防治互花米草无明显效果，施药后 30 天植株生长点未受损失，顶芽绿色，仍具生命力，植株正常生长，相对于施药前，施药后 30 天植株平均密度增加（18.22±2.04）株/m^2（图 6.11a），植株株高相对增加（21.41±10.77）cm，与同期对照组植株生长状况无显著差异（图 6.11b）。G6 处理对互花米草防除效果较差，实验期间植株密度相对于药前虽略有降低，但与对照组互花米草密度差异并不显著，药后 30 天除草率仅为（5.70±5.15）%（图 6.11a）。G9 处理防治互花米草的效果稍好于 G6

处理，防效随施药天数增加而逐渐增加，药后 30 天除草率达（32.36±6.04）%（图 6.11a），但存活植株生长未受到明显抑制，植株株高相对于对照组互花米草株高无显著差异。G18 处理防除互花米草效果优异［施药后 30 天除草率高达（92.02±2.06）%，图 6.11a］，药效表现速度快且稳定，施药后 7 天表现为部分植株叶片开始失绿变黄，失水萎蔫。药后 14～30 天，互花米草逐渐变褐色并干枯，生长点变黑坏死，最后整个植株死亡，将其地下部挖出观察，根部腐烂发黑，受损失活，无法恢复（图 6.12）。

图 6.12　G18 处理样区施药后不同时期互花米草的控制效果

4. 药后小型底栖动物群落动态

如表 6.5 所示，镜检统计的所有小型底栖动物中，线虫所占比例最大，其次为多毛类、桡足类和枝角类，轮虫、介形类和寡毛纲物种所占比例较低。

施药后不同时期样方内小型底栖动物群落结构的非度量多维尺度分析（NMDS）结果显示，药后一个月内小型底栖动物群落结构有明显的演替。对不同时间因子进行相似性分析（ANOSIM），结果表明药后不同时期的小型底栖动物群落结构差异显著。不同施药浓度处理的小型底栖动物群落结构的 NMDS 结果表明，不同施药浓度处理后，小型底栖动物群落结构没有明显的变化。对不同施药浓度处理进行 ANOSIM，结果亦表明不同施药浓度处理后小型底栖动物群落结构差异不显著。

5. 药后沉积物药剂残留检测结果

第三方检验机构检测报告（WP-17024016-JC-01）显示：采用本实验已设药量茎叶喷施治理互花米草后，沉积物中均未检出药剂残留，表明盖草能可被互花米草迅速吸收，散落到滩涂上的少量药剂也能被迅速降解而达到环境安全的目的。

6. 不同时期施药的除草效果

分析表 6.6 数据可看出，使用盖草能防治互花米草的时期不同，其防治效果存在差异。4 个月份施药后的效果调查结果显示：5 月施药治理互花米草的药效表现缓慢，药后 1 个月、2 个月除草率分别为（66.79±24.83）%、（90.85±13.61）%（表 6.6）。值得注

表 6.5 小型底栖动物丰度 （单位：个/mL）

种类	监测时间						
	药前 1 月	药前 1 天	药后 1 天	药后 3 天	药后 7 天	药后 14 天	药后 30 天
线虫 sp. 1	2422	1075	1769	1834	1381	578	444
线虫 sp. 2	520	200	326	297	224	69	74
线虫 sp. 3	210	99	113	36	55	15	19
多毛类 sp. 1	0	0	87	70	16	4	22
多毛类 sp. 2	273	143	100	88	111	69	80
桡足类 sp. 1	9	14	10	23	25	6	10
枝角类 sp. 1	16	2	0	36	14	15	13
枝角类 sp. 2	4	0	0	4	2	1	1
枝角类 sp. 3	2	1	0	0	1	0	0
介形类 sp. 1	3	1	1	11	5	2	0
介形类 sp. 2	1	0	1	4	0	0	1
涡虫 sp. 1	4	1	2	2	0	0	1
轮虫 sp. 1	1	0	1	1	1	0	1
轮虫 sp. 2	15	0	0	0	0	0	0
轮虫 sp. 3	0	0	0	0	0	16	7
肉足虫 sp. 1	2	0	0	0	0	0	0
肉足虫 sp. 2	2	0	0	0	1	0	0
水熊 sp. 1	2	6	5	1	1	4	8
未定种	0	1	0	1	0	1	0
寡毛纲 sp. 1	0	0	0	1	0	1	1
水螨 sp. 1	0	0	0	0	0	6	0

表 6.6 不同时期施药的除草效果

施药时间	施药前		药后 1 个月		药后 2 个月		药后 3 个月	
	密度/（株/m²）	除草率/%	密度/（株/m²）	除草率/%	密度/（株/m²）	除草率/%	密度/（株/m²）	除草率/%
5 月	180.50±157.06	0	84.33±117.52	66.79±24.83	30.5±51.11	90.85±13.61	44.91±75.00	86.83±20.20
6 月	34.75±11.96	0	13.58±0.76	57.31±15.68	0	100	0	100
7 月	21.92±9.12	0	0	100	0	100	0	100
8 月	37.5±9.51	0	0	100	0	100	0	100

意的是，药后 3 个月，样方内出现新生植株（图 6.13），植株密度相对于药后 2 个月增加了 14.41 株/m^2（表 6.6）。6 月施药治理互花米草的药效表现与 5 月施药相似，药后 1 个月除草率仅为（57.31±15.68）%，但药后 2 个月样方内互花米草全部死亡，除草率可达 100%（表 6.6）。7 月、8 月施药防治效果显著，药效快且稳定，药后 1 个月除草率高达 100%（表 6.6），样方内互花米草茎叶枯黄萎蔫、地下根系枯死腐烂，且药后 3 个月内无新芽产生（图 6.13）。

图 6.13　不同施药时间互花米草除草效果

7. 技术方案步骤

（1）控制时间的选择

根据当地潮汐等水文特征，选择 7～9 月的小潮汛、低潮期、晴朗、无风天气实施互花米草斑块的化学控制，并保证施药后 6h 内互花米草斑块不受雨水或潮水影响。

说明：7～9 月为互花米草快速生长末期，此时地上生物量最大，且尚未形成有性繁殖体，是控制互花米草零星斑块的最佳时期；小潮汛、低潮期可避免潮水对试剂的冲刷和稀释，减少药剂通过潮水进入环境的可能性；保证施药后 6h 内化学药剂不受潮水影响，可使药剂充分被植物体吸收，保证治理效果；晴朗天气喷药，有利于药剂的充分吸收、防止药剂被降雨冲刷、提高药效、降低环境残留风险；无风天气喷药，防止施药过程中药剂的随风扩散，提高药效、降低环境残留风险。

（2）配制试剂

根据互花米草治理区面积，依照 18g/亩的剂量稀释盖草能乳油，小区喷液量按 267L/亩计算，采用二次稀释法，用足量清水配制，手动搅拌均匀。

说明：上述除草剂为 10.8%高效盖草能乳油（有效成分 108g/L）。该除草剂的中文通用名为高效氟吡甲禾灵（haloxyfop-R-methyl），其分子式为 $C_{16}H_{13}ClF_3NO_4$，属于芳氧苯氧丙酸类苗后茎叶处理除草剂，该除草剂仅对禾本科杂草有高度选择性，对莎草科等其他本地物种并无致死效果。经控制实验证明，该浓度具有较好的控草效果，且无环境残留，对底栖生物群落无明显影响。

（3）茎叶喷施

采用背负式机动喷雾器进行集中施药，人工自上而下均匀喷施茎叶。

说明：上述喷雾器为移动式机动喷雾器，喷雾器工作压力为 $4kg/cm^2$，喷幅 2m，容积为 20L。

（4）效果检验

喷施 7～10 天，互花米草茎叶开始枯黄萎蔫；喷施 1 个月后，互花米草茎叶完全枯黄、地下根系开始腐烂；喷施 3 个月后，互花米草地下根茎完全腐烂，即可认为已根除互花米草。

四、互花米草二次入侵阻截示范

1. 示范样地位置

互花米草二次入侵扩散阻截技术示范区位于崇明东滩东旺沙水闸南侧的自然潮滩（图 6.14）。该区域互花米草分布零散，多为当年新定居植丛，分布范围涵盖海三棱藨草修复区和修复区南侧光滩，横向跨度大。此外，在该区域的北部（崇明东滩互花米草生态控制与鸟类栖息地优化工程区的北边界之外）分布有大面积互花米草，是互花米草二次入侵的潜在种源，这为本研究拟开展的基于入侵源“歼灭”、入侵区“阻击”的主动防御型互花米草二次入侵阻截策略提供了理想的研究及示范区域。

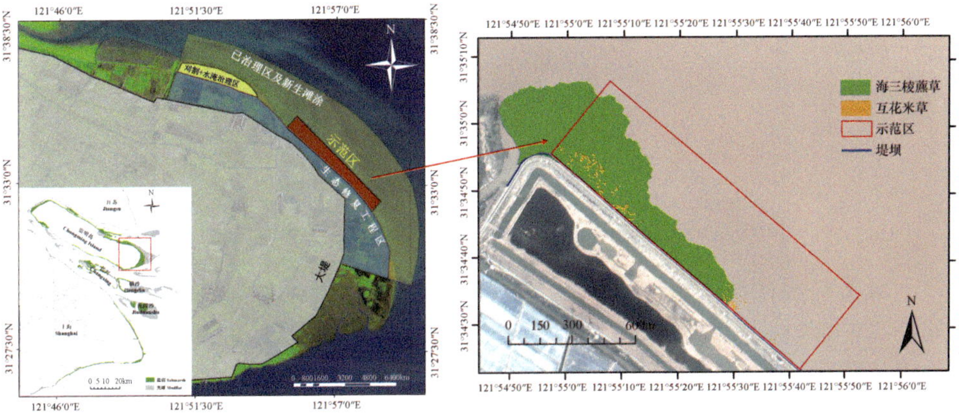

图 6.14　互花米草二次入侵阻截示范区示意图

2. 互花米草二次入侵扩散阻截技术的实施

确定二次入侵阻截示范区后，根据课题所研发的集成入侵源“歼灭”与入侵区“阻击”的主动防御型互花米草二次入侵综合阻截技术的主要环节和要求，在崇明东滩东旺沙示范样区开展示范。

（1）2017 年阻截技术的实施

2017 年 7 月 30 日，在崇明东滩东旺沙示范样区内实施二次入侵互花米草零星斑块“阻击”治理。根据前面章节所研发的环境友好型灭除技术，本次治理采用 10.8%高效盖草能乳油（有效成分 108g/L），依照 18g/亩的剂量稀释盖草能乳油，小区喷液量按 267L/亩计算，采用二次稀释法，用足量清水配制，手动搅拌均匀。当日为阴历六月初八，为小潮汛，2 时 50 分为最大潮，9 时 45 分为最低潮，治理区高程为 2.5～2.8m，因此 6 时施药，可保证治理区至少 6h 不受潮水影响。施药时间为退潮后半小时内，下次涨潮约为 7h 后。采用背负式机动喷雾器进行集中施药，人工自上而下均匀喷施茎叶，人工喷药时，应沿互花米草斑块外围走动喷药，保证能喷施到所有目标植物，并防止药剂喷落在无植物区（图 6.15）。

8 月 6 日，对打药后的互花米草治理效果进行监测（图 6.15），发现部分植株叶片开始失绿变黄，失水萎蔫；8 月 20 日，互花米草逐渐变褐色并干枯，生长点变黑坏死，植株地上部分死亡；8 月 29 日，将其地下部分挖出观察，根部腐烂发黑，受损失活，无法恢复，表明该技术具有较好的控草效果。

图 6.15　互花米草二次入侵区阻击技术实施及其效果
a. 治理前；b. 治理后；c. 阻击技术实施现场；d. 治理后互花米草根部腐烂发黑

（2）2018 年阻截技术的实施

2018年7月7日，在崇明东滩东旺沙示范样区内再次实施二次入侵互花米草零星斑块“阻击”治理。根据前面章节所研发的环境友好型灭除技术，本次治理采用10.8%高效盖草能乳油（有效成分108g/L），依照18g/亩的剂量稀释盖草能乳油，小区喷液量按267L/亩计算，采用二次稀释法，用足量清水配制，手动搅拌均匀。当日为阴历五月二十四，为小潮汛，4时22分为最大潮，11时28分为最低潮，治理区高程为2.5～2.8m，因此8时施药，可保证治理区至少6h 不受潮水影响。施药时间为退潮后1h 内，下次涨潮约为7h 后。采用背负式机动喷雾器进行集中施药，人工自上而下均匀喷施茎叶，人工喷药时，应沿互花米草斑块外围走动喷药，保证能喷施到所有目标植物，并防止药剂喷落在无植物区（图6.16）。施药后两月（9月6日），对互花米草的治理效果进行监测（图6.16），发现互花米草植株呈褐色并干枯，生长点变黑坏死，已死亡，且无新生植株出现。

3. 互花米草二次入侵阻截效果的动态监测与评价

崇明东滩东旺沙示范区自然潮滩受潮汐和波浪影响，在潮间带滩涂使用除草剂控制互花米草会因潮汐作用导致药剂残留时间较短，阴雨天气也会降低药剂的作用。人工喷洒化学除草剂若没有覆盖所有范围内的互花米草植株也可能会影响清除互花米草的效果。互花米草具有强大的繁殖与扩散能力，若不给予及时处置，残存互花米草能以无性繁殖的方式充分占据空间优势，实现肆意蔓延的强劲态势，必然会给滩涂湿地的生态恢复与生物多样性保护带来极大的负面影响。此外，由于治理范围有限，在工程区外围

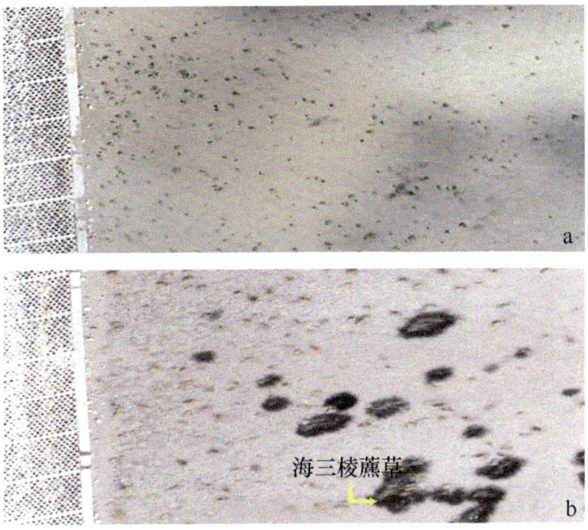

图 6.16　互花米草二次入侵区阻击效果
a. 治理前；b. 治理后

及崇明岛周边地区仍有大量互花米草分布，且其种子、实生苗等繁殖体可以借助潮流进行远距离传播（Taylor and Hastings，2004），将使示范区持续受到互花米草二次入侵的威胁。因此，在实施互花米草二次入侵阻击技术后，应采取适应性管理，即适时地对互花米草二次入侵阻截效果进行监测与评估，在此基础上调整二次入侵阻截的对策和措施，并对调整后各项措施所产生的效果进行监测、评估和再调整，不断完善互花米草二次入侵阻截策略。本研究在崇明东滩互花米草二次入侵阻截实施及效果监测的基础上，密切关注示范区内互花米草的实时动态，根据对目标实现程度的评估，本着快速反应、科学引导、紧急处置的原则，针对残存互花米草立即启动应急防治方案，准确迅速采取有效的紧急处置措施，达到二次入侵事件的实时监控、数据的同步传输、快速科学决策、及时有效控制的目的。在达到项目考核规定规模示范的基础上，保证互花米草二次入侵扩散阻截技术各环节统一标准、规范可行，具有连续与完备的系统性，为未来崇明东滩乃至全国互花米草二次入侵防治工程提供关键的科学依据和技术支撑。

（1）互花米草二次入侵阻截示范样区的动态监测

自 2016 年 7 月至 2018 年 10 月，利用无人机和 Trimble Yuma 2 平板电脑以及其配套软件 TerraSync，持续监测了崇明东滩东旺沙互花米草二次入侵阻截示范样区内的互花米草分布和阻截控制效果（图 6.17）。每年的生长季以及化学除草剂喷施 1 个月后，在示范样地内实地进行互花米草分布的 GPS 外业数据采集（图 6.17）。利用 GPS Pathfinder Office 软件进行数据的更正、查看、编辑以及导出，最后通过 ArcGIS 10.3 软件的 ArcMap 应用模块完成 GIS 的创建与管理，实现对互花米草分布和阻截控制效果动态监测的 GIS 分析。

（2）互花米草二次入侵阻截示范样区的动态评价

崇明东滩新生滩涂二次入侵互花米草分布分散且都是小斑块，利用高精度 GPS 定位仪（Yuma 2 CLX）持续监测了示范样区二次入侵互花米草种群的分布区域，并通过数据分析确定互花米草的分布范围及面积。2016 年 7 月的监测结果显示，在实施互花米草二次入侵扩散阻截技术之前，示范区内互花米草种群分布面积为 0.17hm^2（约 2.55 亩）（图 6.18，图 6.19）。

图 6.17　利用无人机和 Trimble Yuma 2 监测示范样区内互花米草的分布

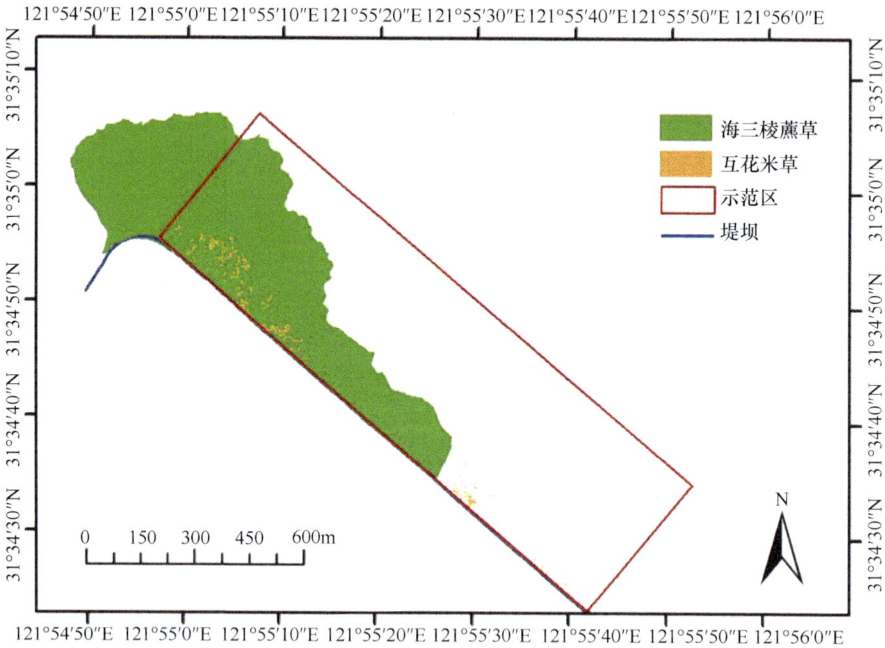

图 6.18　2016 年 7 月东旺沙示范区内互花米草种群分布

通过 2016 年主动防御型互花米草二次入侵阻截策略的实施，至 2017 年 7 月，东旺沙示范样区内的二次入侵互花米草明显减少，分布面积仅为 0.05hm^2（约 0.75 亩）（图 6.20，图 6.21），相对于 2016 年同期减少了约 71%（表 6.7）。

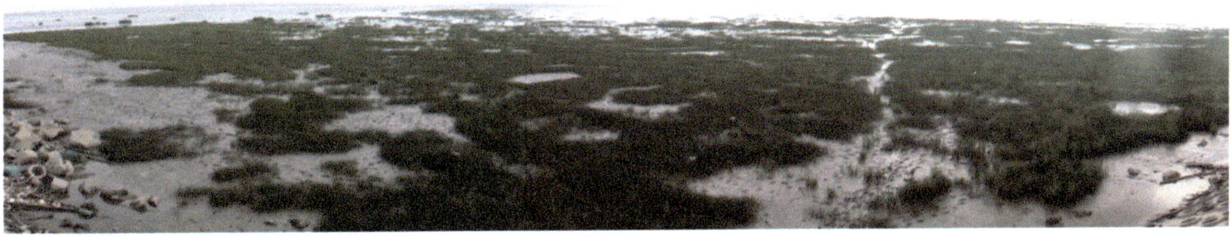

图 6.19　2016 年 7 月东旺沙示范区内盐沼植被图

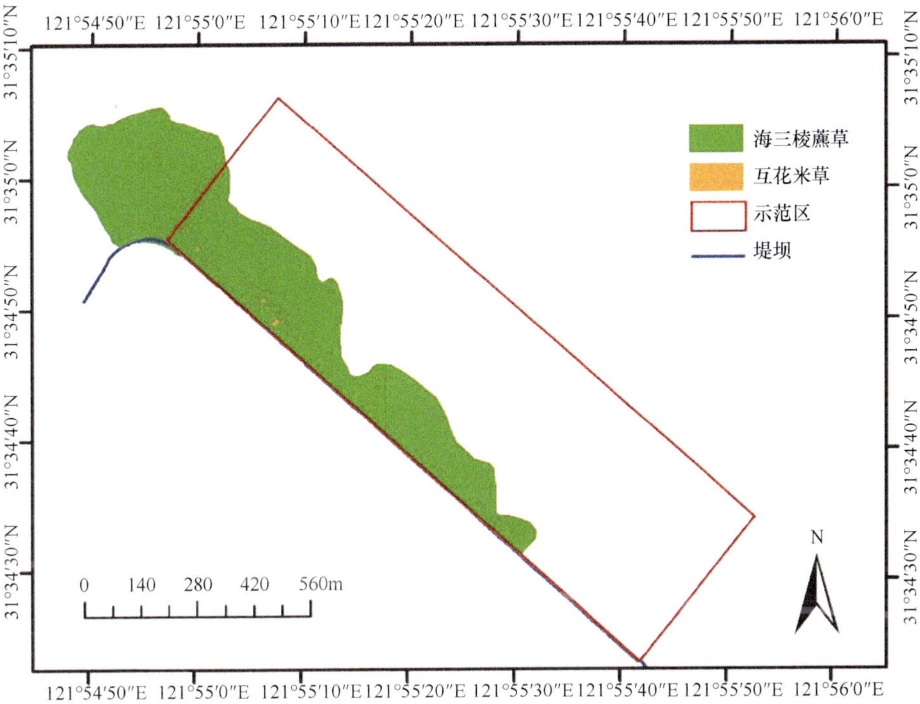

图 6.20　2017 年 7 月东旺沙示范区内互花米草种群分布

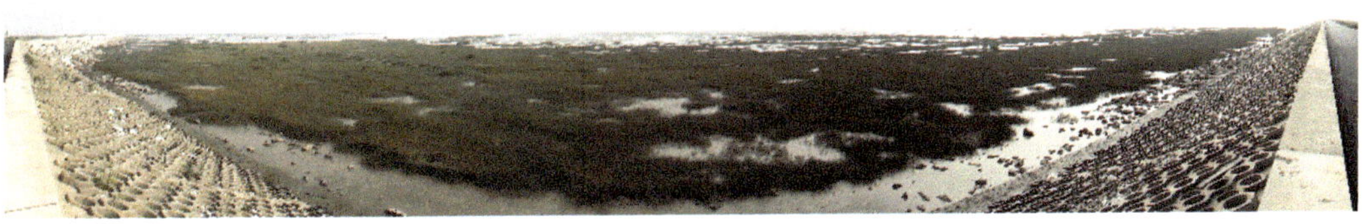

图 6.21　2017 年 7 月东旺沙示范区内盐沼植被图

表 6.7　2016～2018 年东旺沙示范样地内互花米草分布面积

时间	2016 年 7 月	2017 年 7 月	2018 年 10 月
互花米草分布面积/hm^2	0.17	0.05	0.01

通过2017年主动防御型互花米草二次入侵阻截策略的持续实施，至2018年10月，东旺沙示范样区内的互花米草种群面积仅为0.01hm²（约0.15亩）（图6.22，图6.23），相对于2017年7月示范区内互花米草种群分布面积减少了80%（表6.7）。

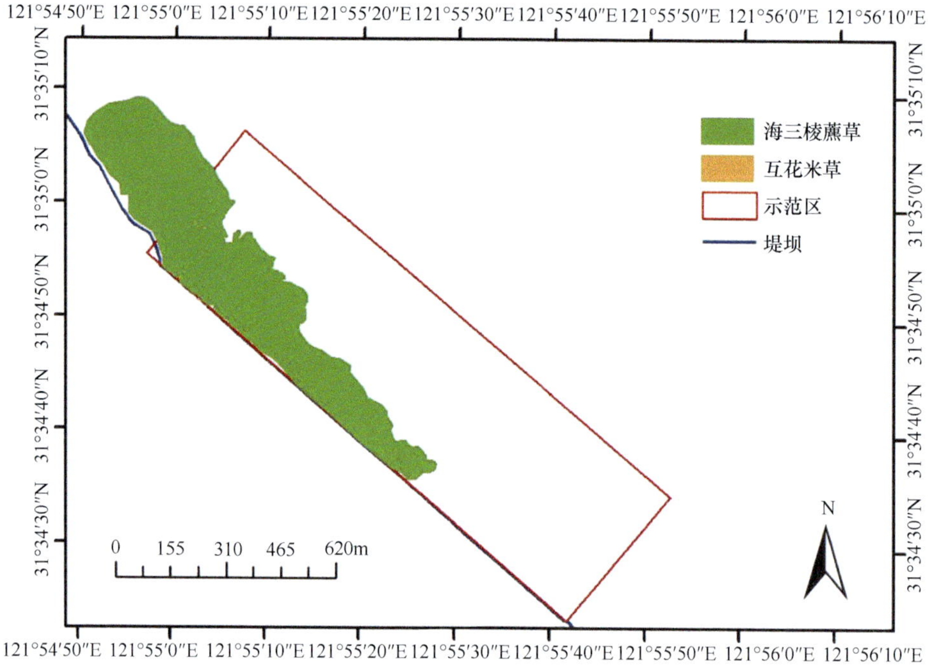

图6.22　2018年10月东旺沙示范区内互花米草种群分布

图6.23　2018年10月东旺沙示范区内盐沼植被图

整体来看，通过互花米草二次入侵扩散阻截技术的实施，东旺沙示范样区每年两次入侵的互花米草持续减少，至2018年10月，东旺沙示范区内二次入侵互花米草分布面积相对于阻截技术实施之前减少了94%，已达到了互花米草二次入侵阻截的预期效果。

第四节　互花米草二次入侵防控技术

一、基于种子直播的海三棱藨草种群重建与复壮技术

由于受潮间带水文动力沉积等条件的限制，一直以来长江河口潮间带海三棱藨草群落的恢复主要采用春季植株带土移植的方式进行，虽然取得了一定效果，但也存在一些

明显不足：①由于强烈的水文动力作用以及淤泥质潮滩栽培基质的特殊性，植株移栽需要消耗大量的人力和物力，成本较高，不利于大面积实施等；②移栽的植株需要从潮间带现存的海三棱藨草群落中挖取，不仅挖取和运输成本高昂，而且会对海三棱藨草现有种群及其生境造成一定的影响。

海三棱藨草虽然种子产量丰沛，但其种子萌发和幼苗定居需要一段足够长的无干扰时间，而潮间带复杂的水动力沉积和生物扰动等对其种子萌发和幼苗定居等存在比较明显的影响和限制。本研究选择上海崇明东滩鸟类国家级自然保护区生态修复工程大堤外的自然潮滩，通过选择空间窗口和时间窗口，在 3 个不同高程（2.8m、2.5m 和 2.2m）的地段，分别设置两种播种密度（5000 粒/m^2、500 粒/m^2），采取条播（播种深度 5cm）方式，将经过沙藏春化处理两个月的海三棱藨草种子播种于潮滩上，比较不同高程及不同播种密度处理下海三棱藨草的种子出苗率、植株密度和植株高度等特征，以期发明一种简便有效、易于操作和经济实用的海三棱藨草自然群落生态恢复的新方法，为长江口和杭州湾潮间带海三棱藨草群落的恢复与重建提供科学依据和技术支持。

结果表明，在生长季初期（5 月），虽然高密度播种的种子出苗率显著低于低密度，但植株密度仍显著大于低密度播种（$P<0.05$）（表 6.8）。至生长季中期（8 月），在高程 2.2m 和 2.5m 处，高密度播种的植株密度均显著高于低密度。而在高程 2.8m 处，高密度和低密度播种的植株密度分别为（610.5±66.7）株/m^2 和（510.0±113.0）株/m^2，两者之间差异不显著，且不同播种密度对植株高度和结实率的影响均不显著。在生长季晚期（9 月），播种密度对高程 2.8m 处的海三棱藨草植株密度、植株高度和结实率均无显著影响（表 6.8）。

表 6.8　海三棱藨草出苗率、植株密度、植株高度和结实率等特征

高程	处理方式	生长季初期（5 月 30 日）		生长季中期（8 月 1 日）			生长季晚期（9 月 25 日）		
		出苗率/%	植株密度/（株/m^2）	植株密度/（株/m^2）	植株高度/cm	结实率/%	植株密度/（株/m^2）	植株高度/cm	结实率/%
2.8m	高密度	2.8±0.8	137.5±40.4	610.5±66.7	72.3±9.0	66	611.1±58.8	48.0±1.9	74.1
	低密度	13.5±1.0	67.7±4.8	510.0±113.0	77.6±4.3	70	588.9±35.1	54.2±2.7	88.7
2.5m	高密度	2.9±1.0	145.5±4.5	268.0±40.1	29.2±1.8	0	533.3±70.7	48.1±3.3	4.4
	低密度	8.3±0.4	41.3±2.0	41.3±16.5	26.7±1.2	0	500.0±57.7	45.3±3.0	5.6
2.2m	高密度	3.9±1.4	195.7±57.2	254.0±24.6	40.7±2.6	0	488.9±51.2	34.7±1.4	0
	低密度	6.8±1.1	34.0±5.5	96.7±80.2	40.8±1.3	0	477.8±36.4	38.7±1.6	0

对不同高程、同一播种密度的分析结果显示，在全年整个生长周期内，海三棱藨草植株的平均高度和平均结实率等均随潮滩高程的下降而下降。其中，2.8m 高程处两种播种密度处理的平均植株密度、平均高度和结实率等均显著高于 2.2m 高程处（$P<0.05$）。在 2.5m 高程处，海三棱藨草的植株密度由 6 月 12 日的（163.5±1.2）株/m^2 和（48.0±5.7）株/m^2 分别骤降至 6 月 28 日的（28.3±13.6）株/m^2 和（4.5±0.4）株/m^2 后又快速恢复，至生长季晚期植株密度达到（533.3±70.7）株/m^2 和（500.0±57.7）株/m^2（图 6.24）。此外，与样地外的海三棱藨草自然斑块的植株相比，3 个高程及 2 种播种密度的平均植株高度和结实率等明显较小（$P<0.05$）（图 6.25），这可能与两者之间的植株年龄存在明显差异有关。

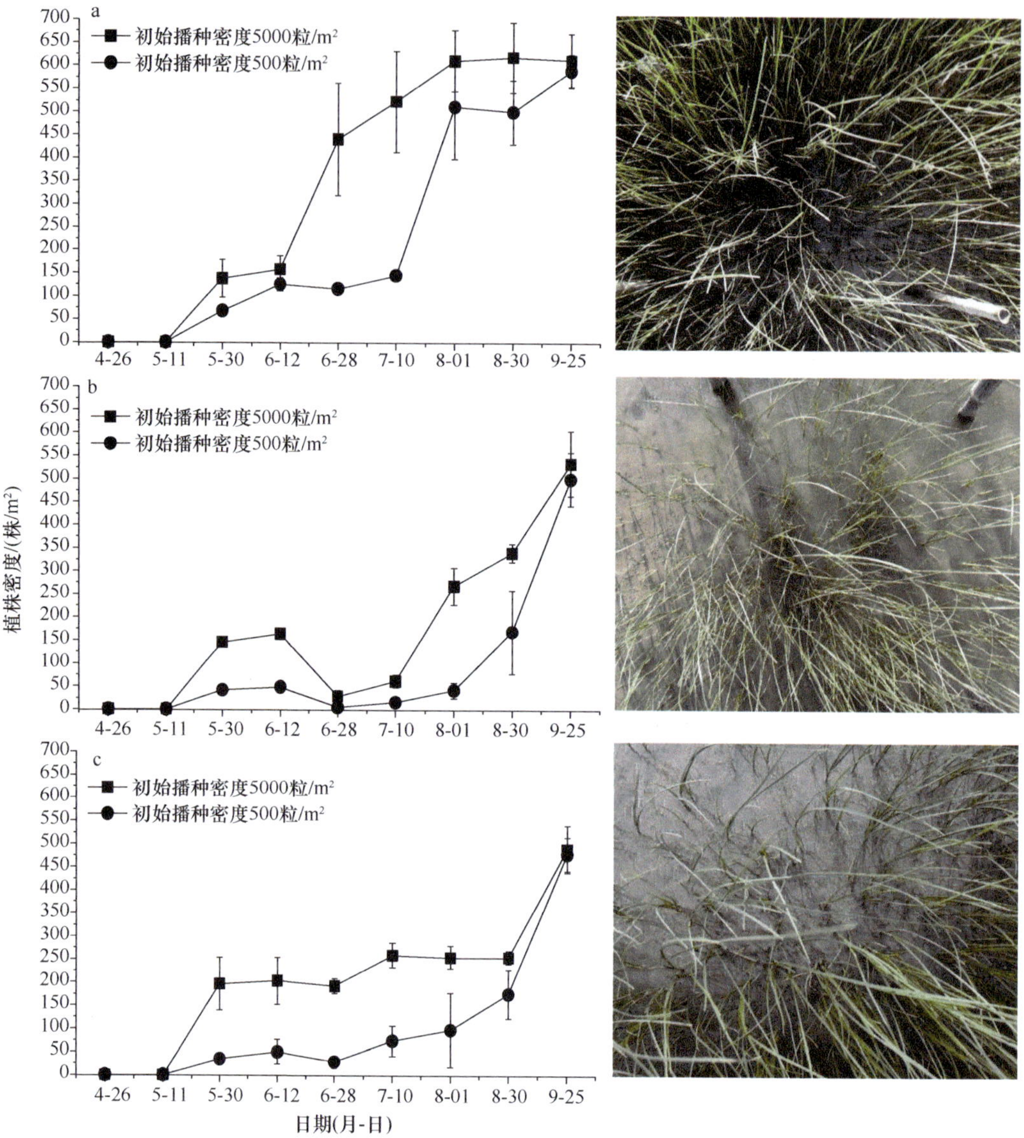

图 6.24 不同播种密度下海三棱藨草的平均密度

a. ～2.8m；b. ～2.5m；c. ～2.2m，右侧照片摄于 2017 年 8 月

在滨海湿地的盐沼系统中，大潮后潮位逐渐降低的阶段，环境干扰逐日减小，潮滩暴露的频率逐渐增加，是盐沼植物种子或幼苗在潮滩上萌发或定居的有利时机，如果无环境干扰的时间累计达到足以满足种子萌发和幼苗定居，就可成为盐沼植物成功定居的机会窗口。本研究沿潮滩不同高程的播种实验表明，海三棱藨草在春季小潮汛和落潮期间进行播种，可以保证其种子萌发有较长的无环境干扰时间从而能够快速萌发并有利于幼苗成功定居。因此，在长江口滨海湿地，选择适宜的地点和时间播种海三棱藨草，可以克服潮间带复杂的水动力沉积和生物扰动等条件的限制，有利于明显提高种子出苗率和幼苗定居成功率，对恢复和重建潮间带海三棱藨草群落具有非常重要的意义。

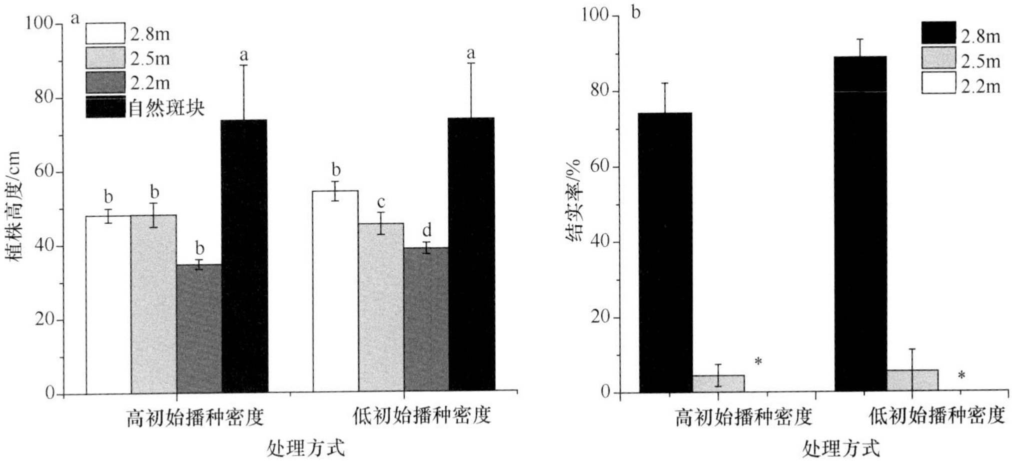

图 6.25　不同播种密度和自然斑块海三棱藨草的平均高度（a）与平均结实率（b）
2017 年 9 月，"*" 代表结实率为 0

二、滨海湿地基于植株移栽的海三棱藨草种群重建与复壮技术

生境高程是盐沼植被在滨海湿地潮滩定居和生长的主要限制因子之一。在我国滨海湿地，由于盐沼植被的生态修复通常是在潮间带的潮滩上实施的，因此潮滩上复杂的水文动力沉积条件会直接影响到盐沼植被的定居成功率和修复效果。根据互惠理论的基本观点，如果能够有效促进和利用盐沼植物种内的正相互作用，可在一定程度上抵御物理环境的高强度干扰，从而提高生态修复的成功率。因此，本研究根据互惠理论（即种内正相互作用）的基本原理并结合环境胁迫梯度假说，研究和分析潮滩高程与植株移栽斑块大小对海三棱藨草种群恢复的影响，进而研发基于植株移栽的海三棱藨草种群重建与复壮技术。

2017 年 4 月，在崇明东滩互花米草生态控制与鸟类栖息地优化工程大堤外的东旺沙自然潮滩，应用直径 7.5cm 的自制不锈钢采样器，采集深度为 15cm 的海三棱藨草植株带土柱状斑块（每一斑块面积为 45cm^2，10～15 个植株）并移植至实验区，实验设置 3 个潮滩高程梯度和 4 种斑块大小（即单位面积潮滩移植斑块的数量或总面积）处理方式并采取拉丁方随机区组设计，其中潮滩高程梯度包括近大堤高程 2.8m 处、向海方向高程 2.4m 和 2.0m 处等 3 个，植株斑块大小包括 45cm^2/m^2、90cm^2/m^2、180cm^2/m^2 和 400cm^2/m^2 等 4 个（图 6.26），共 60 个 1m×1m 样方。种植深度为 15cm，带土移植并使植株斑块土表与滩面齐平。从 5 月开始，定期调查海三棱藨草植株存活率、植株密度和植株高度等。

结果表明，在生长初期（5 月），以 400cm^2/m^2、180cm^2/m^2、90cm^2/m^2 和 45cm^2/m^2 斑块种植的海三棱藨草植株，在高程 2.8m 处的存活率分别为 100%、100%、80%和 60%（图 6.27a），在高程 2.4m 处的存活率依次为 100%、80%、100%和 100%（图 6.27b），在 2.0m 高程处的存活率分别为 100%、80%、60%和 20%（图 6.27c）；至当年生长后期（8 月），在高程 2.8m 处的存活率分别为 80%、60%、40%和 0，在高程 2.4m 处的存活率分别为 60%、40%、40%和 20%，而在高程 2.0m 处的存活率全部为 0，即植株已全部死亡

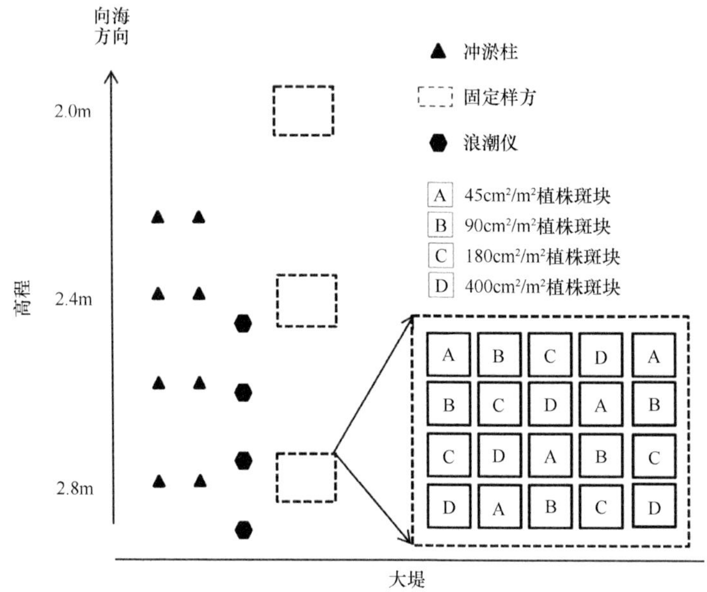

图 6.26 沿高程梯度的海三棱藨草植株移植固定样方与水文动力沉积测量设置

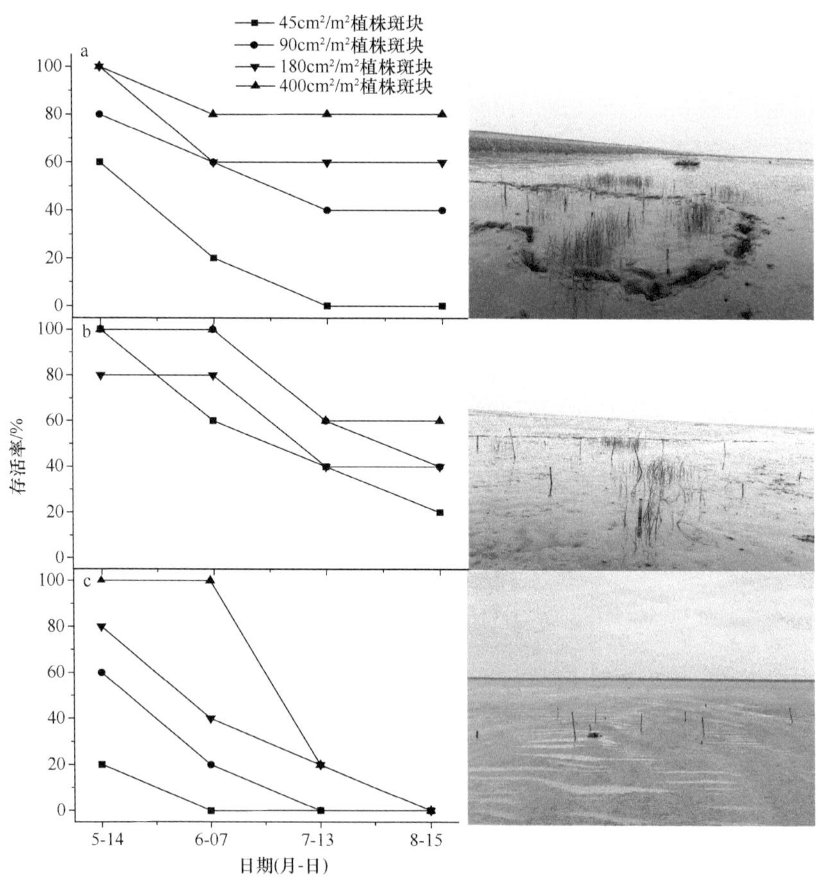

图 6.27 不同移植斑块大小海三棱藨草在高程 2.8m（a）、2.4m（b）和 2.0m（c）处的存活率

右侧照片摄于生长季 8 月

（图 6.27）。由此可见，海三棱藨草初始移植斑块大小以及潮滩高程均极显著影响了其植株存活率（P<0.01）。然而，双因素方差分析的结果表明，潮滩高程和初始移植斑块大小的交互作用对植株存活率的影响不显著（表 6.9）。

表 6.9　不同高程和初始移植斑块大小对海三棱藨草存活率和生长影响的方差分析

实验因素	存活率		植株密度		株高	
	F	P	F	P	F	P
高程	5.5	<0.01	211.8	<0.01	11.1	<0.01
初始移植斑块大小	4.5	<0.01	84.5	<0.01	5.1	<0.01
高程×初始移植斑块大小	0.7	>0.1	34.4	<0.01	1.7	<0.01

对海三棱藨草植株密度的监测结果显示，在生长旺季（8 月），以 400cm²/m² 斑块大小种植的海三棱藨草植株密度在高程 2.8m、2.4m 和 2.0m 处分别为（102.0±8.5）株/m²、（53.0±7.07）株/m² 和 0 株/m²；以 180cm²/m² 斑块种植分别为（45.0±5.7）株/m²、（34.3±5.7）株/m² 和 0 株/m²；以 90cm²/m² 斑块种植分别为（63.0±12.0）株/m²、（28.0±2.8）株/m² 和 0 株/m²；以 45cm²/m² 斑块种植分别为 0 株/m²、（13.7±3.2）株/m² 和 0 株/m²（图 6.28），表明初始移植斑块大小对同一高程的植株密度，以及潮滩高程对同一移植斑块大小的植株密度均影响极显著（P<0.05）。此外，双因素方差分析结果表明，潮滩高程和初始移植斑块大小的交互作用对海三棱藨草植株密度亦影响极显著（P<0.05）（表 6.9）。

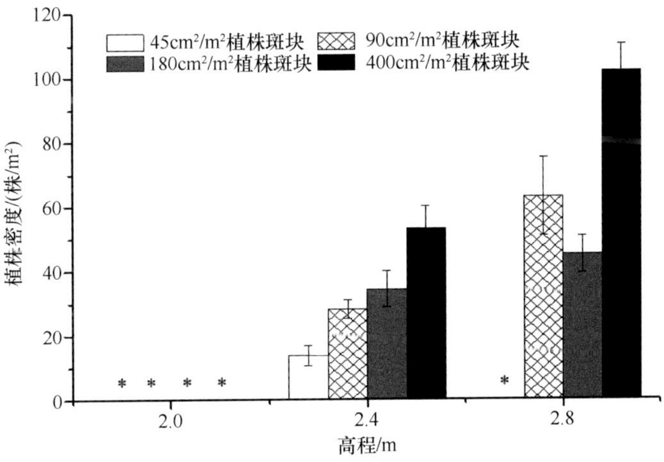

图 6.28　海三棱藨草不同移植斑块大小的植株密度（2017 年 8 月，*表示样地内植物已死亡）

海三棱藨草生长动态监测结果显示，从定植后开始，其植株高度随生长时间的延长而增加，到当年 8 月达到最大值，但高程 2.0m 处的植株则全部死亡（图 6.29）。双因素方差分析结果表明，在整个生长周期内，潮滩高程梯度对海三棱藨草的植株高度影响显著（P<0.05，表 6.9），其中潮滩高程 2.8m 和 2.4m 的植株平均高度为（35.7±7.0）～（44.5±4.2）cm，均显著高于 2.0m 潮滩处（P<0.05，图 6.29），初始移植斑块大小对潮滩高程 2.8m 和 2.4m 处植株高度的影响不显著（图 6.29），但潮滩高程梯度与初始移植

斑块大小的交互作用对植株高度的影响极显著（$P<0.01$，表 6.9）。

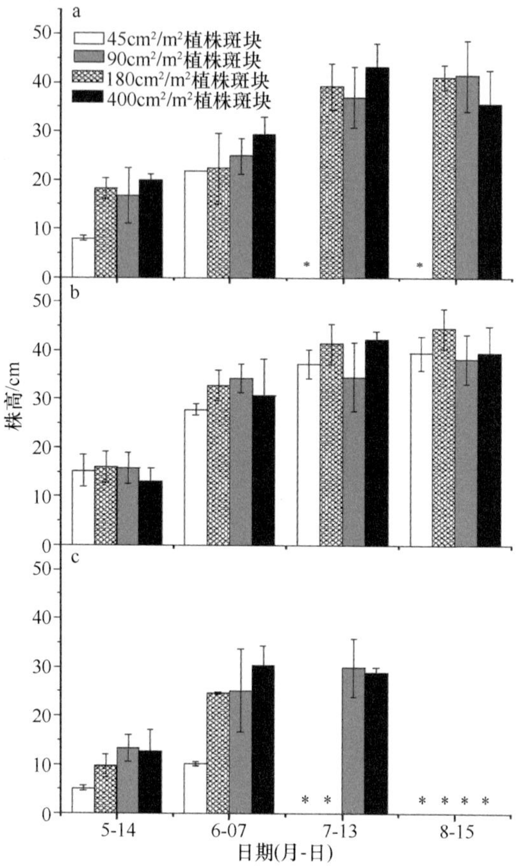

图 6.29　海三棱藨草不同移植斑块大小在潮滩高程 2.8m（a）、2.4m（b）和 2.0m（c）处的植株生长高度
*表示样地内植物已死亡

本研究发现，即使采用 $400cm^2/m^2$ 移植斑块大小的海三棱藨草，其在高程 2.0m 处也无法存活到生长季末期（2017 年 9 月下旬）而全部死亡，表明该高程处强烈的水文动力沉积限制了生物-物理相互作用的正反馈作用。而在高程大于 2.0m 的潮滩，增大海三棱藨草初始移植斑块大小可以显著提高其存活率和增加植株密度，这一结果支持了胁迫梯度假说和互惠理论，也与美国和荷兰等国学者在盐沼生态修复实验中的结果一致，同时也验证了荷兰学者“盐沼植被的成功定居和维持需要其植物体超过一定的生物量阈值”的观点，其主要原因可能是与生物量相关的生物地貌反馈改变了局部尺度上的水动力和沉积作用，从而促进了植物的定居和生长。根据本次实验研究结果，在长江口的滨海湿地，海三棱藨草种群的适生高程阈值下限在 2.2m 左右，而最适高程为 2.5～3.0m。因此，在长江口滨海湿地实施海三棱藨草种群修复时，不仅要注意选择适宜的高程范围，而且在高程较低的潮滩（潮滩高程 2.2～2.5m）应适当增大其移植斑块大小，以提高海三棱藨草的存活率、植株密度和生长量等，确保取得比较理想的生态修复效率。

第五节　互花米草二次入侵防控效果

互花米草入侵植物治理与生态修复示范区建设主要根据海三棱藨草的形态特性、生活史规律和生境因子等因素，通过野外调查、遥感和监测等手段选择适宜其群落生长的生境，在对互花米草监测、控制和防止其二次入侵的基础上，优选、集成前述基于种子直播、植株种植和自然残存斑块复壮的海三棱藨草种群重建与复壮技术，形成河口滩涂潮间带湿地海三棱藨草种群重建与复壮、多过程联合调控一体化修复技术体系并开展示范。

一、示范样地选址

1. 基于适宜高程的示范样地选址

利用三维激光扫描系统监测崇明东滩东旺沙堤外潮滩的高程演变。根据冲淤变化空间分布特征，2014 年大堤建成后，东旺沙堤外潮滩整体淤积强度超过+0.5m（2017 年 3 月和 2018 年 3 月的东旺沙堤外潮滩根据三维激光扫描的 DEM 图绘制的等高线如图 6.30 所示），至 2018 年春季，东旺沙堤外高程大于 2.5m 的滩涂面积增幅为 233.8%，1.9～2.5m 的滩涂面积增幅为 90.3%（图 6.30，表 6.10），这为海三棱藨草种群的复壮与重建提供了新的空间和适宜生境，是恢复与重建海三棱藨草种群的重要基础。

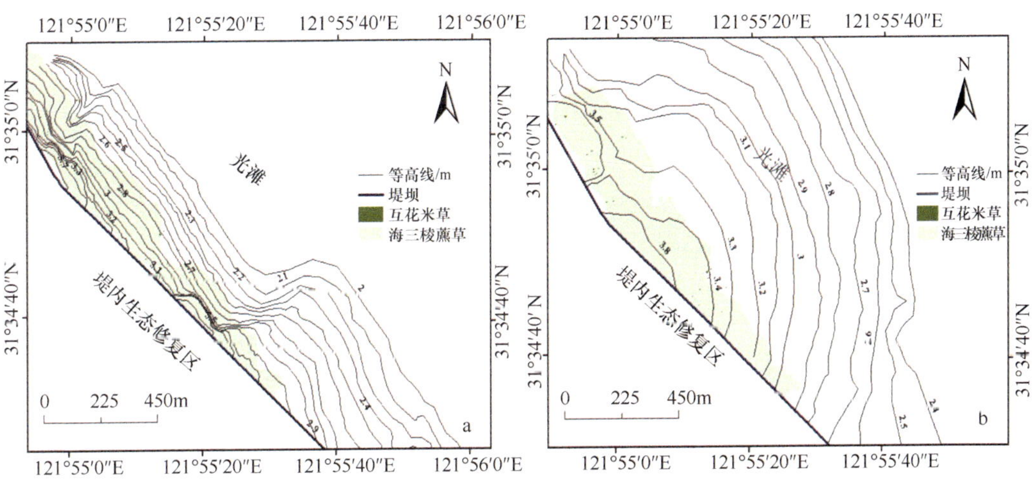

图 6.30　2017 年（a）和 2018 年（b）东旺沙堤外潮滩等高线图

表 6.10　东旺沙不同高程滩涂的分布面积　（单位：hm^2）

高程（吴淞基准）	2017 年面积	2018 年面积
＜1.9m	150.13	20.24
1.9～2.5m	38.59	73.45
＞2.5m	40.64	135.67
总计	229.36	229.36

2. 基于适宜沉积动力条件的示范样地选址

前期研究表明，长江口崇明东滩潮间带沉积动力条件显著影响盐沼植被的定居和扩散。适度的泥沙淤积有利于海三棱藨草幼苗的生长并促进其种群的建成和扩展，而过度的泥沙淤积或冲刷则适得其反。

通过标记桩法测定东旺沙堤外潮滩沉积动力条件（包括泥沙淤积和冲刷）的结果显示，2017 年 4 月至 2018 年 9 月，东旺沙堤外潮滩表现为春夏季快速淤积、秋冬季轻微冲刷的特点，其整体淤高达 50.5cm（图 6.31）。其中，2017 年 4～9 月滩面处于持续淤积增高的状态，高程抬升超过 30cm，而 10 月至次年 3 月滩面处于冲刷状态，但冲刷较为平缓，仅为 0.81cm/月；2018 年 4～9 月滩面淤积速率有所放缓，高程抬升仅为 22.1cm，略低于 2017 年（图 6.31）。结合我们已有的研究结果，该处潮滩滩面的淤积速度和冲刷方式非常有利于海三棱藨草种群的建成和扩散。因此，本研究选择东旺沙堤外潮滩作为海三棱藨草种群重建和恢复示范地，总面积达 50hm^2 左右（图 6.32）。

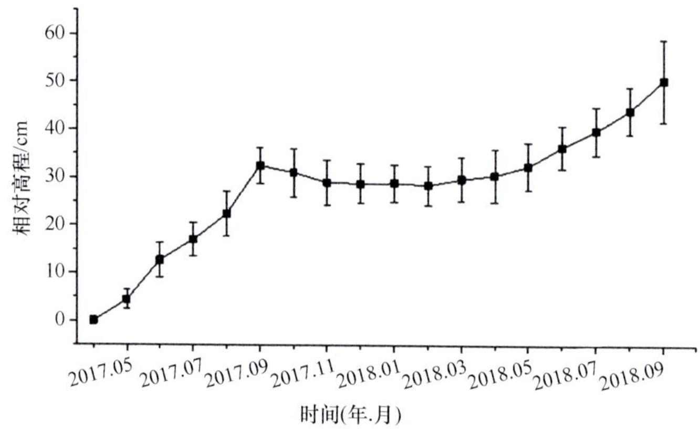

图 6.31　2017 年 4 月至 2018 年 9 月崇明东滩东旺沙示范样地基于相对高程变化的冲淤动态

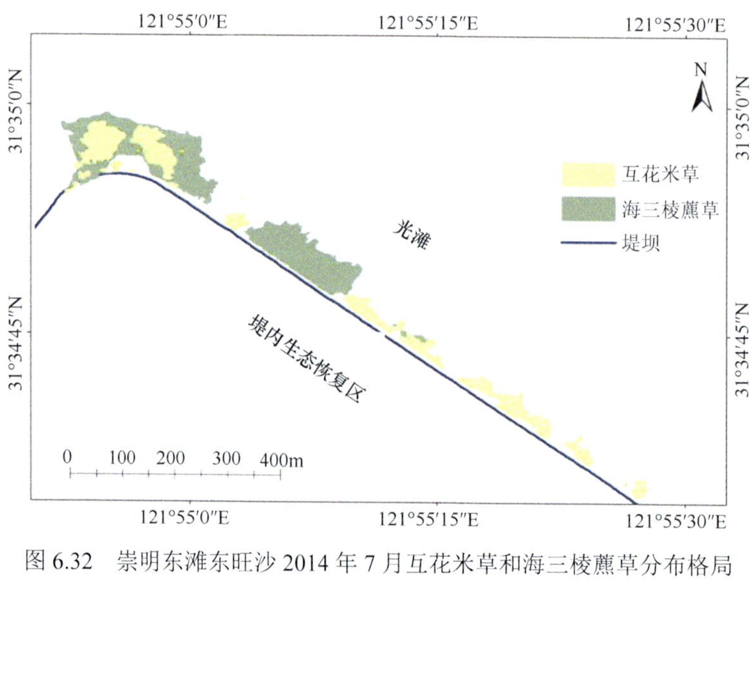

图 6.32　崇明东滩东旺沙 2014 年 7 月互花米草和海三棱藨草分布格局

二、海三棱藨草种群重建与复壮技术的实施

示范区地址确定后，主要开展集成和优化基于种子直播、实生苗和植株种植等的海三棱藨草种群重建与复壮技术，以及构建多过程联合调控一体化的潮间带海三棱藨草种群恢复与重建技术体系等研究并示范。

1. 互花米草清除技术

互花米草与海三棱藨草和芦苇等本地植物存在生态位重叠，但凭借其强大的种间竞争力和繁殖扩散能力，互花米草常常排斥和挤压海三棱藨草等本地植物的生存空间，导致本地植物种群数量和分布面积不断减少。因此，海三棱藨草种群恢复和重建的前提是互花米草得到有效控制并防止其二次入侵。但是由于自然潮滩涨落潮的限制，东旺沙示范区无法采用“围—割—淹”的灭草技术，因此本次主要采用化学除草剂盖草能来控制和灭除互花米草，改善恢复和重建海三棱藨草的生境条件。

除草剂高效盖草能（haloxyfop-R-methyl，中文名高效氟吡甲禾灵，分子式 $C_{16}H_{13}ClF_3NO_4$）是美国陶氏益农公司开发研制的、苗后茎叶处理芳氧苯氧丙酸类除草剂，药效期长，对阔叶作物和禾本科杂草有高度选择性，而对莎草科植物无副作用。选用浓度 10.8%的高效盖草能药剂（有效成分 108g/L）并在合适的天气（无风、晴朗）和潮汛期（小潮汛与低潮期，以保证 6h 内不浸潮水）情况下喷施。根据 2014 年 7 月在东旺沙示范样区潮滩进行的盐沼植被调查，该区域互花米草群落面积达 3.41hm^2，而海三棱藨草种群斑块面积仅为 1.78hm^2。经过多次喷施，至 2018 年 10 月，示范地内互花米草面积已由 3.41hm^2 下降到 0.01hm^2（表 6.11，图 6.33），采用化学控制收到了良好的效果。

表 6.11　2014～2018 年东旺沙示范样地内互花米草分布面积

时间	2014 年 7 月	2017 年 7 月	2018 年 10 月
互花米草分布面积/hm^2	3.41	0.05	0.01

图 6.33　2018 年 9～10 月示范区内互花米草二次入侵（a）与控制（b）

2. 基于种子直播的海三棱藨草种群恢复与重建技术示范

在崇明东滩堤外生态修复示范区内高程为2.2～2.8m的光滩，研究人员于2018年4月中旬（日平均气温达15℃以上）的小潮汛和落潮期，采取条播法，将经过沙藏春化处理两个月的海三棱藨草种子播在滩面上，播种深度为5cm，播种密度为5000粒/m^2，播撒种子后再在其上覆潮滩淤泥至与滩面平齐。到2018年6～7月，示范区内已出现大量散生的海三棱藨草实生苗植株（图6.34），且绝大多数植株生长良好并有了不少克隆分株，其分布面积不断扩大从而形成较大的斑块，植株平均密度达（522±190）株/m^2，与附近潮滩自然群落接近，当年植株结实率达90%以上。因此，从生态修复示范结果来看，适宜的播种地点和播种时间克服了潮间带复杂的水动力沉积条件和生物扰动等限制，能够为海三棱藨草种子萌发和幼苗定居提供较好的机会窗口，有效实现其种群恢复并防止互花米草二次入侵等目标，并且具有成本低和海三棱藨草繁殖潜力持久等优点，适合较大面积互花米草入侵地生态恢复的应用与推广，具有重要的生态效益和经济效益，可为潮间带互花米草治理和海三棱藨草群落恢复等提供可靠的技术支撑。

图6.34 生态修复示范区内海三棱藨草种子播种恢复情况（左图为2018年4月，右图为2018年7月）

3. 基于植株移植的海三棱藨草种群恢复与重建技术示范

基于植株移植的海三棱藨草种群恢复与重建技术示范是在崇明东滩东旺沙进行的（图6.35）。2017年4月，在该示范区附近，选择植株分布比较均匀、生长良好的自然海三棱藨草群落，应用直径7.5cm的自制不锈钢采样器，采集深度为15cm的海三棱藨草植株带土柱状斑块（每个斑块面积为45cm^2，10～15个植株），装于转运箱后运往示范区内种植。种植时，主要根据种植点的高程选择或组合成面积大小不同的斑块，其中高程2.2～2.5m的种植点主要采取较大斑块（180cm^2/m^2和400cm^2/m^2）的方式，种植深度为15cm，斑块表面与滩面齐平。自2017年4月起，定期调查并记录示范区内植株存活率、植株密度和株高等。在生长季结束时取样，测定生物量和结实率等指标，以此评估海三棱藨草种群恢复与重建的效果。2018年10月的调查结果显示，经过多次移植植株斑块并进行有效管理，示范区内的海三棱藨草种群分布面积达到了23.07hm^2（约346亩）（表6.12，图6.36），为项目实施前的13倍，植株生长状况良好并已在部分区段出现比较密集的群落，其中在近大堤区域呈现均匀密集的分布格局，而光滩前沿呈现聚集型的斑块状分布格局（图6.37），对防止互花米草入侵起到很好的阻抗作用。

图 6.35　崇明东滩东旺沙海三棱藨草斑块移植现场与效果

表 6.12　2014 年、2017 年和 2018 年东旺沙示范样地内海三棱藨草种群分布面积

时间	2014 年 7 月	2017 年 8 月	2018 年 10 月
海三棱藨草分布面积/hm^2	1.78	22.48	23.07

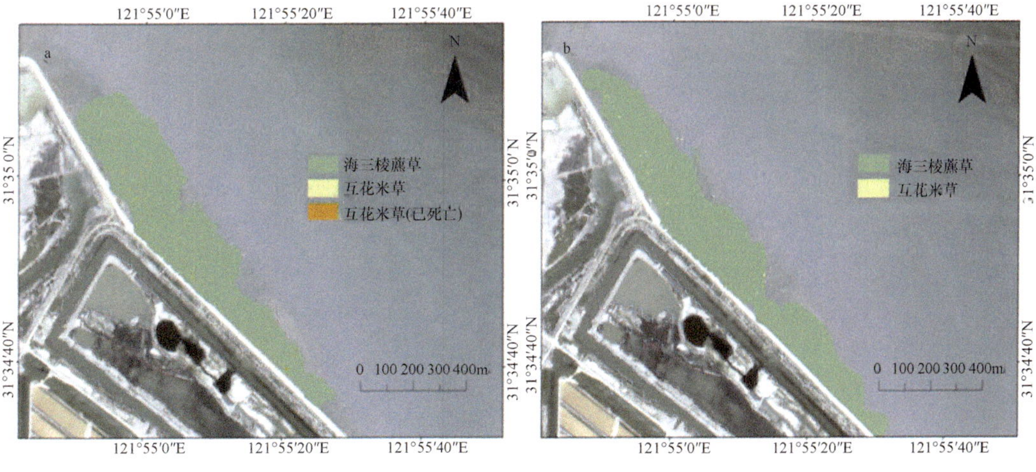

图 6.36　2017 年 8 月（a）和 2018 年 10 月（b）东旺沙示范区内海三棱藨草种群分布

图 6.37　2018 年 10 月东旺沙示范区内盐沼植被

小　　结

互花米草作为我国滨海湿地主要的外来入侵植物，在治理后，往往容易产生二次入侵。针对互花米草的二次入侵，本研究对其入侵机制、扩散路径、阻截技术、防控技术开展了研究，研究结果如下。

互花米草防治控制区内的二次入侵，主要是利用邻近互花米草群落中的种子或实生苗随潮水传播带入，以及邻近群落边缘无性繁殖扩散来实现的，其入侵成功主要归咎于其较大的繁殖体压力、较强的传播与扩散能力、竞争优势强、表型可塑性以及遗传多样性等多方面因素。

采用遥感技术和目视解译相结合的方式，统计上海滨海湿地优势植物的分布区和分布面积，利用 GBS 技术比较二次入侵区与周边地区互花米草的遗传结构，研究互花米草二次入侵的扩散路径，研究结果发现二次入侵区的互花米草主要来源于崇明东滩北部，少数来自崇明东滩南部。

为了有效阻截互花米草的二次入侵，采取分区防控，开发基于入侵源“歼灭”、入侵区“阻击”等关键步骤的主动防御型互花米草二次入侵扩散阻截技术。对于入侵源采用已经比较成熟的围—割—淹的物理控制技术；对于入侵区的互花米草靶向喷施浓度适量的环境友好型化学药剂，达到快速、有效、精准控制互花米草的效果，同时降低化学方法本身可能产生的环境和生态风险。

针对互花米草的二次入侵，主要通过重建海三棱藨草种群的措施进行治理。本研究研发了两种海三棱藨草种群重建技术：一种是基于种子直播的海三棱藨草种群重建与复壮技术；另一种是基于植株移植的海三棱藨草种群重建与复壮技术。通过野外示范研究，互花米草二次入侵得到了有效的治理。

第七章　外来入侵植物空心莲子草

空心莲子草（*Alternanthera philoxeroides*）为苋科莲子草属植物，原产于南美洲，20世纪 30 年代作为饲料引入我国，随后逃逸至野外并迅速扩散。目前已成为一种恶性杂草，广泛分布于我国南方各省，给我国生态环境和农渔业生产造成严重损失。2003 年，将空心莲子草列入了由原环境保护部和中国科学院联合发布的《中国第一批外来入侵物种名单》。空心莲子草的环境适应能力很强，既能在水生环境中生长，又能在陆地繁殖（沈国军等，2005）。空心莲子草主要入侵生境包括农田、荒地、沟渠、河流、湖泊等。空心莲子草具有较强的繁殖能力，能够通过克隆生长进行快速繁殖，迅速占领本地植物生境，排挤本地物种，形成大面积单优势种群落。

空心莲子草的危害主要表现在以下几个方面。第一，降低物种多样性。在中国，空心莲子草已经被证明会降低植物群落的稳定性，并且随着时间的推移，会永久性地取代本地物种（郭连金和王涛，2009）。在印度，Chatterjee 和 Dewanji（2014）发现，当空心莲子草入侵程度较高时，可导致大型植物的物种丰富度降低 30%。在新西兰，Bassett 等（2012）的研究结果表明，随着空心莲子草盖度的增加，本地植物物种的盖度降低，对本地物种造成长期性的损失。通过对该植物所有入侵区域的研究，发现空心莲子草改变了本地植物群落的组成，导致物种多样性降低（Bassett *et al.*，2012；Schooler，2012）。第二，导致农渔业减产。当空心莲子草入侵农田时，可导致水稻、小麦、甘薯、莴苣和玉米等农作物不同程度的减产。同时，当空心莲子草入侵至鱼塘后，快速生长从而覆盖水面，导致水体含氧量降低，鱼类因缺氧而死亡，严重影响水产养殖业（Shen *et al.*，2005）。

在空心莲子草防控方面，主要的防控措施有物理防控、化学防控和生物防控。物理防控主要是人工拔除和机械打捞，为了避免再生，需要移除所有的植物残体，一般在环境敏感且化学防控不可使用时采用该方法，但是需要耗费大量的人力、物力。化学防控主要是通过喷洒草甘膦和甲磺隆等药剂来治理空心莲子草，但难以避免对环境的污染。在澳大利亚新南威尔士州的库拉巴保护区，采用物理和化学相结合的防控方式成功治理了空心莲子草（Oosterhout，2007）。生物防控即采用自然界中的天敌来对空心莲子草进行防控，该技术在一些国家已经实施并取得了较好的效果。

本章通过野外调查和控制实验，分析了空心莲子草对生物多样性的影响，同时从危害快速识别技术、扩散机制、扩散格局、阻截和防控技术方面对空心莲子草开展了研究，为我国对空心莲子草的防控提供了重要的技术支撑。

第一节　空心莲子草对生物多样性的影响

一、空心莲子草表观入侵特征与生态系统结构和功能的关系

1. 研究区域及方法

2016 年 7 月至 2017 年 9 月，以遭受空心莲子草不同程度入侵的自然生态系统为研

究对象（分别为无入侵、入侵植物盖度为20%、入侵植物盖度为60%和入侵植物盖度为90%以上），在不同纬度和经度样地，包括山东济南、安徽滁州、福建福州、广东佛山、广西桂林、浙江台州和云南大理进行调查（图7.1）。采用样带法及样方法调查入侵植物的株数、盖度和密度；利用便携式叶绿素仪，测定叶绿素等指标。同时，对群落内各物种的株数、盖度、密度、叶片数等进行统计，并将样地土层分为 0～10cm、10～20cm 和 20～30cm 进行取样。在实验室测定叶片其他性状如叶面积、叶生物量等。

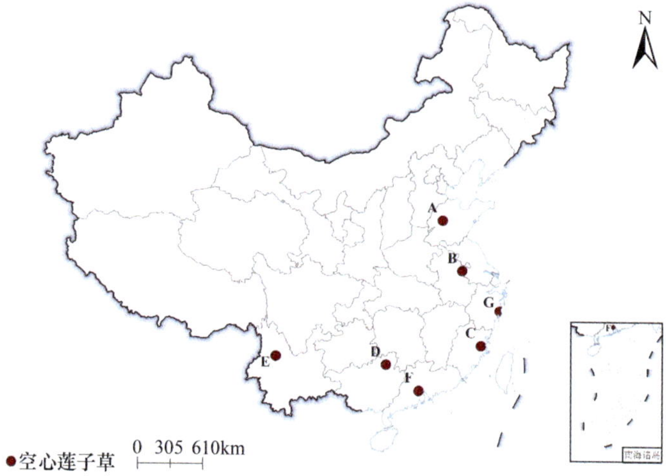

图 7.1 空心莲子草调查区域取样点

A. 山东济南；B. 安徽滁州；C. 福建福州；D. 广西桂林；E. 云南大理；F. 广东佛山；G. 浙江台州

2. 空心莲子草不同入侵等级与各指标的相关性分析

入侵植物空心莲子草盖度与生物量呈极显著正相关关系，随着盖度的增加，空心莲子草的生物量显著增加（图7.2）。这个结果表明，在空心莲子草入侵程度较高的区域其生物量将呈现增加趋势。

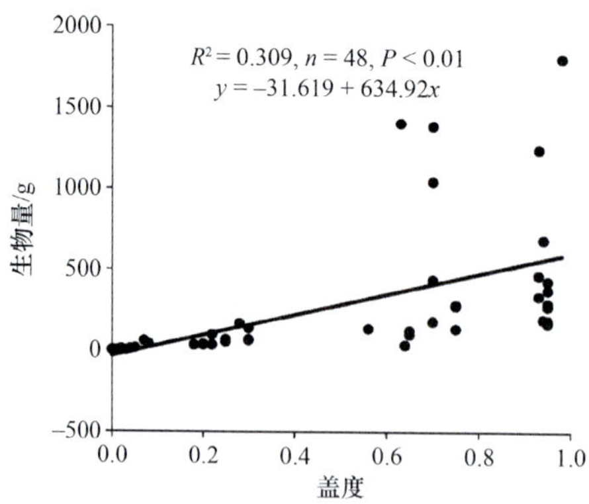

图 7.2 空心莲子草盖度与生物量的关系

随着纬度的升高，空心莲子草单株生物量、叶面积、叶生物量均呈极显著上升趋势（图7.3），表明其叶片性状与纬度相关性比较高，同时也表明空心莲子草具有较强的环境适应能力，能够通过改变叶片性状来适应纬度的变化。

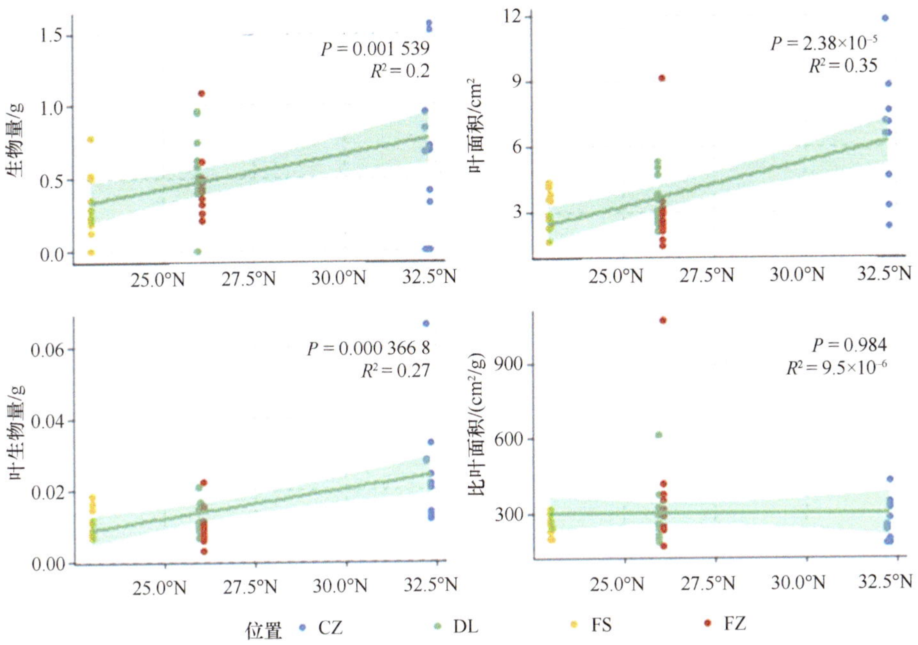

图 7.3 空心莲子草性状随着纬度增加的变化

CZ. 滁州；DL. 大理；FS. 佛山；FZ. 福州

空心莲子草盖度与株数呈极显著正相关(图 7.4a)，而与株高呈抛物线关系(图 7.4b)。空心莲子草的盖度与叶片数（图 7.4c）及叶绿素（图 7.4d）无显著相关性。

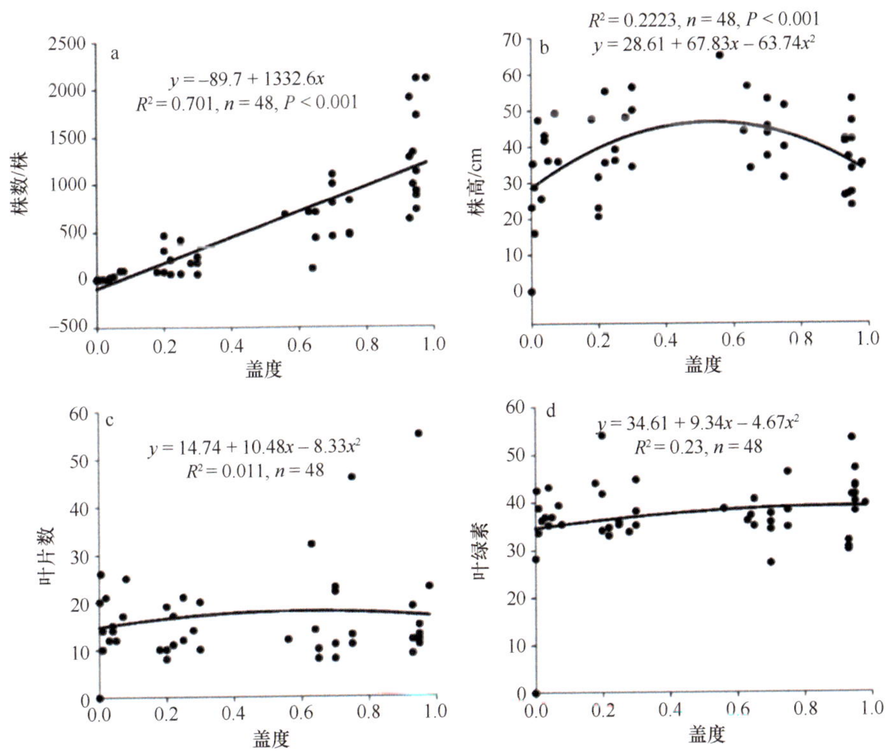

图 7.4 空心莲子草盖度与株数、株高、叶片数及叶绿素的相关性

3. 空心莲子草入侵等级与本地植物群落的相关性

空心莲子草盖度与群落内本地物种数呈极显著负相关，随着入侵植物盖度增加，群落内本地物种数极显著降低（图 7.5）。这些结果表明空心莲子草严重影响本地植物的生长，降低本地植物的生物多样性。

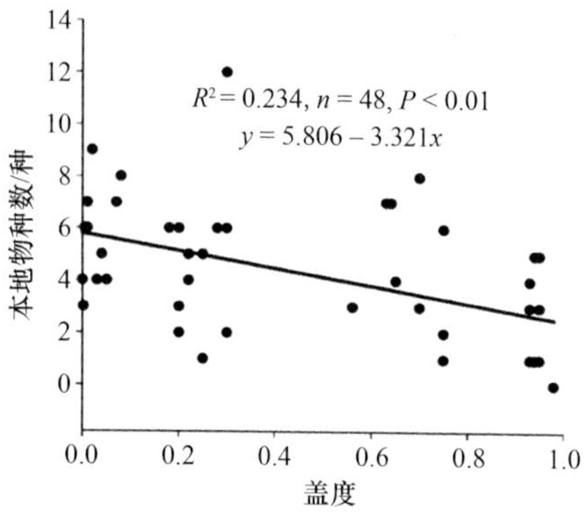

图 7.5 空心莲子草盖度与群落内本地物种数的相关性

空心莲子草盖度与群落内多样性指数呈极显著负相关，随着空心莲子草盖度增加，多样性指数和均匀度指数呈现先升高后下降的趋势，群落内本地物种生物量极显著降低（图 7.6）。这些结果表明，当空心莲子草盖度达到一定水平后，将对本地植物具有遮阴作用，导致本地植物光合作用减弱，抑制本地植物生长。

在无空心莲子草入侵时，样方内物种的 Shannon-Wiener 指数与纬度无显著相关性，而在空心莲子草盖度为 20%、60%和 90%梯度下，样方内本地植物的 Shannon-Wiener 指数随纬度升高呈下降趋势。由回归曲线斜率可知，随着样方中空心莲子草入侵等级的提高，样方内 Shannon-Wiener 指数与纬度梯度的负相关性有增加趋势（图 7.7）。表明随着纬度的增加，空心莲子草对本地植物生物多样性的影响越来越严重。

二、不同生境条件不同入侵等级空心莲子草对植物群落的影响

1. 实验设计及方法

根据野外调查数据，分别设计 5 个不同入侵等级（0 株、4 株、8 株、16 株、24 株）的空心莲子草入侵本地植物群落实验。实验包括两种生境，即陆生生境和水生生境。其中，陆生为表层无积水，保持水位不超过土壤表面；水生为表层积水，保持水位高于土壤表面 10cm。5 个入侵等级从少到多分别命名为：无、少量、中等、多和严重。实验共设 10 个处理，每个处理均设置 6 个重复，共计 60 盆。实验设计如图 7.8 所示。

每个盆中均种植 36 株植物。其中，用于构建典型的湿地挺水植物群落的植物有 4 种：慈姑（*Sagittaria trifolia* subsp. *leucopetala*）、菖蒲（*Acorus calamus*）、香蒲（*Typha orientalis*）和水葱（*Schoenoplectus tabernaemontani*）。在由少到多 5 个入侵等级中，入侵植物分别有 0 株、4 株、8 株、16 株、24 株，其他 4 种本地植物分别有 9 株、8 株、7

株、5 株、3 株，每个物种数量相等。在实际种植植物时，每种本地植物所在位置随机（图 7.9）。

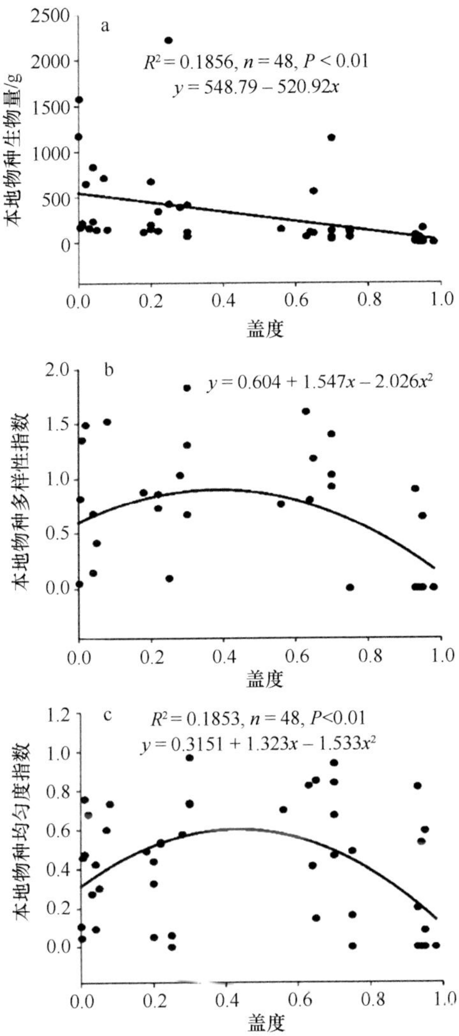

图 7.6　空心莲子草盖度与群落内本地物种生物量、多样性指数、均匀度指数的相关性

2. 不同入侵等级空心莲子草在不同生境中的生长性状

无论陆生生境还是水生生境，随着空心莲子草入侵程度的增加，其生物量均呈现显著上升趋势，陆生生境中叶生物量呈现平稳的降低趋势，而水生生境中叶生物量出现急促下降。叶绿素、节长、叶面积和比叶面积均呈现下降趋势，其中水生生境中下降较为显著（图 7.10）。这表明随着入侵程度的增加，空心莲子草的竞争关系由种间竞争转向为种内竞争。

无论是陆生生境还是水生生境，随着空心莲子草入侵程度的增加，慈姑、水葱和香蒲地上生物量呈现下降趋势，其中水葱和香蒲趋势较为平稳，而慈姑在水生生境中地上生物量呈现明显降低趋势。而菖蒲在陆生生境中呈现下降趋势，而在水生生境中地上生物量却呈现上升趋势（图 7.11）。

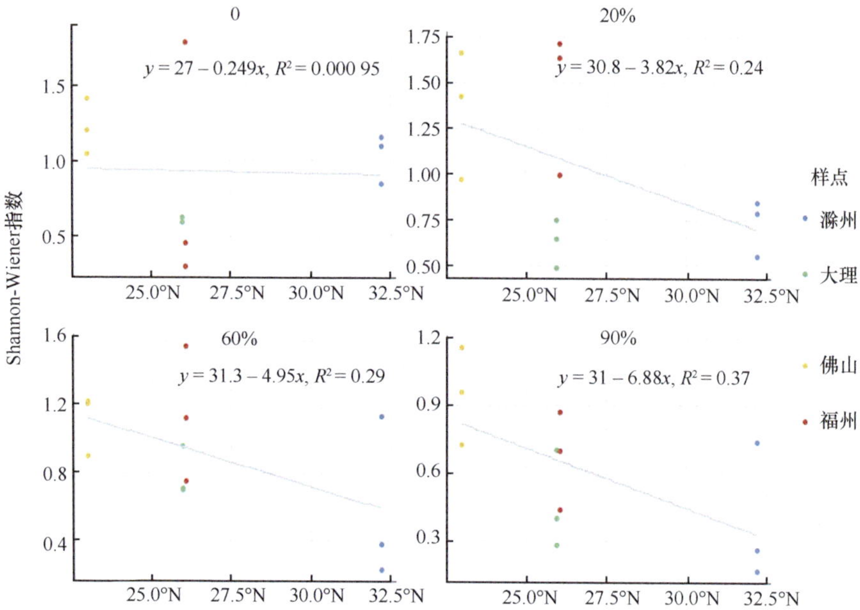

图 7.7　空心莲子草不同入侵等级和纬度下 Shannon-Wiener 指数变化情况

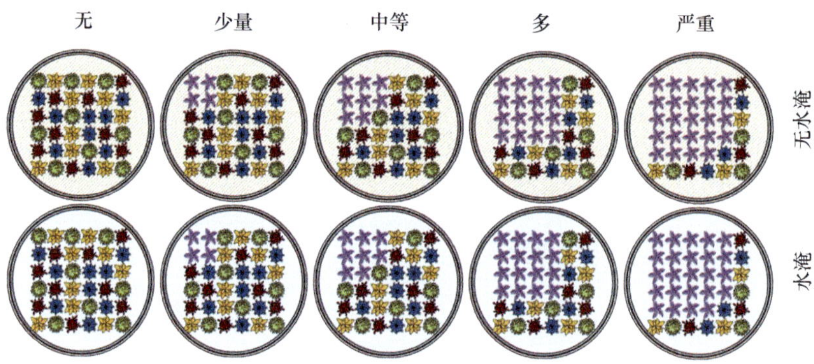

图 7.8　空心莲子草入侵等级及不同生境控制实验设计图

图 7.9　实验过程中植物生长状况图

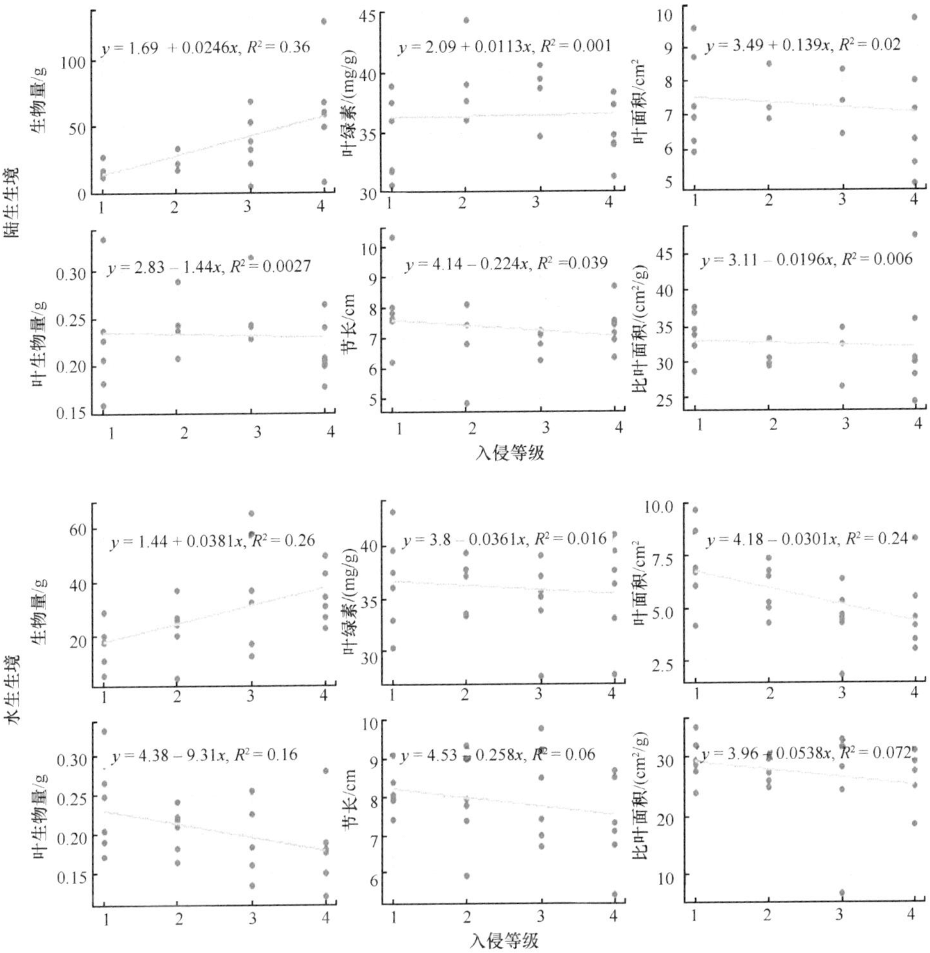

图 7.10 入侵种空心莲子草的生物量、叶绿素、叶面积、叶生物量、节长、比叶面积与入侵等级的线性关系

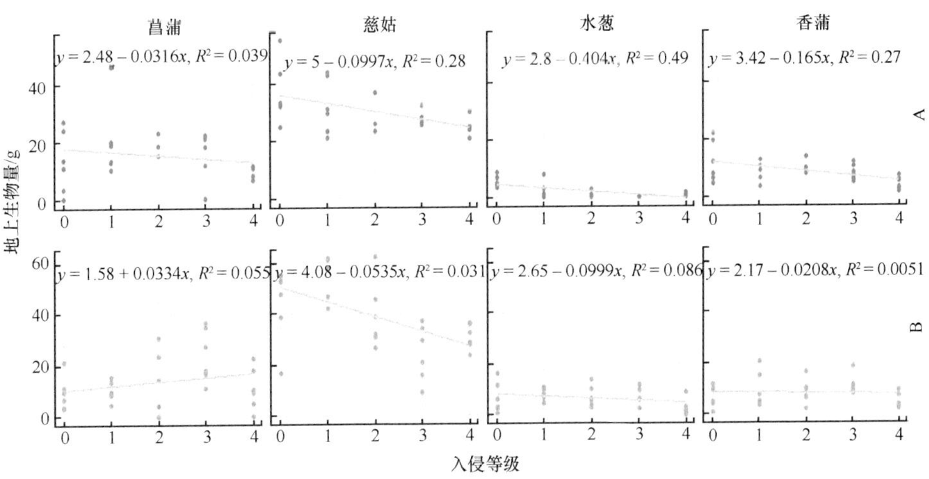

图 7.11 4 个本地种（菖蒲、慈姑、水葱、香蒲）的单种地上生物量与空心莲子草入侵等级的线性关系

图中 A 组与 B 组分别代表无水淹处理与水淹处理两种情况。入侵等级 0～4 分别依次代表无空心莲子草入侵到大量空心莲子草入侵 5 种情况

随着空心莲子草入侵程度的增加，无水淹处理的慈姑、水葱和香蒲克隆数呈现下降趋势，其中香蒲趋势较为平稳，而水葱和慈姑在陆生生境中克隆数呈现剧烈降低趋势。在水淹处理下只有慈姑的克隆数明显降低，而水葱趋势较为平稳，菖蒲和香蒲在水生生境中克隆数呈现上升趋势（图 7.12）。

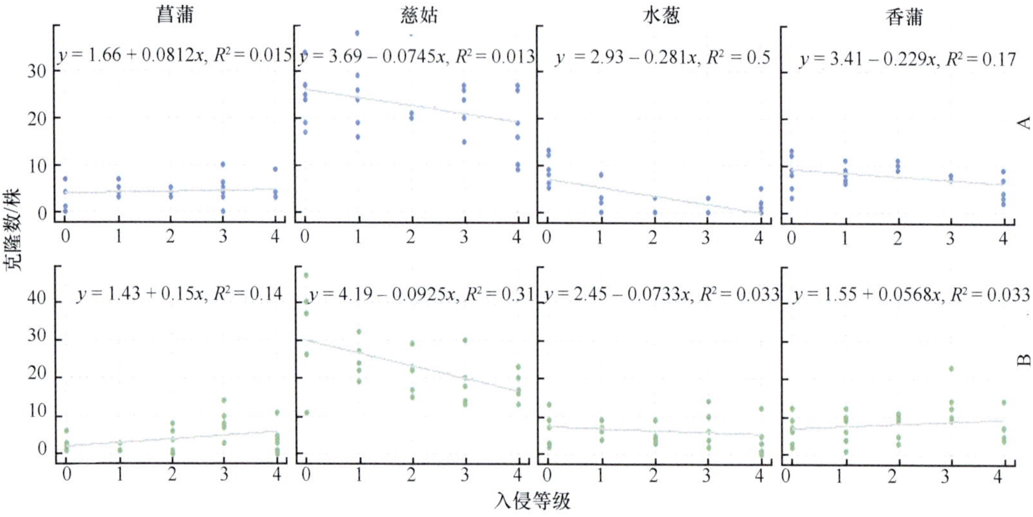

图 7.12 4 个本地种（菖蒲、慈姑、水葱、香蒲）的单种克隆数与空心莲子草入侵等级的关系

图中 A 组与 B 组分别代表无水淹处理与水淹处理两种情况。入侵等级 0～4 分别依次代表无空心莲子草入侵到大量空心莲子草入侵 5 种情况

在本研究中，随着入侵等级升高，香蒲单株生物量呈下降趋势，而其他 3 个本地种的生物量无明显变化趋势；与无水淹处理不同，水淹处理中菖蒲单株生物量呈下降趋势，而其他本地种单株生物量无明显变化趋势（图 7.13）。

相对于无水淹处理，总体来说在有水淹处理的情况下，随着入侵等级提高，这些非入侵湿地植物的各项指标的下降趋势得到缓解；而在有水淹处理情况下，随着入侵等级提高，空心莲子草各个指标的下降趋势从不明显变为明显，推测入侵植物入侵等级的提高会导致本地群落退化。可以利用该结果进行危害等级划分，并开展入侵样地的恢复。

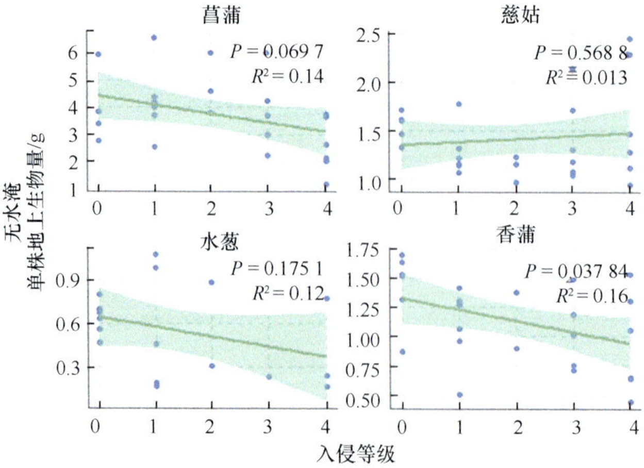

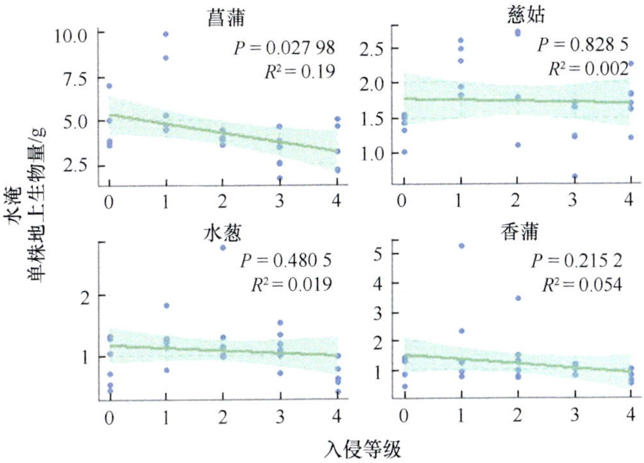

图 7.13　4 个本地种（菖蒲、慈姑、水葱和香蒲）的单株地上生物量（该物种单种地上生物量除以克隆分株数）与空心莲子草入侵等级的关系

入侵等级 0～4 分别依次代表无空心莲子草入侵到大量空心莲子草入侵 5 种情况

第二节　空心莲子草危害快速识别技术

以浙江杭州湾国家湿地公园水岸为例，开展空心莲子草危害快速识别技术研究。浙江杭州湾国家湿地公园位于浙江宁波市杭州湾新区西北部，杭州湾跨海大桥西侧，是中国八大盐碱湿地之一，世界级观鸟胜地。

依据前述研究结果，空心莲子草的盖度、株数、株高、生物量等指标是评判空心莲子草入侵危害等级的重要参数。但这些指标在部分地区获取难度较大，需耗费巨大人力、物力资源。为快速获取空心莲子草危害相关指标数据，2017 年 10 月，选择浙江杭州湾国家湿地公园内人类干扰较少且不易进入的滨海岛屿水岸为研究区域，针对同一样地还同时开展了植物样方调查和无人机遥感监测。其中，通过植物样方调查，获取空心莲子草盖度、株数、株高、生物量、比叶面积等群落指标数据，并以此为 Y 指标；无人机遥感监测采用无人机作为遥感摄影平台，通过无人机连续拍摄待估测区域的影像，针对相同样方，对应获取空心莲子草的盖度、株高等表观指标数据，并以此为 X 指标；分析 X 指标与 Y 指标间的相关性，检验以 X 指标间接获取 Y 指标的可行性和准确性。

利用数字摄影测量技术对待估测区域影像进行处理，获取高分辨率的待估测区域地面正射影像，进而建立待估测区域地表植物群落高度变化模型影像和可见光植被指数模型影像（图 7.14）。从图 7.14 中可以发现，河岸分区的较深绿色区域为空心莲子草分布区。

图 7.15 中红色部分为空心莲子草分布的区域。利用地理信息系统软件的影像处理功能，使地表植物群落高度变化模型影像和可见光植被指数模型影像分辨率相同，将入侵植物生物量样本的采样点位置对应到待估测区域地表植物群落高度变化模型影像和可见光植被指数模型影像中，提取每一个采样点在模型影像中的地表植物群落高度值和可见光植被指数值；根据采样点入侵植物生物量、地表植物群落高度值和可见光植被指数（VDVI）值，建立入侵植物生物量与植物群落高度、可见光植被指数的回归模型，通过

回归模型对入侵植物生物量进行估测（图 7.16）。其中根据其主要分布区域及盖度，对空心莲子草在河岸区域进行了划分，对其盖度及生物量高低进行了划分。

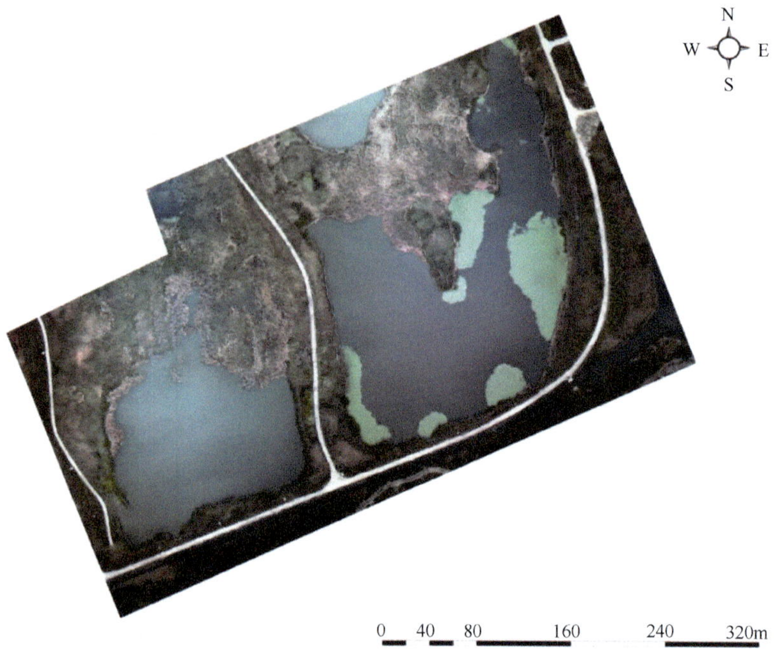

图 7.14　空心莲子草调查区域的多光谱正射真彩色影像

对待估测区域地面正射影像进行分类，确认入侵植物的空间分布（图 7.15）。

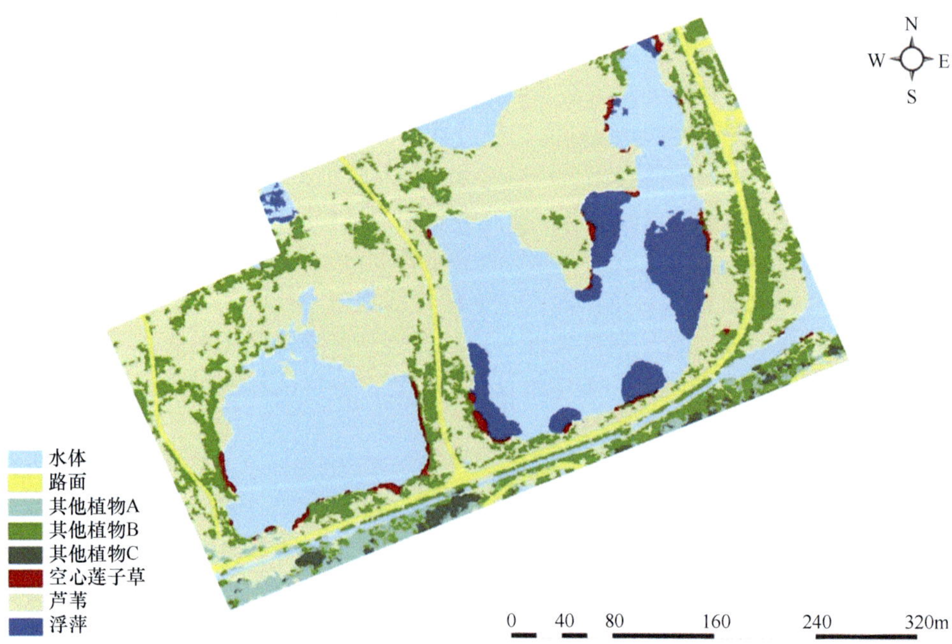

图 7.15　空心莲子草调查区域的植被分类图

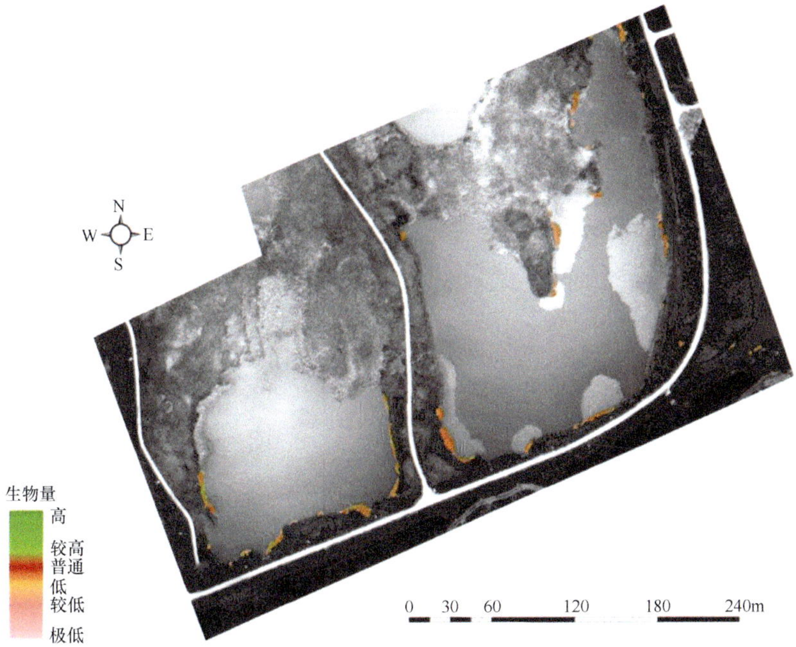

图 7.16　调查区域的空心莲子草生物量分布图

上述调查统计分析结果表明，*X* 指标与 *Y* 指标之间存在显著的相关性，可以通过获取速率较高的 *X* 指标计算得到 *Y* 指标数据，从而快速获取 *Y* 指标，进而实现入侵危害等级的快速划分。由图 7.17 快速对空心莲子草入侵等级进行划分。

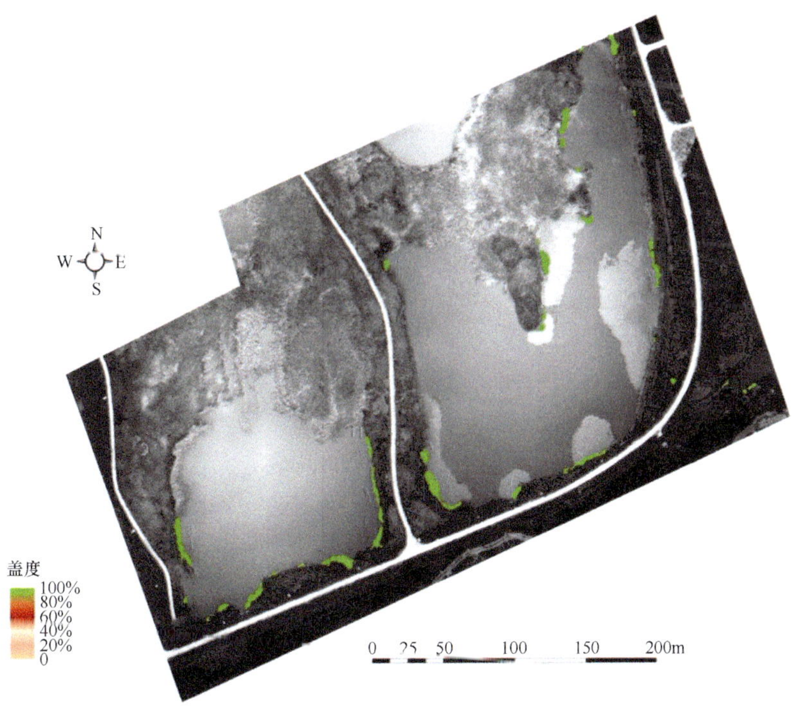

图 7.17　调查区域的空心莲子草入侵等级划分

第三节　空心莲子草扩散机制

一、天敌释放

空心莲子草的入侵过程存在显著的天敌释放效应（潘晓云等，2007）。在空心莲子草的原产地阿根廷有50多种取食空心莲子草的昆虫（Vogt，1973），其中一些是专食性的昆虫如空心莲子草叶甲，该虫对空心莲子草种群的控制作用非常显著（Maddox，1967；Simons *et al.*，1968），是目前用于空心莲子草生物防治的常用天敌昆虫。另外，在原产地也有很多取食空心莲子草的真菌（Sosa *et al.*，2004）。而在我国入侵地发现的取食空心莲子草的昆虫大约有20种，但这些昆虫对空心莲子草的取食危害极轻，而且都不是专一性的天敌（林冠伦等，1990）。

二、极强的环境适应能力和耐受性

空心莲子草是水陆两栖草本植物，在不同的环境中可以调整自身的形态结构和生长发育特点，从而对环境表现出极强的适应能力（潘晓云等，2007）。研究发现，无论水生型还是旱生型空心莲子草，都可以通过自身形态结构的变化而迅速在入侵地形成地毯式的覆盖分布，这种分布有利于空心莲子草与本地物种抢夺水分和营养，并充分抑制其他植物的生长（陶勇和江明喜，2004；潘晓云等，2007）。此外，空心莲子草对环境有较强的逆境忍耐力。例如，空心莲子草对营养和水分没有特殊的选择，在贫瘠的土壤或污染较重的水体中都生长良好；空心莲子草对低温胁迫不敏感，当冬季水温降至0℃时，水下部分仍有生活力；空心莲子草对光的适应范围也比较广，无论在开阔生境还是在荫蔽的地方都能生长（翁伯琦等，2006）。这些特点都造成空心莲子草能够形成蔓延式入侵。

三、极强的繁殖特性

外来入侵植物之所以能够在新生境迅速建群，与其极强的繁殖能力是密不可分的（徐正浩和王一平，2004）。空心莲子草具有有性繁殖和无性繁殖两种繁殖方式（潘晓云等，2007）。但有性繁殖能力较弱，因此扩散主要依靠营养繁殖（付文竹等，2006；刘大胜等，2008）。空心莲子草的匍匐茎或根状茎均可进行繁殖，并具有较强的繁殖能力。同时，机械损伤会刺激其产生更多的无性繁殖体，有利于其种群的维持，加速扩散和蔓延（王玉良等，2009）。空心莲子草的成功入侵或许在一定程度上与其强大的无性克隆繁殖能力有关，这种繁殖方式有助于其在入侵过程中顺利实现种群的定居及扩增，占据有利于自身生长的生态位。

第四节　空心莲子草扩散格局

以空心莲子草为研究对象，结合标本数据和历史资料，通过入侵图谱的重构、适生区预测、元胞自动机模型模拟等方法，研究其扩散动态和适生区分布，并开展控制实验，研究探讨影响空心莲子草扩散的环境因素。

一、空心莲子草扩散动态及适生区分析

空心莲子草在中国的扩散经历了两个主要阶段（图 7.18）：第一阶段为 19 世纪末到 20 世纪中叶，空心莲子草的扩散处于停滞期，分布集中在最早侵入的上海和浙江。在这一阶段，空心莲子草主要在区域尺度上进行传播，人类对繁殖体的引入和传播是其扩散的主要原因。第二阶段为 20 世纪 50 年代中后期至今，空心莲子草的分布地区数量增长迅速，分布范围逐渐由长江下游扩散至中国南方各省及北方部分地区，这一阶段可以认为是空心莲子草的快速扩散阶段，主要在流域尺度上进行传播。在这一阶段，影响其在流域尺度上扩散的主要因素是各种环境因子。

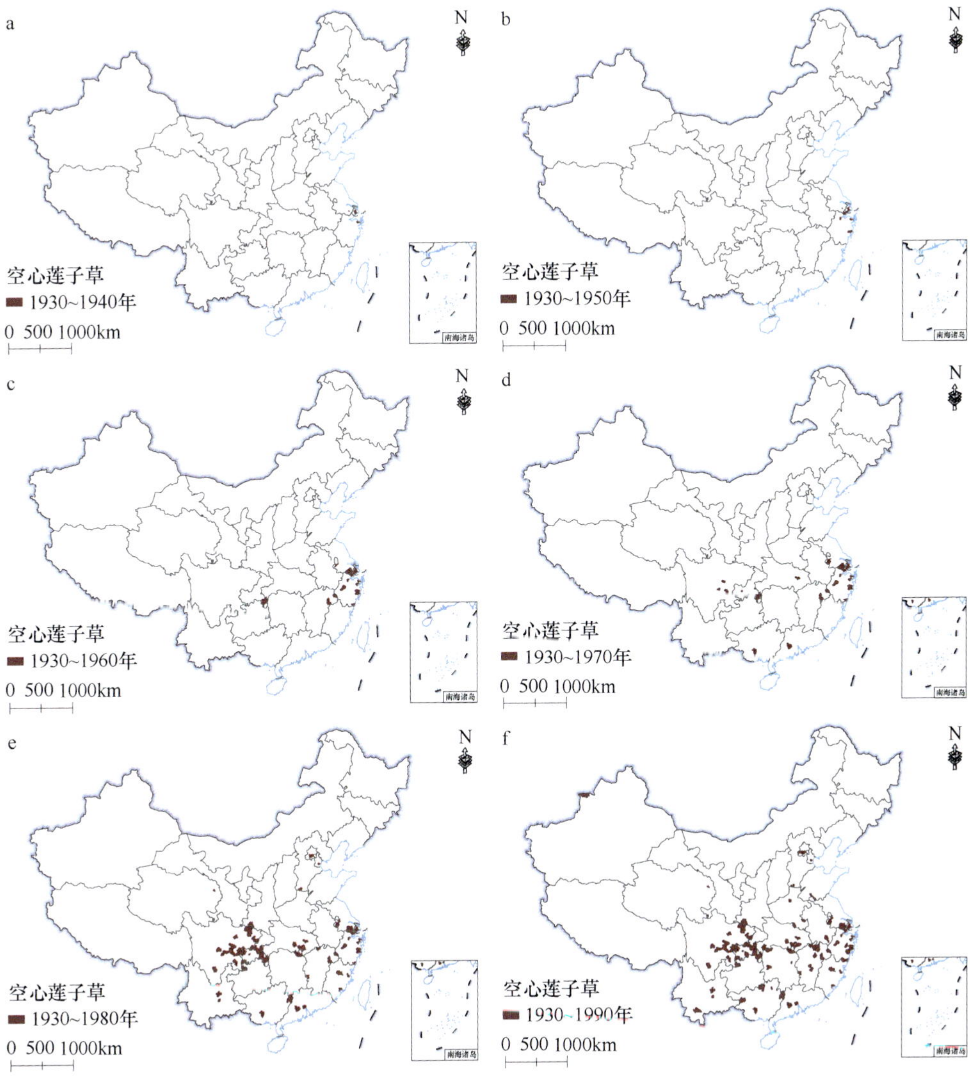

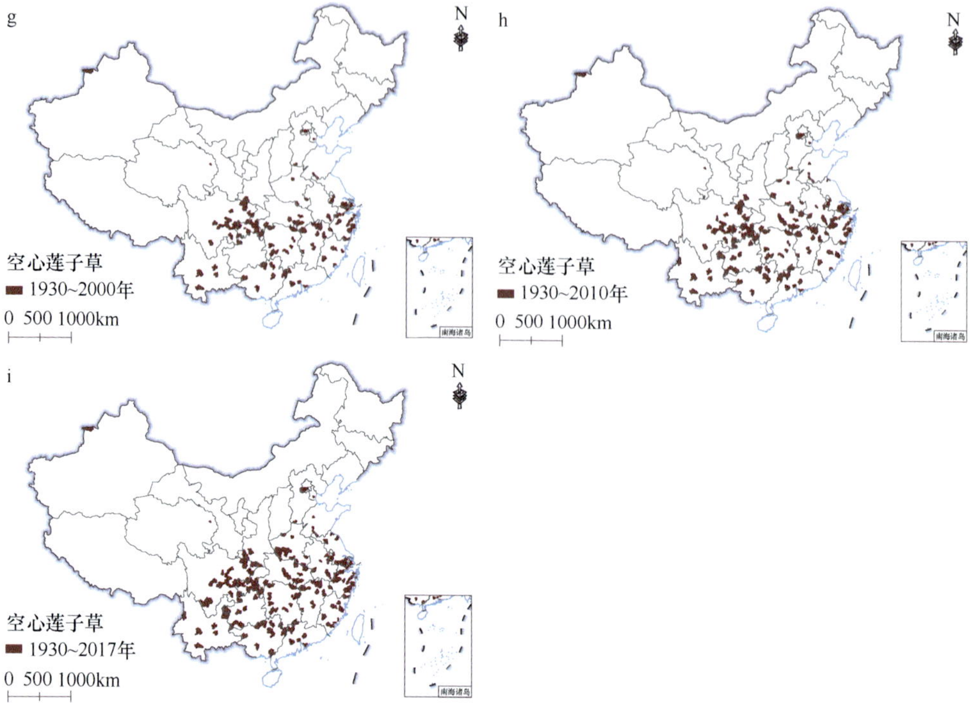

图 7.18 空心莲子草的历史扩散图谱

目前空心莲子草的扩散并没有出现减缓的迹象，从全国范围来看还没有进入饱和期，仍呈持续较快的扩散趋势。它的抗逆性较强，坡度、汇流累积量、年均温、年降水量对其分布影响较大；而海拔、日照等对其分布影响较小。空心莲子草的潜在入侵区仍大于实际分布区，预测该物种还将会继续扩散，潜在适生区（图 7.19）包括除青海、西藏、四川西部、新疆南部、甘肃西部、东北三省、内蒙古北部以外的中国大部分地区，其中陕西、山西以及甘肃东南部不仅属于最易被入侵的地区，且邻近地区已被入侵。

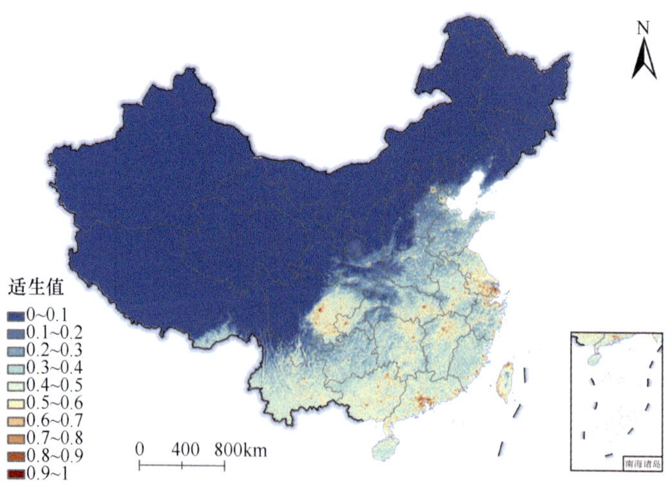

图 7.19 空心莲子草的适生区分析

二、空心莲子草元胞自动机模型模拟

以植物多样性替代阻截的实验样方中物种多样性为自变量，以每个样方中空心莲子草生物量比例为因变量，建立回归方程 $y=0.201-0.025x$。以回归方程作为植物多样性样方的可入侵性计算标准。对野外空心莲子草没有明显扩散的样方进行调查，确定 0.05 为自然群落没有受到入侵影响的生物量比例阈值，同时，考虑相邻多样性群落的相互入侵影响，建立元胞自动机模型（图 7.20）。图 7.20 中绿色图为空心莲子草生物量比例分布，彩色图为样方植物多样性分布，白色为未受空心莲子草入侵的群落，黑色为被空心莲子草入侵的群落。通过 22 年的数据模拟，发现植物多样性高的群落，被入侵的可能性小，而植物多样性低的群落，被入侵的可能性大。由于受到植物多样性低的群落的影响，随着时间的推移，植物多样性高的群落也将会被空心莲子草入侵。因此，保持整个区域的高植物多样性对于抵抗空心莲子草入侵非常重要。

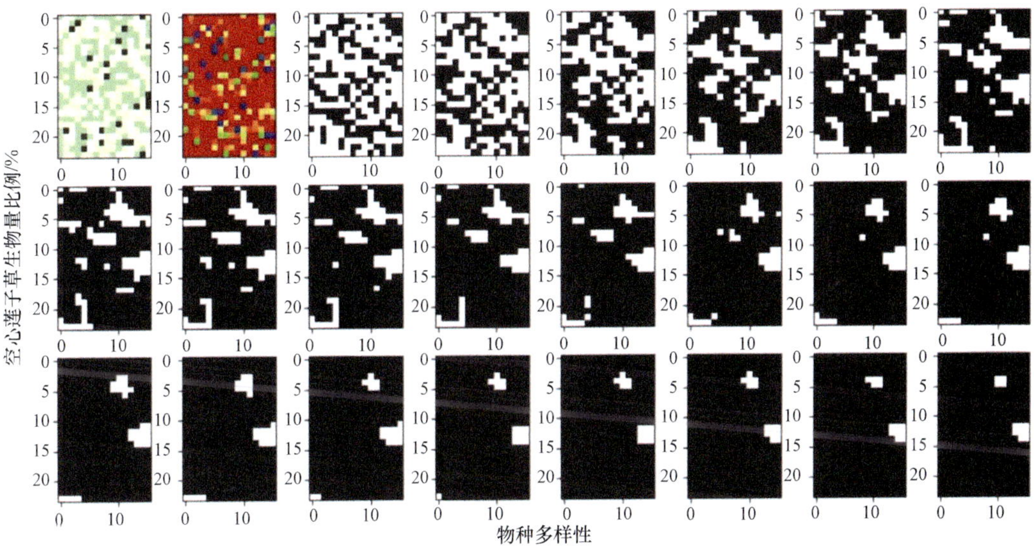

图 7.20　空心莲子草元胞自动机模型

三、空心莲子草扩散格局影响因素研究

湿地处于水陆交界生态交错带，容易遭受外来生物入侵。湿地生态系统中的养分是影响外来生物入侵的重要因素之一，其中氮素是湿地生态系统中养分的主要组成部分，主要来源于基质和氮沉降。为了探讨氮沉降和湿地基质对空心莲子草入侵湿地生态系统的影响，设计了温室控制实验，重点探讨氮沉降和湿地基质对空心莲子草入侵湿地植物群落生产力、均匀度及种间关系的影响。如图 7.21 所示，实验设计了有无空心莲子草入侵、有无氮沉降和不同湿地基质类型三因素 8 个处理，其中主要为：①无入侵，无氮沉降，基质类型为黏土和石英砂，比为 1∶4；②无入侵，无氮沉降，湿地基质类型为黏土和石英砂，比为 4∶1；③无入侵，有氮沉降，基质类型为黏土和石英砂，比为 1∶4；④无入侵，有氮沉降，湿地基质类型为黏土和石英砂，比为 4∶1；⑤空心莲子草入侵，

无氮沉降，基质类型为黏土和石英砂，比为 1∶4；⑥空心莲子草入侵，无氮沉降，湿地基质类型为黏土和石英砂，比为 4∶1；⑦空心莲子草入侵，有氮沉降，基质类型为黏土和石英砂，比为 1∶4；⑧空心莲子草入侵，有氮沉降，湿地基质类型为黏土和石英砂，比为 4∶1。每个处理 6 个重复。

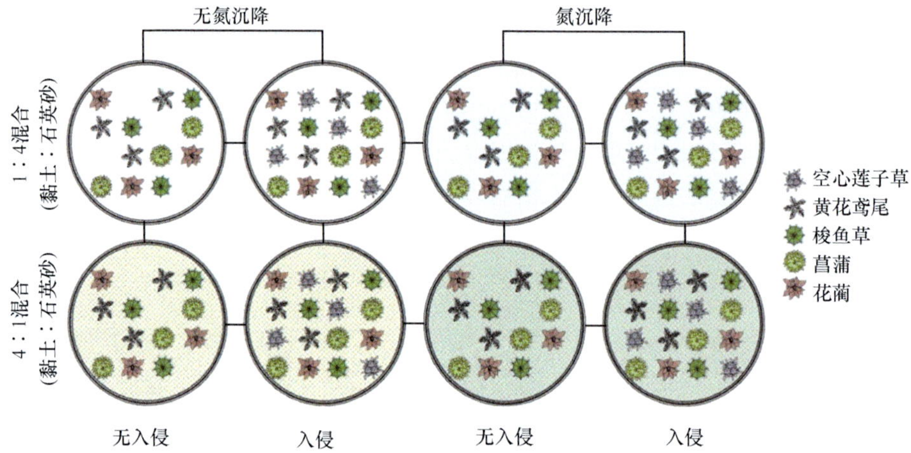

图 7.21 空心莲子草扩散格局研究实验设计图

湿地植物群落主要由常见的 4 种湿地植物种类组成，分别为菖蒲（*Acorus calamus*）、黄花鸢尾（*Iris wilsonii*）、花蔺（*Butomus umbellatus*）和梭鱼草（*Pontederia cordata*）。每种植物 3 株，植物随机排列。入侵植物为 4 株植物，同样随机排列。氮沉降设计按照华北地区平均氮沉降水平来进行。

结果显示，基质类型对空心莲子草叶生物量、节数、叶数和茎长具有显著影响。氮沉降显著提升了空心莲子草的各个性状，但是基质类型和氮沉降的交互作用对空心莲子草各性状无显著影响（图 7.22）。

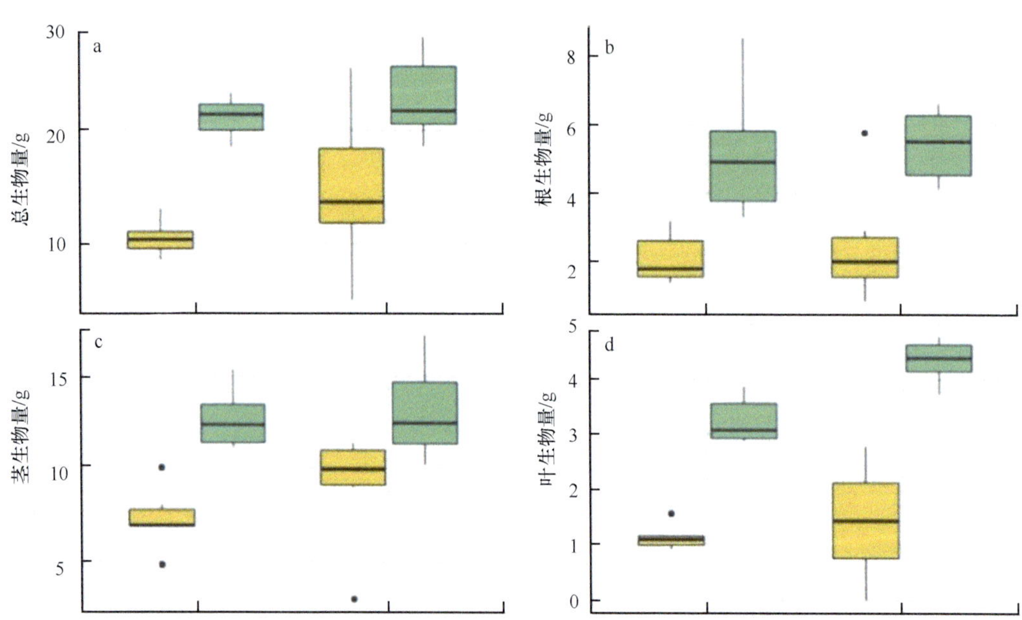

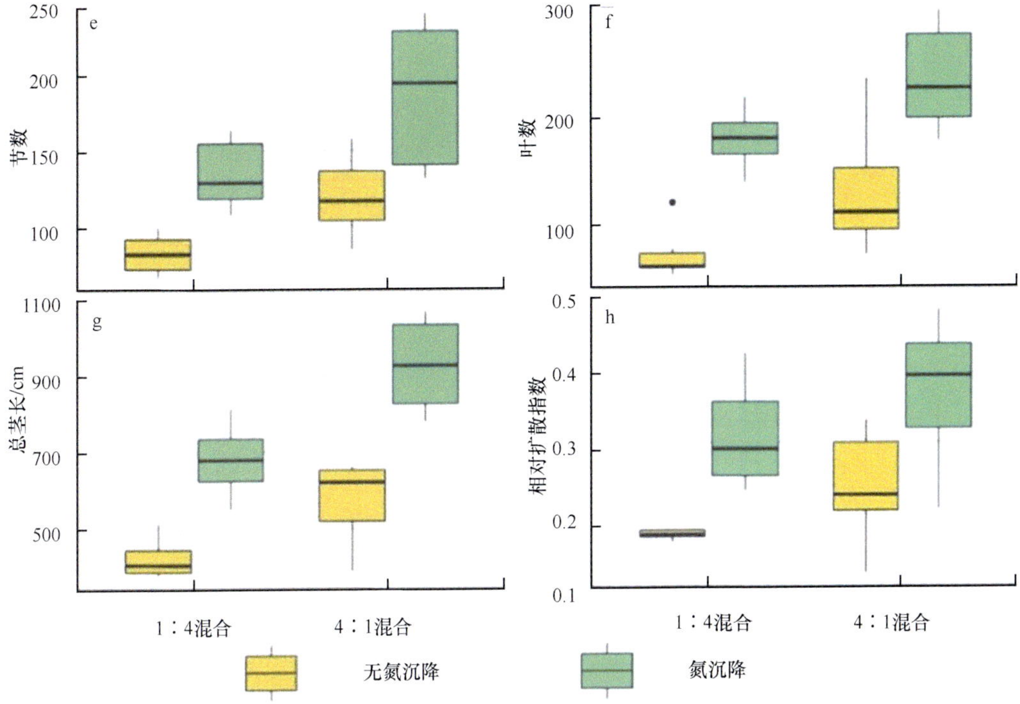

图 7.22 基质类型和氮沉降对空心莲子草性状的影响

基质类型和氮沉降显著影响了空心莲子草的竞争系数，入侵显著降低了湿地植物群落的生产力（图 7.23）。对湿地植物中各个物种生物量来说，随着环境因子的变化，各个物种呈现不同的响应。其中氮沉降提升了植物群落内各个物种的生物量。入侵显著降低了湿地植物群落中优势种梭鱼草的生物量（图 7.24）。该研究表明养分和基质将对空

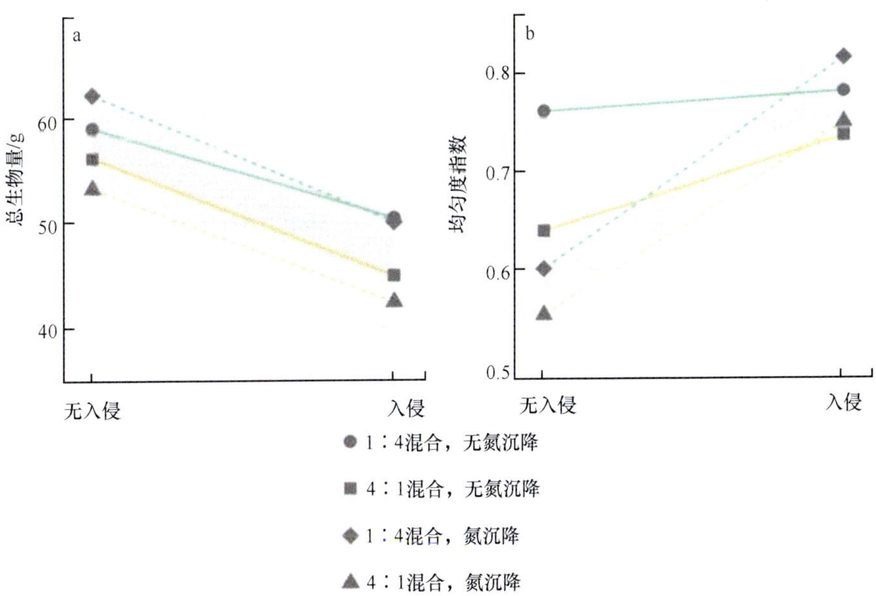

图 7.23 基质类型和氮沉降对湿地植物群落性状的影响

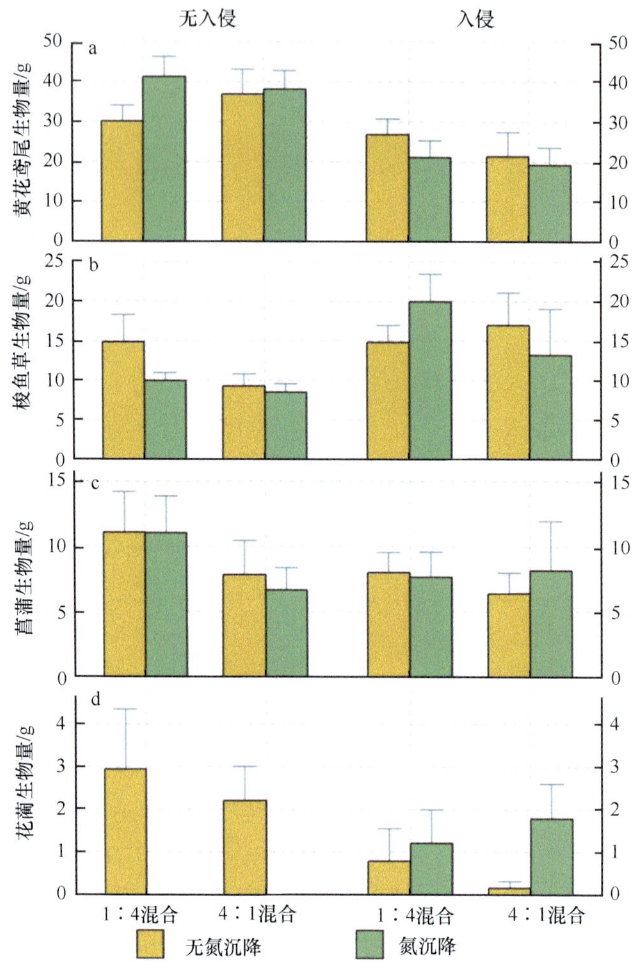

图 7.24　基质类型和氮沉降对湿地植物群落各个植物生物量的影响

心莲子草入侵湿地植物群落的动态具有显著影响，同时也验证了养分是控制空心莲子草入侵成功的重要因素，但是其养分动态的影响仍需要进一步研究。

第五节　空心莲子草阻截技术

一、不同物种组合构成对空心莲子草入侵的抵抗性研究

1. 本地实验物种选择

已有研究表明本地群落截获利用光能对空心莲子草的入侵会产生重要的影响（Longstreth and Mason，1984），在选择本地植物时主要考虑光能利用，从光能利用的空间生态位和时间生态位互补的角度，进行本地植物的选择和配置。通过野外调查，选择自然生长高度在 1.5m 以上的植物作为高空间生态位物种，主要利用群落上部光能；自然生长高度低于 0.3m 或贴地匍匐生长的为低空间生态位物种，主要利用群落下部光能。以春季幼苗生长比空心莲子草芽体发芽生长早和晚作为时间生态位。在浙江台州内陆湿

地区域，通过调查选择常见的本地物种和湿地内人工种植的常见品种（表 7.1），这些物种均具有较强的竞争力，并且是具有一定经济价值的本地植物。以物种高度和主要生长季为主要参考指标，确定 4 个功能群：早，生长季早；晚，生长季晚；高，植株相对较高；矮，植株相对较矮。每个功能群各选定符合要求的 2 个物种，共确定 8 个物种作为实验物种。

表 7.1　4 个功能群物种

功能群编号	高度	生长季	物种名
1	高	早	甘草（*Glycyrrhiza uralensis*）、败酱（*Patrinia scabiosaefolia* ）
2	矮	早	扯根菜（*Penthorum chinense*）、金线草（*Antenoron filiforme*）
3	高	晚	牛膝（*Achyranthes bidentata*）、三脉紫菀（*Aster ageratoides*）
4	矮	晚	黄花稔（*Sida acuta*）、车前（*Plantago asiatica*）

2. 育苗

2016 年 7～10 月进行相关物种种子（入侵物种空心莲子草采集根状茎芽体）收集。根据样地建设需要，每个物种设立 20m×2m 的田垄，每个田垄之间有 30cm 宽的排水沟（图 7.25）。种子在 12 月用水浸泡 1h 后，均匀撒入田垄中，然后在种子上面覆盖一层基质土。架好竹架，覆上薄膜。等到种子出苗后，再生长 15 天左右可以移苗，进行人工群落设置。

图 7.25　台州临海育苗样地

3. 植物多样性替代技术

2017 年 3～4 月进行样地规划，在浙江台州路桥区选择河网密布区域的农业弃耕地 20 亩，作为实验区域。每个实验样方设计为 2m×2m，样方与样方中间有 1m 宽的路隔开。区组与区组间以 2m 道路隔开。每个样方栽种本地植物 32 株，样方内每个物种的植株数量按照总数量与物种丰富度相除得出。5 月进行移栽，建立人工样地。每个区组设置 1 个、2 个和 4 个功能群数量梯度的同时配置 1 个、2 个、4 个和 8 个物种的物种多样性，单种种植不设重复（8 个样方）；2 个和 4 个物种的梯度分别设立 6 个组合，每个组合设置 3 个重复；8 个物种组合，设置 3 个重复。每个区组共 47 个样方。上述实验设计共设立 9 个实验区组。具体样地设计如图 7.26 所示。本地植物群落建成两个月基本稳定后，将空心莲子草的幼苗（芽体匍匐茎长约 15cm）移栽至每个 2m×2m 样方内，每个样方 12 棵，均匀分布在样方中，进行植物多样性替代的空心莲子草阻截技术研发。

功能群数量	物种数量	株高高，生长季早		株高高，生长季晚		株高低，生长季早		株高低，生长季晚	
		牛蒡	败酱	牛膝	虎杖	蒲公英	车前	桔梗	金线草
1	1	■							
1	1		■						
1	1			■					
1	1				■				
1	1					■			
1	1						■		
1	1							■	
1	1								■
2	2	■		■					
2	2	■				■			
2	2		■					■	
2	2			■		■			
2	2				■			■	
2	2						■		■
2	4	■	■	■	■				
2	4	■	■			■	■		
2	4	■	■					■	■
2	4			■	■	■	■		
2	4			■	■			■	■
2	4					■	■	■	■
4	8	■	■	■	■	■	■	■	■

图 7.26　样方物种组成和功能群组成配置图

4. 物种组合构成对空心莲子草入侵的抵抗性

用人工群落内空心莲子草的生物量比例表示群落的可入侵性，数值越高代表群落的可入侵性越高，数值越低代表群落的可入侵性越低。主要结果如下。

物种丰富度与群落可入侵性呈显著负相关关系（图 7.27），功能多样性与群落可入侵性同样呈显著负相关（$r = -0.310$，$n = 47$，$P = 0.034$）。表明群落物种丰富度和功能多样性越高，群落可入侵性越低，空心莲子草的入侵抵抗力越强。

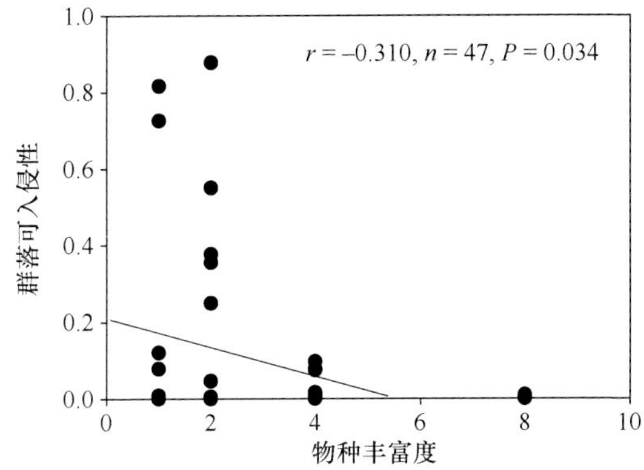

图 7.27　物种丰富度与群落可入侵性的关系

群落可入侵性与群落内本地植物生物量、光能利用率呈极显著负相关关系（图 7.28）。这表明本地植物光能利用率越高，生物量也随之增加，分配给空心莲子草的光能减少，影响空心莲子草的光合作用，不利于其生长扩散，群落的可入侵性随之降低。

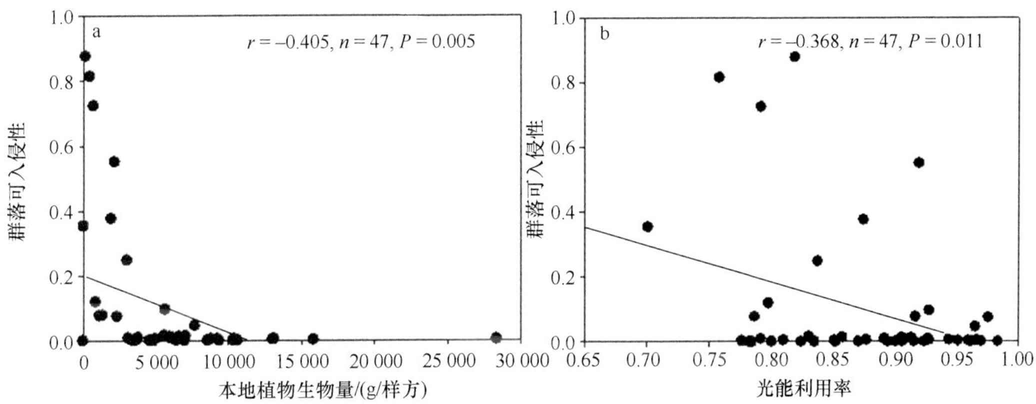

图 7.28　本地植物生物量（a）和光能利用率（b）与群落可入侵性的关系

研究发现，在有黄花稔存在的群落中，其入侵抵抗力显著高于没有黄花稔存在的群落，黄花稔在群落抵抗空心莲子草的入侵中起到关键的作用（图 7.29）。

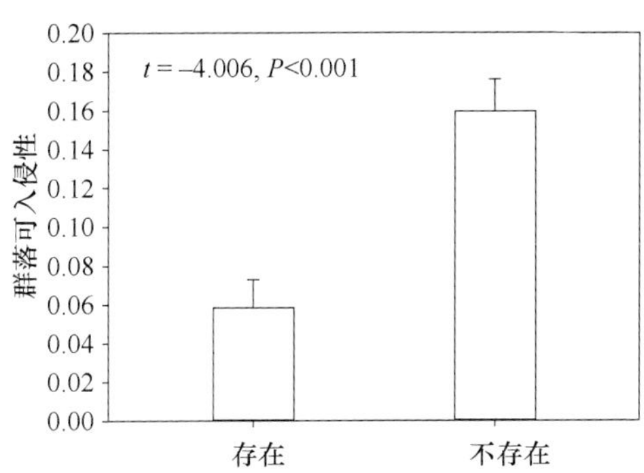

图 7.29　黄花稔存在和不存在的群落可入侵性之间的差异

通过优化物种组合和功能群组合，构建人工群落，能够有效地抵御空心莲子草的入侵（图 7.30）。败酱+牛膝（编号 1）、黄花稔+车前（编号 6）、败酱+甘草+牛膝+三脉紫菀（编号 7）、牛膝+三脉紫菀+车前+金线草（编号 10）、牛膝+三脉紫菀+黄花稔+扯根菜（编号 11）、黄花稔+车前+扯根菜+金线草（编号 12）和 8 个物种都有（编号 13）的人工群落均表现出较高的入侵抵抗性，表明这 7 个物种组合对空心莲子草具有较强的抵抗力。植株高-生长季早+植株高-生长季晚（编号 1）、植株矮-生长季早+植株矮-生长季晚（编号 4）、植株高-生长季晚+植株矮-生长季早+植株矮-生长季晚（编号 6）和 4 个功能群组合都有（编号 7）的人工群落均表现出较高的入侵抵抗性，表明这 4 个功能群组合对空心莲子草具有较强的抵抗力。

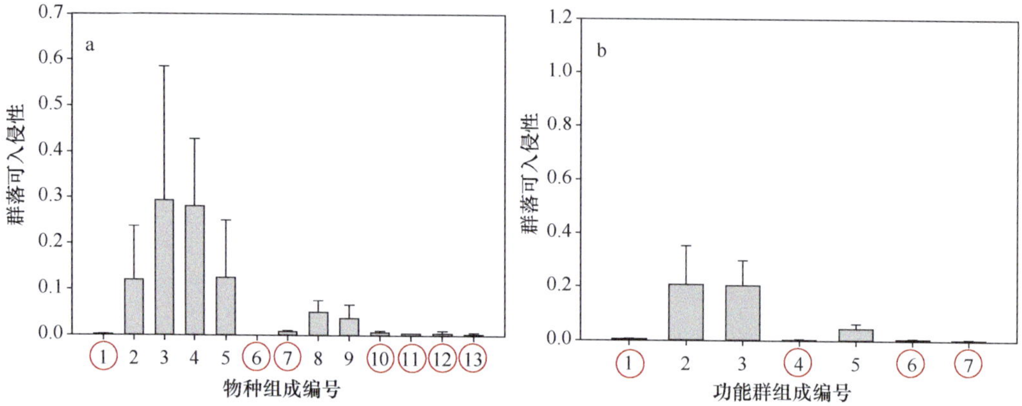

图 7.30　不同物种组成（a）和功能群组成（b）群落可入侵性之间的差异

二、建立空心莲子草扩散阻截示范区

2016 年 12 月，研究组在浙江省临海市三江国家城市湿地公园弃荒地上开始选用败酱、甘草、牛膝、三脉紫菀、金线草、车前、扯根菜和黄花稔等 8 种植物，合理搭配，构建了 7 亩人工群落示范区，用来防控阻截空心莲子草的入侵（图 7.31）。2018 年 10 月初对示范样地和对照区域中相应物种及空心莲子草的生长情况进行调查。

图 7.31　内陆湿地空心莲子草防控阻截示范区

a. 示范样地；b. 对照样地

调查发现示范样地上空心莲子草得到控制后相对盖度不超过 5%，少量生长的空心莲子草的株高相对较矮，且选取的败酱、甘草、牛膝、三脉紫菀、金线草、车前、扯根菜和黄花稔的生长均较好；对照区域中本地物种基本上没有生长，空心莲子草的盖度高达 98%左右，对照区域中的空心莲子草株高能够达到该物种的自然生长高度。随着本地物种丰富度的增加，本地物种的生物量（F=3.198，P=0.023）和本地物种在本地群落中的生物量比例（F=3.574，P=0.014）均呈现显著增加的趋势（图 7.32）。修复前入侵地的数据显示，群落内单位面积本地物种数量为（3.90±0.60）种/m^2，修复后的植物多样性替代示范样地中，本地物种数量达 65 种，表明植物多样性替代有效地促进本地物种的生长和拓展。同时，选用的这些物种都是药用植物，具有较高的经济价值，实现了生态效益与经济效益的统一。

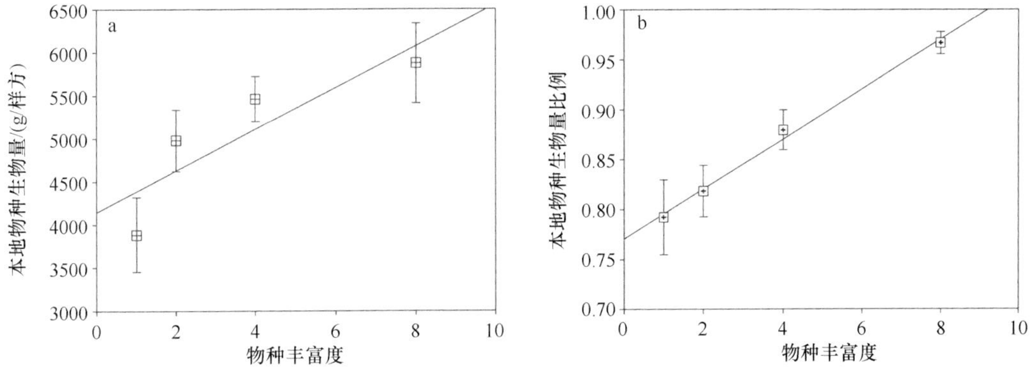

图 7.32 本地物种生物量（a）和生物量比例（b）

第六节 空心莲子草防控技术

一、空心莲子草替代控制的本地植物功能群配置

空心莲子草替代控制的植物功能群配置及人工群落构建与管理技术研究在浙江省台州市进行。在研究过程中，主要基于前期对空心莲子草等入侵机制的研究，运用多样性阻抗假说的基本原理，选择适宜的本地种类配置植物功能群并构建种类复杂的人工群落，替代控制空心莲子草并防止其二次入侵。在以往的研究中我们已经发现，光资源在外来植物成功定居并入侵的过程中起着至关重要的作用，只有最大限度地限制它们对光资源的捕获机会和数量，才能成功地抑制其生长和扩散蔓延等。因此，本地植物功能群配置的主要目标在于构建光能利用的空间生态位和时间生态位存在明显优势的人工群落，最大限度地减少空心莲子草捕捉光资源的机会，降低其光合作用效率和植株生长量，从而实现替代控制。在筛选本地植物种类时，以空心莲子草的植株形态（空间生态位）和生长物候（时间生态位）为标准，其中植株形态（空间生态位）依据本地植物正常株高大小将其划分为“高”和“矮”两类，分别表示本地植物植株高度明显大于或小于空心莲子草，生长物候（时间生态位）则依据自然状态下本地植物幼苗开始生长时间将其划分为“早”和“晚”两类，分别表示春季本地植物幼苗开始生长时间明显早于或晚于空心莲子草。2017 年 3 月，根据上述空间生态位和时间生态位的划分标准，初步确定了 4 个功能群并选择代表性植物种类进行配置，同时采取小区试验的方式（图 7.33），比较

不同功能群配置模式下替代控制的效果。

功能群数量	物种数量	株高高，生长季早		株高低，生长季早		株高高，生长季晚		株高低，生长季晚	
		大黄	甘草	扯根草	远志	牛膝	三脉紫菀	黄花稔	金线草
1	1	■							
1	1		■						
1	1								■
1	1				■				
1	1					■			
1	1						■		
1	1							■	
1	1			■					
2	2	■							■
2	2	■				■			
2	2		■					■	
2	2					■			■
2	2				■			■	
2	2			■			■		
2	4	■	■			■	■		
2	4			■	■			■	■
3	4	■	■		■				■
3	4	■	■	■				■	
3	4				■	■	■		■
3	4			■		■	■	■	
4	8	■	■	■	■	■	■	■	■

图 7.33　替代控制实验物种配置模式

二、综合调控技术

相关研究结果表明，空心莲子草除了具有很强的繁殖能力和适应能力，还能通过化感作用和影响本土微生物群落等抑制或排挤本地植物而获得竞争优势，从而成功入侵并逐渐取代本地植物，加之缺乏昆虫天敌，使得它们在群落中的优势地位非常稳固且在自然状态下很难被本地植物取代。因此，综合治理及替代控制综合调控技术主要针对外来入侵植物的基本生物生态学特性和危害机理等，以削弱其竞争优势和促进本地植物生长等为目标，研发可以有效减弱或消除其化感作用、恢复本地微生物群落和杀灭本地植物害虫等的综合调控技术。结合前期已有的研究成果，综合调控技术主要选择活性炭（化感稀释剂）、微生物菌肥和生物源杀虫剂等 3 种试验材料，其中化感稀释剂选用活性炭的吸附作用吸收空心莲子草的化感物质，施用量为 $50g/m^2$，杀虫剂选用广谱生物源杀虫剂阿维菌素，使用浓度为 500 倍液，从本地植物幼苗开始正常生长后喷洒，每隔 45 天左右喷洒一次，连喷 3 或 4 次。通过比较它们之间不同的组合方式在外来入侵植物综合治理及替代控制中的效果，筛选出理想的组合方式及使用方法，具体综合调控技术框架如图 7.34 所示。

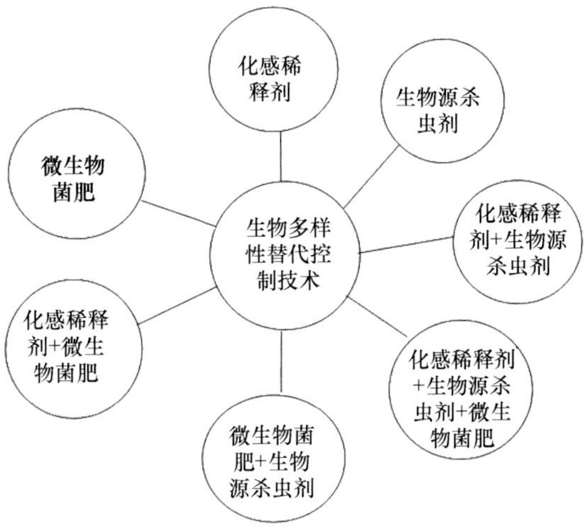

图 7.34 空心莲子草替代控制综合调控技术框架

三、空心莲子草替代控制效果分析

根据试验监测和调查等结果分析，采用本地植物功能群替代控制空心莲子草取得了一定的效果，并且有随本地物种数量增加而替代控制效果愈加明显的趋势，其中空心莲子草的地上生物量在整个群落中的比例与本地物种数量存在显著负相关（$P<0.05$）（图 7.35），即随着本地植物种类数量的增加，入侵植物在群落地上总生物量中所占比例随之下降。在 8 种本地植物中，败酱和黄花稔在替代控制空心莲子草中起到了关键物种的作用，主要原因在于这两种本地植物与空心莲子草相比，其幼苗在自然状态下开始生长时间较早，植株也比较高大，冠层比较稠密，当空心莲子草种子萌芽和幼苗开始生长时，地面已基本被败酱或黄花稔等本地植物的冠层所覆盖，使得空心莲子草的幼苗因生存空间的减少或消失而生长不良甚至死亡，从而大大减少了其个体数量和地上生物量等。

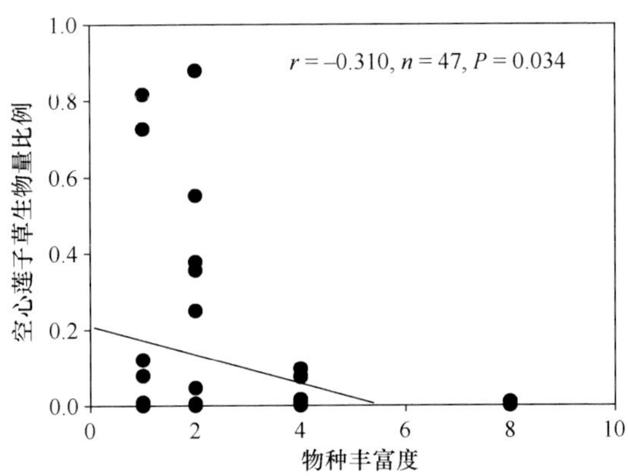

图 7.35 物种丰富度对空心莲子草生物量比例的影响

相比其他调控技术组合，添加微生物菌肥（编号 2）、施加活性炭（编号 4）和添加活性炭+生物源杀虫剂（编号 6）3 种调控技术组合显著降低本土群落空心莲子草的生物量比例（图 7.36），而且在添加活性炭+生物源杀虫剂处理群落中物种丰富度与空心莲子草的生物量比例呈显著负相关，表明植物多样性替代控制效果非常显著。因此，活性炭+生物源杀虫剂的综合调控技术是植物多样性替代控制技术的良好综合调控技术。

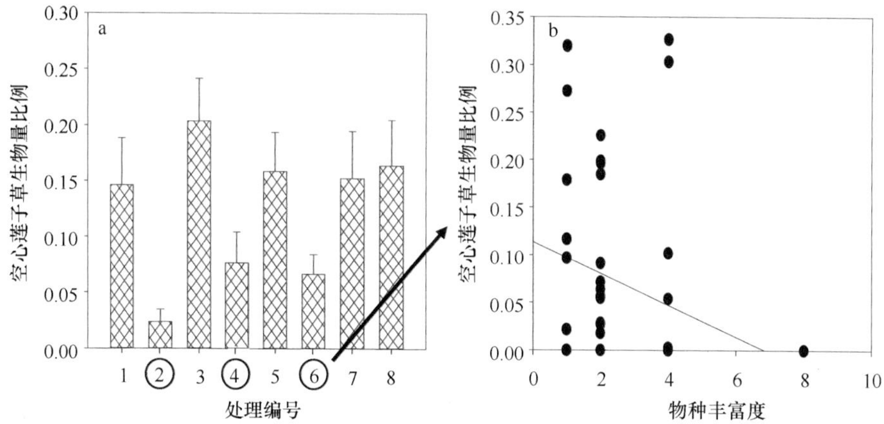

图 7.36　综合治理对空心莲子草地上生物量（a）及其在本地群落中比例（b）的影响

植物多样性替代控制显著提高了本地物种的竞争力。随着本地物种丰富度的增加，本地植物生物量（图 7.37，F=3.198，df=3，P=0.023）及其在群落中的生物量比例（F=3.574，df=3，P=0.014）均呈现显著增加的趋势。表明植物多样性替代控制技术有效地促进了本地物种的生长。

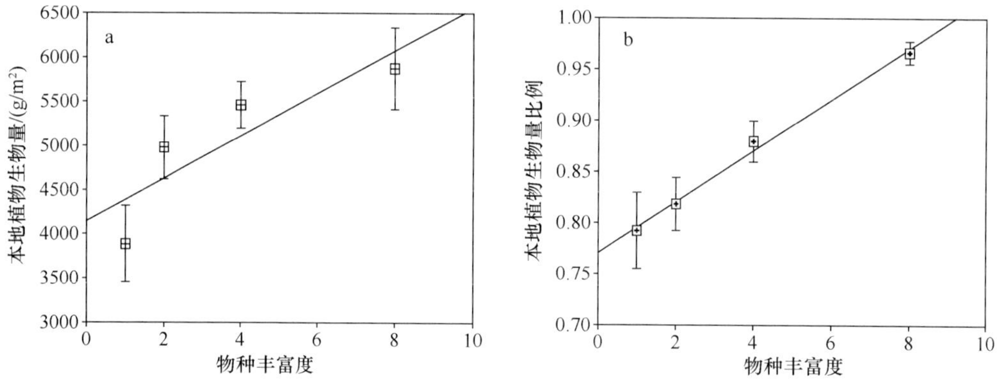

图 7.37　空心莲子草替代控制群落中本地植物的生物量（a）及其所占比例（b）

四、空心莲子草治理与生态修复示范

在台州市临海区，空心莲子草等外来入侵植物主要入侵弃耕地，在田埂和水塘岸边等地段也分布较多而密集，对该区生态环境和农业生产等造成比较严重的影响。

试验示范选择在空心莲子草分布区中立地条件比较典型、群落优势明显的连片弃耕地进行，示范样地总面积为 12 亩。2016 年 11～12 月，先以机械清除方式将示范地的植物群落地上部分全部清除，再采取浅耕方式翻垦表层土壤，深度 10～15cm，按 5g/m^2 的用量撒放生物炭并与土拌匀，然后撒播牛蒡和败酱等当地常见的本地植物种子。根据前述替代控制试验研究结果，选择甘草、败酱、牛膝、三脉紫菀、黄花稔、车前、扯根菜和金线草等 8 种植物，采取等量播种的处理方式（即 8 种植物单位播种量相同），总播种量每亩 1kg 并人工将种子进行浅层覆盖，深度 0.5～1cm。在 4 月中下旬本地植物种子基本完成萌发、幼苗开始生长后，用 500 倍阿维菌素（广谱生物源杀虫剂）液喷洒防治害虫，以喷湿叶面为止，每隔 45 天一次，连喷 3 或 4 次。在整个试验示范期间，还要不定期检查空心莲子草的幼苗分布及生长情况并予以拔除。

监测及调查结果显示，示范点中本地植物牛蒡和败酱等的种子萌发率较高，植株生长也比较迅速，在较短的时间内就能迅速成为人工群落的优势种，而空心莲子草等入侵植物的生长较差，其植株密度及高度、群落优势度等下降非常明显甚至完全消失。根据 2018 年 11 月的调查，空心莲子草平均盖度由（88.80±3.57）%下降至 10%，平均地表生物量下降 90%，而本地物种数量则由样地内 7 种增加到 65 种，生态修复效果非常明显（图 7.38）。

图 7.38　空心莲子草替代控制与生态修复示范效果
a. 替代控制前；b. 替代控制后

小　　结

本章以空心莲子草为例开展防控技术研究，针对其入侵问题，研究其对生物多样性的影响，研发空心莲子草危害快速识别技术，开展空心莲子草的扩散机制、阻截技术和控制技术等方面的研究。主要研究结果如下。

通过对不同空心莲子草入侵区的野外调查，研究分析了不同入侵程度下空心莲子草对本地群落结构的影响，结果表明随着空心莲子草入侵程度的增强，本地物种丰富度减小，物种多样性降低，导致生态系统群落结构退化。

通过植物样方调查和无人机遥感监测，利用数字摄影测量技术获取高分辨率的待估测区域地面正射影像，建立待估测区域地表植物群落高度变化模型影像和可见光植被指数模型影像，快速识别空心莲子草危害入侵等级。

通过历史扩散图谱构建，表明空心莲子草主要在流域尺度上进行扩散；适生区预测结果表明空心莲子草的潜在入侵区仍大于实际分布区，预测该物种还将会继续扩散；通过对 22 年的数据进行元胞自动机模型模拟，发现植物多样性高的群落，被空心莲子草入侵的可能性小，而植物多样性低的群落，被空心莲子草入侵的可能性大。此外，通过控制实验发现养分是控制空心莲子草入侵成功的重要因素。

通过设置不同的物种组合，将不同生活型的物种优化配置人工群落，开展对空心莲子草的入侵抵抗力研究，结果表明物种丰富度越高的群落对空心莲子草的入侵抵抗性越高；不同生活型的物种组合配置也能提高群落对空心莲子草的入侵抵抗性。通过野外示范，建立本地物种阻截带，能够有效阻止空心莲子草的扩散。

空心莲子草的防控主要采用替代控制技术。通过试验筛选出不同配置模式的替代物种组合，在野外进行替代控制修复示范，结果表明，经过替代控制后本地物种短期内迅速成为优势物种，空心莲子草分布明显下降甚至消失。

第八章　外来入侵植物加拿大一枝黄花

加拿大一枝黄花（*Solidago canadensis*）为菊科一枝黄花属草本植物，原产于北美，美国东北部和加拿大南部为其主要的原始分布区，但如今已入侵世界许多地区。欧洲的德国、荷兰、瑞士、丹麦、瑞典、匈牙利、捷克等地区均有危害发生和报道，并向东扩散到俄罗斯，南边蔓延至以色列，还入侵亚洲的大部分地区以及新西兰和澳大利亚等地区（印丽萍等，2004）。加拿大一枝黄花已经成为世界性的入侵杂草（董梅等，2006）。加拿大一枝黄花于 1935 年作为庭院花卉被引入上海及周边地区，后来逃逸为野生杂草，并在长江三角洲的几个省份扩散蔓延。最近几年来，加拿大一枝黄花逐渐向周边地区扩散。据报道，在黑龙江、河北、湖南、广东、陕西、广西、重庆等地都发现了其踪迹。加拿大一枝黄花主要生长于河滩、路边荒地、农田边、铁路与公路两旁、绿化地带等处，并造成大量本地物种灭绝，被称为“植物杀手”。2010 年，加拿大一枝黄花被列入第二批《中国外来入侵物种名单》。

加拿大一枝黄花具有以下生物学和生态学特点：极强的繁殖能力、化感作用和表型可塑性，并且对胁迫环境具有一定的耐受性。这些特点对于加拿大一枝黄花的快速生长和扩散起到了重要作用。①极强的繁殖能力：加拿大一枝黄花具有无性繁殖和有性繁殖两种方式。加拿大一枝黄花可以通过昆虫的传粉作用进行有性繁殖，单株种子数量可达 3000～20 000 粒，种子质量较轻，有利于扩散，并对重金属有一定的耐性。根状茎发达，繁殖能力强，而且机械损伤会刺激其产生更多的无性繁殖体，有利于其种群的维持，加速扩散和蔓延（王玉良等，2009）。②化感作用：新武器假说指出入侵植物在入侵地通过释放一些化感物质来抑制其他植物的生长，提高自身的竞争能力（Callaway *et al.*，2004）。这些化感物质主要是植物的次生代谢物，包括黄酮类、皂苷类、酚类等，它们可以直接或者间接地增强入侵植物的竞争能力（Rice *et al.*，1993）。加拿大一枝黄花是强化感植物，能够分泌多种次生代谢物。目前，研究已从加拿大一枝黄花植株中提取出多种活性成分，包括多炔类、萜类、克罗烷类、黄酮类、酯类、精油等，部分物质具有抗菌、杀（驱）虫、植物毒性等化感作用（Lu *et al.*，1993；王开金等，2006）。这些次生代谢物能够显著抑制周围植物的生长，降低周围植物的生物多样性。研究表明，入侵我国的加拿大一枝黄花比来自原产地北美的加拿大一枝黄花具有更强的化感作用，因此会对周围植物产生更强的抑制作用（Yuan *et al.*，2013）。③较高的表型可塑性：植物的表型可塑性是指具有同一个基因型的物种对变化的环境应答而产生不同的外在特征（马俊改和石福臣，2011）。表型可塑性能够在一定程度上增大外来物种的生态幅，从而挖掘并占据更多资源加以利用。马淼（2003）等认为加拿大一枝黄花具有较强的胁迫环境耐受性和可塑性，这是因为来自环境变化的选择压力使加拿大一枝黄花不断被驯化和适应，从而导致结构性状和功能上可遗传的变异，在不同的地理居群间产生较大的遗传差异，形成高度的遗传分化，这成为加拿大一枝黄花适应性进化的基础，进一步促使其不断入侵新的地区和多样的生境（黄华和郭水良，2005）。在干旱胁迫和温度模式条件下，不同地理来源的加拿大一枝黄花的不同器官均表现出不同程度的可塑性，较高的表型可塑性使得加拿大一枝黄花能够迅速适应不同环境的变化，使得其在新的环境中迅速扩大种群（杜乐山，2014）。Li 等（2016）发现温度可塑性与纬度密切相关，水分可塑性与经度密切相关；加拿大一枝黄花表型可塑性的地理格局表明其在不同气候分布区存在快速进化，这是其成功入侵的重要机制之一。较高的表型可塑性会加速加拿大一枝黄花在气候变异显著区域的入侵与扩散，如沿海与高纬度地区。④土壤微生物-植物反馈：共生作用增强假说指出入侵植物到达入侵地之后与当地的微生物形成一种增强的共生关系，进而提高自身的竞争能力（Reinhart and Callaway，2010）。加拿大一枝黄花是一种菌根依赖性较强的植物（Yang *et al.*，2008），其菌根侵染率与入侵历史之间存在显著的线性关系，说明菌根真菌可能会促进加拿大一枝黄花入侵新的生境，并且这种促进作用会产生累积效应（Jin *et al.*，2004）。另外，菌根可以通过提高生物量和光合作用、增加营养供给效率等途径加强加拿大一枝黄花对干旱、营养和重金属胁迫的耐受能力，减轻环境胁迫造成的伤害（Yang *et al.*，2008）。

加拿大一枝黄花在入侵地往往形成单优势种群落，影响生态系统内各功能群之间的联系，破坏生态系统结构和功能，威胁生物多样性，严重的可导致本地物种局部灭绝（Sun *et al.*，2006）。加拿大一枝黄花侵入农田、果园会造成作物大面积减产，引起重大的经济损失。①破坏生态系统平衡，影响生物多样性。加拿大一枝黄花的危害性之一是当它入侵到适宜生长的地区时，在自然环境中容易形成单优势种群落，从而影响生物多样性，破坏生态平衡（陆慧明等，2006）。加拿大一枝黄花极易入侵农田，其次就是无人管理的路边、河边，最后是管理粗放的绿地、林地和果园。研究观察发现，一个 6 株小群体在 8 年后可演变为具有 1400 余株的群体（陈彤和张文标，2010）。仅上海地区加拿大一枝黄花形成的单优势种群落就造成了当地 30 多种杂草消亡，严重破坏了入侵地植被的生态平衡（沈国辉等，2005）。②威胁农业和林业生产。加拿大一枝黄花入侵农田生态系统会严重干扰农业生产活动，破坏农作物如玉米、棉花和免耕大豆等的生长，导致这些作物减产，质量下降；此外，加拿大一枝黄花还可以通过挤占林地空间，争夺林地的水分和养料，影响林区苗木生长，甚至使其停止生长；加拿大一枝黄花的入侵还可以影响本地农民的饲养业，例如，羊的饲料主要来源于农田沟渠和路边的杂草，由于加拿大一枝黄花的侵占，其他杂草越来越少，养羊业的发展受到了威胁（沈国辉等，2005）。③破坏景观的自然性和完整性。加拿大一枝黄花发生面积的扩大，改变了道路、公园、住宅和露地等原有的生态景观。加拿大一枝黄花的过度生长，会影响社区和公共绿化地带草坪的生长，造成绿化地的草坪和灌木成片衰落和死亡（李春湖和钟晓红，2006）。

第一节　加拿大一枝黄花对生物多样性的影响

一、加拿大一枝黄花表观入侵特征与生态系统结构和功能的关系

1. 研究区域及方法

选择浙江宁波杭州湾国家湿地公园湖滨与株洲湘江沿岸两个样地，其中在浙江宁波

杭州湾国家湿地公园内选择林下草地与开阔苇丛两种生境类型分别设置样地。

浙江宁波杭州湾国家湿地公园属于典型的河口海岸湿地生态系统，亚热带海洋性季风气候，四季分明，年平均温度为 16 ℃，年平均降水量为 1273mm，自然湿地类型包含浅海水域、潮间淤泥海滩和潮间盐水沼泽。主要土壤类型为盐土类的滨海盐土亚类和潮土化盐土，土壤含盐量为 1‰～5‰，pH 为 8～9。主要优势植被群落为海三棱藨草群落、互花米草群落和芦苇群落，物种、群落和生境多样性丰富，在中北亚热带过渡区域海岸湿地中具有代表性。

湘江株洲段位于湖南省东部，湘江下游，26°03′05″N～28°01′07″N、112°57′30″E～114°07′15″E，中亚热带季风湿润气候，四季分明，雨量充沛，光热充足，无霜期在 286 天以上，年平均气温为 16～18℃，年平均降水量为 1400～1700mm，具有中亚热带季风常绿阔叶林带。流域地势平坦，河水平稳，沿河沙洲断续可见，土壤为红壤和冲积土，近年来遭受加拿大一枝黄花入侵较为严重。

取样时间为 2017 年 9～11 月。选择淡水河湖沿岸沙洲（株洲湘江江滩）、滨海湿地林下草地（杭州湾滨海林下）、滨海湿地开阔苇丛（杭州湾滨海苇丛）3 种生境中遭受不同程度加拿大一枝黄花入侵的自然生态系统为研究对象，以入侵种加拿大一枝黄花的盖度为基准，设置 4 个入侵程度：轻度入侵（0≤盖度＜20%＝、中度入侵（20%≤盖度＜50%＝、重度入侵（50%≤盖度＜75%＝和严重入侵（75%≤盖度≤100%）。每个入侵梯度设置 5 个 1m×1m 的样方，记录样方编号及其内植物物种，依次统计样方中各物种植株数量、估计其盖度水平、测定各物种株高。选择完好无损、无遮阴的叶片，使用便携式叶绿素仪（HM-YD）测定叶绿素含量；采集每个样方中各物种的植株，装入棉纺布袋，标记样方号及物种名称，快速运回实验室，在 60℃条件下烘干 72h，选择完整且大小适中的叶片，运用 Sigmascan 4.1 软件计算叶面积，并称量叶片与植株的生物量。

计算本地植物物种丰富度、群落生物多样性指数、均匀度指数、群落加权功能性状指数等。

$$\text{群落生产力 } M\text{=群落中所有本地物种的生物量之和} \tag{8.1}$$

$$\text{物种丰富度 } S\text{=}N \tag{8.2}$$

$$\text{Shannon-Wiener 指数 } H\text{=}-\sum_{i=1}^{N} P_i \ln P_i \tag{8.3}$$

$$\text{Pielou 均匀度指数 } P\text{=}-\sum_{i=1}^{N} P_i \ln P_i / \ln S \tag{8.4}$$

$$P_i\text{=}100\times(\text{Dr+Pr+Fr})/3 \tag{8.5}$$

其中，P_i 为重要值；Dr 为相对多度；Pr 为相对盖度；Fr 为相对频度；N 为群落中的总物种数。

$$\text{群落权重均值 CWM=}\sum_{i=1}^{N} P_i \text{trait}_i \tag{8.6}$$

其中，P_i 为群落中物种的重要值；trait_i 是物种的功能性状值。

$$\text{Rao 二次熵指数 } \text{FD}_\text{Q}\text{=}\sum_{i=1}^{S}\sum_{j=1}^{S} d_{ij} P_i P_j$$

$$d_{ij}\text{=}\frac{1}{n}\sum_{k=1}^{n}\left|X_{ik}-X_{jk}\right| \tag{8.7}$$

其中，S 为样方中的物种总数；P_i、P_j 分别代表第 i、j 个物种在群落中的相对多度；d_{ij}

代表种 i 与种 j 之间的种间距离或差异；n 代表性状数；X_{ik} 代表种 i 的 k 性状值；X_{jk} 代表种 j 的 k 性状值；d_i 值介于 0（两物种具有完全相同的特征）和 1（两物种具备完全不同的特征）之间。

$$\text{多维功能均匀度指数 } FE_{ve}=\frac{\sum_{l=1}^{S}\left|\min(P_i\cdot\frac{1}{S})\right|-\frac{1}{S-1}}{1-\frac{1}{S-1}} \tag{8.8}$$

其中，S 代表调查样方内所有物种种类的数量；P_i 代表调查样方内物种 i 的重要值。

$$\text{Cody 指数 } C=\frac{g(H)+l(H)}{2} \tag{8.9}$$

其中，$g(H)$ 为沿生境梯度 H 增加的物种数；$l(H)$ 为沿生境梯度 H 失去的物种数。

2. 加拿大一枝黄花入侵等级与其性状的相关性

加拿大一枝黄花入侵等级（盖度）与株数、单株生物量及总生物量呈极显著的正相关关系，随着入侵等级的增加，生物量呈极显著增加的趋势（图 8.1）。

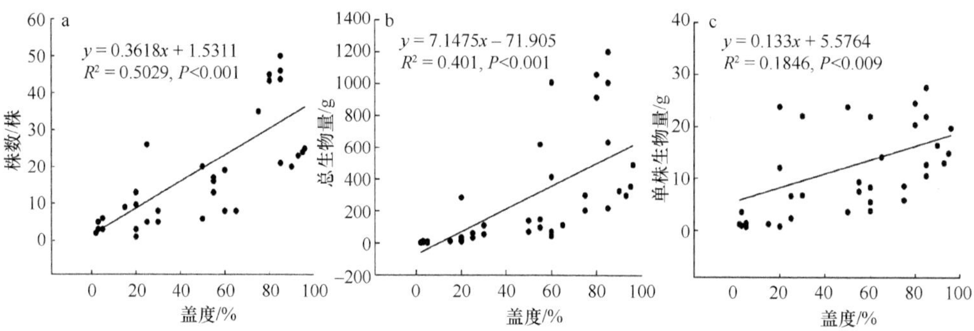

图 8.1 加拿大一枝黄花盖度与入侵植物株数（a）、总生物量（b）及单株生物量（c）的相关性

加拿大一枝黄花入侵等级与株高呈极显著的正相关关系，而与比叶面积呈极显著的负相关关系（图 8.2）。这表明随着加拿大一枝黄花入侵等级的增加，竞争关系由种间竞争转变为以种内竞争为主，加拿大一枝黄花为获得更多的光照，通过增加株高来实现，而比叶面积因为株数的增加而减小。

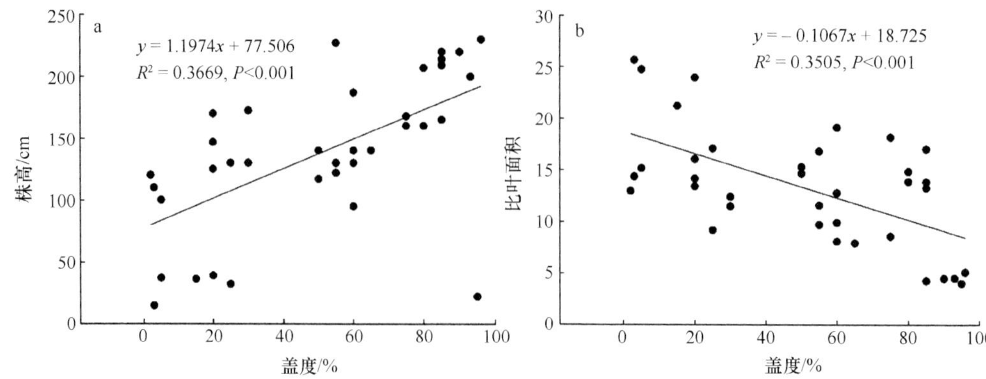

图 8.2 加拿大一枝黄花盖度与株高（a）及比叶面积（b）的相关性

3. 加拿大一枝黄花入侵等级与植物群落各指标的相关性

随着入侵植物加拿大一枝黄花盖度的增加，本地植物群落的物种数呈现先升高后降低的趋势（图 8.3），表明当加拿大一枝黄花盖度达到一定值以后，严重抑制本地植物的生长。

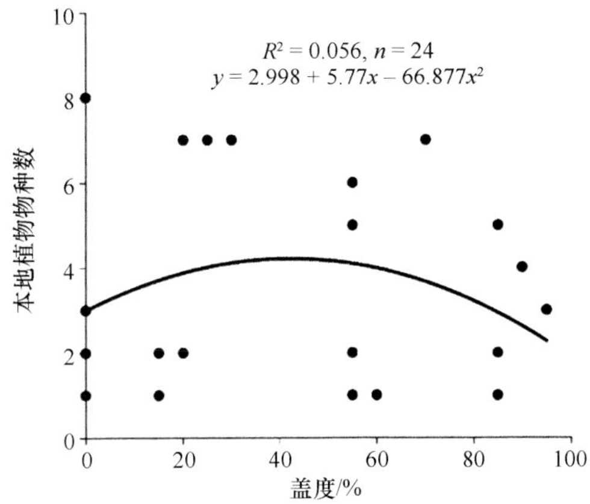

图 8.3　加拿大一枝黄花盖度与本地植物数量相关性

随着加拿大一枝黄花入侵盖度的增加，本地植物群落的物种多样性指数、均匀度指数呈现先升高后降低的趋势，而群落本地植物生物量却无显著变化规律（图 8.4）。

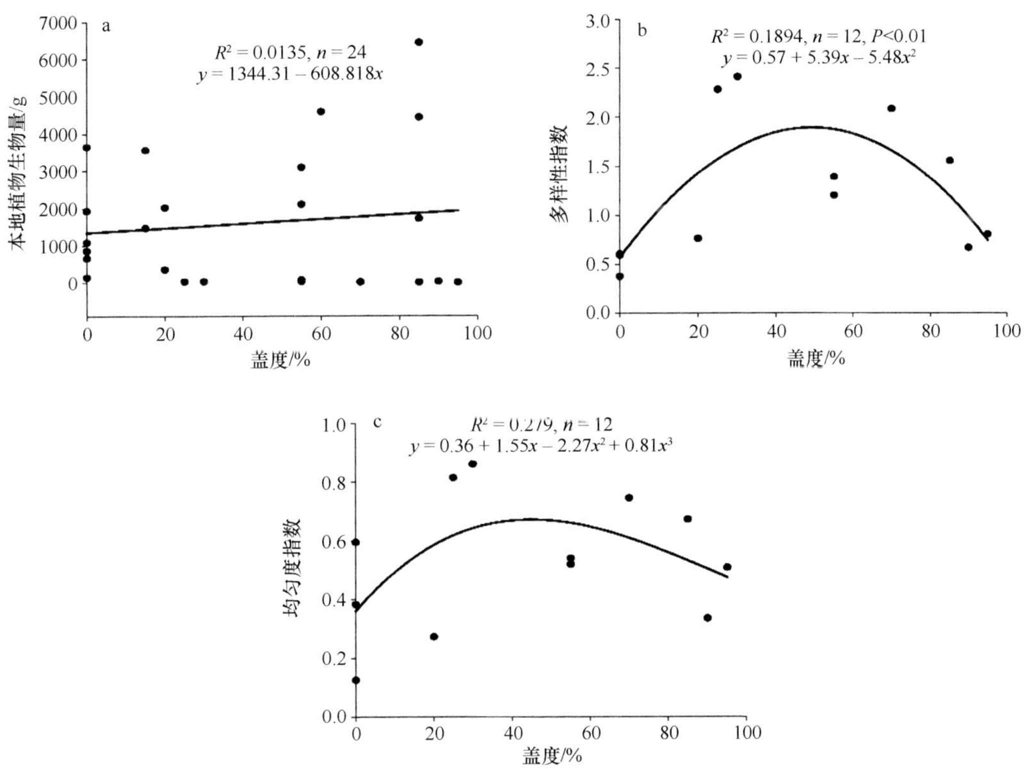

图 8.4　加拿大一枝黄花盖度与群落内本地植物生物量（a）、多样性指数（b）、均匀度指数（c）的相关性

二、不同生境下加拿大一枝黄花入侵等级对植物群落的影响

1. 实验材料与方法

使用通用育苗营养土作为实验基质，使用直径 35cm、高 45cm 的塑料花盆作为容器，共使用 96 个花盆，盆内装有 35cm 高的基质，实验进行约 90 天，定期适量浇水（图 8.5）。

图 8.5　实验实施图

设置有加拿大一枝黄花的入侵群落、单栽群落两种种植模式；设置单层遮光、3 层遮光两种光照模式；挑选 4 种禾本科植物，即草地早熟禾（*Poa annua*）、高羊茅（*Festuca elata*）、无芒雀麦（*Bromus inermis*）、黑麦草（*Lolium perenne*）；两种豆科植物，即白三叶（*Trifolium repens*）、红三叶（*Trifolium pretense*）；两种菊科植物，即尖裂假还阳参（*Crepidiastrum sonchifolium*）、菊苣（*Cichorium intybus*）。以每种每盆移苗 2 株的方式构建人工植物群落 60 个，若在移苗后 10 天内有植株死亡，则替换补充。在本地种移植后，选取长势大小一致的加拿大一枝黄花幼苗，每盆栽种 1 株、3 株、6 株、9 株，作为入侵等级处理；在实验场地上方设置遮光棚，将不同入侵等级的群落分别种植于单层遮阴网、3 层遮阴网下。此外，设立对照组共 10 种处理，每种处理 6 个重复。图 8.5 为实验实施图。

2. 入侵等级和光照对加拿大一枝黄花性状及群落的影响

研究结果表明，入侵等级对群落生产力、群落植物加权叶面积具有显著影响（$P<0.05$），对存活率、加拿大一枝黄花荧光指数均具有极显著影响（$P<0.01$）；光照对群落生物多样性指数具有显著影响（$P<0.05$），对土壤含水量、群落生产力、加权叶绿素、加权株高及加拿大一枝黄花的荧光指数具有极显著影响（$P<0.01$）。两者的交互作用对群落加权比叶面积、加权株高、加权叶面积具有显著影响（$P<0.05$），对加拿大一枝黄花荧光指数具有极显著影响（$P<0.01$）（表 8.1，表 8.2）。

表 8.1 入侵等级和光照处理对群落及土壤各指标的影响

变量	入侵等级		光照		入侵等级×光照	
	$F_{3,48}$	P	$F_{1,48}$	P	$F_{3,48}$	P
土壤含水量	0.84	0.508	21.05	<0.001	1.30	0.284
群落生产力	2.77	0.037	22.52	<0.001	1.52	0.211
加权比叶面积	1.08	0.377	0.60	0.442	3.12	0.023
加权叶绿素	2.25	0.077	8.42	0.006	0.09	0.986
加权株高	1.69	0.167	8.13	0.006	2.94	0.029
加权叶面积	3.197	0.021	0.80	0.375	3.36	0.016
生物多样性指数	1.90	0.124	4.82	0.033	1.69	0.166

表 8.2 入侵等级和光照处理与加拿大一枝黄花各指标的相关性分析

变量	入侵等级		光照		入侵等级×光照	
	$F_{3,48}$	P	$F_{1,48}$	P	$F_{3,48}$	P
比叶面积	0.02	0.997	0.31	0.584	0.88	0.460
叶绿素含量	0.38	0.766	0.75	0.393	1.10	0.363
株高	0.75	0532	3.26	0.079	1.97	0.136
存活率	20.79	<0.001	1.14	0.292	1.97	0.136
F	23.63	<0.001	34.50	<0.001	16.38	<0.001
F_m'	45.81	<0.001	64.51	<0.001	56.45	<0.001
Y(II)	0.19	0.903	0.02	0.892	1.06	0.378
单株生物量	1.36	0.271	3.93	0.055	1.04	0.387
单株地上生物量	1.64	0.196	2.59	0.116	1.28	0.297
单株地下生物量	0.76	0.525	6.76	0.013	0.64	0592

注：Y(II)表示实际光能转化效率

在低光强处理下，随着入侵程度加重，弱光下群落的物种多样性指数呈现显著下降趋势，而在高光强处理下无显著变化（图 8.6）。

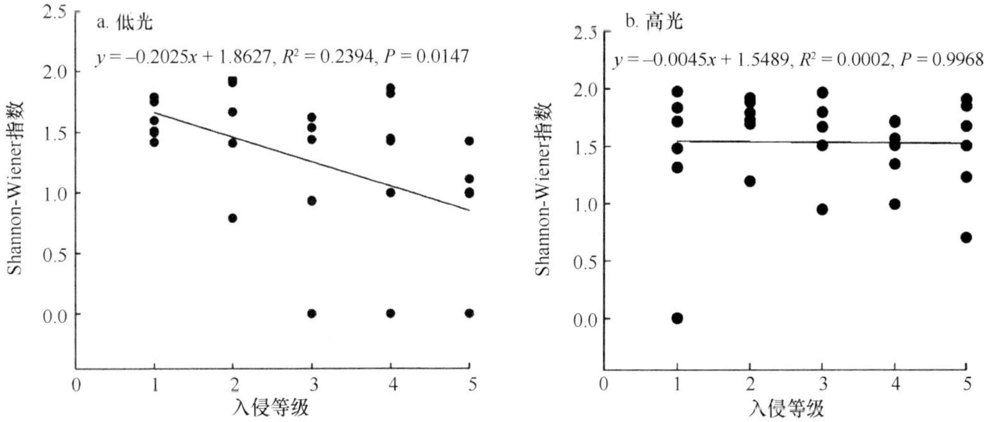

图 8.6 加拿大一枝黄花入侵等级下群落物种 Shannon-Wiener 指数

随着加拿大一枝黄花入侵程度的增加，无论是在低光强还是在高光强处理下，群落的生产力均呈现下降趋势（图 8.7）。

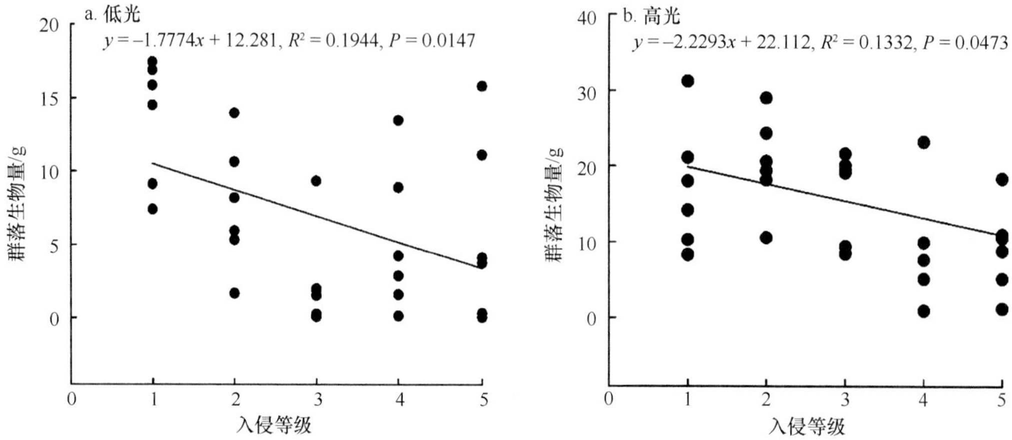

图 8.7　加拿大一枝黄花入侵等级下群落生产力

结合野外调查及控制实验结果，加拿大一枝黄花入侵显著影响了本地群落生产力，在杭州湾不同生境（即林下和开阔地）下本地群落和加拿大一枝黄花的各项指数均差异显著。在此基础上开展控制实验，同样证实加拿大一枝黄花的入侵显著影响了本地群落生产力的结论，且光照和入侵等级处理在群落生产力上没有显著的交互作用。

第二节　加拿大一枝黄花危害快速识别技术

以浙江杭州湾国家湿地公园为例，研究加拿大一枝黄花危害快速识别技术。依据前述研究结果，入侵植物的盖度、株数、株高、生物量等指标是评判加拿大一枝黄花入侵危害等级的重要参数。但这些指标在部分地区获取难度较大，需耗费巨大人力、物力资源。

为快速获取加拿大一枝黄花入侵危害相关指标数据，2017 年 10 月在加拿大一枝黄花的花期选择浙江杭州湾国家湿地公园内人类干扰少且不易进入的滨海岛屿，针对同一样地同时开展了植物样方调查和无人机遥感监测。通过植物样方调查可获取加拿大一枝黄花的盖度、株数、株高、生物量、比叶面积等表观指标数据，并以此为 *Y* 指标；无人机遥感监测采用无人机作为遥感摄影平台，通过无人机连续拍摄待估测区域的影像，针对相同样方，对应获取加拿大一枝黄花的盖度、株高等表观指标数据，并以此为 *X* 指标；分析 *X* 指标与 *Y* 指标间的相关性，检验以 *X* 指标间接获取 *Y* 指标的可行性和准确性。采用的无人机型号是北京数字绿土科技股份有限公司的 GV1300，传感器是美国 Micasense 公司的 Micasense RedEdge-M 多光谱成像光谱仪。

利用数字摄影测量技术对待估测区域影像进行处理，获取高分辨率的待估测区域地面正射影像，进而建立待估测区域地表植物群落高度变化模型影像和可见光植被指数模型影像（图 8.8）。

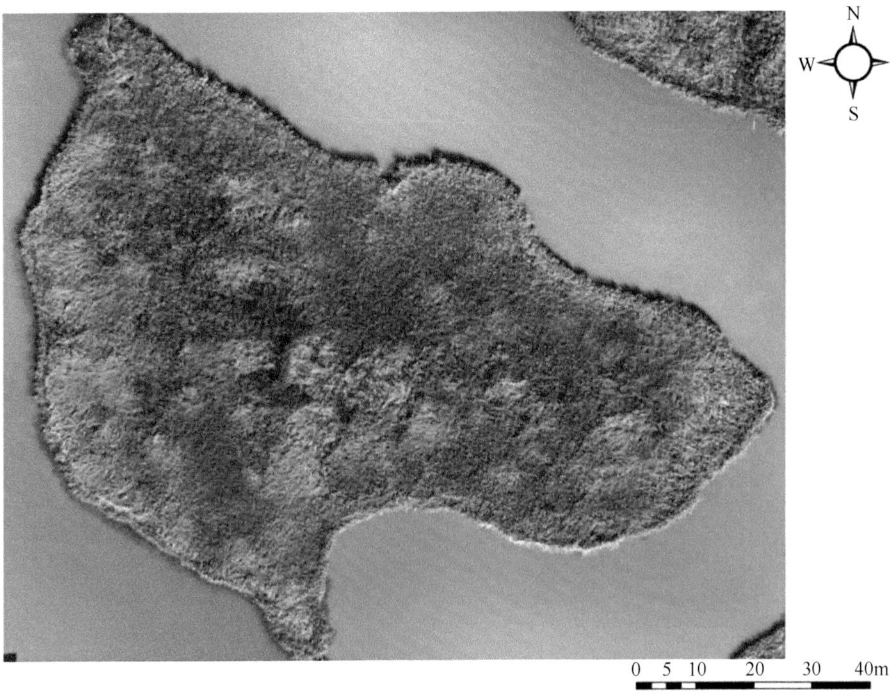

图 8.8　加拿大一枝黄花正射影像图

针对同一批样方，通过地面调查获得加拿大一枝黄花的盖度、株高等表观指标数据（变量 Y），通过无人机低空遥感技术获得相应的影像数据（变量 X）；利用统计方法来分析 X 变量与 Y 变量间的相关性。影像变量 X 可通过无人机低空遥感技术迅速得到批量数据，若 X 可以在一定精度内预测 Y 变量，可将两者相结合，利用无人机低空遥感技术快速获得批量的表观指标数据，为被入侵生态系统的危害评估奠定基础。具体过程如下。

利用数字摄影测量技术对待估测区域影像进行处理，获取高分辨率的待估测区域地面正射影像，进而建立待估测区域地表植物群落高度变化模型影像和可见光植被指数模型影像（图 8.9）。由图 8.9 可以看出，加拿大一枝黄花在花期（9～10 月）与其他植物可以明确区分，其中图中黄色区域为加拿大一枝黄花分布图，绿色为其他植物，蓝色为水域，从而获得其植被分布图。对待估测区域地面正射影像进行分类，确认入侵植物的空间分布。

利用地理信息系统软件的影像处理功能，将地表植物群落高度变化模型影像和可见光植被指数模型影像设置相同分辨率，将入侵植物生物量样本的采样点位置对应到待估测区域地表植物群落高度变化模型影像和可见光植被指数模型影像中，提取每一个采样点在模型影像中的地表植物群落高度值和可见光植被指数值；根据采样点入侵植物生物量、地表植物群落高度值和可见光植被指数值，建立入侵植物生物量与植物群落高度、可见光植被指数的回归模型，通过回归模型对入侵植物生物量进行估测。图 8.10 为根据植被分布图而获得的加拿大一枝黄花植被及盖度分布情况。

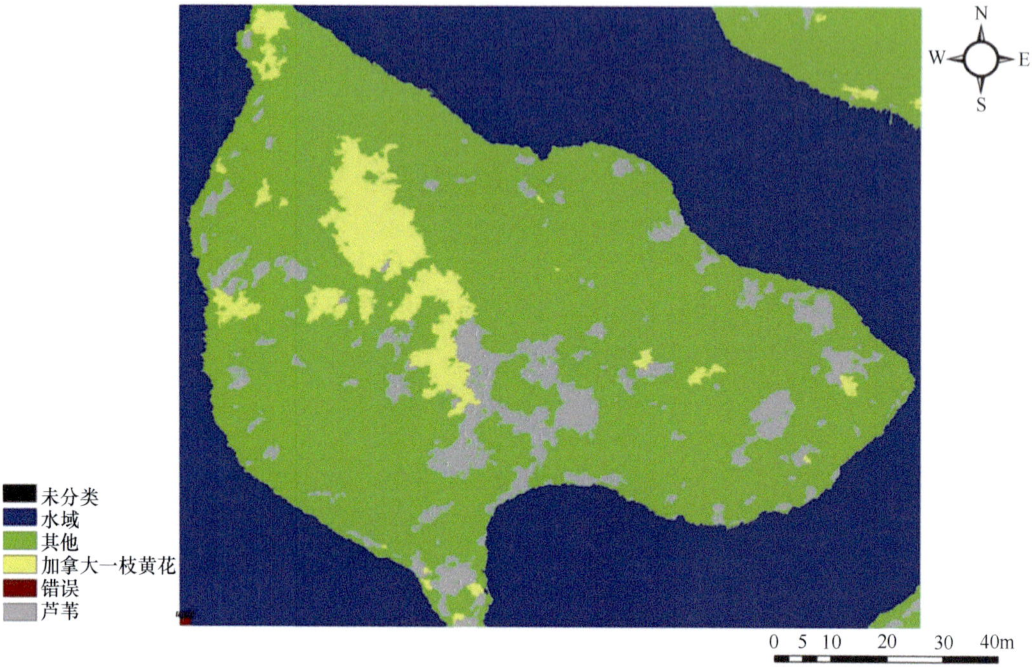

图 8.9　加拿大一枝黄花植被分类图

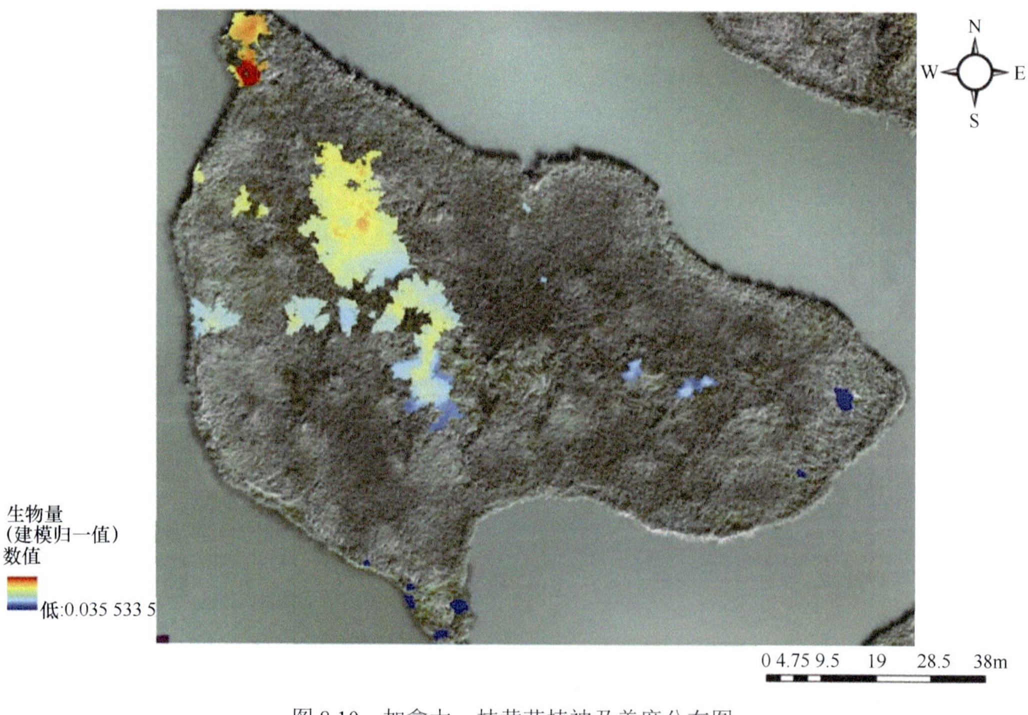

图 8.10　加拿大一枝黄花植被及盖度分布图

地面实测数据和影像数据的统计分析表明，X 变量（无人机影像数据）与 Y 变量（地面实测数据）之间存在显著的相关性，可以通过无人机低空遥感技术快速获取影像数据，将其代入模型，对入侵危害等级进行快速划分（图 8.11）。图 8.11 是结合无人机低空遥感技术与加拿大一枝黄花危害等级划分指标体系所生成的调查区域加拿大一枝黄花入侵危害等级快速划分图。

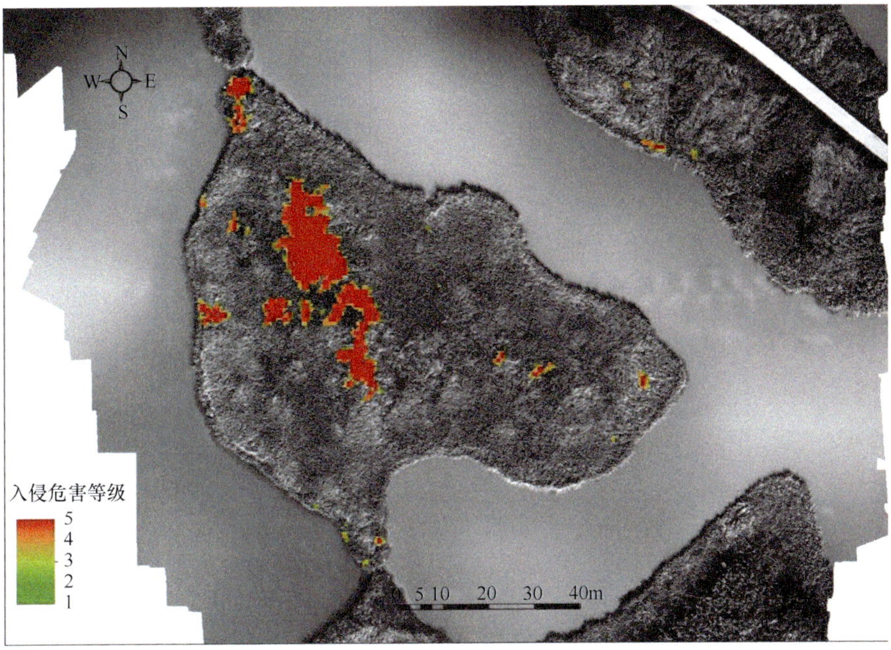

图 8.11 加拿大一枝黄花在杭州湾小岛的入侵危害等级划分

第三节 加拿大一枝黄花扩散路径

一、加拿大一枝黄花入侵扩散图谱的重构

基于公开发表的文献资料，以及中国数字植物标本馆（CVH）、中国国家标本资源平台的标本采集信息和采集的 79 个种群的样品信息，以 1920～1930 年、1920～1940 年、1920～1950 年、1920～1960 年、1920～1970 年、1920～1980 年、1920～2000 年、1920～2010 年、1920～2017 年为时间段，重建加拿大一枝黄花历史扩散图谱（图 8.12）。研究发现加拿大一枝黄花最早入侵地是浙江湖州德清。

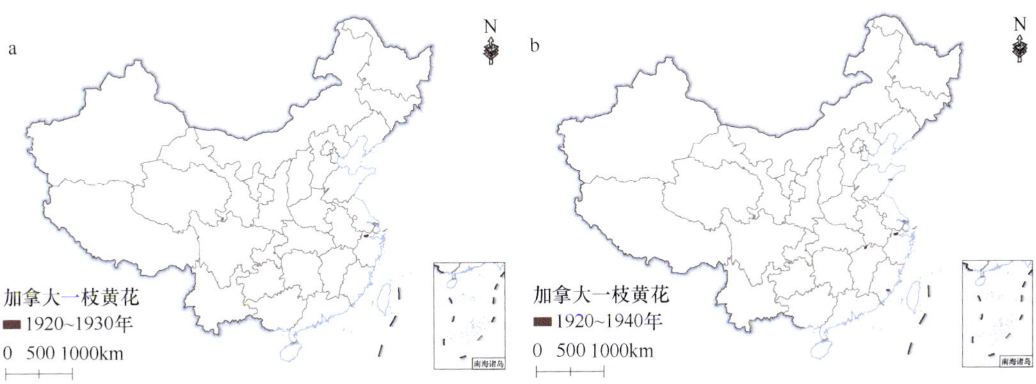

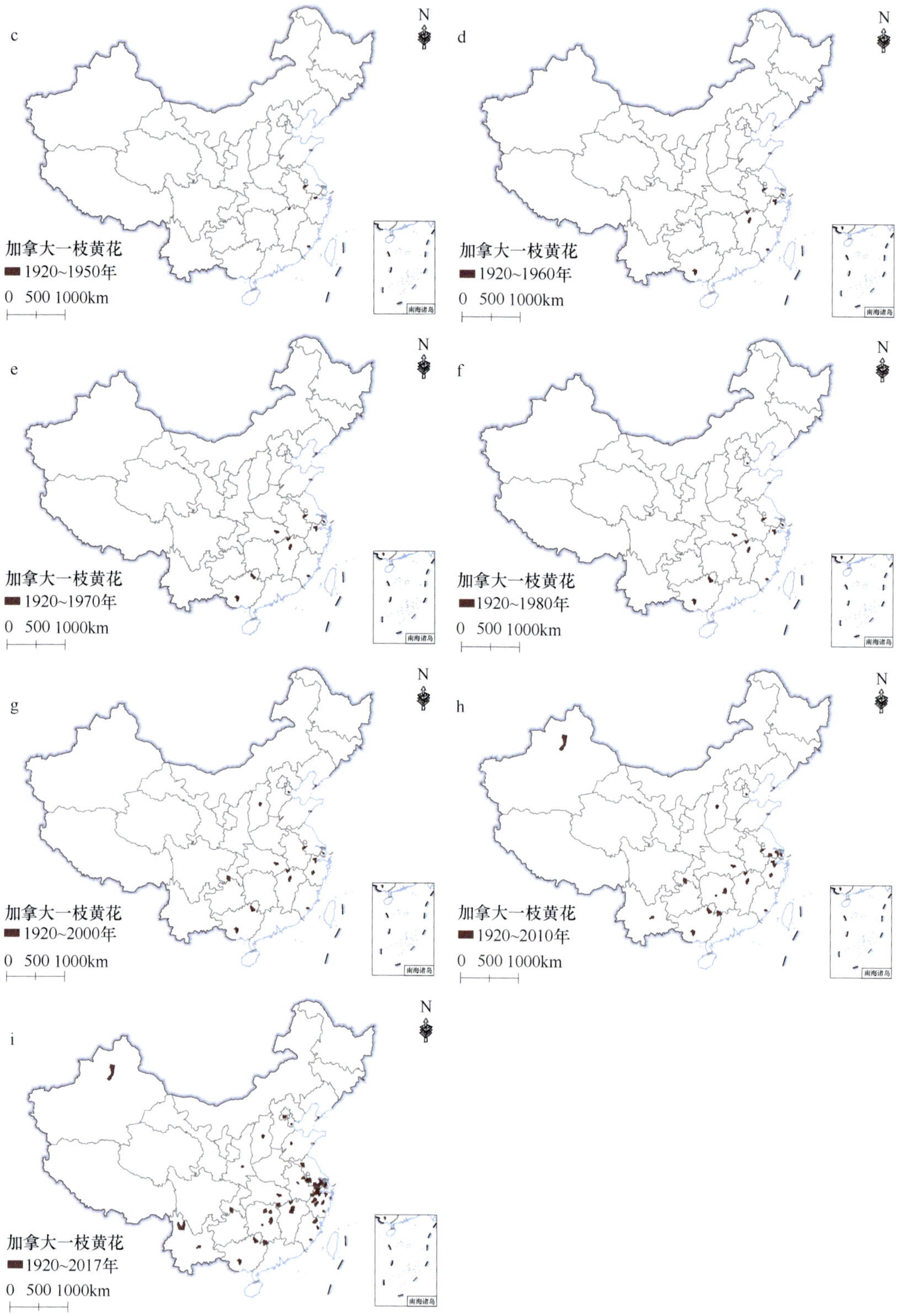

图 8.12　加拿大一枝黄花历史扩散图谱

二、加拿大一枝黄花扩散路径重建

1. cpSSR 与 cpDNA 分析

经流式细胞术分析，所采集的 45 个种群 1187 个个体中，入侵中国的 24 个种群均是六倍体，而在原产地美国的 19 个种群中有 10 个是多倍型混合种群，6 个是纯六倍体种群，3 个是纯二倍体种群。加拿大的 2 个种群，一个种群为多倍型混合种群，另一个种群为纯六倍体种群（表 8.3）。

表 8.3　加拿大一枝黄花种群信息

编号	地点	缩写	性质	细胞型	经度	纬度
1	福建省福州市	FZ	入侵地	六倍体	119.359°E	26.098°N
2	上海市闵行区	MH	入侵地	六倍体	121.433°E	31.307°N
3	上海市浦东新区	PD	入侵地	六倍体	121.804°E	31.354°N
4	江西省景德镇市	JDZ	入侵地	六倍体	117.166°E	29.318°N
5	江西省九江市	JJ	入侵地	六倍体	116.283°E	29.985°N
6	浙江省杭州市	HZ	入侵地	六倍体	120.297°E	30.161°N
7	浙江省台州市	TZ	入侵地	六倍体	121.397°E	28.656°N
8	浙江省温州市	WZ	入侵地	六倍体	120.607°E	28.126°N
9	江苏省连云港市	LYG	入侵地	六倍体	119.331°E	34.711°N
10	江苏省南京市	NJ	入侵地	六倍体	118.849°E	31.784°N
11	江苏省南通市	NT	入侵地	六倍体	120.842°E	32.072°N
12	武汉市汉口区	HK	入侵地	六倍体	114.350°E	30.878°N
13	武汉市武昌区	WC	入侵地	六倍体	114.415°E	30.543°N
14	安徽省芜湖市	WHU	入侵地	六倍体	118.387°E	31.342°N
15	广西桂林市	GL	入侵地	六倍体	110.288°E	25.157°N
16	云南省昆明市	KM	入侵地	六倍体	102.650°E	24.910°N
17	福建省武夷市	WY	入侵地	六倍体	118.010°E	27.230°N
18	江西省南昌市	NC	入侵地	六倍体	115.816°E	28.664°N
19	河南省信阳市	XY	入侵地	六倍体	114.916°E	32.001°N
20	湖南省长沙市	CS	入侵地	六倍体	112.950°E	28.140°N
21	浙江省宁波市	NB	入侵地	六倍体	121.456°E	29.950°N
22	浙江省湖州市	HUZ	入侵地	六倍体	120.399°E	30.740°N
23	江苏省苏州市	SZ	入侵地	六倍体	120.583°E	31.336°N
24	安徽省蚌埠市	BB	入侵地	六倍体	117.405°E	32.936°N
25	美国俄勒冈州本德市	ORB	原产地	六倍体 四倍体 二倍体	121.771°W	44.280°N
26	美国俄勒冈州约翰戴地区	ORJ	原产地	六倍体 二倍体	117.978°W	44.671°N
27	美国明尼苏达州圣保罗市	MN	原产地	六倍体	92.998°W	44.627°N
28	美国威斯康星州麦迪逊市	WI	原产地	六倍体 二倍体	90.505°W	43.953°N
29	美国艾奥瓦州杜布奎市	IW	原产地	六倍体 二倍体	90.681°W	42.448°N
30	美国伊利诺伊州布卢明顿市	IL	原产地	六倍体 二倍体	89.246°W	41.062°N
31	美国肯塔基州谢尔比县	KY	原产地	六倍体	85.330°W	38.204°N
32	美国印第安纳州门罗县	IN	原产地	六倍体 二倍体	86.386°W	39.151°N

续表

编号	地点	缩写	性质	细胞型	经度	纬度
33	美国俄勒冈州塞勒姆市	OH	原产地	六倍体 二倍体	80.757°W	40.598°N
34	美国密歇根州本顿港市	MI	原产地	六倍体	86.518°W	42.031°N
35	美国缅因州波特兰市 1	ME1	原产地	二倍体	70.319°W	43.653°N
36	美国缅因州波特兰市 2	ME2	原产地	六倍体	70.319°W	43.653°N
37	美国罗得岛州朴次茅斯市	RI	原产地	二倍体	70.808°W	43.098°N
38	美国马萨诸塞州波士顿市	MA	原产地	二倍体	71.121°W	42.298°N
39	美国新泽西州特伦顿市	TNJ	原产地	六倍体	74.530°W	40.420°N
40	美国弗吉尼亚州德拉尼斯威尔	VA	原产地	六倍体 二倍体	77.316°W	38.983°N
41	美国俄勒冈州波特兰市	ORP	原产地	六倍体	122.574°W	45.563°N
42	美国宾夕法尼亚州匹兹堡市	PT	原产地	六倍体 二倍体	78.960°W	41.580°N
43	美国纽约州纽约市	NY	原产地	六倍体 四倍体 二倍体	76.500°W	42.460°N
44	加拿大不列颠哥伦比亚州乔治王子市	PG	原产地	六倍体 二倍体	122.670°W	53.883°N
45	加拿大不列颠哥伦比亚州阿莱萨湖研究林	AL	原产地	六倍体	122.100°W	50.040°N

为了进一步采用分子标记技术重建加拿大一枝黄花的扩散路径，根据文献报道和预实验结果选择扩增效果稳定良好、条带清晰的 4 个 cpSSR 引物（表 8.4），以及测序结果准确的两个叶绿体基因间隔区 psbA-trnH 和 trnL-F 继续进行后续实验。这两个间隔区引物的序列如表 8.5 所示。

表 8.4　4 个 cpSSR 引物序列

引物	序列（5′—3′）
ccmp6	Fwd：CGATGCATATGTAGAAAGCC Rev：CATTACGTGCGACTATCTCC
NTCP19	Fwd：AATCGTTGTTTTAGACGATGC Rev：GAAACCCATTCTTACCACAAG
NTCP39	Fwd：GTCACAATTGGGGTTTTGAATA Rev：GACGATACTGTAGGGGAGGTC
NTCP40	Fwd：TAATTTGATTCTTCGTCGC Rev：GATGTAGCCAAGTGGATCA

表 8.5　两个叶绿体基因间隔区的引物序列

间隔区	引物名称	引物序列（5′—3′）
psbA-trnH	psbA3′f	GTTATGCATGAACGTAATGCTC
	trnHf	CGCGCATGGTGGATTCACAATCC
trnL-F	e	GGTTCAAGTCCCTCTATCCC
	f	ATTTGAACTGGTGACACGAG

基于 cpSSR 与叶绿体基因间隔区的序列结果计算得到种群遗传多样性指数（表 8.6）。基于 cpSSR 数据获得的入侵地加拿大一枝黄花种群的观察等位基因数量（N_a）、有效等位基因数量（N_e）、香农信息指数（I）、Nei's 基因多样性指数（H）均高于原产地种群，但基于叶绿体基因间隔区的多态性位点、每个种群平均单倍型数量、单倍型多样性指数

（H_d）、核苷酸多样性（π）却比原产地种群要低。

表 8.6　加拿大一枝黄花种群多样性

多样性指数	入侵地		原产地	
	平均数	标准差	平均数	标准差
基于叶绿体 SSR 数据（cpSSR）				
观察等位基因数量（N_a）	11.75	8.18	8.75	0.377
有效等位基因数量（N_e）	3.97	1.00	3.33	1.36
香农信息指数（I）	0.74	0.06	0.67	0.10
Nei's 基因多样性指数（H）	1.59	0.40	1.36	0.35
基于叶绿体 DNA 数据（psbA-trnH 和 trnL-F）				
多态性位点数量	11.215	1.051	11.579	1.017
每个种群平均单倍型数量	1.541	0.558	3.619	1.203
单倍型多样性指数（H_d）	0.1809	0.0611	0.5489	0.1188
核苷酸多样性（π）	0.0280	0.0149	0.0286	0.0154

基于叶绿体基因间隔区序列，通过 537 个加拿大一枝黄花个体可以得到 34 个单倍型。由图 8.13 可知，2 个单倍型（H32 和 H34）为入侵地所特有，3 个单倍型（H1、H9 和 H11）在原产地与入侵地均存在，而其余 29 种单倍型仅存于原产地种群中。其中，单倍型 H1 频率最高，为最大共享的单倍型，且原产地与入侵地均有这个单倍型，说明无论是在原产地还是入侵地，加拿大一枝黄花叶绿体基因间隔区序列保存突变率低，存在同一个祖先。34 个单倍型中除 H1 单倍型外，其余单倍型均是由单倍型 H1 突变而来的。

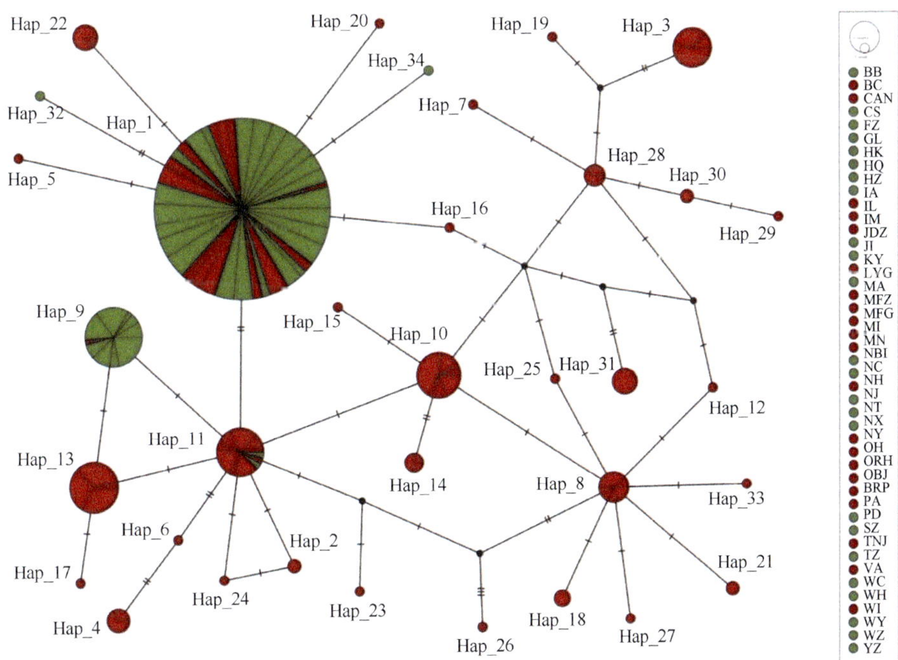

图 8.13　单倍型网状关系图

相应单倍型的频率用不同大小的圆圈表示。每一种颜色的圆圈代表一种单倍型。每一条实线表示一个突变步骤，即一个单倍型经过一个突变步骤成为另一个单倍型，该事件的支持率为 95%。连线上的短划线代表缺失单倍型这表明加拿大一枝黄花在扩散传播过程中发生了一定程度的遗传分化。同时，结果也表明存在多点起源（图 8.13）。由图 8.13 还可知，中国的加拿大一枝黄花的单倍型数量很少，仅 5 种，表明中国的加拿大一枝黄花起源于美国，且有自己独特的分化，如 H32 和 H34。

cpSSR 数据的 AMOVA 分析结果（表 8.7）显示，绝大部分变异（94.10%）存在于种群内，小部分（5.63%）存在于种群间，而极小部分（0.28%）存在于入侵地与原产地之间。cpDNA 数据的 AMOVA 分析结果（表 8.7）显示，大部分变异（52.27%）存在于种群内，小部分（40.46%）存在于种群间，而极小部分（7.27%）存在于入侵地与原产地之间。在入侵地也是显示相似的规律。但在原产地却不同，基于 cpSSR 数据的 AMOVA 分析结果（表 8.7），绝大部分变异（94.88%）存在于种群内，极小部分（5.12%）存在于种群间。基于 cpDNA 数据的 AMOVA 分析结果（表 8.7），大部分变异（52.32%）存在于种群间，小部分（47.68%）存在于种群内。

表 8.7　加拿大一枝黄花种群 AMOVA 分析结果

变异来源	自由度	方差	变异组分	变异比例	*P*
a）入侵地与原产地					
基于叶绿体 SSR 数据（cpSSR）					
区域间	1	1.873	0.001	0.28	0.001
种群间	43	48.99	0.0278	5.63	0.001
种群内	1037	484.934	0.468	94.10	0.001
合计	1081	535.797	0.4968		
F_{ST}=0.059					
基于叶绿体 DNA 数据（psbA-trnH 和 trnL-F）					
区域间	1	435.260	1.280	7.27	0.001
种群间	43	4039.738	7.117	40.46	0.001
种群内	494	4515.257	9.196	52.27	0.001
合计	538	8990.255	17.593		
F_{ST}=0.447					
b）入侵地					
基于叶绿体 SSR 数据（cpSSR）					
种群间	23	24.935	0.031	6.31	0.001
种群内	451	209.682	0.465	93.69	0.001
合计	474	234.617	0.496		
F_{ST}=0.063					
基于叶绿体 DNA 数据（psbA-trnH 和 trnL-F）					
种群间	23	1437.976	4.442	32.90	0.001
种群内	265	2400.716	9.059	67.10	0.001
合计	288	3838.692	13.501		
F_{ST}=0.329					
c）原产地					
基于叶绿体 SSR 数据（cpSSR）					
种群间	20	24.055	0.025	5.12	0.001
种群内	586	275.251	0.470	94.88	0.001
合计	606	299.306	0.495		
F_{ST}=0.051					

续表

变异来源	自由度	方差	变异组分	变异比例	P
		基于叶绿体 DNA 数据（psbA-trnH 和 trnL-F）			
种群间	20	2601.763	10.266	52.32	0.001
种群内	226	2114.541	9.356	47.68	0.001
合计	246	4716.304	19.622		
F_{ST}=0.523					

2. GBS 分析

基于 GBS 数据，K=2 较好地显示了种群结果，K=3 次之。当 K=2 时，所有个体可以分为两个类群，但每个类群均含有入侵地个体与原产地个体（图 8.14，图 8.15）。cpSSR 数据 UPGMA 聚类结果显示中国的种群有可能来自美国二倍体种群，也有可能来自美国六倍体种群，具有多点起源的特点（图 8.16）。

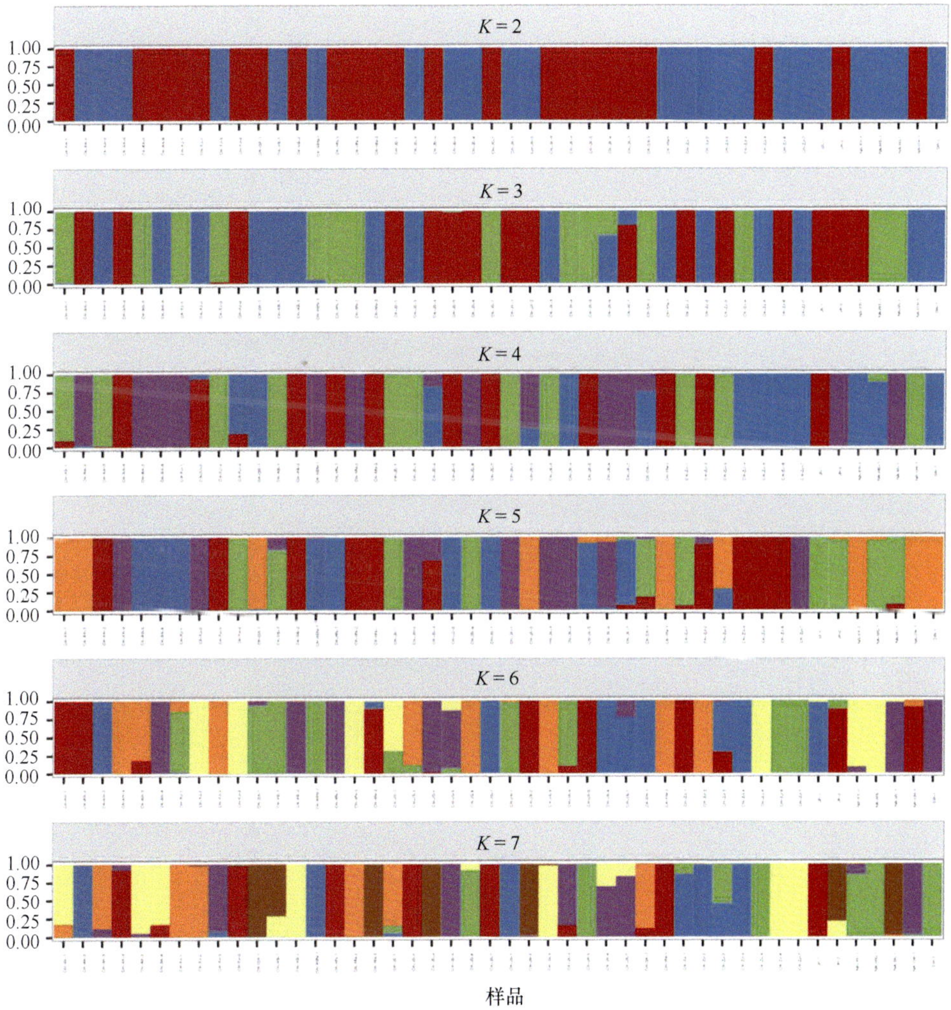

图 8.14　Structure 分析图

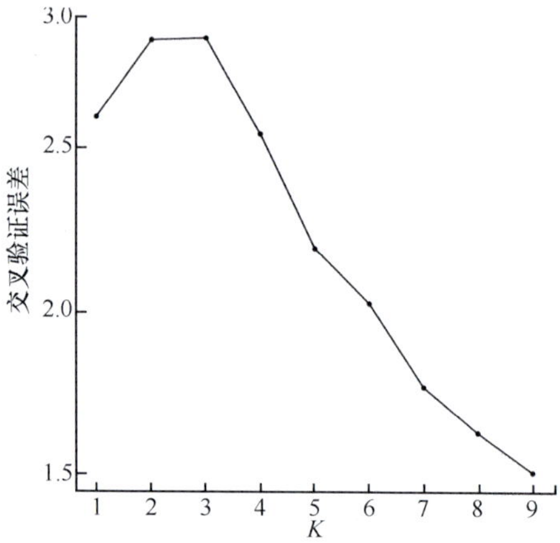

图 8.15　校正图

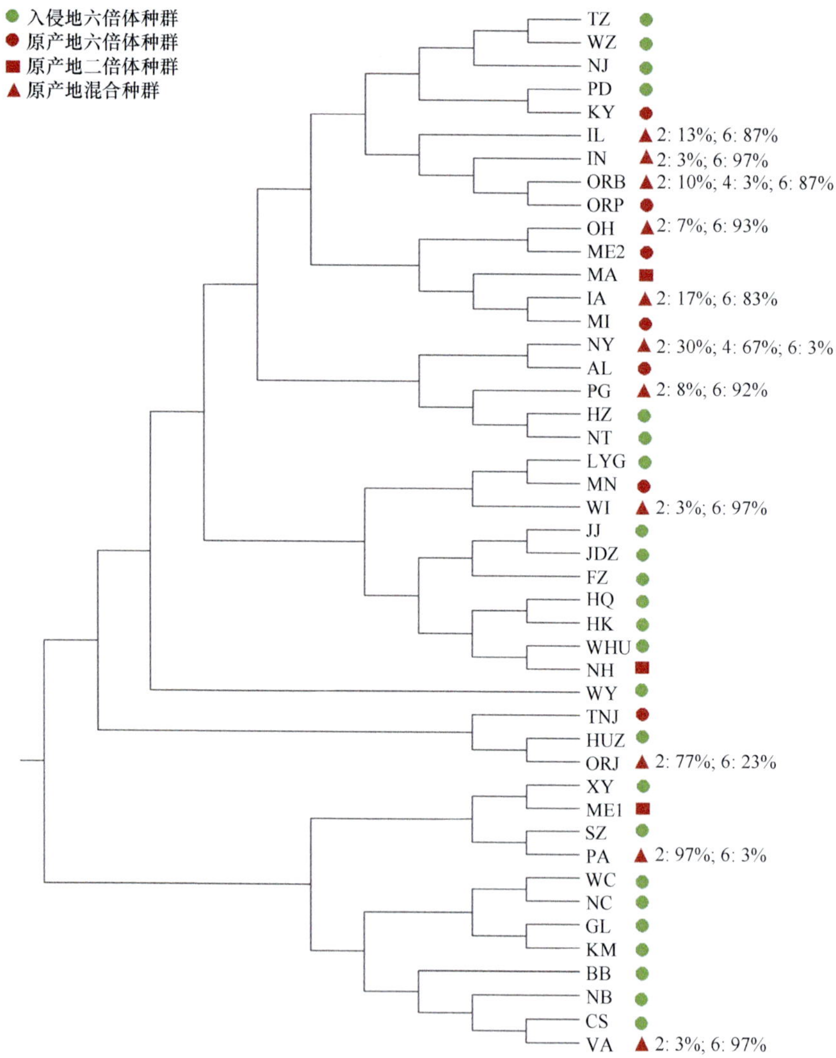

图 8.16　UPGMA 聚类图

图右侧数据表示种群倍体数及其所占比例，如“2: 13%；6: 87%”表示二倍体种群占 13%、六倍体种群占 87%

由图 8.17 可知，中国的加拿大一枝黄花种群之间无显著的地理隔离，相距较远的种群可以聚在一起，而相距较近的种群又被分在不同的种群里。从基于 GBS 方法得到的聚类图可以看出，云南种群与江苏种群聚在一起，安徽种群与广西种群聚在一起，表明加拿大一枝黄花具有多种扩散方式：园艺引入逃逸、天然扩散、运输、多点起源、多次入侵等。

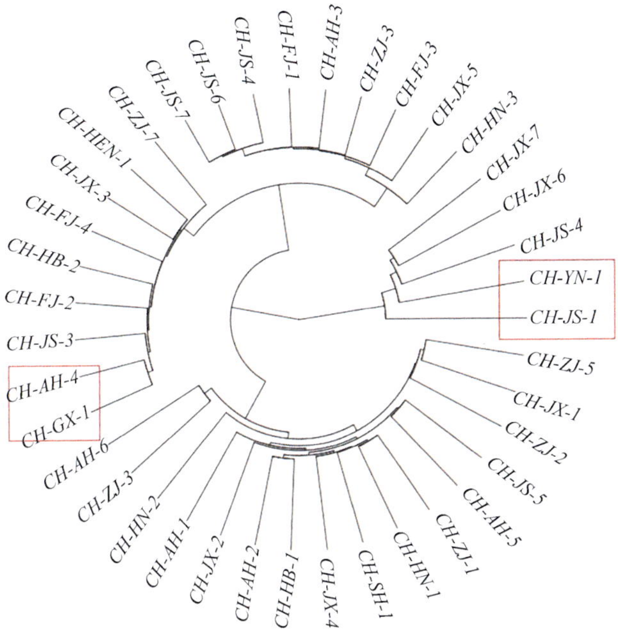

图 8.17　基于 GBS 方法获得的 SNP 的聚类结果

3. 叶绿体全基因组测序分析

基于叶绿体全基因组测序，共获得 181 个高质量的变异位点，其中 90 个 SNP、33 个插入（insertion）、28 个缺失（deletion）以及其他 30 个复杂变异。

利用检测获得的 90 个高质量的 SNP 位点构建系统进化树。首先将 SNP 位点的序列信息转化为 PHYLIP 文件格式，再通过 PHYML 软件利用最大似然法建树，bootstrap 参数设置为 1000（图 8.18）。研究结果发现江苏的加拿大一枝黄花个体与美国六倍体个体聚在一起，江西、上海、浙江的加拿大一枝黄花个体与美国二倍体个体聚在一起。

4. 加拿大一枝黄花扩散路径

综合分子与历史扩散路径，推测中国的加拿大一枝黄花种群来自美国多个加拿大一枝黄花种群，如俄亥俄州的种群入侵武汉、俄勒冈州的种群入侵武昌、肯塔基州的种群入侵浙江、纽约州的种群入侵上海等。同时，研究认为中国种群既存在自然扩散，如从上海扩散到安徽再到上海；又存在人为的长距离交通迁移，如从南京扩散到云南和江西。

三、加拿大一枝黄花元胞自动机模型模拟

以植物多样性替代阻截实验样方中物种多样性为自变量，以每个样方中加拿大一

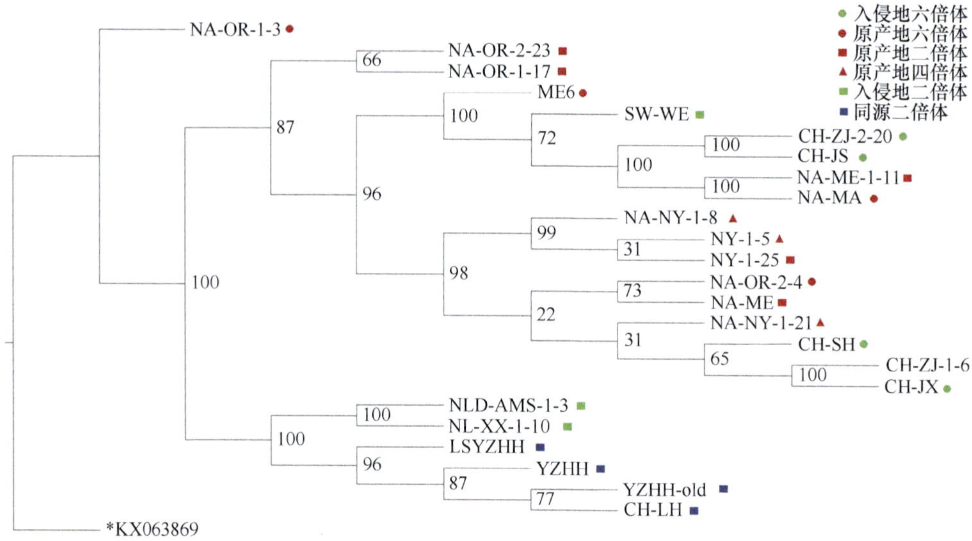

图 8.18　叶绿体基因组的系统进化树

枝黄花生物量比例为因变量，建立回归方程 y=0.441–0.028x。以回归方程作为植物多样性样方的可入侵性计算标准。通过对野外加拿大一枝黄花无明显扩散的样方开展调查，确定 0.24 为自然群落没有受到入侵影响的生物量比例阈值。同时，考虑相邻群落的相互入侵影响，建立元胞自动机模型（图 8.19）。图 8.19 中绿色图为加拿大一枝黄花生物量比例分布，彩色图为样方植物多样性分布，白色为未受加拿大一枝黄花入侵的群落，黑色为受加拿大一枝黄花入侵的群落。通过 22 年的数据模拟，发现植物多样性高的群落被入侵的可能性小，而植物多样性低的群落被加拿大一枝黄花入侵的可能性大。由于受到植物多样性低的群落影响，随着时间的推移，植物多样性高的群落也将会被加拿大一枝黄花入侵。因此，保持整个区域的高植物多样性对于抵抗加拿大一枝黄花的入侵非常重要。

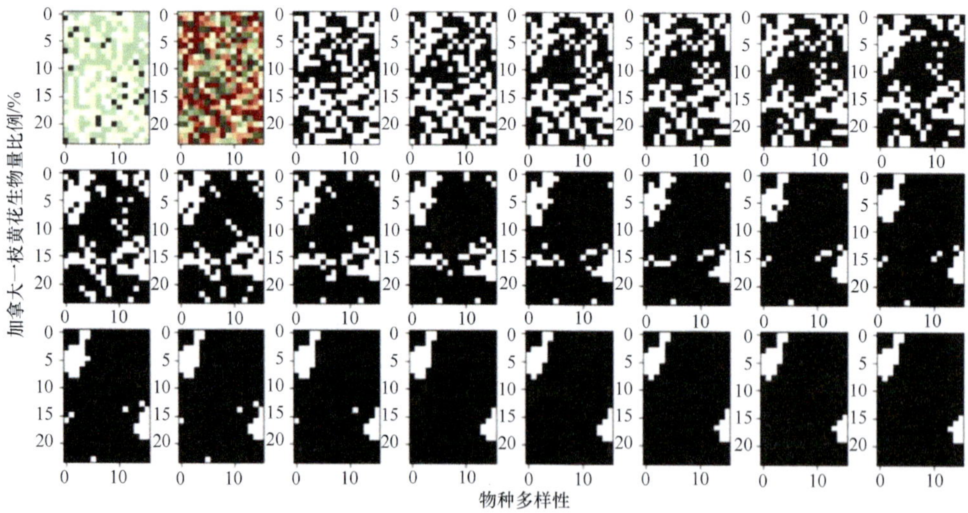

图 8.19　加拿大一枝黄花元胞自动机模型

第四节　加拿大一枝黄花阻截技术

一、本土实验物种

根据浙江台州地区加拿大一枝黄花入侵地的调查，发现本地群落截获利用光能对加拿大一枝黄花入侵会产生重要的影响，已有研究也同样证明了本地植物群落的光能利用是抵抗加拿大一枝黄花的一个重要特征（孙晓芳等，2008）。以加拿大一枝黄花的生理生长特征为参照标准，在选择本地植物时主要考虑两个主要特征：光能利用的空间生态位和时间生态位。在野外正常生长条件下，选择比加拿大一枝黄花高或矮的本地物种作为空间生态位的参照标准，以春季幼苗生长比加拿大一枝黄花早或晚的本地物种作为时间生态位的参照标准。在入侵地，通过调查选择常见的本地物种和湿地内人工种植的常见品种（表 8.8），这些物种均为具有较强竞争力且具有一定经济价值的本地植物，以物种高度和主要生长季为参考指标，确定 4 个功能群：早，生长季早；晚，生长季晚；高，植株相对较高；矮，植株相对较矮。每个功能群各选定符合要求的 2 个物种，共确定 8 个物种作为实验物种。

表 8.8　4 个功能群物种

功能群编号	高度	生长季	物种名
1	高	早	牛蒡（*Arctium lappa*）、败酱（*Patrinia scabiosaefolia*）
2	矮	早	桔梗（*Platycodon grandiflorus*）、金线草（*Antenoron filiforme*）
3	高	晚	牛膝（*Achyranthes bidentata*）、虎杖（*Reynoutria japonica*）
4	矮	晚	蒲公英（*Taraxacum mongolicum*）、车前（*Plantago asiatica*）

二、育苗

2016 年 7～10 月在台州收集相关本地物种种子，11 月进行育苗。根据样地建设需要，每个物种设立 20m×2m 的田垄，每个田垄之间有 30cm 宽的排水沟（图 8.20）。本地物种种子在 12 月用水浸泡 1h 后，均匀撒入田垄中，然后在种子上面覆盖一层基质土，架好竹架，覆上薄膜。待种子出苗后，再生长 15 天左右，进行移苗并建立植物多样性替代群落。

图 8.20　本地植物育苗和步入式人工气候室加拿大一枝黄花育苗

2016 年 12 月在台州学院步入式人工气候室中对入侵植物加拿大一枝黄花种子进行育苗。

三、植物多样性替代技术

2017 年 3～4 月进行样地规划，在浙江台州选择河网密布区域的农业弃耕地 20 亩作为实验区域。每个实验样方设计为 2m×2m，样方与样方中间有 1m 宽的路隔开。区组与区组间以 2m 道路隔开。每个样方栽种本地植物 32 株，样方内每个物种的植株数量按照总数量与物种丰富度相除得出。5 月进行移栽，建立人工样地。每个区组设置 1 个、2 个和 4 个功能群梯度，同时配置 1 个、2 个、4 个和 8 个物种的多样性配置，单种种植的物种不设重复（8 个样方）；2 个和 4 个物种梯度分别设立 6 个组合，每个组合设置 3 个重复；8 个物种组合，设置 3 个重复。每个区组共 47 个样方。上述实验设计共设立 9 个实验区组。具体样地设计如图 8.21 所示。在本地植物群落建成两个月基本稳定后，将

功能群数量	物种数量	株高高，生长季早		株高高，生长季晚		株高低，生长季早		株高低，生长季晚	
		牛蒡	败酱	牛膝	虎杖	蒲公英	车前	桔梗	金线草
1	1	■							
1	1		■						
1	1			■					
1	1				■				
1	1					■			
1	1						■		
1	1							■	
1	1								■
2	2	■		■					
2	2	■				■			
2	2		■					■	
2	2			■		■			
2	2				■			■	
2	2						■		■
2	4	■	■	■	■				
2	4	■	■			■	■		
2	4	■	■					■	■
2	4			■	■	■	■		
2	4			■	■			■	■
2	4					■	■	■	■
4	8	■	■	■	■	■	■	■	■

图 8.21　样方物种组成和功能群组成配置图

加拿大一枝黄花幼苗（高度为 15cm 左右的同生苗）移栽至每个 2m×2m 样方中，每个样方 12 株，均匀分布在样方中，用于进行植物多样性替代的加拿大一枝黄花阻截技术研发。

四、不同物种组合对加拿大一枝黄花入侵的抵抗性

用人工群落内加拿大一枝黄花的生物量比例表示群落的可入侵性，数值越高代表群落的可入侵性越高，数值越低代表群落的可入侵性越低。主要结果如下。

1. 本地植物物种丰富度与群落可入侵性的关系

本地植物物种丰富度与群落可入侵性呈显著负相关关系（图 8.22），群落内物种越丰富，对加拿大一枝黄花的入侵抵抗能力越强。但功能多样性与群落可入侵性未达到显著相关水平（$r = -0.200$，$n = 47$，$P = 0.178$）。

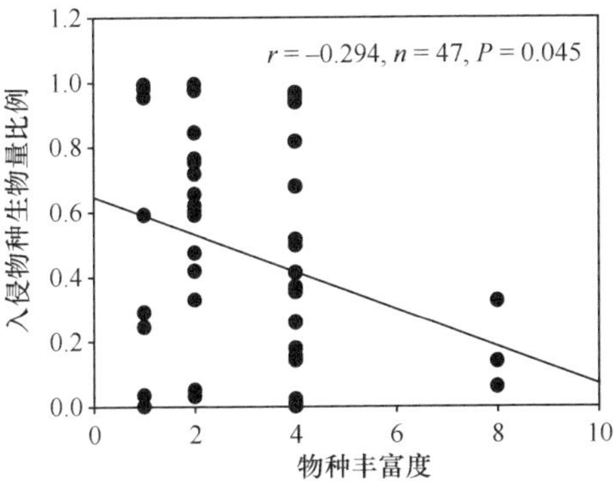

图 8.22　物种丰富度与群落可入侵性的关系

2. 本地植物生物量和光能利用效率与群落可入侵性的关系

群落可入侵性与群落内本地植物生物量、光能利用效率呈极显著负相关关系（图 8.23）。本地植物生长得越好，获得的光资源越多，与加拿大一枝黄花的竞争强度也就越强，从而抑制加拿大一枝黄花的生长，有效阻截加拿大一枝黄花的扩散和入侵。

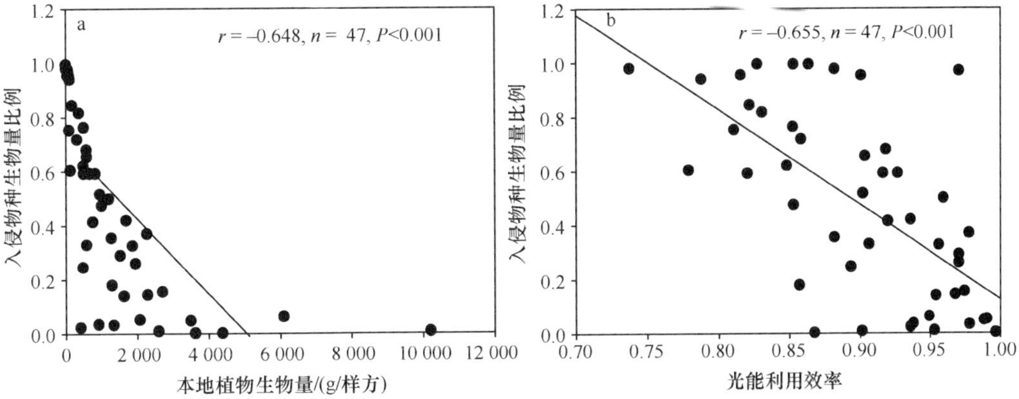

图 8.23　本地植物生物量（a）和光能利用效率（b）与群落可入侵性的关系

3. 败酱对群落可入侵性的影响

在有败酱生长的群落中，群落可入侵性明显低于无败酱的群落，表明败酱在群落抵抗加拿大一枝黄花的入侵中起到关键作用（图 8.24）。

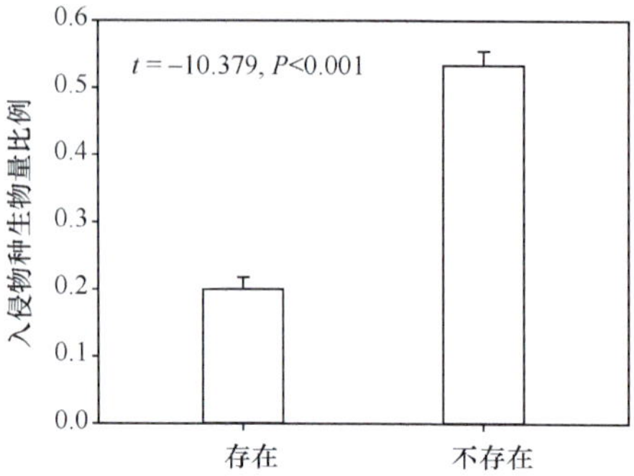

图 8.24　败酱存在和不存在的群落可入侵性之间的差异

4. 不同物种组成的群落可入侵性的比较

通过优化物种组合和功能群组合，构建人工群落，能够有效抵御加拿大一枝黄花的入侵（图 8.25）。败酱+桔梗（编号 3）、牛蒡+败酱+牛膝+虎杖（编号 7）、牛蒡+败酱+桔梗+金线草（编号 9）和 8 个物种都有（编号 13）的人工群落可入侵性较低，表明这 4 个物种组合对加拿大一枝黄花具有较强的抵抗力。植株高-生长季早+植株高-生长季晚（编号 3）和 4 个功能群组合同时存在（编号 7）的人工群落可入侵性较低，表明这两种功能群组合对加拿大一枝黄花具有较强的抵抗力。

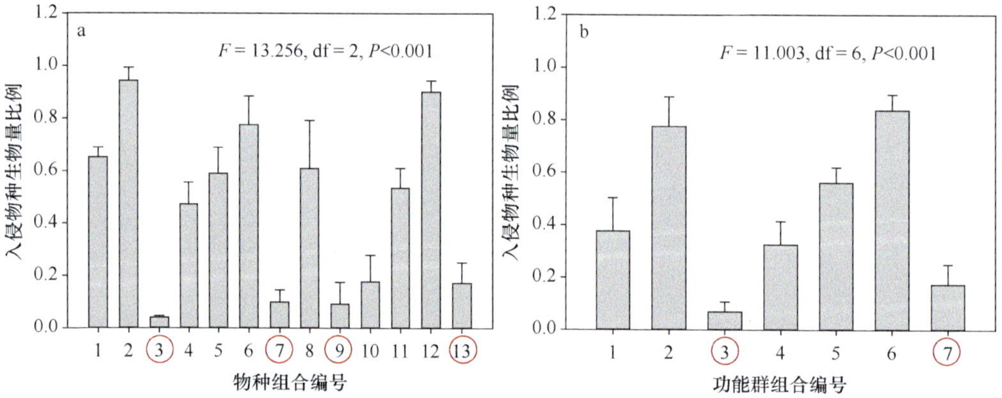

图 8.25　不同物种组合（a）和功能群组合（b）群落可入侵性之间的差异

第五节　加拿大一枝黄花防控技术

一、基于生境改良的入侵植物治理技术

1. 入侵植物植物源抑制剂的筛选与分析

采集本地植物狗尾草（*Setaria viridis*）植株，清洗干净晾干后，置于烘箱中，75℃

左右烘干，用粉碎机粉碎并过 30 目筛。按照 1g 粉末添加 10mL 蒸馏水配制溶液。将配好的溶液置于摇床中，在控温 15℃、转速 120r/min 的条件下振荡浸提 12h，用低速离心机以 1000r/min 离心 10min 除去残渣，得到狗尾草浸提液。用微孔滤膜（0.22μm）过滤样品，采用冷冻干燥机将其冻成粉末，贮存于–20℃冰箱备用，将该粉末作为生物制剂使用。采用液相二级质谱（LS-MS-MS）分析粉末成分；通过生物分析测试狗尾草浸提液对加拿大一枝黄花、本地植物牛膝（*Achyranthes bidentata*）、虎杖（*Reynoutria japonica*）和车前（*Plantago asiatica*）幼苗生长的影响，即用浓度为 0.1g/mL 狗尾草浸提液浇灌幼苗，每盆每次 50mL，每隔 2 周浇灌一次，以不浇灌浸提液为对照，连续开展 3 个月，结束后收获植株，测定各植物地上、地下和总生物量。

结果表明，狗尾草浸提液中含有多种化学成分（表 8.9），它们能够相互作用并对加拿大一枝黄花的生长存在较强的化感抑制效应，其中黄酮及其衍生物、生物碱和胆碱等活性成分的作用比较关键。此外，狗尾草浸提液还含有促进本地物种生长的色胺、植物激素、核苷酸、萜类和奎宁及其衍生物等。

表 8.9　狗尾草浸提液的化学成分

成分	类别	种类数量/种
1	黄酮及其衍生物	164
2	氨基酸及其衍生物	89
3	有机酸及其衍生物	70
4	酯类衍生物	65
5	核苷酸及其衍生物	53
6	羟基肉桂酰衍生物	35
7	奎宁及其衍生物	23
8	糖类	18
9	植物激素	18
10	苯甲酸衍生物	15
11	维生素	15
12	酚胺类	15
13	香豆素及其衍生物	14
14	色胺及其衍生物	10
15	醇类（包括多元醇）	8
16	生物碱	8
17	吲哚及其衍生物	7
18	胆碱	5
19	烟酸及其衍生物	5
20	儿茶酚及其衍生物	4
21	吡啶	2
22	萜类	1

与对照相比，0.1g/mL 狗尾草浸提液显著降低加拿大一枝黄花株高、地下生物量和总生物量（图 8.26），显著增加本地植物虎杖株高（图 8.27）以及牛膝和车前的株高、地下生物量和总生物量（图 8.28，图 8.29）。

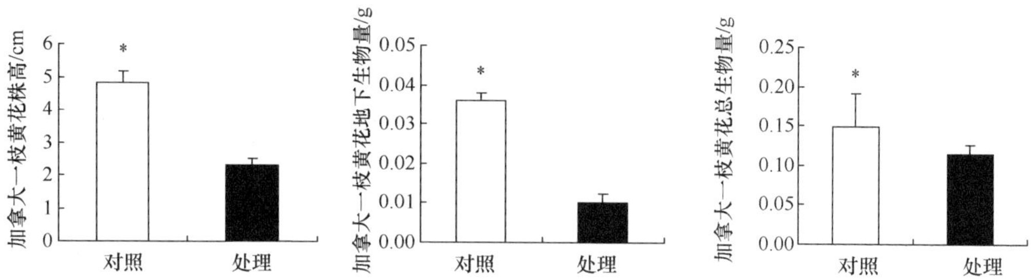

图 8.26　狗尾草浸提液对加拿大一枝黄花的影响

*表示不同处理之间存在显著性差异，下同

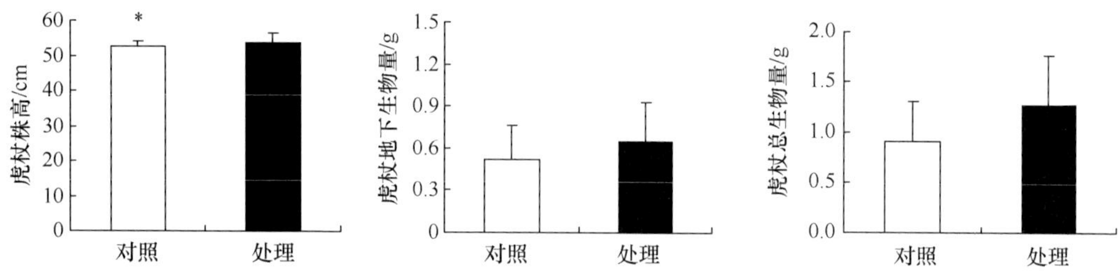

图 8.27　狗尾草浸提液对本地植物虎杖的影响

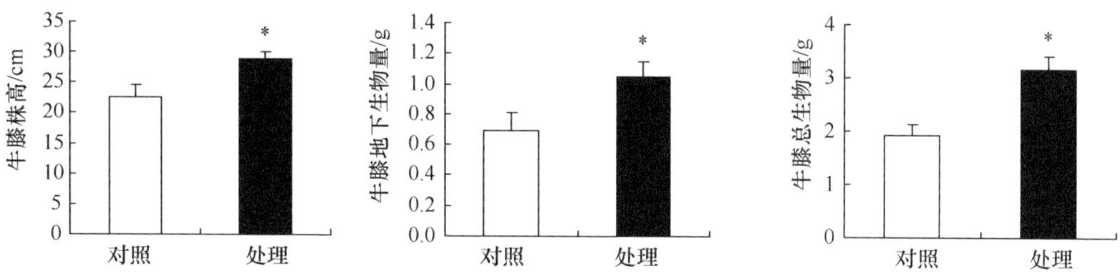

图 8.28　狗尾草浸提液对本地植物牛膝的影响

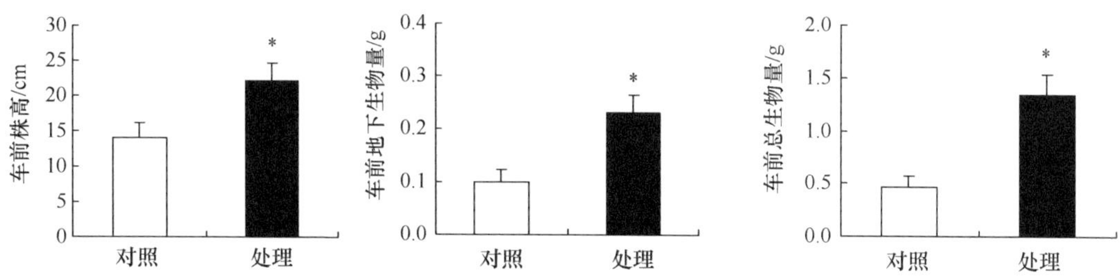

图 8.29　狗尾草浸提液对本地植物车前的影响

2. 适宜土著土壤微生物群落恢复的微生物强化剂研发

以无入侵植物的土壤为基质，加入本地植物，采用有氧堆肥法制备促进土著土壤微生物群落恢复的微生物强化剂，从而改善入侵地土壤微生物群落的结构和功能。

（1）微生物强化剂的制作方法

将稻秆、麦麸以及本地植物败酱、牛膝、乌蔹莓（*Cayratia japonica*）、艾蒿和扯根菜（*Penthorum chinense*）等自然风干后，分别用破碎机破碎成颗粒物。然后将颗粒物按稻秆 60kg、麦麸 20kg 和本地植物 30kg（败酱、牛膝、乌蔹莓、艾蒿、扯根菜按质量配比 6∶2∶1∶4∶3 混合）的比与未被入侵植物侵染的潮润土壤 150kg 混合均匀，采用长条形（宽 0.4～1m，高 0.3～0.8m）堆肥方式（图 8.30），堆体顶部有凹槽，以便收集水分和控制含水量，堆体上方用黑色薄膜覆盖以防止雨水冲刷。堆肥开始时堆体含水量控制在 50%左右，之后定期浇水和通风，使其含水量和温度分别保持在 50%～60%和 45～55℃。每隔 3 天翻堆一次，连续 3 个月，充分发酵后就可作为微生物强化剂使用。

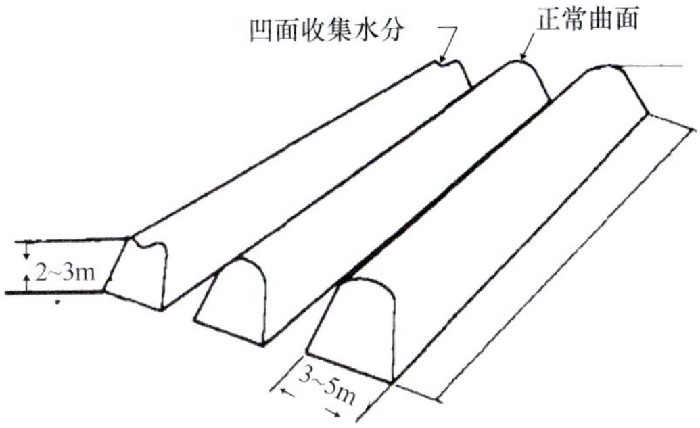

图 8.30　条垛式堆肥方式

（2）微生物强化剂的应用效果分析

将不同浓度的微生物强化剂与栽培基质（农田土壤/砂子=1∶1）混合后装入花盆（10L），移植入侵植物和本地植物桔梗（*Platycodon grandiflorus*）、荠菜（*Capsella bursa-pastoris*）、碎米荠（*Cardamine hirsuta*）、甘草（*Glycyrrhiza uralensis*）等幼苗（图 8.31），人工管理 3 个月后，收获地上部分并烘干称重，同时采集盆中土壤测定总氮、总磷、pH 和微生物生物量碳，据此分析微生物强化剂对入侵植物、本地植物、土壤养分和土壤微生物的影响。

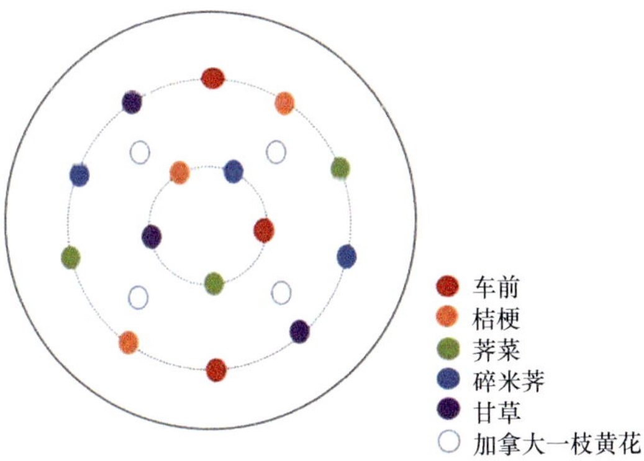

图 8.31　堆肥实验人工群落构建图

结果表明，添加 5%微生物强化剂对土壤 pH、总氮、总磷影响不大，但显著提高了土壤微生物生物量碳（图 8.32），表明土壤微生物数量显著增加。

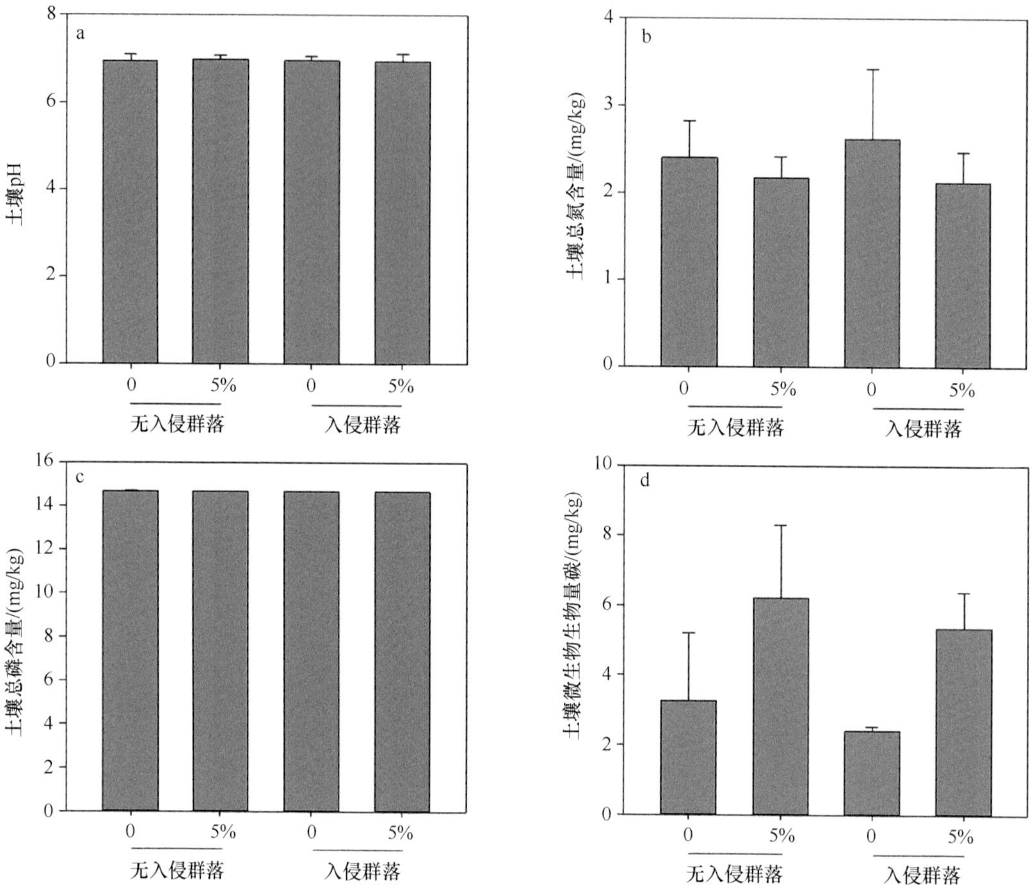

图 8.32　微生物强化剂对土壤 pH（a）、总氮（b）、总磷（c）和微生物生物量碳（d）的影响

添加 5%微生物强化剂可以显著降低入侵植物地上生物量（图 8.33），但对本地植物影响不大（图 8.33），表明微生物强化剂可在不影响本地植物生长的前提下，起到抑制入侵植物生长的作用，有利于本地植物的恢复。

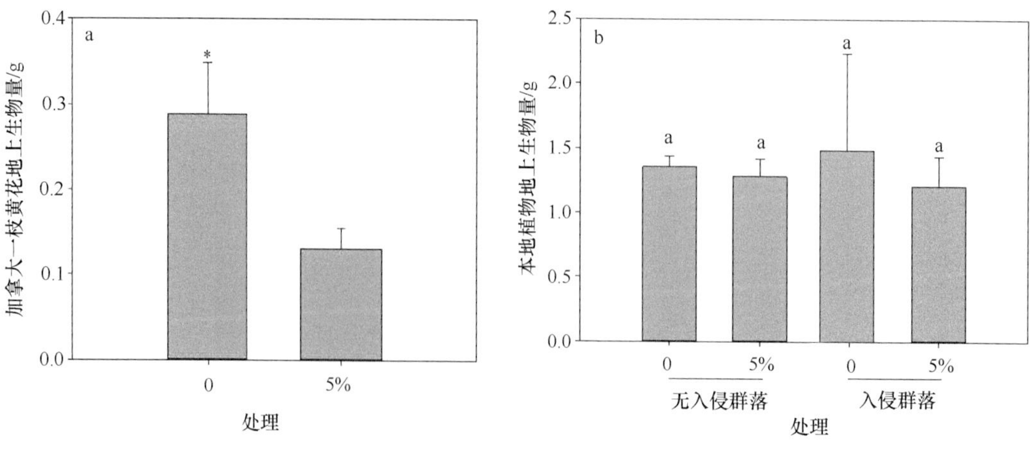

图 8.33　添加 5%微生物强化剂对加拿大一枝黄花（a）和本地植物地上生物量（b）的影响

3. 化感稀释剂的制备

以加拿大一枝黄花地上部分为原料，优化其制备生物炭的工艺，并测试该生物炭对邻苯二甲酸二甲酯（DMP）和化感物质的吸附性能，为入侵植物资源化利用和入侵地生境改良等提供技术支持。此外，利用加拿大一枝黄花开发制备生物炭，提高其应用价值。

（1）利用加拿大一枝黄花制备生物炭的工艺优化

采集加拿大一枝黄花地上部分，阴干后切成 0.5～1cm 碎段，再用粉碎机粉碎成粉末，将粉末放入马弗炉，运用限氧热解法制备生物炭，比较分析裂解时间、裂解温度和升温速率等对生物炭得率、碳含量及其微观结构的影响，据此对制作工艺进行优化。

结果表明：①随着裂解温度的上升、裂解时间的延长以及升温速率的降低，加拿大一枝黄花生物炭产率有所下降；②生物炭中的碳含量会随裂解温度的上升而下降，但裂解时间的延长会小幅增加生物炭的碳含量，主要原因在于低温炭化有利于加拿大一枝黄花中的纤维素转化为脱水纤维素，而高温炭化则会导致纤维素挥发，降低生物炭产率，但当裂解温度低于 300℃时，会出现炭化不完全的现象；增加裂解时间会促进有机质挥发而导致生物炭产率下降，但当裂解时间低于 2h 时则无法完全炭化；较快的升温速率虽然有利于纤维素聚合，提高生物炭产率，但升温速率的提升幅度受生物炭制备设备加温性能的限制。因此，根据本试验的研究结果（图 8.34），利用加拿大一枝黄花制备生物炭的最佳工艺为“裂解温度 300℃+裂解 2h+升温速率 8℃/min”。

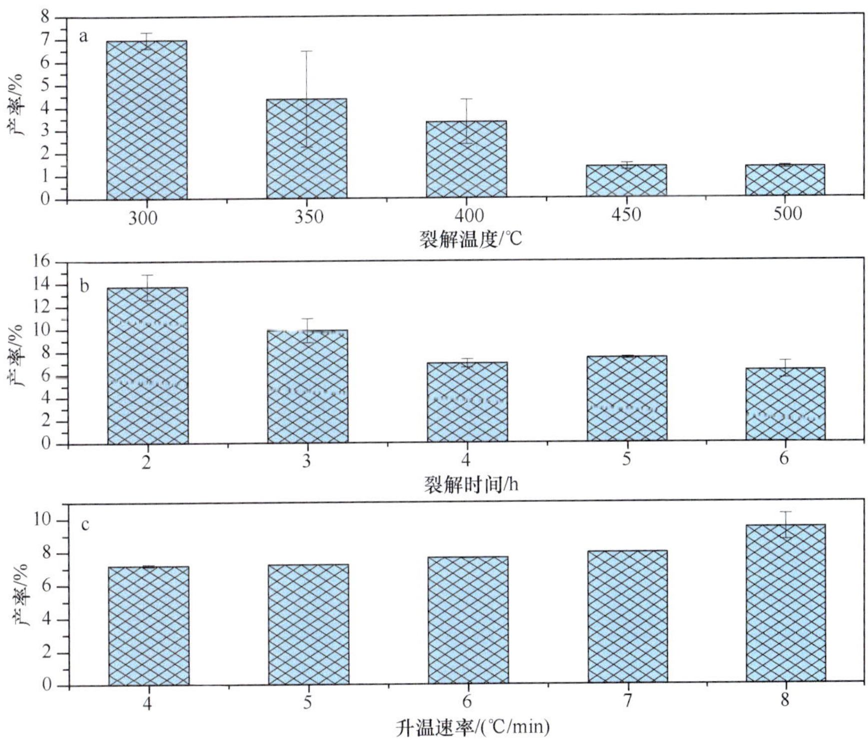

图 8.34　裂解温度、裂解时间和升温速率对生物炭产率的影响

a. 裂解时间 2h，升温速率 6℃/min；b. 裂解温度 300℃，升温速率 8℃/min；c. 裂解温度 300℃，裂解时间 4h

（2）加拿大一枝黄花生物炭的微观形态、傅里叶变换红外（FITR）图谱和元素组成

将两种工艺下制备的生物炭的微观形态、官能团组成和元素进行分析，发现两个生物炭的微观结构均为蜂窝状，其巢孔表面口径均为4.0～10.0μm（图8.35a，8.35b）。FTIR图谱显示主要吸收峰为1613cm^{-1}、1110cm^{-1}、779cm^{-1}和468cm^{-1}（图8.36），其中1613cm^{-1}、779cm^{-1}和468cm^{-1}均为芳香族化合物的吸收峰，1110cm^{-1}来自C—C和—OH的共振，两个生物炭样品的FTIR图谱未出现明显差别。能量色散X射线谱仪（EDS）的测试结果表明两个生物炭样品的主要成分均为C和H，并且样品之间差别不显著（表8.10）。由此可见，两种工艺条件下制备的生物炭的微观形态和元素组成等的差异不显著。

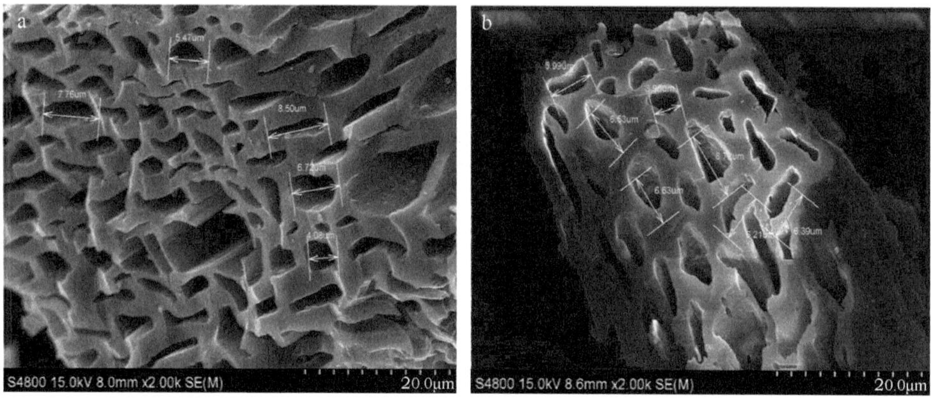

图8.35　加拿大一枝黄花生物炭的微观形态

a. 裂解温度300℃，裂解时间2h，升温速率8℃/min；b. 裂解温度500℃，裂解时间6h，升温速率4℃/min

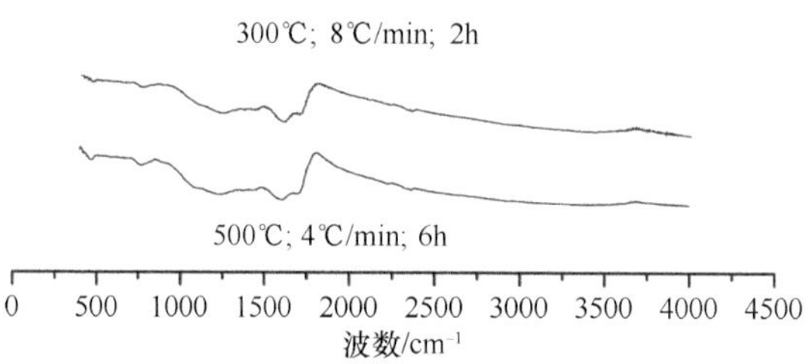

图8.36　加拿大一枝黄花生物炭的FTIR图谱

表8.10　不同工艺制备生物炭的元素组成

生物炭	裂解条件	C/%	O/%	Si/%	Ca/%
生物炭1#	裂解温度300℃；裂解时间2h，升温速率8℃/min	66.09	28.15	1.54	4.22
生物炭2#	裂解温度500℃；裂解时间6h，升温速率4℃/min	68.60	29.27	1.23	3.56

（3）加拿大一枝黄花生物炭的吸附性能测试

相比Freundlich模型和Langmuir-Freundlich模型，Langmuir模型更适用于生物炭对邻苯二甲酸二甲酯的吸附（图8.37），生物炭对邻苯二甲酸二甲酯的吸附容量达59.37mg/kg。

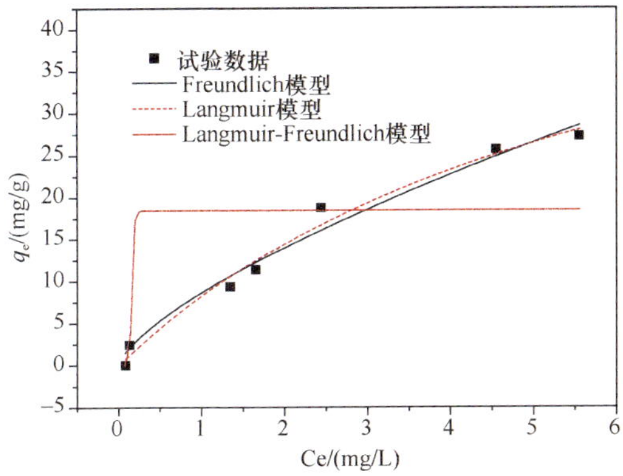

图 8.37　加拿大一枝黄花生物炭对邻苯二甲酸二甲酯的吸附等温线

q_e表示吸附量，Ce 表示平衡浓度

按表 8.11 制备含生物炭的人工土壤，用来测试其对番茄种子萌发的影响。结果表明，无化感物质时，加入生物炭会降低番茄种子萌发率，可能是由于生物炭对营养物质的吸附。有化感物质存在时，加入生物炭会提高番茄种子萌发率，可能是生物炭吸附化感物质而降低了化感物质对种子萌发的抑制作用（图 8.38）。

表 8.11　含不同生物炭的人工土壤

土壤类型	蒸馏水/mL	石英石/g	生物炭/g	提取液/mL
人工土壤 A	50	100		
人工土壤 B		100		50
人工土壤 C		100	2.0	50

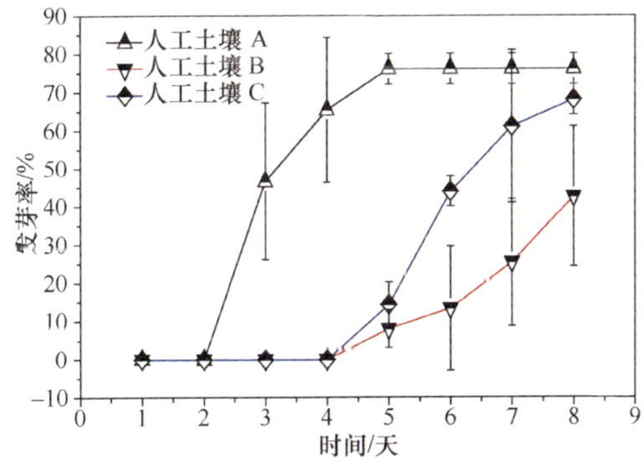

图 8.38　含不同生物炭的人工土壤对番茄种子萌发的影响

鉴于加拿大一枝黄花制备的生物炭能够吸附化感物质，从而促进本地农作物萌发，这对入侵植物资源化利用具有重要意义。对加拿大一枝黄花入侵地进行修复时，它可将入侵地的修复工程形成一个相对闭环的系统，减少外界物质和能量输入，降低修复入侵地的经济成本，可以为入侵地的工程化修复提供技术支撑。

4. 化感稀释剂、微生物菌肥和杀虫剂的综合调控

（1）综合防治技术的调控设计

针对入侵植物入侵机制中化感作用、影响本土微生物群落和天敌逃避等机制，实施

添加化感稀释剂（活性炭）、微生物菌肥和杀虫剂等辅助生物与化学防治措施，提高本地植物的相对竞争力，研究防治加拿大一枝黄花的最适综合防治技术。具体处理组合如表 8.12 所示。

表 8.12 综合防治技术实验区组设置表

区组编号	处理技术
区组 1	添加本地植物（无入侵植物）
区组 2	添加本地植物（引入入侵植物）、添加化感稀释剂
区组 3	添加本地植物（引入入侵植物）、添加微生物菌肥
区组 4	添加本地植物（引入入侵植物）、添加微生物菌肥和化感稀释剂
区组 5	添加本地植物（引入入侵植物）
区组 6	添加本地植物（引入入侵植物）、添加化感稀释剂和杀虫剂
区组 7	添加本地植物（引入入侵植物）、添加微生物菌肥和杀虫剂
区组 8	添加本地植物（引入入侵植物）、添加微生物菌肥、化感稀释剂和杀虫剂
区组 9	添加本地植物（引入入侵植物）、添加杀虫剂

（2）化感稀释剂的添加

采用活性炭作为化感稀释剂，样方规划好后，首先将每个 2m×2m 样方表面 20cm 土壤挖出，与活性炭（2.5L）2kg 充分混合，然后填回原位，活性炭添加好后，可以在样方上进行本地植物移栽。

（3）微生物菌肥的添加

将采集的农作物残体如稻壳、麦麸、秸秆等以及本地植物分别进行自然风干后，分别用破碎机进行破碎至长度为 4～8cm 的碎颗粒物，备用。将未侵染加拿大一枝黄花的潮湿土壤 150kg、稻秆 60kg、麦麸 20kg 和 30kg 本地植物的原料粉碎后按质量配比进行混合，这里本地植物选用黄花蒿、败酱和扯根菜的地上部分 3 种混合（可以根据实验地本地常见物种不同进行更换），且黄花蒿、败酱、扯根菜的质量比为 1∶2∶1，混合均匀后，采用条垛式堆肥方式进行堆肥，发酵处理 2～3 个月，堆肥起始时控制含水量为 50%，后续定期进行浇水，使堆肥发酵处理期间含水量保持在 50%～60%，使堆体的温度保持在 45℃以上，且保证堆体的最高温度不超过 55℃。同时，每隔 3 天翻堆一次，结束后，得到相应的堆肥生物制剂。

本地植物移栽完，植株生长稳定后，在每个 2m×2m 样方添加微生物菌肥 1kg，根据样方中本地植物株数进行均匀分配，以每株植株地面基径为原点，以 5cm 为半径，挖深度为 5cm 的圆槽，将微生物菌肥与挖出的土壤充分混合，填回槽中。

（4）杀虫剂的添加

本地植物群落稳定后，从 4 月中旬开始，采用广谱生物源杀虫剂阿维菌素进行杀虫处理，原液 1∶500 稀释，每个小样方每次喷洒 1L 稀释剂，生长季每隔一个半月喷洒一次。

（5）入侵实验

在本地植物群落建成两个月基本稳定后，将加拿大一枝黄花幼苗（高度为 15cm 左右的同生苗）移栽至每个 2m×2m 样方，每个样方 12 株，均匀分布在样方中。

5. 结果

对植物群落施加活性炭、微生物促进剂和生物源杀虫剂等各种物质共 8 个组合处理（图 8.39），活性炭+生物源杀虫剂组合（编号 3）显著降低了群落的可入侵性（图 8.39）。

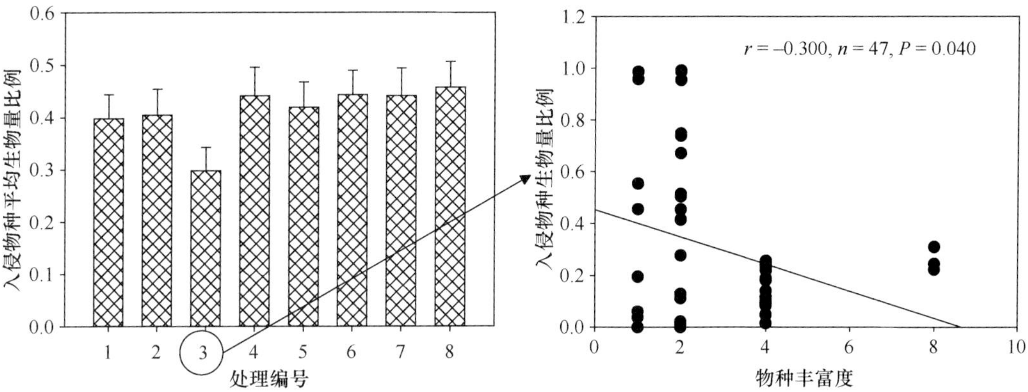

图 8.39　不同处理组合对群落可入侵性的影响

二、基于资源化利用的入侵植物治理技术

以加拿大一枝黄花地上部分为原料，制备生物炭，开发制备加拿大一枝黄花生物炭基衍生物，开展高效除磷剂研究，提高其应用价值。

1. 制备方法

将加拿大一枝黄花自然晒干后取其茎秆，使用粉碎机粉碎至 100～150 目，再在氮气气氛中以 10℃/min 升温至 700℃，炭化 2h 后，自然降温至室温，获得加拿大一枝黄花生物炭（SCC）。将 3.0g SCC 加入 200mL 乙醇溶液（无水乙醇与水的体积比为 1∶5）中，加入 5.57g 氯化镧七水合物超声混合均匀，再用 20%氢氧化钠溶液调节 pH 至 10.0～11.0，在 60℃中反应 2h 后，室温继续反应 24h，将反应产物冷却后充分水洗并真空干燥，获得纳米氢氧化镧改性的加拿大一枝黄花生物炭［SCC-La(OH)O］。在同等条件下，未添加加拿大一枝黄花生物炭的氢氧化镧为纳米氢氧化镧［La(OH)O］。

2. 结构表征

研究发现，与 SCC 相比，SCC-La(OH)O 在 $3609cm^{-1}$ 和 $680cm^{-1}$ 出现明显的特征峰，这主要归属于镧的羟基峰（图 8.40a），初步表明 La(OH)O 已成功沉积到加拿大一枝黄花生物炭表面。根据 SCC 和 SCC-La(OH)O 的 XPS 分析结果（图 8.40b），在 SCC-La(OH)O 的 X 射线光电子能谱（XPS）全图中出现了镧元素特征峰（La 3d5/2 和 La 3d3/2），表明 SCC-La(OH)O 复合材料制备成功。

图 8.41a 和 8.41b 分别为氢氧化镧修饰加拿大一枝黄花生物炭前后的透射电子显微镜（TEM）图，可以看出，经过氢氧化镧修饰的加拿大一枝黄花生物炭表面出现了大量的氢氧化镧纳米颗粒；图 8.41c 的衍射结构也证明了纳米氢氧化镧已经形成。扫描电子显微镜（SEM）元素分布结果（图 8.41d，图 $8.41d_1$，图 $8.41d_2$）显示，镧元素分布非常

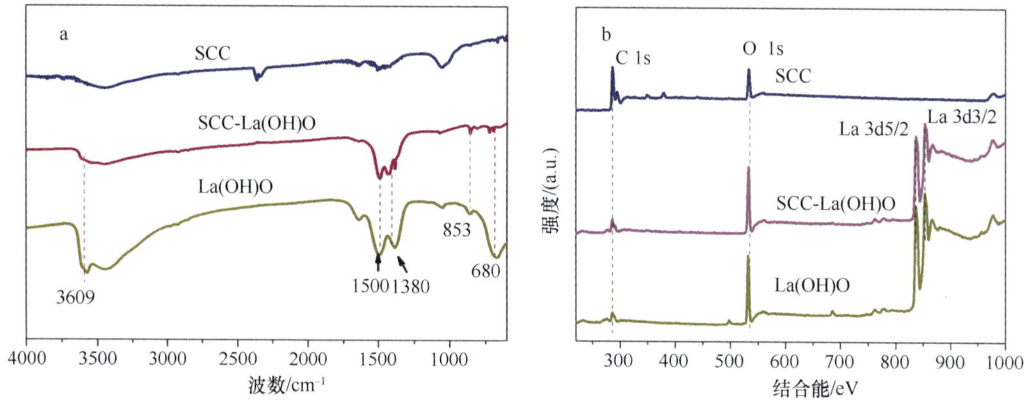

图 8.40 FTIR 结果（a）和 XPS 结果（b）

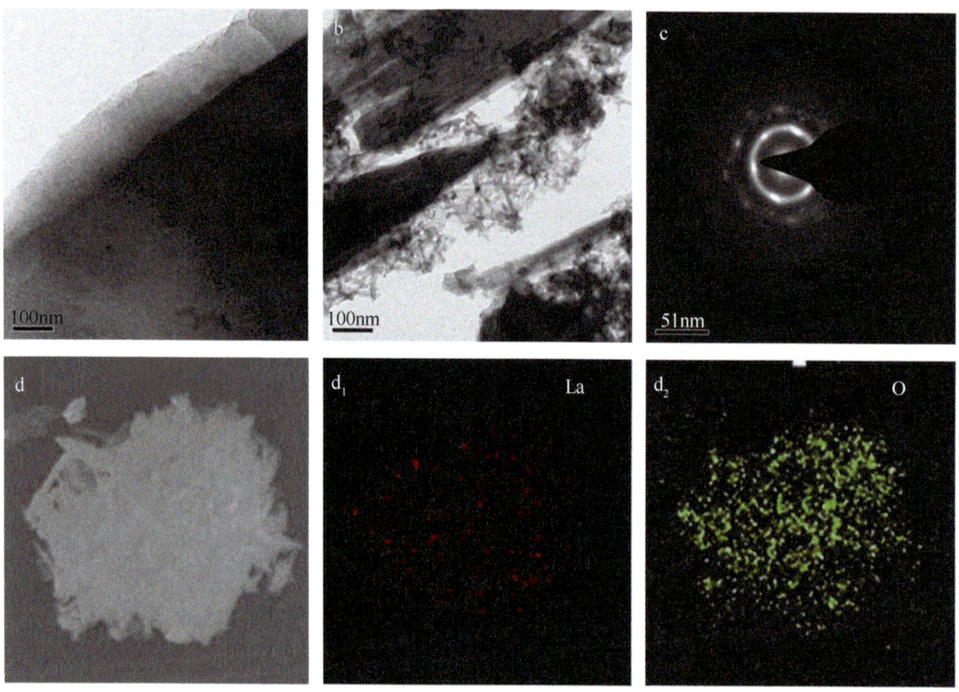

图 8.41 TEM 及 SEM 元素分布结果

均匀，表明纳米氢氧化镧在加拿大一枝黄花生物炭表面实现了高度分散。

3. 吸附特性

结果显示，SCC-La(OH)O 对磷的吸附效果优异。加拿大一枝黄花生物炭本身对磷的吸附量不大，仅为 6mg P/g 左右，而 SCC-La(OH)O 的吸附量高达 50mg P/g（图 8.42a），增加 7 倍以上；La(OH)O 对磷的吸附量略高于 SCC-La(OH)O，但经镧标化后，SCC-La(OH)O 比 La(OH)O 增加了约 2.5 倍（图 8.42b），表明 SCC-La(OH)O 的吸附性能明显好于 La(OH)O，这是由于镧在加拿大一枝黄花生物炭表面以纳米粒子形态存在且高度分散，大大增加了有效吸附位点，从而提高了吸附量。

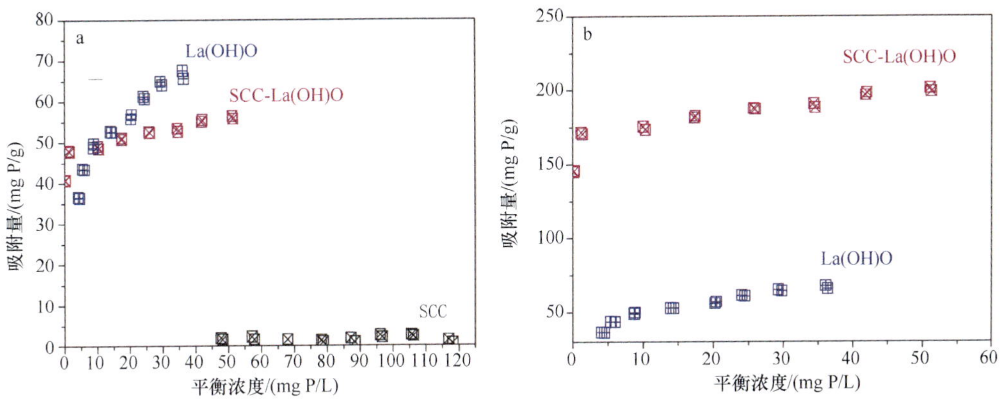

图 8.42　SCC-La(OH)O 吸附磷的吸附等温线结果

4. 影响因素

研究发现，SCC-La(OH)O 对磷的吸附量随 pH 的增大而降低（图 8.43a），这与其对磷的吸附机理密切有关。当 pH 较小时，SCC-La(OH)O 表面因质子化而带正电，溶液中的磷因为静电作用被吸附而出现较高的吸附量；当 pH 较大时，SCC-La(OH)O 表面因去质子化而带负电，其静电作用减弱而导致吸附量下降，但由于 La-OH 与溶液中的磷仍可进行离子交换从而具有吸附功能；当 pH 进一步增加时，溶液中的负离子浓度逐渐增加而与磷形成了较强的吸附竞争，导致 SCC-La(OH)O 对磷的吸附量明显下降。因此，pH 对吸附磷的影响验证了静电作用和离子交换是 SCC-La(OH)O 吸附磷的主要机理。此外，由于阴离子广泛存在于各种土壤和水体中，研究阴离子对 SCC-La(OH)O 吸附磷的影响意义重大。据测定，在土壤和水体 4 种常见的阴离子（CO_3^{2-}、HCO_3^-、NO_3^-和 SO_4^{2-}）中，NO_3^-对 SCC-La(OH)O 吸附影响较小，而 CO_3^{2-}对 SCC-La(OH)O 吸附影响较大（图 8.43b）。

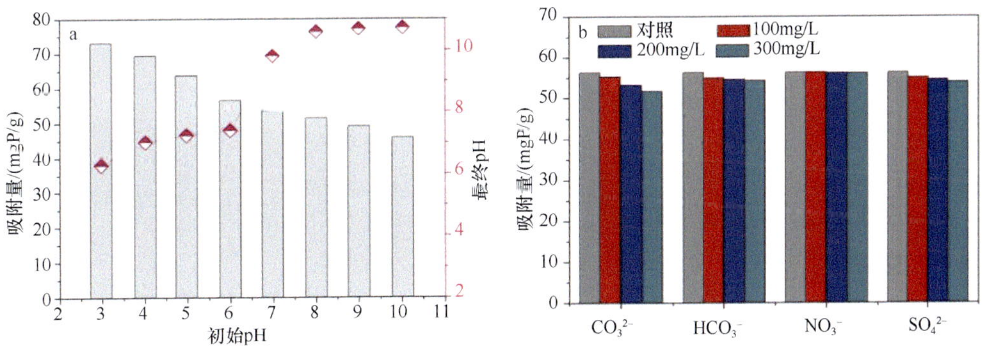

图 8.43　pH（a）和共存离子（b）对吸附行为的影响

5. 吸附机理

图 8.44a 为 SCC-La(OH)O 吸附磷前后的傅里叶变换红外（FTIR）图谱。从图中可以明显地看出，吸附磷后，SCC-La(OH)O 镧羟基特征峰（3609cm^{-1}）明显消失，同时在 1052cm^{-1} 处出现了归属于磷酸根的特征峰。另外，从材料的 XPS-La 3d 对比结果（图 8.44b）可以看出，吸附磷后，镧元素的电子结合能位移提高了 0.6eV，这可能是由

于材料表面的La-O-H转变为La-O-P，镧周围的电子云密度发生变化。以上结果表明，SCC-La(OH)O复合材料吸附水体中磷时，水体中磷与SCC-La(OH)O表面的羟基发生了置换反应。

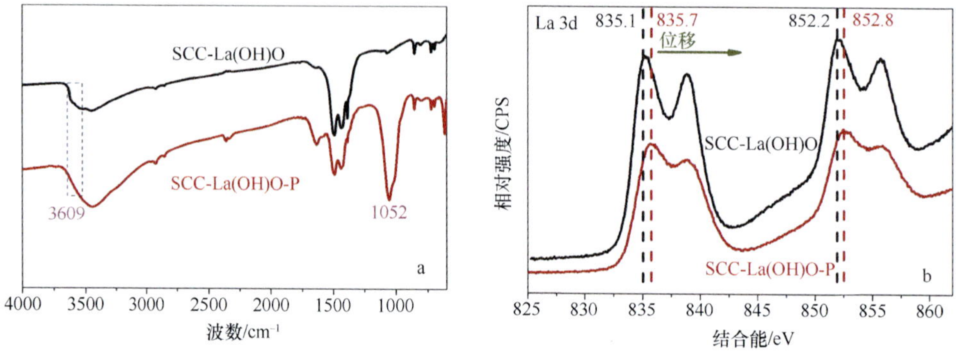

图 8.44　FTIR 图谱结果（a）和 XPS 结果（b）

CPS 表示每秒的光电子数目

小　　结

本章以加拿大一枝黄花为例，开展其防控技术研究。针对其入侵问题，研究其对生物多样性的影响，研发加拿大一枝黄花危害快速识别技术，开展加拿大一枝黄花的扩散路径、阻截技术和控制技术等方面的研究。主要研究结果如下。

通过野外调查和控制实验，研究了加拿大一枝黄花对本地植物群落生物多样性的影响，结果表明加拿大一枝黄花的入侵会导致本地植物群落的物种丰富度降低，同时显著降低群落的生产力，从而破坏生态系统的结构和功能。

通过植物样方调查和无人机遥感监测，利用数字摄影测量技术获取高分辨率的待估测区域地面正射影像，建立待估测区域地表植物群落高度变化模型影像和可见光植被指数模型影像，快速识别并划分加拿大一枝黄花危害入侵等级。

为了研究加拿大一枝黄花的扩散路径，通过历史资料查询分析，绘制加拿大一枝黄花的扩散历史图谱；同时采集不同地区的加拿大一枝黄花种群，比较不同种群间的叶绿体基因序列的差异，通过聚类分析，绘制加拿大一枝黄花可能的扩散路径图。综合分子与历史扩散路径，认为中国种群来自美国多个种群。

本研究通过筛选本地物种组建功能群，研发植物多样性替代技术，阻截加拿大一枝黄花的扩散，结果表明群落物种丰富度越高，对加拿大一枝黄花的入侵抵抗能力越高，同时优化物种组合和功能群组合，构建人工群落，能够有效抵御加拿大一枝黄花的入侵。

针对加拿大一枝黄花的防控，本研究首先通过生境改良和资源化利用来实现。通过添加加拿大一枝黄花的植物源抑制剂和土壤微生物强化剂来改良土壤，添加至土壤中并改良生境，研究结果表明改良后的土壤能够明显抑制加拿大一枝黄花的生长，并促进本地植物的发育。此外，利用加拿大一枝黄花制备生物炭，实现了加拿大一枝黄花的资源化利用。

第九章　外来入侵植物豚草

豚草（*Ambrosia artemisiifolia*）为菊科豚草属1年生直立草本植物，最高可达2m。豚草原产于北美洲，现已分布于美洲、亚洲、非洲、大洋洲和大西洋群岛的许多国家与地区。1863年，豚草由原产地北美传入法国（Chauvel *et al.*，2006），并随河流在法国南部快速扩散。豚草从法国通过航海活动传入西班牙、意大利等的沿海口岸，再沿交通路线由欧洲中心向外扩张，现今已分布于世界各地。研究者认为豚草有几个主要的传播中心，包括：法国里昂到意大利北部地区；波罗的海到俄罗斯地区；巴尔干半岛地区；澳大利亚东南沿海地区；日本以及南美洲地区（Fumanal *et al.*，2007；Bass *et al.*，2000；Clot *et al.*，2002）。早在20世纪三四十年代中国杭州就发现了豚草的分布，根据现有资料，豚草传入中国长江中下游一带和东北地区主要是由于侵华日军马料带入（李宏科等，1999；刘绍芹和吕国忠，2005）。该物种至今已经遍布中国北京、内蒙古、新疆、广东、广西等20多个省（自治区、直辖市），并已逐渐形成优势种群。在新疆新源地区，其分布面积可达数十千米，高度可达4m以上。豚草在阳光充足和营养丰富的酸性土壤中生长较好，并且非常耐旱。通常生长于受人类干扰较多的区域，如路边、铁路、砾石坑、农田和市区。

豚草入侵扩散机制主要有以下几种。①较高的繁殖体压力。豚草具有超高的繁殖能力，单株产种子300～62 000粒，最高可达10万粒（王洪林等，2010）。豚草为风媒传粉，可产生大量种子，具有较高的繁殖能力，能在种群个体数量较少的情况下维持足够的种子量。豚草种子具有二次休眠的适应性进化机制，遇到不利的生存环境会进入二次休眠，种子萌发能力在地下能维持30～40年，在土壤中形成持久的种子库，保证持续的活力种子来源（康芬芬等，2010）。豚草种子传播能力极强，受人为干扰影响较大，可通过瘦果成熟后利用重力自然掉落，或者通过风力短距离传播，在母株周边建立种群，也可以通过瘦果短喙或锥状喙钩住人类衣物、动物皮毛，或者扎入包装箱、车辆的轮胎从而进行远距离传播。豚草瘦果大小、颜色近于农作物种子而不易被发现，可以随着粮食、饲料的运输而实现远距离乃至国际传播扩散。主要扩散繁殖区分布在公路、铁路、河道两侧及机场，其次是畜牧场、农田、饲料场、码头等地（Montagnani *et al.*，2017）。②土肥竞争力及化感作用。豚草根、茎、叶的内部结构有利于吸取、输导、贮藏足够的水分和营养物质，强大的水肥吸收能力使得幼苗生长速率快，幼龄期短，从而更早地长成成株，其繁茂的分枝可以达到排挤和遮蔽其他植物物种的作用（Rejmánek and Richardson，1996）。豚草强烈的水肥消耗往往导致土壤的干旱和贫瘠，使得其他植物因缺少水肥而生长不良。此外，豚草可以通过挥发、雨水淋溶和根系分泌等途径释放萜类、烯醇类和聚乙炔类化感物质，从而强烈地抑制其周边土著植物的生长发育（王大力和祝心如，1996；杨逢建等，2005）。③表型可塑性。豚草具有很高的表型可塑性，在不同生境条件下，植株大小、种子产量和千粒重均存在较大差异（闫恩维等，2009），其中沟边和洼地的豚草植株较高大，籽粒多，千粒重低，而生长在丘陵旱地的植株较矮小，籽粒少，千粒重高（刘香梅等，1995）。豚草叶片的气孔分布位置受到光强变化的影响，根系发达程度受到土壤水分的影响（陈永亭等，2006）。高表型可塑性使豚草具有更宽的生态幅和更好的耐受性（Sultan，1995）。④遗传多样性。豚草的繁殖方式以有性繁殖和异交为主（关广清，1993），容易产生较高的遗传变异。并且对许多入侵地的豚草遗传背景分析发现，大部分入侵地的豚草种群存在多来源、多次入侵的入侵背景，使得豚草的遗传变异系数明显高于植物种群遗传变异系数的平均值和 1 年生草本植物的平均值（Hamrick and Godt，2007）。高遗传多样性能够使豚草通过有性繁殖产生较多遗传性状不同的后代，从而更能适应不同的环境和同一地区环境的变化，入侵能力更强（祖元刚等，2002；黄久香等，2012）。

豚草对自然生态系统和农业生产的危害主要表现在侵占本地植物生态位，影响其他植物物种生长（周忠实等，2011）。它具有强大的水肥吸收能力，在生育期内消耗的水分是禾本科作物的两倍，并且能够吸收大量的磷和钾，造成土壤严重缺水缺肥。此外，豚草能释放萜类、烯醇类和聚乙炔类等多种化感物质，对禾本科、菊科等植物具有明显的抑制作用，因此，豚草入侵后能够造成禾本科和菊科农作物大面积减产。家畜对豚草的适口性差，食用后还会使肉制品、奶制品的质量下降，带来巨大的经济损失。豚草在花期能够释放大量的花粉，是人类花粉过敏症的主要致病源，豚草花粉内含有倍半萜烯内酯类水溶性蛋白。人体吸入花粉后水溶性蛋白会迅速释放，引起过敏，如打喷嚏、哮喘、眼睛干痒流泪、咳嗽、流鼻涕、皮肤瘙痒红肿，甚至会伴随出现胸闷等症状（Mandrioli *et al.*，1998；Bass *et al.*，2000）。

第一节　豚草对生物多样性的影响

一、研究区域概况

伊犁河谷位于新疆天山西部，准噶尔盆地西南缘，地理位置为 42°14′N～44°50′N、80°09′～84°56′E（图 9.1），属于温带大陆性半湿润荒漠气候区，年平均气温为 10.4℃，年平均降水量为 200～500mm，是新疆最湿润的地区。该地区豚草主要集中在新源县则克台镇至那拉提镇的 218 国道沿线的绿化带、沟渠边缘、田间地头及林场内，豚草种群呈辐射状和带状分布。区内乔木以青甘杨（*Populus przewalskii*）、榆树（*Ulmus pumila*）等为主，树种比较单一，几乎无灌木，草本植物以香薷（*Elsholtzia ciliata*）、狗尾草（*Setaria viridis*）、老鹳草（*Geranium wilfordii*）、牛筋草（*Eleusine indica*）等为主。

二、研究方法

1. 样地设置与调查

2017 年 9 月开展野外植被调查和样品采集，采样地位于新疆伊犁河谷地区新源县则克台镇至那拉提镇的 218 国道沿线人工林生态系统中（图 9.2）。依据豚草种群盖度划分

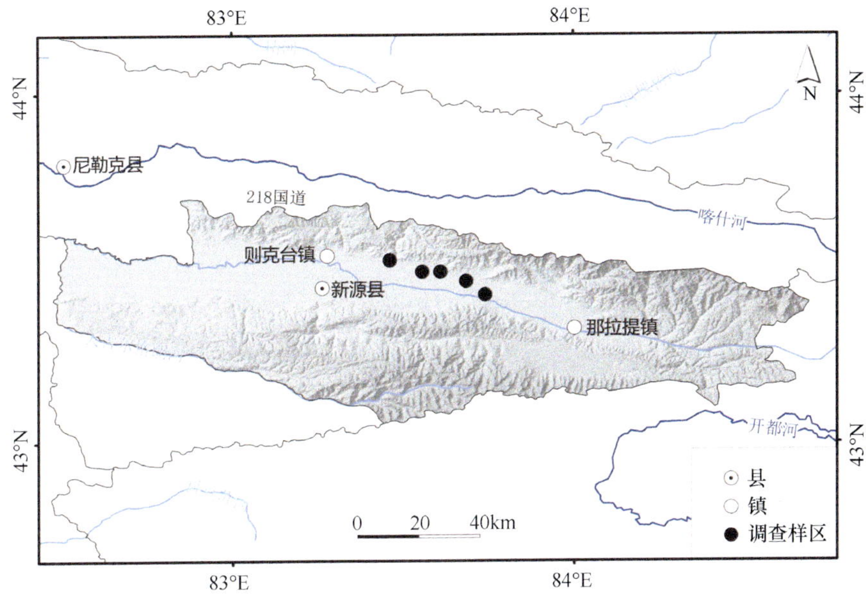

图 9.1 新疆维吾尔自治区新源县豚草调查示意图

图 9.2 调查生境

a. 绿化带；b. 田间地头；c. 沟渠边缘；d. 林场

豚草入侵等级，依次划分为无入侵区（no invasive，NI；盖度为 0）、轻度入侵区（low invasive，LI；0＜盖度≤20%）、中度入侵区（medium invasive，MI；20%＜盖度≤50%）、重度入侵区（high invasive，HI；盖度＞50%），各入侵等级间距 50m 左右。每个入侵等级设置 3 个 10m×10m 大样方，大样方间距 1000m 以上。每个 10m×10m 大样方内设置 3 个 1m×1m 的小样方。在小样方内调查草本层植物种类、植株密度、平均高度、盖度，用天平测量豚草地上生物量，记录每个样方经纬度、海拔、郁闭度、至交通主干道距离。

2. 外部影响因素的获取

（1）土壤样品的采集与测定

土壤采集深度为0～20cm，在每个10m×10m大样方内采用十字交叉法采集5个土壤样品并混合成一个混合土壤样品，每个入侵等级下采集3个混合土样。将土壤样品带回实验室，避光风干后过2mm筛，用于土壤理化指标测定。土壤样品主要测定土壤全氮、全磷含量。土壤全磷采用碱熔-钼锑抗分光光度法测定，土壤全氮采用凯氏定氮法测定。

（2）气候和人口密度数据的获取

人口密度数据源于资源环境科学数据平台（http://www.resdc.cn/），数据年份为2015年。年均温、年均降水量源于国家地球系统科学数据中心（http://www.geodata.cn），数据年份为2017年。

（3）群落多样性指数的计算

通过统计分析获得每个小样方草本物种丰富度指数、生物多样性指数和Pielou均匀度指数。用Margalef物种丰富度指数表征物种丰富度（D）；用Shannon-Wiener指数表征物种多样性（H'）；用Pielou均匀度指数表征物种分布的均匀程度（J）（马克平，1994）。具体如下。

$$D=(S-1)/\ln N \tag{9.1}$$

$$P_i=N_i/N \tag{9.2}$$

$$H'=\sum_{i=1}^{S} P_i \ln P_i \tag{9.3}$$

$$J=H'/\ln S \tag{9.4}$$

其中，S为样方内物种数目；N表示样方内所有物种个体总数；N_i为样方中第i个物种的个体数；P_i为物种i个体数占所有物种个体总数的比例。

3. 数据处理及分析

利用Excel 2016软件对数据进行整理，采用SPSS 18.0软件对豚草高度、密度、生物量和本地植物Shannon-Wiener指数、Pielou均匀度指数、物种丰富度指数及盖度等指标进行单因素方差分析和相关性分析，基于LSD（最小显著差数）分析方法检验豚草不同入侵等级下种群特征及其对本地植物群落结构影响的差异性，显著性水平设置为$P<0.05$。采用Origin 8.5软件作图。

利用Canoco 5.0软件对环境因素与物种多样性的对应关系进行冗余分析（RDA）。将豚草盖度、豚草生物量、本地物种盖度、本地物种丰富度、本地物种多样性指数、本地物种均匀度指数定义为样方群落结构指标。将海拔、年均温、年均降水量、土壤全氮、土壤全磷、郁闭度、至交通主干道距离、人口密度定义为外部环境因素指标。构成样方群落结构指标矩阵（6×12）和环境变量数据矩阵（8×12）。

三、豚草种群入侵特征分析

如图9.3显示，豚草植株高度、种群密度、地上生物量均随豚草盖度升高呈增加趋势。随着豚草盖度增加，种群密度、地上生物量呈极显著增加趋势（$P<0.01$）。豚草在轻度入侵区平均高度、平均密度、平均地上生物量分别为（84.0±16.3）mm、（21.8±11.7）株/m^2、（127.8±27.1）g/m^2，在中度入侵区豚草平均高度、平均密度、平均地上生物量分别为（87.7±9.2）mm、（43.9±5.3）株/m^2、（422.2±17.9）g/m^2，与豚草轻度入侵区相比，豚草中度入侵区植株高度升高4.4%，豚草密度增加了1倍以上，地上生物量增加了2.3倍。在重度入侵区豚草平均高度、平均密度、平均地上生物量分别为（105.9±16.3）mm、（183.4±36.1）株/m^2、（872.2±44.0）g/m^2，与轻度入侵区相比，重度入侵区豚草高度升高26.07%，豚草密度提高了7倍以上，豚草地上生物量提高了5.8倍。

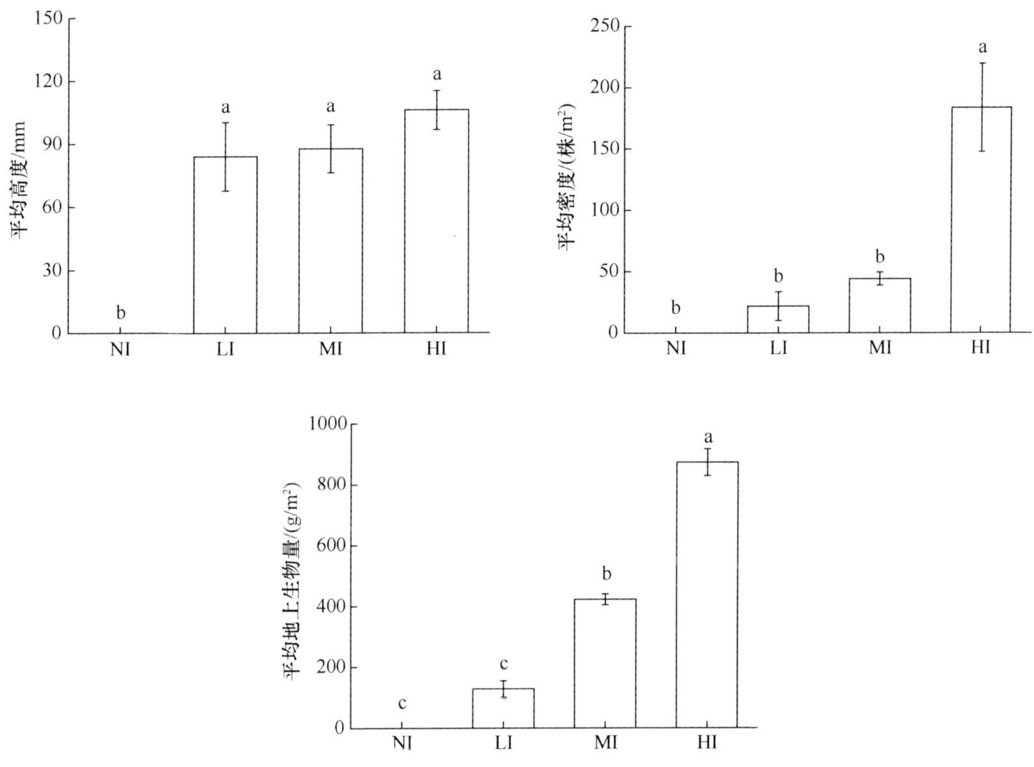

图9.3　豚草入侵等级下种群特征指标

四、豚草入侵对本地草本植物群落结构的影响

物种多样性与群落可入侵性的关系是一个复杂的过程，可能会随外部环境及外来物种入侵程度的变化产生明显的差异。当生态系统遭受强烈干扰后，本地群落物种大量消失，群落产生空余生态位，进而导致外来入侵物种的入侵成功率增加。在新疆伊犁河谷地区，豚草主要分布在农田地头、人工林等生境，区内不定期有割草、放牧等人类干扰行为，频繁干扰往往导致物种更新变化较快，可能会生长较多种类的本地植物，同时也容易被外来物种入侵，进而导致豚草入侵初期本地物种多样性较高。研究利用单因素方差分析比对了豚草不同入侵等级下本地草本植物丰富度、盖度、Shannon-Wiener指数和

Pielou 均匀度指数的差异。结果表明，在豚草不同入侵等级下本地草本植物丰富度存在极显著差异（$F = 5.0$，$P < 0.01$），多重比较结果显示，豚草轻度入侵区本地草本物种数最多，随着豚草入侵程度加重，区内本地草本植物丰富度呈降低趋势，豚草重度入侵区内本地草本植物丰富度显著低于轻度入侵区和中度入侵区（$P < 0.05$）（图 9.4）；在豚草不同入侵等级下本地草本植物盖度存在极显著差异（$F = 9.79$，$P < 0.01$），随着豚草入侵程度加重，本地植物盖度呈降低趋势，豚草扩张显著压制了本地草本植物的生长空间。豚草重度入侵区内本地草本植物盖度显著低于对照区和轻度入侵区（$P < 0.05$），豚草中度入侵区内本地草本植物盖度显著低于对照区和轻度入侵区（$P < 0.05$）（图 9.4）；在豚草不同入侵程度下本地草本植物 Shannon-Wiener 指数存在显著差异（$F = 4.18$，$P < 0.05$），随着豚草入侵程度的增加，Shannon-Wiener 指数呈先升高后降低趋势，对照区本地草本植物 Shannon-Wiener 指数显著低于豚草轻度入侵区和中度入侵区（$P < 0.05$），豚草轻度入侵显著增加了本地草本植物多样性，豚草定植成功后，随着豚草入侵程度不断增加，本地草本植物多样性持续下降（图 9.4）；豚草轻度入侵时本地草本植物 Pielou 均匀度指数显著升高，随着豚草入侵程度的增加，本地草本植物 Pielou 均匀度指数差异不显著（图 9.4）。豚草定植成功后，随着豚草平均高度、种群密度和生物量逐渐增加，覆盖度逐渐增大，林下草本植物群落种间资源竞争关系逐步显现。与本地植物相比，豚草具有较强的争夺有限资源的能力，豚草入侵成功后持续入侵会降低林下本地草本物种多样性。

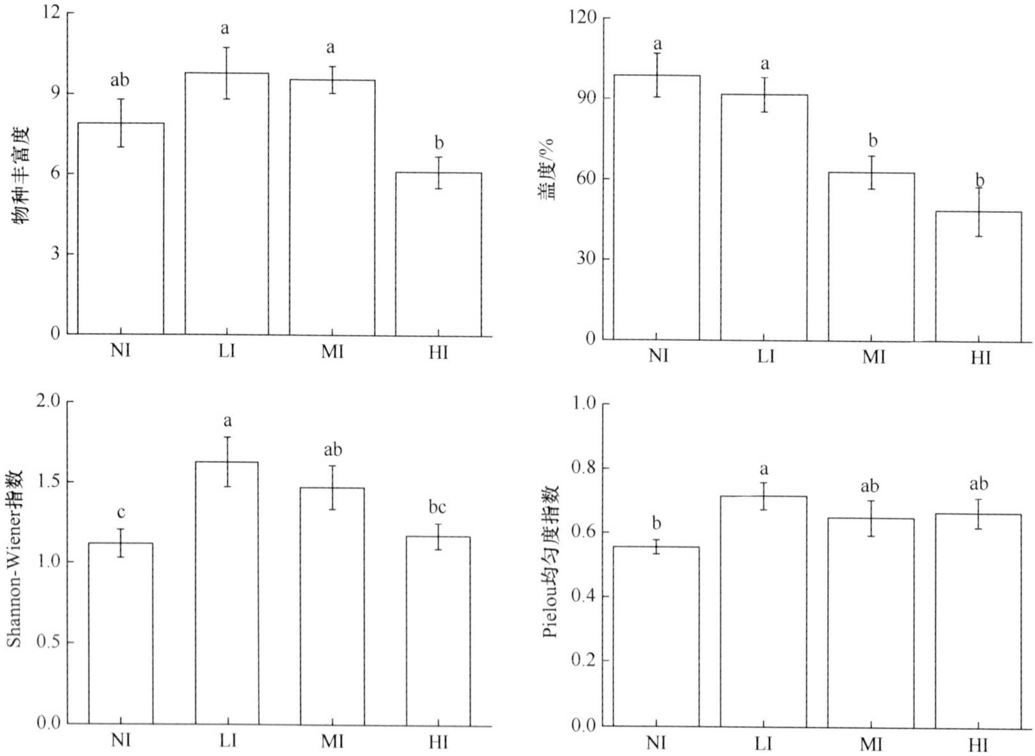

图 9.4　豚草入侵对本地植物群落结构和物种多样性的影响

五、植物群落与外部环境冗余分析

如图 9.5 所示，植物群落结构与环境因子在第一排序轴和所有排序轴均显著相关（$P<0.05$），表明分析结果可靠，能较好地解释植物群落结构与环境因子间的关系。第一轴和第二轴分别解释了植物群落结构和环境因子关系的 85.82%和 9.03%，累计解释量为 94.85%，占总解释量的 99.81%，前两轴能包含绝大部分信息，且主要由第一轴决定。采用前两轴绘制植物群落结构-环境因子二维空间排序图（图 9.5），发现各排序轴与植物群落结构和环境因子呈现一定的相关关系（表 9.1），第一排序轴基本反映了豚草入侵背景下，土壤全氮、至交通主干道距离、土壤全磷和郁闭度的变化梯度。土壤全氮、至交通主干道距离、郁闭度与第一排序轴负相关，相关系数依次为 0.498、0.4009、0.3137，

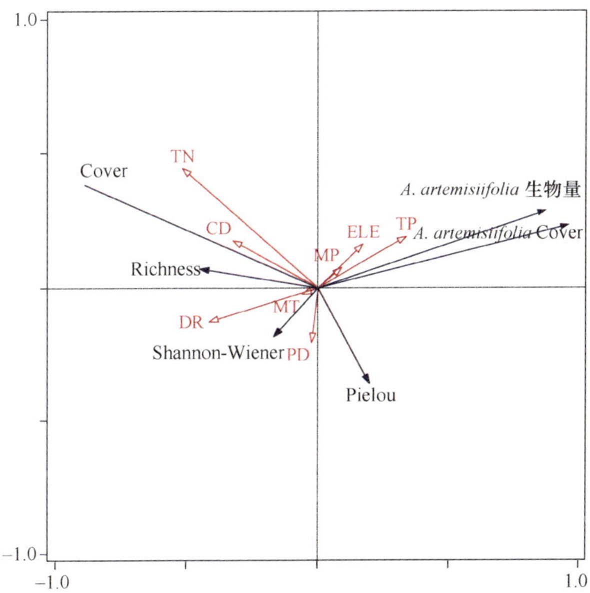

图 9.5　林下植物物种多样性与环境因子冗余分析（RDA）排序图

TN. 土壤全氮；DR. 至交通主干道距离；TP. 土壤全磷；PD. 人口密度；MT. 气温；CD. 郁闭度；MP. 降水；ELE. 海拔；Cover. 本地草本植物覆盖度；Richness. 本地草本植物丰富度

表 9.1　环境因子与冗余分析（RDA）排序轴的相关性、解释量和贡献率

因子	第一轴	第二轴	第三轴	第四轴	解释量/%	贡献率/%
TN	−0.498	0.4091	0.0404	0.3418	23.9	25.2
DR	−0.4009	−0.1166	−0.0204	0.3428	21.6	22.7
TP	0.322	0.1743	−0.001	0.1538	18.1	19.1
CD	−0.3137	0.1618	0.1754	0.3216	11.6	12.2
MP	0.0855	0.069	0.0996	−0.5032	9.3	9.7
MT	−0.0589	−0.022	−0.0523	0.5198	4.6	4.8
PD	−0.0248	−0.1879	0.2324	0.3998	3.4	3.5
ELE	0.1642	0.1485	−0.1864	−0.2965	2.6	2.8

注：TN，土壤全氮；DR，至交通主干道距离；TP，土壤全磷；CD，郁闭度；MP，降水；MT，气温；PD，人口密度；ELE，海拔

土壤全磷与第一排序轴正相关，相关系数为 0.322。即沿第一轴从左到右，豚草盖度和生物量逐渐升高，本地草本物种盖度和本地草本物种数逐渐减少，土壤全氮含量逐渐降低，样方与主干道逐渐接近，周边环境光照逐渐增强，土壤全磷含量逐渐增加。结果表明，土壤全氮、至交通主干道距离、土壤全磷、郁闭度对林下植物群落结构变化影响较大。土壤养分变化或是影响伊犁河谷地区豚草和本地草本植物分布的重要环境因素。此外，道路是植物入侵的主要通道，路网及周边生境特征影响豚草入侵动态，交通要素是影响豚草和本地草本植物分布格局的主要环境因素。

研究进一步分析外部环境对植物群落结构影响的解释能力（表 9.1），发现土壤全氮、至交通主干道距离、土壤全磷、郁闭度是对植物群落变化解释量最大的 4 个因子，解释量分别为 23.9%、21.6%、18.1%、11.6%。贡献率依次为 25.2%、22.7%、19.1%、12.2%。降水、气温、人口密度、海拔等影响因子解释量和贡献率均低于 10%，且在图 9.5 中位置接近原点，说明降水、气温、人口密度、海拔对该地区林下草本植物物种多样性的影响较小。

因此，加大伊犁河谷地区交通干道人员、货物、车辆豚草检疫检测力度，重点清除林缘豚草优势群落，增加林内乔木层、灌木层植被抚育强度并增加其覆盖度，或许是抑制伊犁河谷地区林下豚草扩散和蔓延的重要方式之一。

第二节　豚草扩散路径

一、研究方法

1. 资料收集及样品采集

根据豚草标本数据及文献资料，确定豚草在我国已入侵区域，以及 19 个采样居群（表 9.2，图 9.6）。在每个居群采集 5～30 个个体，每个个体间隔 3m 以上，19 个居群共采集 370 个个体。

表 9.2　豚草各居群个体数、分布位置、叶绿体单倍型多样性及核基因多样性

居群编号	地理位置	经度	纬度	个体数/个	cpDNA					nrITS				
					S	h	H_d	π	K	S	h	H_d	π	K
BJ	门头沟，北京	115.983°E	39.971°N	24	2	3	0.518	0.001	0.572	6	8	0.774	0.002	1.419
CC	长春，吉林	125.218°E	43.873°N	18	0	1	0	0	0	11	8	0.686	0.003	1.546
DL	大连，辽宁	121.821°E	39.102°N	14	9	2	0.538	0.004	4.846	8	8	0.802	0.003	1.561
FS	抚顺，辽宁	123.822°E	41.847°N	12	0	1	0	0	0	6	6	0.641	0.002	0.989
ML	汨罗，湖南	113.253°E	28.967°N	20	11	3	0.353	0.003	3.400	8	9	0.823	0.003	1.963
GZ	铜仁，贵州	108.065°E	28.625°N	15	0	1	0	0	0	5	5	0.526	0.002	1.469
HG	黄冈，湖北	114.541°E	30.996°N	20	9	2	0.100	0.001	0.900	4	6	0.524	0.001	0.835
HRB	哈尔滨，黑龙江	126.639°E	45.734°N	19	9	2	0.199	0.002	1.789	5	7	0.688	0.002	1.131
JJ	九江，江西	115.943°E	29.591°N	22	11	4	0.658	0.002	1.797	7	7	0.754	0.002	1.390
JN	济南，山东	117.128°E	36.647°N	22	0	1	0	0	0	7	6	0.636	0.002	0.957
LB	来宾，广西	109.202°E	23.711°N	30	0	1	0	0	0	5	6	0.659	0.002	0.923

续表

居群编号	地理位置	经度	纬度	个体数/个	cpDNA					nrITS				
					S	h	H_d	π	K	S	h	H_d	π	K
MAS	马鞍山，安徽	108.515°E	31.710°N	25	1	2	0.220	0	0.220	4	5	0.716	0.002	1.359
MDJ	牡丹江，黑龙江	129.659°E	44.597°N	17	10	3	0.676	0.005	5.147	6	6	0.729	0.002	1.344
MZ	梅州，广东	116.197°E	24.771°N	26	4	4	0.483	0.001	1.332	5	7	0.522	0.002	1.026
QD	青岛，山东	120.569°E	36.252°N	5	1	2	0.600	0.001	0.600	4	4	0.644	0.002	1.378
QZ	泉州，福建	118.590°E	24.545°N	12	1	2	0.167	0	0.167	3	3	0.663	0.002	1.152
SG	韶关，广东	113.689°E	24.769°N	22	2	3	0.177	0	0.182	5	5	0.698	0.002	1.027
XY	新源，新疆	83.722°E	43.436°N	29	12	3	0.310	0.002	1.714	8	12	0.581	0.002	1.091
YZ	永州，湖南	111.633°E	26.254°N	18	0	1	0	0	0	5	7	0.684	0.002	1.090
美国	—	—	—	56	40	35	0.969	0.005	5.117	—	—	—	—	—
平均（中国）	—	—	—	—	—	—	0.263	0.001	1.193	—	—	0.671	0.002	1.245
总计	—	—	—	426	41	36	0.669	0.003	3.255	32	35	0.759	0.002	1.442

注：S，多态性位点数；h，单倍型数；H_d，单倍型多样性指数；π，核苷酸多样性；K，平均核苷酸差异数

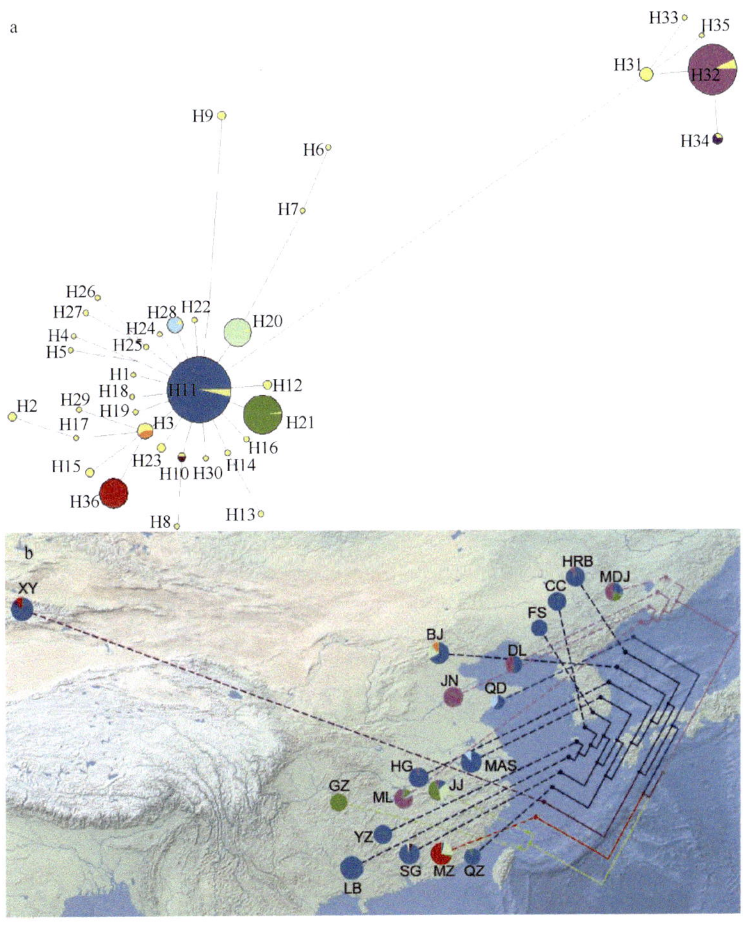

图 9.6　叶绿体单倍型网状图（a）和叶绿体单倍型地理分布图（b）

圆圈大小代表该单倍型在个体中的分布频率高低，黄色代表该单倍型含有的北美个体，其他不同颜色代表不同单倍型。叶绿体单倍型地理分布图（b），以及基于叶绿体单倍型构建的居群 NJ 树中单倍型颜色与图 a 对应

2. 实验方法

利用植物基因组 DNA 快速抽提试剂盒（上海生工）提取 370 个个体的植物基因组 DNA。根据已发表文献，筛选出 nrITS 和 3 个叶绿体基因片段，包括 *psbA-trnH*、*atpH-atpF* 和 *psbK-psbI*，以及 5 个微卫星标记，即 Ambart04、Ambart06、Ambart09、Ambart17 和 Ambart27（GenBank 序列号 FJ595149～FJ595151、FJ595152 和 FJ595156）。

nrITS 及叶绿体基因片段的 PCR 反应体系为：总体积 40μL，包括 20μL 2×*Taq* PCR MasterMix（TIANGEN），10～20ng DNA 模板，引物各 1μL。

SSR PCR 反应体系为：总体积 40μL，包括 20μL 2×*Taq* PCR MasterMix（TIANGEN），10ng DNA 模板，引物各 0.8μL，每对引物的前引物加了 HEX 或 FAM 的荧光基团。

nrITS 及叶绿体基因片段反应程序为：94℃变性 5min；94℃变性 30s，57℃退火 45s，72℃延伸 1min，30 个循环；72℃延伸 10min；4℃保存。

SSR PCR 反应程序为：94℃变性 5min；93℃变性 40s，54℃退火 40s，72℃延伸 30s，35 个循环；72℃延伸 4min；4℃保存。

nrITS 及叶绿体基因片段的 PCR 扩增产物采用 ABI 3730xl DNA Analyzer（Sangon Biotech）直接测序，SSR 扩增产物采用 ABI 3730xl DNA Analyzer（Sangon Biotech）进行毛细管电泳分析后，用 GeneMapper 3.5 和 GeneMarker V1.91 Demo 获得最终条带结果。

3. 数据分析

（1）遗传多样性分析

nrITS 及叶绿体基因片段序列采用 SeqMan（DNASTAR Inc.，Madison，WI）进行编辑和校正，再利用 MEGA version 7（Kumar *et al.*，2016）进行多重排列整理。对照波形图鉴别 nrITS 杂合位点，重复鉴别两次以上。利用 PHASE（Harrigan *et al.*，2008；Stephens and Donnelly，2003；Stephens *et al.*，2001）和 SeqPHASE（Flot，2010）进行 nrITS 等位基因分型。在叶绿体基因序列分析中，结合 19 个居群 370 个样品的叶绿体片段和来自原产地（北美）的 56 个叶绿体片段共同分析（Martin *et al.*，2014）。

利用 DnaSP version 5.10（Librado and Rozas，2009）获得 nrITS 及叶绿体基因遗传多样性信息指数，包括多态性位点数（S）、单倍型多样性指数（H_d），核苷酸多样性（π）、平均核苷酸差异数（K）以及居群分化系数（F_{ST}）。利用 Network 5（Polzin and Daneshmand，2003）构建叶绿体单倍型和 nrITS 单倍型网状图。使用 MEGA version 7 基于居群分化系数构建无根邻接树（NJ）。利用 GenGIS 软件（Parks *et al.*，2013）将单倍型地理分布图可视化，并在图上构建无根邻接树。

基于微卫星数据，利用 GENALEX 6.503（Peakall and Smouse，2006，2012）分析哈迪-温伯格平衡（HWE），居群分化系数（F_{IS}）以及杂合过量和杂合缺失。等位基因数（N_a）、有效等位基因数（N_e）、香农信息指数（I）、居群特有等位基因数（P_A）、期望杂合度（H_e）以及观察杂合度（H_o）同样用该软件计算。利用 Arlequin version 3.1（Excoffier *et al.*，2006）计算居群分化系数（F_{ST}）以及 AMOVA 分析。

（2）遗传结构分析

基于微卫星数据分析我国豚草种群遗传结构。采用两种基于贝叶斯模型聚类方法的分析软件进行分析：STRUCTURE 2.3（Pritchard *et al.*，2010）和 R 语言下的 GENELAND 3.1.4（Guillot *et al.*，2008）。STRUCTURE 聚类分析对每一个从 *K*=1 到 *K*=10 的值，重复运行 10 次，每次进行 2 000 000 次马尔可夫链蒙特卡罗重复搜索（MCMC），舍弃最初的 100 000 次。STRUCTURE 的结果提交到 STRUCTURE HARVESTER（Earl，2012），用 Delta（*K*）的方法来估计最佳 *K* 值。采用 CLUMPP v1.1.2（Jakobsson and Rosenberg，2007）软件中的 Greedy 算法，将每一个 *K* 值对应的 10 次重复运算结果（*Q*-matrices）进行合并，然后用 Distruct 1.1（Rosenberg，2004）程序进行可视化。0.6 的后验概率作为区分非混合和混合个体的临界值，大于或等于 0.8 的 *Q* 值个体作为非混合个体，其他的视为混合个体。

GENELAND 3.1.4 为基于分区模型的聚类分析，并假定样本间等位基因频率不相关，独立运行 19 次，每次进行 1 000 000 次马尔可夫链蒙特卡罗重复搜索（MCMC），每 1000 次收缩到 1。后处理用于从 MCMC 中提取信息，将聚类分析进行可视化。利用 Mantel 检验遗传分化是否受地理距离的影响，居群分化系数（F_{ST}）由遗传分化矩阵体现。

（3）基因流及瓶颈效应分析

使用 BayesAss v 3.0 软件（Wilson and Rannala，2003），基于微卫星数据进行居群间基因流分析以及迁移率分析，10 000 000 次马尔可夫链蒙特卡罗重复搜索（MCMC），舍弃最初的 1 000 000 次，剩下的 9 000 000 次每 1000 次收缩到 1。计算迁移率、等位基因频率以及居群分化系数的混合参数值，分别调整为 0.50、0.95 和 0.50。

基于微卫星数据，利用 BOTTLENECK v.1.2.02 软件（Cornuet and Luikart，1996）计算瓶颈效应，计算过程中选择两阶段突变模型（TPM，含 70% SMM 模型）和 Wilcoxon sign-rank 检测方法。

二、我国豚草居群遗传变异及遗传结构

利用我国豚草 19 个居群 370 个样品的叶绿体片段和来自原产地（北美）的 56 个叶绿体片段共获得了 41 个变异位点，36 个单倍型，而我国 19 个豚草居群总共只有 9 个单倍型，远低于北美豚草单倍型数（表 9.2，图 9.6）。基于 nrITS 共获得 32 个变异位点，35 个单倍型（表 9.2，图 9.7），单倍型网状图显示了一个非常复杂的单倍型遗传谱系关系。5 个微卫星标记共获得了 114 个等位基因，对比原产地豚草居群同样的微卫星标记分析结果发现，我国豚草居群遗传多样性并没有明显降低，并且瓶颈效应分析也发现大部分居群都没有瓶颈效应，微卫星标记显示只有大连、贵州和哈尔滨 3 个居群存在过瓶颈效应。但我国豚草居群都明显偏离了哈迪-温伯格平衡，并且发现了高水平的杂合缺失，这个结果与北美和其他入侵地豚草居群的研究结果都一致。

在 19 个豚草居群中，哈尔滨（HRB）、马鞍山（MAS）、牡丹江（MDJ）以及新源（XY）居群都显示了较高的遗传多样性，贵州（GZ）居群在 3 类分子标记中都显示了低的遗传多样性，并且该居群具有明显的瓶颈效应（表 9.3）。

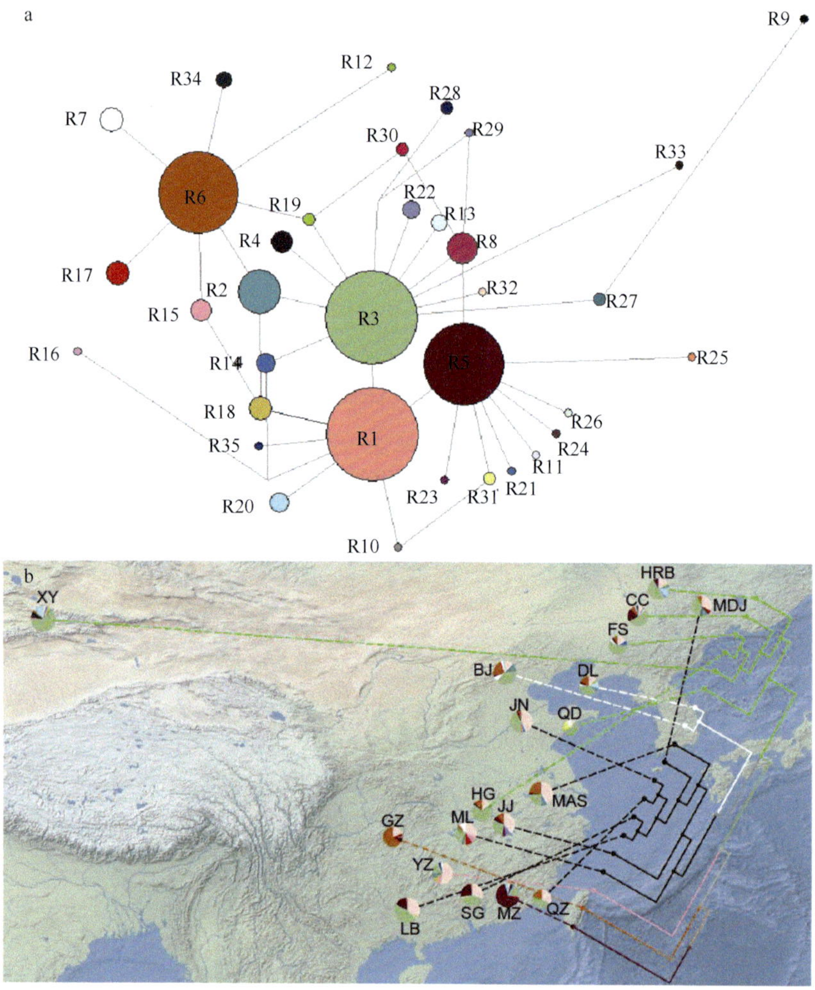

图 9.7 nrITS 单倍型网状图（a）和 nrITS 单倍型地理分布图（b）

圆圈大小代表该单倍型在个体中分布的频率高低，不同颜色代表不同单倍型。nrITS 单倍型地理分布图（b），以及基于 nrITS 单倍型构建的居群 NJ 树中单倍型颜色与图 a 对应

表 9.3 基于微卫星标记豚草居群遗传多样性及瓶颈效应的分析

居群	N_a	N_e	I	P_A	H_o	H_e	uH_e	F_{IS}	TPM_{W2}
BJ	9.200	5.906	1.883	0.200	0.466	0.795	0.812	0.441	0.063
CC	9.400	6.229	1.880	0.400	0.500	0.782	0.804	0.380	0.625
DL	5.000	3.572	1.297	0.200	0.543	0.661	0.685	0.180	**0.031**
FS	5.800	3.353	1.381	0.400	0.433	0.656	0.685	0.352	0.156
ML	8.400	4.937	1.688	0.000	0.530	0.731	0.750	0.283	1.000
GZ	3.800	2.595	1.045	0.200	0.587	0.568	0.587	–0.063	**0.031**
HG	8.400	5.233	1.732	0.600	0.620	0.749	0.768	0.189	0.625
HRB	9.400	6.393	1.953	0.600	0.658	0.821	0.843	0.203	**0.031**
JJ	9.400	4.967	1.776	0.400	0.494	0.754	0.771	0.345	0.156
JN	8.600	4.626	1.605	0.000	0.373	0.691	0.707	0.466	0.625
LB	8.200	4.984	1.692	0.000	0.573	0.756	0.769	0.252	0.094

续表

居群	N_a	N_e	I	P_A	H_o	H_e	uH_e	F_{IS}	TPM_{W2}
MAS	11.800	6.372	2.048	0.200	0.432	0.811	0.828	0.478	0.219
MDJ	8.800	5.801	1.838	0.000	0.659	0.798	0.822	0.167	0.156
MZ	8.600	4.163	1.593	1.000	0.491	0.724	0.738	0.343	0.219
QD	3.800	3.286	1.141	0.000	0.510	0.632	0.707	0.277	0.063
QZ	6.400	3.910	1.466	0.000	0.595	0.683	0.713	0.123	0.625
SG	9.200	5.145	1.765	0.600	0.403	0.743	0.760	0.448	0.813
XY	9.400	5.761	1.787	0.600	0.586	0.752	0.765	0.231	0.625
YZ	6.800	4.051	1.543	0.000	0.522	0.725	0.745	0.303	0.813
平均值	7.916	4.804	1.638		0.525	0.728	0.751	0.284	
标准差	0.359	0.245	0.053		0.023	0.015	0.015	0.029	
总计	22.80	8.920	2.333	27.00	0.523	0.833	0.834	0.379	

注：N_a，平均每个居群的等位基因数；N_e，有效等位基因数；I，Shannon 信息指数；P_A，特有等位基因数；H_o，观察杂合度；H_e，期望杂合度；uH_e，不偏斜期望杂合度；F_{IS}，居群分化系数；TPM_{W2}，基于 2 阶突变模型和 Wilcoxon sign-rank 测试下的瓶颈效应。加粗和下划线表示该居群具有瓶颈效应

AMOVA 分析结果显示遗传变异主要分布在居群内，这个结果与北美和其他入侵地的豚草居群一致，这与豚草雌雄同株、风媒、异交等自身的生物学特性相关（表 9.4）。但对比我国、原产地和其他入侵地豚草居群间的遗传分化可以发现，我国豚草遗传变异在居群间的比例（8.69%）要高于北美（原产地，6.39%）和法国（入侵地，4.81%），与东欧（入侵地）相似（8.79%），这从另外一方面反映了我国豚草居群间的基因流有限（Gladieux *et al.*，2011；Li *et al.*，2019）。

表 9.4 我国豚草种群 AMOVA 分析

变异来源	自由度	平方和	均方差	变异组分	变异比例/%
居群间	18	57.974	3.221	0.122	12
居群内	351	302.434	0.862	0.862	88
总体	369	360.408		0.984	100

基于微卫星标记，利用 STRUCTURE 和 GENELAND 对中国 19 个豚草居群进行了遗传结构分析（图 9.8，图 9.9）。当 K=2 时，大连、贵州和梅州的居群内几乎所有的个体都属于红色的遗传簇，而北京大部分个体属于蓝色的遗传簇，其他居群的个体包含了

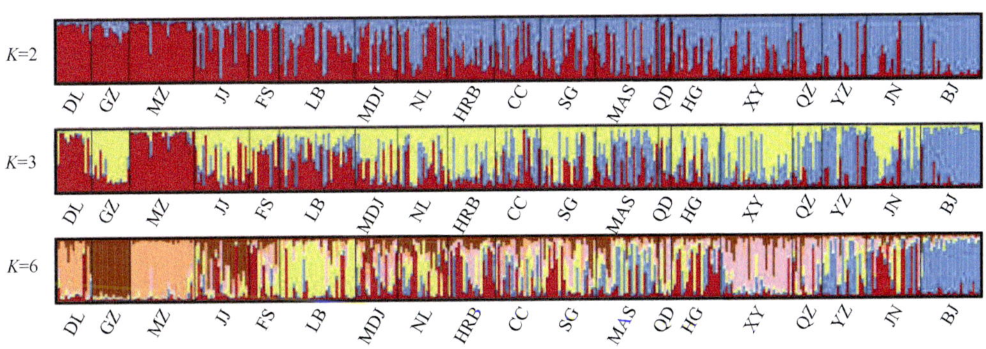

图 9.8 STRUCTURE 分析中 K=2、3 和 6 时豚草居群遗传结构分析（基于微卫星标记）

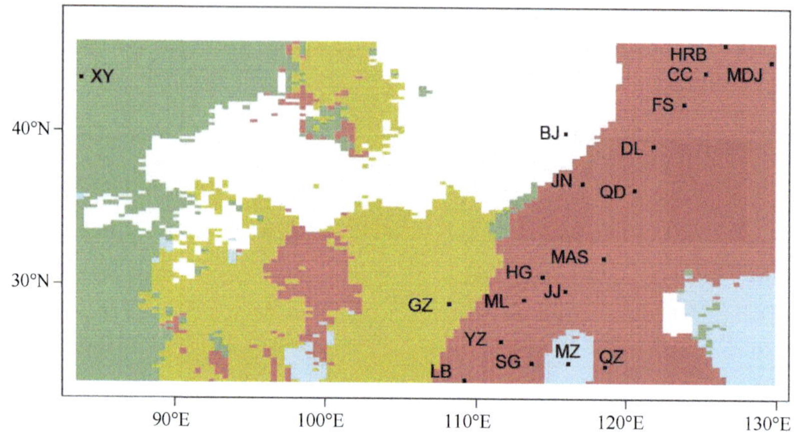

图 9.9　基于 GENELAND 对豚草居群遗传结构的分析

这两种遗传谱系。当 *K*=6 时，梅州、北京、贵州居群与其他居群区分开。在 GENELAND 分析结果中，梅州、北京、贵州居群与 STRUCTURE 分析结果一致，与其他居群分离并各自形成一个遗传簇。此外，新源居群也与其他居群有明显分割，具有自己的遗传簇。剩下 15 个居群形成一个共同的遗传簇。

三、我国豚草入侵历史背景及扩散路径

1. 多次入侵、多来源造成了我国豚草现有的遗传分布格局

我国豚草 9 个叶绿体单倍型中，有 8 个叶绿体单倍型在北美的豚草序列中都能够找到，只有单倍型 H36 在北美豚草序列中未发现，该单倍型主要分布在梅州居群的个体中（69.23%的个体都是这个单倍型），有 3 个在新源（XY）的个体也是 H36 单倍型，其他居群没有分布（图 9.6b）。从网状图（图 9.6a）上可以看出，这个单倍型与 H3 较近，可能是从 H3 单倍型分化出的单倍型。然而，梅州和新源居群中都没有 H3，只有北京（BJ）居群有 H3，北京居群在地理距离上与梅州和新源居群都较远，因此 H36 排除了是在我国豚草居群中新分化出的单倍型，并二次入侵到梅州和新源，这个单倍型有可能来自其他入侵地的豚草居群。基于 H3 只分布在北京居群中，H10 只分布在韶关（SG）居群中，可以看出我国豚草居群不是来源于单次入侵。

从 nrITS 单倍型地理分布图（图 9.7b）上可以看出，我国豚草遗传分化与居群所在经纬度无关，大部分居群间遗传分化很低，但是位于南部的韶关居群和位于北部的哈尔滨居群却在 NJ 树中聚成一支。与该结果相一致的是，基于微卫星数据的遗传结构分析同样没有显示出与地理分布相关（图 9.8，图 9.9）。这个结果也同样展示了我国豚草居群的多次入侵来源，并且来源地可能包含了其他早期被入侵的区域。

2. 我国大部分的豚草居群来源于早期就发生了遗传混合的居群

遗传结构分析发现，我国豚草居群遗传分化很低，有限的特有等位基因也反映了大部分等位基因是在居群间共享的。通常多次入侵和居群间高水平的基因流会造成居群间遗传分化较低，如在欧洲的豚草居群（Chun *et al.*，2010）。但从我国豚草间基因流分析

结果来看（图 9.10），我国大部分豚草居群间的基因流非常有限，尤其是北方居群，这意味着遗传分化低并不是由居群间种子或花粉的扩散导致的。

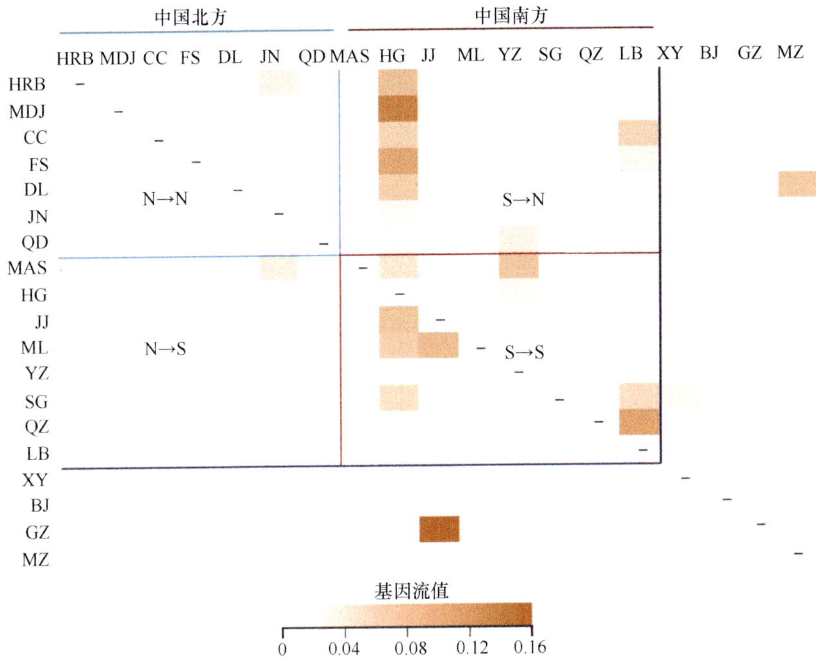

图 9.10　中国豚草居群间基因流分析

颜色深浅代表了基因流的水平大小，颜色越深表示居群基因流越大，颜色越浅表示基因流越小；横竖两排字母代表居群，其中：BJ，北京；CC，长春；DL，大连；FS，抚顺；ML，汨罗；GZ，铜仁；HG，黄冈；HRB，哈尔滨；JJ，九江；JN，济南；LB，来宾；MAS，马鞍山；MDJ，牡丹江；QD，青岛；MZ，梅州；QZ，泉州；SG，韶关；XY，新源；YZ，永州；N→N 表示北方居群之间的基因交流，S→N 表示南方到北方居群之间的交流，N→S 表示北方到南方居群之间的交流，S→S 表示南方居群之间的基因交流

我们推测，我国豚草居群缺少遗传结构是由于其入侵前就已经发生了混合。Martin 等（2014）以及 van Boheemen 等（2017）已经证实了在豚草的原产地北美具有一个已经发生了遗传混合的区域，同样一些入侵地，如欧洲已经成为“桥头堡”，对其他地区造成了二次入侵。因此我国大部分豚草居群，尤其是缺少遗传分化的 15 个居群可能来源于北美的遗传混合区域，也可能来源于一些入侵地的二次入侵，如欧洲或者是更近一些的亚洲国家，如日本和韩国。

3. 我国豚草各居群间的主要扩散路径

叶绿体基因和核基因显示了部分不同的遗传分化结果，这是由于叶绿体基因非重组基因而是单系遗传，并且进化速率远低于 ITS。然而梅州居群（MZ）在这 3 类分子标记中都被有效区分，显示出该居群拥有与其他居群完全不同的入侵历史，有意思的是梅州居群离豚草标本最早采集地——汕尾最近，推测早期入侵中国的豚草与后来的入侵个体有着不同的遗传背景。

贵州居群在基于微卫星标记的遗传结构分析中以及基于 nrITS 构建的 NJ 树中都被明显区分出来，但在基于叶绿体基因构建的 NJ 树中显示了与九江居群很近的遗传关系（图 9.6b）。并且在基于微卫星标记的迁移历史分析结果中也显示了从九江到贵州有最高比例的迁移个体，两居群间的基因流最高，因此推测九江居群是贵州居群的主要入侵来源。

新疆新源居群被发现于2010年，较其他居群发现时间较晚，但到2016年其面积已经是2010年的10 150倍，本研究首次分析了新源居群的遗传背景，发现它有最多的nrITS单倍型，并且也有单倍型H36，这个单倍型是梅州居群的主要单倍型，在其他居群中都没有分布，然而两个居群内的nrITS单倍型并不完全相同，因此，梅州居群有可能是新源居群的来源居群之一，或者这两个居群都来源于同一居群。

Gaudeul等（2013）通过分析全世界的豚草居群遗传背景发现，北京居群与其他居群具有明显的遗传分化，除了罗马尼亚居群，推测北京豚草入侵是由于罗马尼亚豚草产生的二次入侵。在本研究中，北京居群与其他居群具有明显的遗传分化，因此推测我国其他居群的豚草不会来源于罗马尼亚。

我国居群间的基因流和个体迁移分析结果显示，除了九江和贵州居群间有高水平基因流外，黄冈居群到牡丹江居群的个体迁移率也较高。从南北居群来看，南方居群间的基因流较高，北方居群间的基因流非常低，南方居群到北方居群的个体迁移率很高，北方居群到南方居群的个体迁移率很低。整体来看，我国豚草居群有着从南向北、从东向西的扩散趋势（图9.11）。

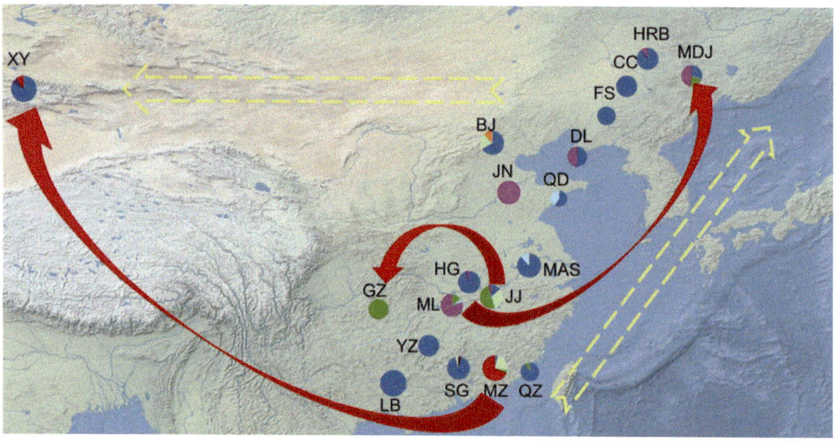

图9.11　中国豚草扩散方向推测

每个饼图的颜色比例表示一个群体中每个nrITS单倍型的频率；BJ，北京；CC，长春；DL，大连；FS，抚顺；ML，汨罗；GZ，铜仁；HG，黄冈；HRB，哈尔滨；JJ，九江；JN，济南；LB，来宾；MAS，马鞍山；MDJ，牡丹江；QD，青岛；MZ，梅州；QZ，泉州；SG，韶关；XY，新源；YZ，永州

第三节　豚草防控技术

豚草的防控技术主要包括物理防控、化学防控、生物防控和替代控制等4种方式。

一、物理防控

豚草物理防控主要是人工或机械拔除。物理防控豚草的最佳时期是在生长初期至开花期前，因为豚草在开花期会产生大量的花粉，容易引起呼吸道过敏，危害人体健康。因此，应该在开花期之前（5月底至6月初）对豚草进行人工拔除或机械清除，拔除时应连同根系一起拔除并晒干，防止豚草再次生长（梁维敏和王绍武，2010）。对于入侵至农田中的豚草，在豚草苗期进行春耙，可消灭大部分豚草幼苗（王晓红，2019）。

二、化学防控

化学防控主要采用化学除草剂进行灭除，主要在有大面积豚草分布的情况下使用。常用的有西玛津、莠去津、扑草净、敌草快、百草枯、草甘膦等，可有效控制豚草生长。在豚草苗期防治效果较好的灭生性除草剂有草甘膦、草铵膦等。早春土壤耕翻后，用莠去津在苗前喷雾处理土壤；出苗后，用草甘膦、百草敌、利谷隆、氟磺胺草醚等喷雾处理；此外 2, 4-D 与草甘膦、百草枯等混用，可以增强豚草的防治效果（梁维敏和王绍武，2010）。在处理农作物中间的豚草时，可使用一些选择性除草剂，常用的选择性除草剂有乳氟禾草灵、乙氧氟草醚、三氯吡氧乙酸、氯氟吡氧乙酸、灭草松等（王晓红，2019）。在豚草花期可以喷施乙烯利，诱导豚草雄性败育，一方面降低花粉对人体的伤害，另一方面降低繁育能力（王晓红，2019）。

三、生物防控

豚草入侵我国后，由于缺乏天敌等自然生物因子的制约，其种群逐年扩大，对入侵地生物多样性造成极大的破坏。利用天敌昆虫防治豚草一直被认为是豚草治理的一种有效途径（周忠实等，2008）。因此，为防控豚草，我国引入了几种天敌昆虫，包括豚草条纹叶甲（*Zygogramma suturalis*）、豚草卷蛾（*Epiblema strenuana*）、豚草夜蛾（*Tarachldia candefacta*）、豚草实蝇（*Euaresta bella*）、豚草蓟马（*Liothips* sp.）等（王晓红，2019）。但是，经过野外释放以后，仅豚草卷蛾能在野外成功建立种群，具有较好的应用前景（万方浩等，2005）。豚草卷蛾原产于北美，现广泛分布于北半球，该虫的寄主为普通豚草、三裂叶豚草、银胶菊及一种苍耳。我国从澳大利亚引进该种，研究结果表明豚草卷蛾可在北方安全越冬，在野外自然条件下，豚草卷蛾易维持较高的种群数量，用于豚草防除效果较好。广聚萤叶甲（*Ophraella communa*）是一种偶然被发现的豚草专一性天敌，其成虫和幼虫聚集在叶片上取食，可将单株叶片食尽，能够有效防治豚草。该叶甲原产于北美洲，属于新近传入我国的外来昆虫，已被应用于美国、墨西哥、加拿大、日本、韩国、中国等国家（周忠实等，2011）。陈红松等（2013）采用广聚萤叶甲和豚草卷蛾联合控制豚草，结果表明两种天敌昆虫对豚草的联合控制效果显著。

此外，在豚草天敌调查过程中还发现一些使豚草生病的真菌生物，其中白锈菌（*Albugo tragopogonis*）可以控制豚草的规模，田间条件下染病的豚草生物量可减少 10%，每株种子产量降低 95%～100%，种子千粒重从 3.16g 降为 2.28g（刘静玲等，1997）。在两叶期将白锈菌接种到豚草幼苗上，花粉产量降低 99%，种子产量降低 98%，79%的植株个体在受控环境中生长时出现了系统性疾病症状（Hartmann and Watson，1980）。

四、替代控制

植物替代控制主要是利用种间竞争来控制豚草的生长，其中也包含植物的化感作用。根据植物群落自身的演替规律，使用具有生态和经济价值的植物取代豚草群落，恢复和重建稳定的生态系统结构及功能，形成正向演替的生态群落，提高生态系统的入侵抵抗力。目前应用较为成功的有 10 余种替代控制植物，主要为紫穗槐（*Amorpha fruticosa*）、沙棘（*Hippophae rhamnoides*）、绣球小冠花（*Securigera varia*）、草地早熟禾（*Poa pratensis*）、菊芋（*Helianthus tuberosus*）、胡枝子（*Lespedeza bicolor*）、紫丁香（*Syringa oblata*）、鹰嘴紫云英（*Astragalus cicer*）、细叶百脉根（*Lotus tenuis*）和苜蓿（*Medicago sativa*）（关广清等，1995）。在我国沈阳—大连和沈阳—桃仙机场高速公路两旁，紫穗槐、沙棘、小冠花、草地早熟禾、菊芋已在实践中被用于替代控制普通豚草和三裂叶豚草，并取得成功。这些本地植物都具有生长迅速的特点，同时又具有较强的竞争优势，每年春季在豚草发芽之前就已经形成一定高度，遮挡豚草，限制其光合作用，起到抑制豚草生长的效果，从而控制豚草的危害和蔓延（梁维敏和王绍武，2010）。

利用植物的化感作用防除豚草也是替代控制的主要方式，主要是通过植物间的异毒作用或植物的次生代谢物来抑制豚草生长，也就是利用植物在其生长发育过程中向环境中排放的代谢产物对豚草产生抑制作用（孙备和李建东，2005）。研究发现，白花夹竹桃（*Nerium indicum* cv.‘Paihua’）、海桐（*Pittosporum tobira*）、杨梅（*Morella rubra*）和桉（*Eucalyptus robusta*）的茎叶水浸提液对豚草幼苗的生长有抑制作用（陈贤兴等，2002）。

小　　结

本章以外来入侵杂草豚草为例，开展相关防控技术研究。针对豚草的入侵问题，主要是从其对生物多样性的影响、扩散路径和防控技术等 3 个方面开展研究，主要研究结果如下。

在豚草入侵区，通过野外调查研究豚草对本地植物多样性的影响，结果表明随着入侵程度的增加，豚草各生长指标显著增加，入侵达到一定程度后对本地物种造成危害，导致本地物种多样性显著降低，破坏生态系统结构。土壤养分、交通、光照是影响豚草与本地植物相互关系的主要因素。

采集全国不同豚草入侵区的豚草种群，通过比较分析不同种群之间的遗传结构，研究豚草在我国的分布格局，并结合历史资料文献，推断豚草在我国的入侵路径，研究认为豚草在我国的扩散路径大体方向为从南到北、从沿海向内陆。

总结国内外豚草防控技术，主要包括物理防控、化学防控、生物防控和替代控制等防控方法，为豚草防控提供理论依据。

第十章　外来入侵植物紫茎泽兰

紫茎泽兰（*Ageratina adenophora*）是一种世界性入侵杂草，为菊科多年丛生型半灌木草本植物，原产于南美洲，现已广泛分布于世界热带、亚热带30多个国家和地区（强胜，1998）。大约20世纪40年代由中缅边境传入云南境内，20世纪90年代已在我国西南地区的云南、贵州、四川、重庆和广西等省（区）分布（强胜，1998），于2003年被我国列入《中国第一批外来入侵物种名单》。近年来，该入侵植物在我国的发生面积已达1400多万hm^2（卢向阳等，2013），常入侵农田、撂荒地、退耕还林地和疏林地等生境。紫茎泽兰具有有性繁殖和无性繁殖两种繁殖方式，产种量高，土壤种子库长久，且种子寿命长，适应的温度范围较宽，易在引入地定居扩散（沈有信和刘文耀，2004）；可以适应多种生态环境，表型可塑性大（张常隆等，2009）；化感作用和竞争力强，常形成优势群落；并且能够改变入侵地土壤的养分元素及微生物群落结构，抑制或降低相邻植物的生长和竞争能力（牛红榜等，2007）。针对紫茎泽兰的这些特性，目前，已有人工机械防治、化学防治、引入天敌控制和替代控制等多种防控方法研究。另外，研究还发现了一些优良的牧草如非洲狗尾草（*Setaria sphacelata*）、宽叶雀稗（*Paspalum wettsteinii*）、紫穗槐（*Amorpha fruticosa*）等能够抑制紫茎泽兰的生长（蒋智林等，2008；刘冰，2011；卢向阳等，2013）。但以往这些研究都仅针对控制紫茎泽兰，较少考虑入侵地的生态修复。本研究通过改良生境治理紫茎泽兰和恢复受损本地植被，将紫茎泽兰控制和生态修复结合起来，以期探索紫茎泽兰的有效防控技术。

第一节　紫茎泽兰对生物多样性的影响

紫茎泽兰具有适应能力强、遗传多样性高、化感作用强、繁殖速度快及竞争能力强等特点，一旦入侵后能够迅速地定植并形成大面积的优势种群。张修玉等（2010）研究了西双版纳紫茎泽兰入侵地植物、土壤动物与土壤微生物的多样性，结果表明紫茎泽兰入侵导致植物和土壤动物多样性显著降低，但土壤微生物多样性随着入侵程度的升高而增加。丁晖等（2007）分析了云南省和四川省5个紫茎泽兰入侵区植物群落结构的变化，结果发现紫茎泽兰的入侵主要对生境中1年生草本植物产生影响，导致草本植物多样性和均匀度等指数显著下降。贾桂康和薛跃规（2011b）对广西紫茎泽兰入侵生境的植物多样性进行了研究，结果发现紫茎泽兰入侵生境植物的Simpson指数、Shannon-Wiener指数和Pielou均匀度指数均显著降低，表明紫茎泽兰入侵抑制本地植物生长，导致本地生物多样性减少。

紫茎泽兰入侵除了对植物多样性造成影响，对土壤微生物多样性也产生重要影响。土壤微生物在外来植物入侵过程中具有重要作用。入侵植物与土壤微生物之间的相互作用关系深刻影响着入侵植物的适应性和竞争力（Zhang *et al.*，2018）。土壤微生物参与土壤有机质的分解、土壤腐殖质形成与分解及养分的转化和循环，是生态系统的重要组成部分（Mcguire *et al.*，2010）。入侵植物在入侵地形成稳定种群后影响本地植物群落结构组成，进而影响土壤微生物多样性的变化（Levine *et al.*，2003；柳旭等，2019）。朱珣之等（2015）研究了紫茎泽兰入侵对土壤细菌多样性的影响，结果发现紫茎泽兰入侵对土壤细菌多样性影响较小，仅在一定程度上改变了土壤微生物的多样性和群落结构。Zhu等（2017）研究了不同生境下紫茎泽兰的次生化感物质对土壤微生物多样性的影响，结果表明叶片渗滤液能够显著降低森林和荒地土壤细菌的丰富度与多样性，但增加了路边土壤中细菌的丰富度和多样性。

第二节　紫茎泽兰扩散格局

基于公开发表的文献资料和中国数字植物标本馆（CVH）、中国国家标本资源平台的标本采集信息及野外种群调查，以 1940～1950 年、1940～1960 年、1940～1970 年、1940～1980 年、1940～1990 年、1940～2000 年、1940～2010 年、1940～2017 年为时间段，重建紫茎泽兰历史扩散图谱（图 10.1）。1935 年，中国云南省勐海县首次记录了紫茎泽兰。在最初的 10 年里扩散较慢，到 20 世纪 50 年代，仅在 4 个县，即勐海、勐腊、景洪和澜沧报告了紫茎泽兰。这些县都位于与越南和缅甸的边界沿线。随后，紫茎泽兰向北和向东传播到云南南部的温暖地区，其环境以高温和强降雨为特征。在入侵过程的初始阶段，紫茎泽兰分布仅限于以景洪地区为中心的几个孤立点位。紫茎泽兰在过去的 70 年里，从云南南部以每年 20km 的速度向东、向北扩散，在纬度上总共扩张了 14.5 个纬度，在经度上扩张了 9.5 个经度。1988 年在台湾省南部 4 个县也发现了紫茎泽兰，推测中国种群是通过独立途径引入的，并于 1990 年在台中县大面积发生。目前分布于云南、广西、贵州、四川（西南部）、台湾，垂直分布上限为 2500m。

1960 年以前，紫茎泽兰主要分布于云南省南部，面积约为 8.56 万 km^2，仅占我国目前总分布面积的 16%。从 1960 年到 1990 年，占地面积扩大了约 4 倍，新增面积 33.94 万 km^2，占目前总分布面积的 63.2%。从 1990 年到 2010 年，紫茎泽兰新增加传播面积约为 13.19 万 km^2（图 10.2）。

道路和河网是紫茎泽兰传播的主要途径，通过对紫茎泽兰发生区与道路和河网的分析表明，紫茎泽兰的发生与到最近的主干道（Pearson 相关系数 $r = -0.781$，$P = 0.01$）或河流（$r = -0.763$，$P = 0.02$）的距离之间呈显著的负相关关系。大多数入侵地点位于河流或主干道的 15km 范围内（Sang *et al.*，2010）。

紫茎泽兰在我国的适宜分布区主要为长江流域及其以南地区，以云贵高原为主体，贵州中部的垂直地带性北亚热带地区、云南东北部和贵州西部的部分垂直地带性暖温带地区都被预测为适生区（图 10.3）。

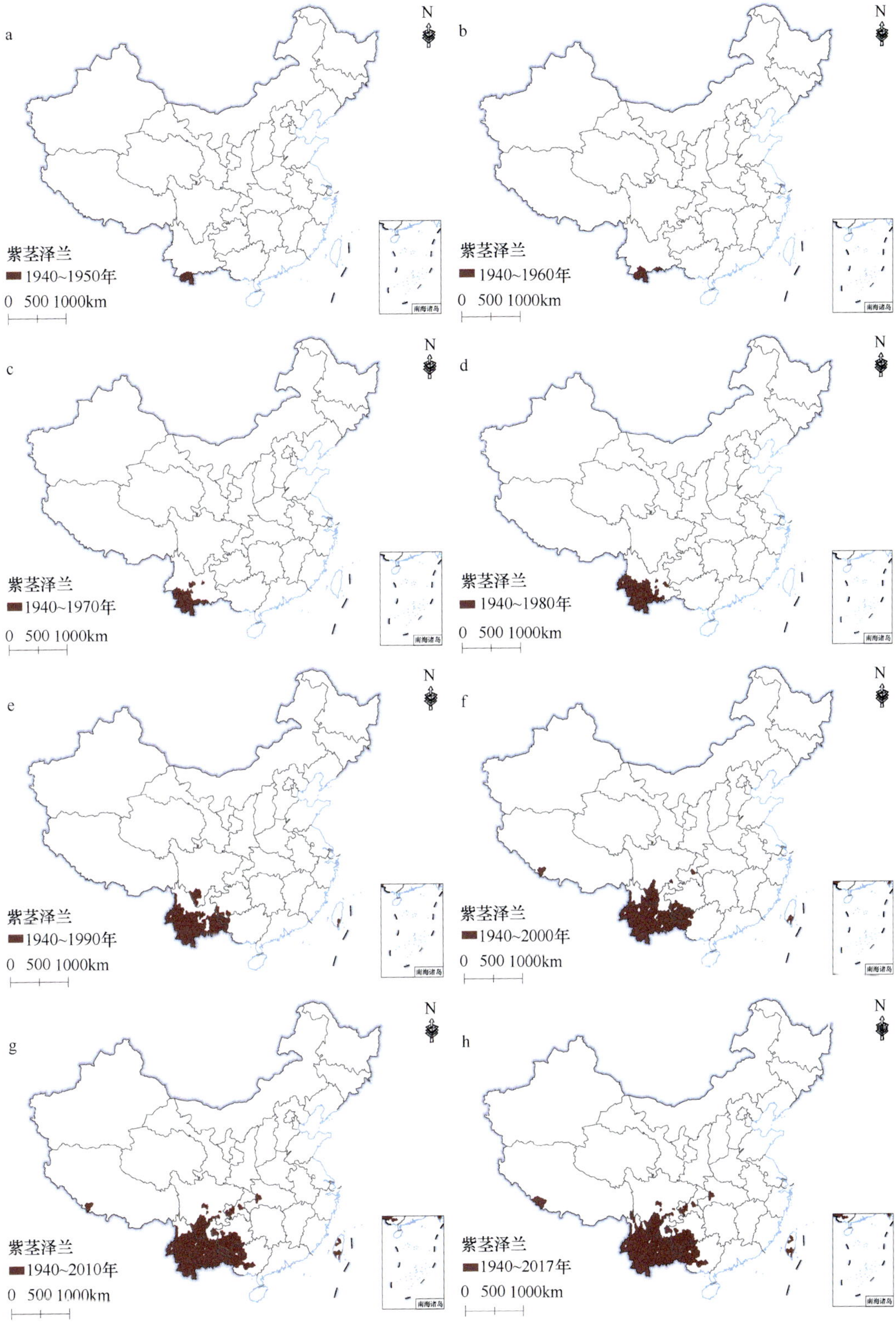

图 10.1　紫茎泽兰扩散动态分布

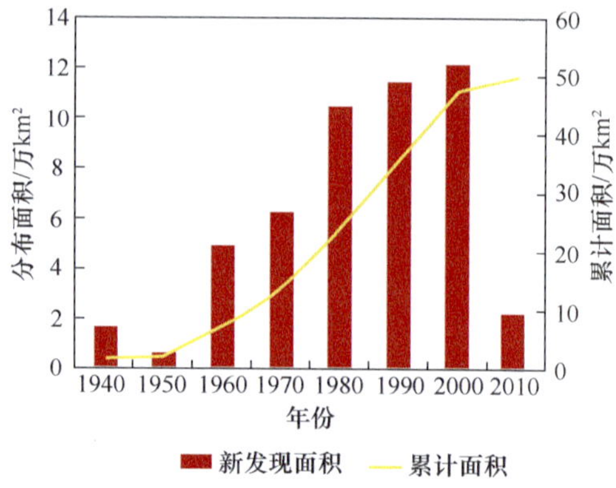

图 10.2　紫茎泽兰发生区面积变化

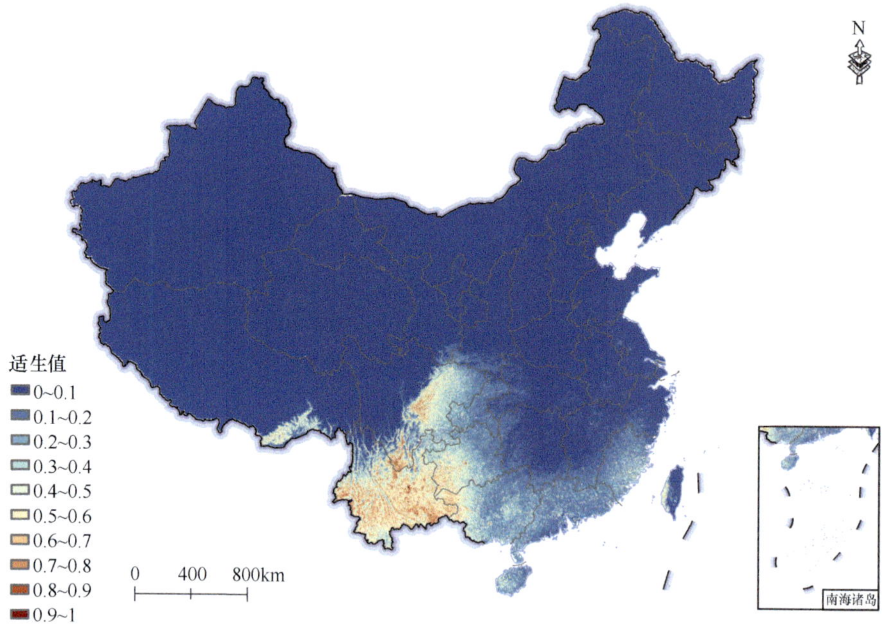

图 10.3　紫茎泽兰适生区分布

第三节　紫茎泽兰防控技术

一、基于生境改良的入侵植物治理技术

1. 入侵植物植物源抑制剂的筛选

选择本地植物茶条木（*Delavaya toxocarpa*）、艾蒿（*Artemisia argyi*）、类芦（*Neyraudia reynaudiana*）和青蒿（*Artemisia caruifolia*）等为供体，以紫茎泽兰为受体。采集供体植株地上部分，阴干后磨成粉末。用纯净水浸提，分别配制浓度为 2.5%、5.0%、7.5%和10%（即每 100mL 纯净水分别添加 2.5g、5.0g、7.5g 和 10g 干物质）的浸提液，以纯净水为对照。通过生物分析测试，比较各浸提液对紫茎泽兰和本地植物的影响，从而筛选

能够抑制入侵植物种子萌发和生长的植物源抑制剂及其使用方法等。

结果表明，茶条木、类芦和艾蒿的浸提液由低浓度到高浓度（2.5%、5%、7.5%），可使紫茎泽兰种子萌发率分别下降 81.0%、96.6%、99.3%，68.7%、91.2%、89.8%及 85.7%、93.9%和 100%，表明三者对紫茎泽兰种子萌发的化感作用较强，特别是在茶条木和艾蒿高浓度浸提液作用下，紫茎泽兰种子几乎不萌发（图 10.4）。因此，茶条木、类芦和艾蒿等均可作为紫茎泽兰种子萌发的植物源抑制剂，同时茶条木还可作为抑制紫茎泽兰生长的植物源制剂原料。

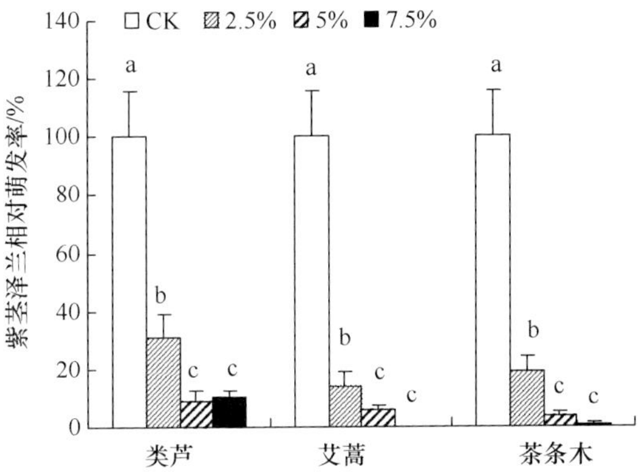

图 10.4 不同植物源抑制剂对紫茎泽兰的影响
不同小写字母表示同一抑制剂不同浓度下差异显著（$P<0.05$=

本研究首次发现茶条木、类芦和艾蒿等本地植物能显著抑制紫茎泽兰的种子萌发，它们均可作为紫茎泽兰种子萌发的植物源抑制剂。如果将这些植物材料开发为生物型除草剂，相对于化学除草剂来说，对环境是安全友好的。

2. 多功能复合制剂的配制及试验

针对紫茎泽兰具有很强的化感作用（于兴军等，2004），其根和叶均具有化感物质，能在土壤中积累，影响本地植物的生长发育（韩利红，2006），且化感物质能在土壤里残留至少 2 年（Tian *et al.*，2007），具有长久性的土壤种子库（沈有信和刘文耀，2004），能通过改变真菌增强竞争能力（李会娜等，2011）等入侵特性，本研究旨在配制能够削弱其化感作用、抑制其种子萌发和幼苗生长以及降低其竞争能力的复合制剂，改良生境，促进本地植物的生长。

前期研究发现，一些本地植物对紫茎泽兰存在化感作用，能够抑制其种子萌发和生长，利用这些植物可以生产对环境安全友好的植物源抑制剂，活性炭具有吸附紫茎泽兰化感物质和促进本地植物生长的功能特性，杀真菌剂可降低紫茎泽兰的竞争优势，并且三者之间不存在相互抑制作用或效应。为配制对外来入侵植物种子萌发、植株生长、竞争优势和化感作用等具有明显抑制或消除效应的多功能复合配剂，本研究主要以紫茎泽兰为对象，以植物源抑制剂（茶条木、艾蒿和类芦等 3 种植物的粉末）、活性炭和杀真菌剂等为原料，在已有试验并参考前人研究结果的基础上，初步确定上述 3 种物质的使用方式及浓度范围，然后采取三因素三水平（表 10.1）的正交试验方法（表 10.2），对比分析不同原料配比方式对紫茎泽兰植株形态与生长及其与大叶山蚂蝗（*Pleurolobus*

表 10.1 正交试验的因素和水平

试验因素	因素水平		
	1	2	3
A（植物源抑制剂）	茶条木粉末（37.5g/kg 土）	艾蒿粉末（37.5g/kg 土）	类芦粉末（37.5g/kg 土）
B（活性炭）	1∶3（*V*/*V*）（62.5g/kg 土）	1∶4（*V*/*V*）（46.9g/kg 土）	1∶5（*V*/*V*）（37.5g/kg 土）
C（杀真菌剂）	0.47g/kg 土	0.28g/kg 土	0.15g/kg 土

注：*V*/*V* 为活性炭与土壤的体积比

表 10.2 正交试验处理 L_9（3^4）

试验处理	A（植物源抑制剂）	B（活性炭）	C（杀真菌剂）
T_1（$A_1B_1C_1$）	茶条木粉末	1∶3（*V*/*V*）（62.5g/kg 土）	0.47g/kg 土
T_2（$A_2B_1C_2$）	艾蒿粉末	1∶3（*V*/*V*）（62.5g /kg 土）	0.28g/kg 土
T_3（$A_3B_1C_3$）	类芦粉末	1∶3（*V*/*V*）（62.5g/kg 土）	0.15g/kg 土
T_4（$A_1B_2C_2$）	茶条木粉末	1∶4（*V*/*V*）（46.9g/kg 土）	0.28g/kg 土
T_5（$A_2B_2C_3$）	艾蒿粉末	1∶4（*V*/*V*）（46.9g/kg 土）	0.15g/kg 土
T_6（$A_3B_2C_1$）	类芦粉末	1∶4（*V*/*V*）（46.9g/kg 土）	0.47g/kg 土
T_7（$A_1B_3C_3$）	茶条木粉末	1∶5（*V*/*V*）（37.5g/kg 土）	0.15g/kg 土
T_8（$A_2B_3C_1$）	艾蒿粉末	1∶5（*V*/*V*）（37.5g/kg 土）	0.47g/kg 土
T_9（$A_3B_3C_2$）	类芦粉末	1∶5（*V*/*V*）（37.5g/kg 土）	0.28g/kg 土

gangeticum）、虎杖（*Reynoutria japonica*）等本地植物竞争关系等的影响，研发包含植物源抑制剂、活性炭和杀真菌剂等在内的多功能复合配剂配方及其使用方法，从而实现在入侵植物控制中一物多用和一物多效等目标。

试验结果表明（表 10.3），就单一物质而言，植物源抑制剂对紫茎泽兰株高的抑制作用显著（$P<0.05$），对叶片数和总叶面积的抑制作用极显著（$P<0.01$），但对其竞争优势影响不显著；活性炭对比叶面积影响显著（$P<0.05$），对叶片数、总叶面积、相对生长速率、总生物量、竞争优势和竞争响应影响极显著（$P<0.01$），杀真菌剂对比叶面积的抑制作用显著（$P<0.05$）。

表 10.3 多功能复合配剂试验方差分析表

参数	A（植物源抑制剂）（df=2）		B（活性炭）（df=2）		C（杀真菌剂）（df=2）	
	F	*P*	*F*	*P*	*F*	*P*
株高	5.845	0.004	1.539	0.220	1.573	0.212
叶片数	27.020	<0.001	32.323	<0.001	2.690	0.073
总叶面积	58.538	<0.001	20.726	<0.001	1.176	0.313
比叶面积	5.604	0.005	5.865	0.004	3.610	0.031
相对生长速率	16.765	<0.001	25.456	<0.001	0.471	0.626
总生物量	18.008	<0.001	23.885	<0.001	1.347	0.265
竞争优势	0.709	0.495	12.861	<0.001	1.628	0.202
竞争响应	18.027	<0.001	23.910	<0.001	1.348	0.264

与对照相比，复合配剂试验的 9 种处理方式均降低了紫茎泽兰的株高（27.48%～

51.35%）、叶片数（12.55%～70.56%）、总叶面积（8.29%～71.40%）、相对生长速率（13.44%～54.48%）和总生物量（25.73%～81.01%）（图 10.5）。其中，除了 T_8 以外，其他 8 个处理的紫茎泽兰叶片数和总叶面积等与对照差异显著（$P<0.05$），表明这些处理方式可在一定程度上降低紫茎泽兰捕获光资源的能力，从而影响其光合作用和生长；各处理下的比叶面积与对照差异不显著，但所有处理均显著降低了紫茎泽兰的相对生长速率和总生物量，并且紫茎泽兰对虎杖和大叶山蚂蝗的竞争影响分别下降 20.91%～32.79% 和 20.02%～28.03%，而其竞争响应则达到了 25.73%～81.01%（图 10.6），表明其对虎杖和大叶山蚂蝗的竞争能力明显下降，从而提高了本地植物的竞争优势。

综合比较三因素三水平下复合配剂的试验结果，可以从中筛选出引起紫茎泽兰生长量和竞争优势等下降最为明显的理想组合，即通过比较某一因素不同水平下紫茎泽兰生

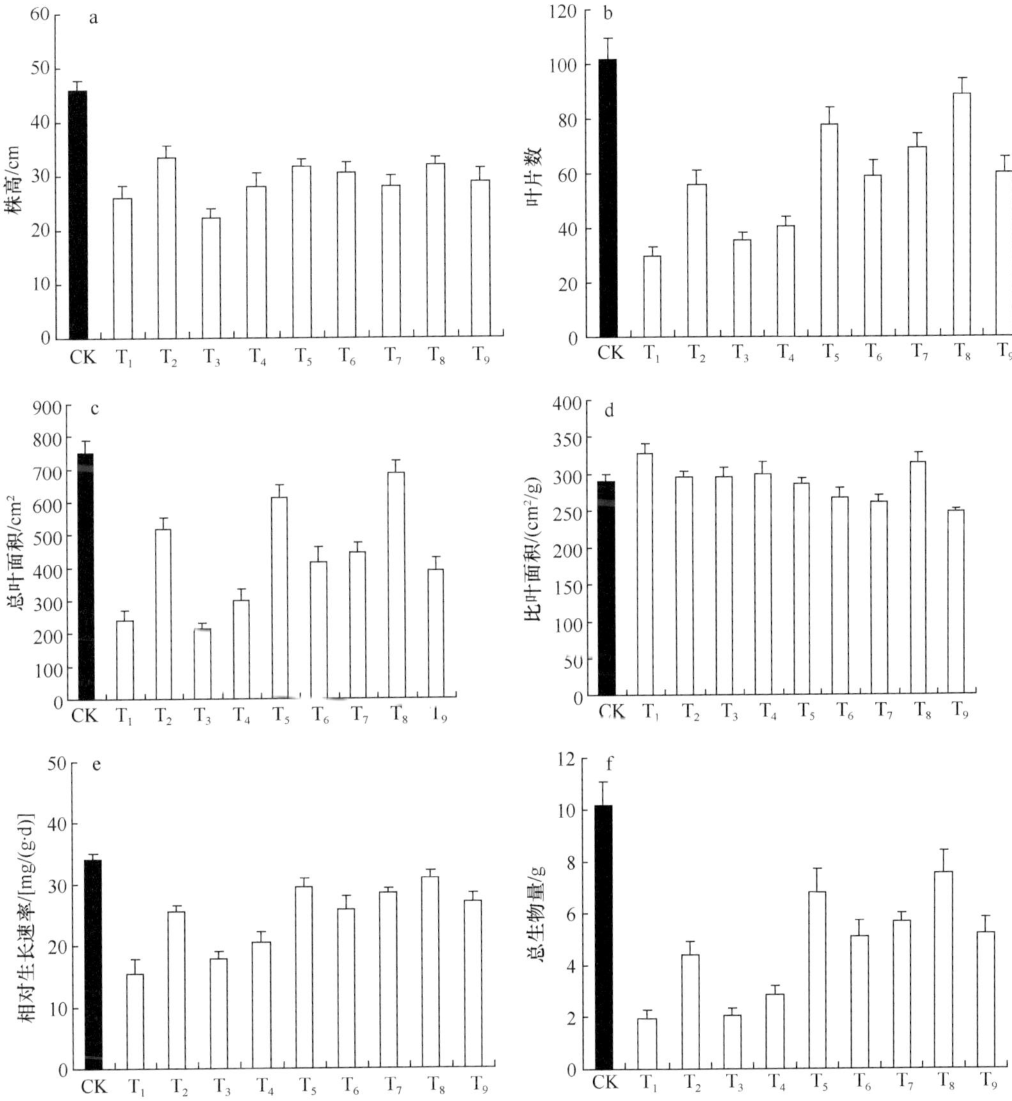

图 10.5　各复合配剂处理对紫茎泽兰形态和生长的影响

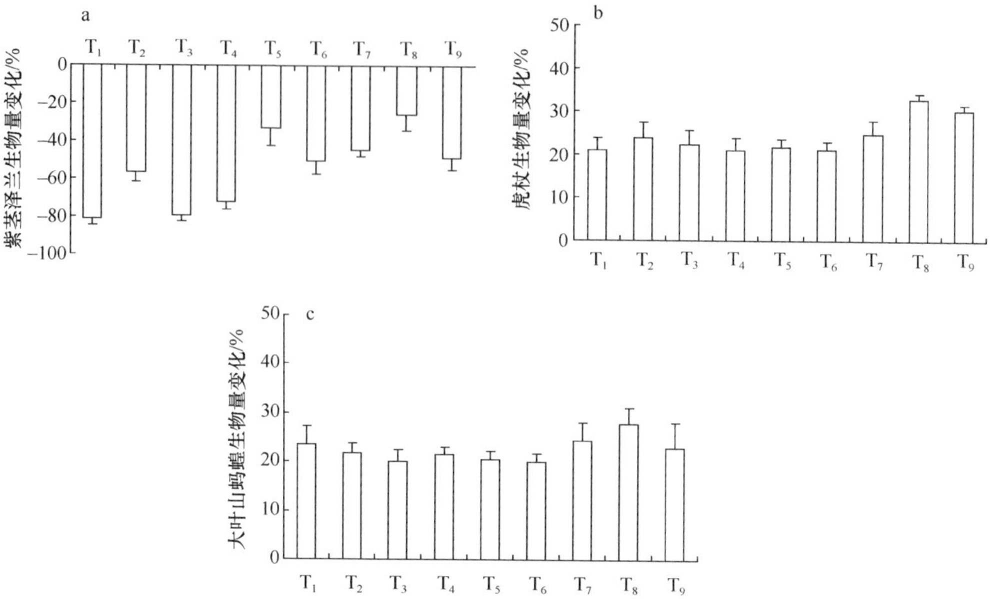

图 10.6　各复合配剂处理对紫茎泽兰和本地种竞争的影响

长量和竞争指数的平均值（K_1、K_2和K_3），确定该因素在三水平中是能够最为明显地降低紫茎泽兰生长量和竞争优势的理想水平。分析结果显示（表 10.4），降低紫茎泽兰生长量和竞争指数的植物源抑制剂（因素 A）的最佳水平为K_1（即添加茶条木粉末），而降低平均株高和比叶面积最为明显的是K_3（即添加类芦粉末）；降低紫茎泽兰生长量和竞争指数的活性炭（因素 B）的最佳水平为K_1（即活性炭与土壤的体积比为 1∶3），而比叶面积和竞争影响下降最为明显的分别是K_3（即活性炭与土壤的体积比为 1∶5）和K_2（即活性炭与土壤的体积比为 1∶4）；紫茎泽兰平均株高和竞争影响下降最为明显的杀真菌剂（因素 C）的最佳水平是K_3（即每千克土壤加入杀真菌剂 0.15g），其他参数下降最为明显的最佳水平为K_2（即每千克土壤加入杀真菌剂 0.28g）。由此可见，对降低紫茎泽兰平均株高效果最好的配置组合是 $A_3B_1C_3$，对平均叶片数、平均总叶面积、平均总生物量和竞争响应等作用最为明显的组合是 $A_1B_1C_2$，对降低比叶面积最明显的组合是 $A_3B_3C_2$。综合分析整个试验结果，在 9 个配置方案中，对降低紫茎泽兰生长量和竞争优势效果最好的组合是 $A_1B_1C_2$，即每千克土壤中加入茶条木粉末 37.5g、活性炭 62.5g 和杀真菌剂 0.28g，可以明显降低紫茎泽兰生长量和竞争优势。

本研究配制的多功能复合制剂，可以用于开发多功能土壤改良剂，既可以减少土壤中的化感物质，又可以抑制入侵植物种子萌发和幼苗生长，促进本地植物生长。

3. 有效降解紫茎泽兰化感物质的土壤微生物菌株的优选

由于具有强烈的化感作用，紫茎泽兰常常排挤和遏制本地植物而在入侵地中成为群落优势种或建群种，因此只有削弱或消除它的化感作用，才能改良入侵地土壤环境和促进本地植物的生长，从而提高本地植物对紫茎泽兰的竞争能力，有利于本地植被的快速恢复。有研究发现，在外来入侵植物入侵地的土壤中，往往存在一些以化感物质为碳源或能源的微生物，它们主要通过分解或转化化感物质维持生存。本研究利用从紫茎泽兰

表 10.4 三因素各水平下紫茎泽兰生长和竞争参数

指标	因素	K_1	K_2	K_3	最佳水平	R 值	顺序
株高/cm	A	27.43	32.31	27.31	3	5.00	1
	B	27.34	30.06	29.64	1	2.71	3
	C	29.60	30.17	27.33	3	2.83	2
叶片数	A	47.06	74.22	51.53	1	27.17	2
	B	40.77	59.14	72.72	1	31.95	1
	C	60.06	52.19	60.92	2	8.72	3
总叶面积/cm^2	A	331.60	606.03	340.43	1	274.43	1
	B	325.92	443.26	508.72	1	182.80	2
	C	453.22	402.98	425.24	2	50.24	3
比叶面积/（cm^2/g）	A	295.43	298.43	269.96	3	28.46	2
	B	305.56	284.30	274.24	3	31.32	1
	C	302.34	280.66	281.02	2	21.67	3
相对生长速率/[mg/（g·d）]	A	21.66	28.71	23.61	1	7.05	2
	B	19.82	25.32	28.79	1	8.97	1
	C	24.38	24.37	25.31	2	0.94	3
总生物量/g	A	3.52	6.26	4.11	1	2.74	2
	B	2.83	4.90	6.14	1	3.31	1
	C	4.93	4.15	4.84	2	0.78	3
竞争优势	A	23.07	24.78	23.60	1	1.71	2
	B	22.38	21.01	28.04	2	7.03	1
	C	24.83	24.37	22.29	3	1.54	3
竞争响应	A	−65.45	−38.55	−59.59	1	26.90	2
	B	−72.19	−51.91	−39.68	1	32.51	1
	C	−51.54	−59.19	−52.48	2	7.65	3

注：K_1、K_2、K_3 分别为某一因素各水平的平均值。最佳水平：某一因素下紫茎泽兰生长和竞争为最低值的水平。R 值为某一因素的各水平间最大平均值和最小平均值之间的差值。顺序：根据 R 值大小对三因素降低紫茎泽兰生长和竞争能力的排序

入侵地中筛选出的菌株，通过设计不添加任何物质和添加菌株、培养基的对比实验，检验紫茎泽兰在与本地植物葫芦茶（*Tadehagi triquetrum*）、类芦等混种的状态下，不同菌株对紫茎泽兰和本地植物生长的影响，优选出能够有效降低紫茎泽兰化感作用和促进本地植物生长的菌株。

当与葫芦茶混种时，紫茎泽兰的地上生物量显著低于其单种时的地上生物量，但不同混种方式之间差异不显著（图 10.7a）。对葫芦茶来说，添加培养基、3 号菌株和 6 号菌株的地上生物量均明显高于不添加任何物质及葫芦茶单种时的地上生物量（$P<0.05$），并且 3 号菌株和 6 号菌株的作用与添加培养基对混种时葫芦茶的影响相似（图 10.7b），可能是培养基对葫芦茶生长起了一定的促进作用。当与类芦混种时，紫茎泽兰的地上生物量在不添加任何物质、添加培养基、添加 3 号菌株和添加 6 号菌株之间差异不显著（图 10.7c），表明 3 号菌株和 6 号菌株对紫茎泽兰生长无影响。对类芦来说，其地上生物量在添加 3 号菌株及 6 号菌株时增加明显（$P<0.05$），表明 3 号菌株和 6 号菌

株具有降解化感物质、促进类芦生长的作用（图 10.7d）。综合实验结果来看，这些菌株均来自紫茎泽兰入侵地土壤，它们对紫茎泽兰的两种化感物质均表现出不同程度的降解作用，如果能够得到有效开发和利用，对降解和清除紫茎泽兰化感物质将会起到其应有的作用。

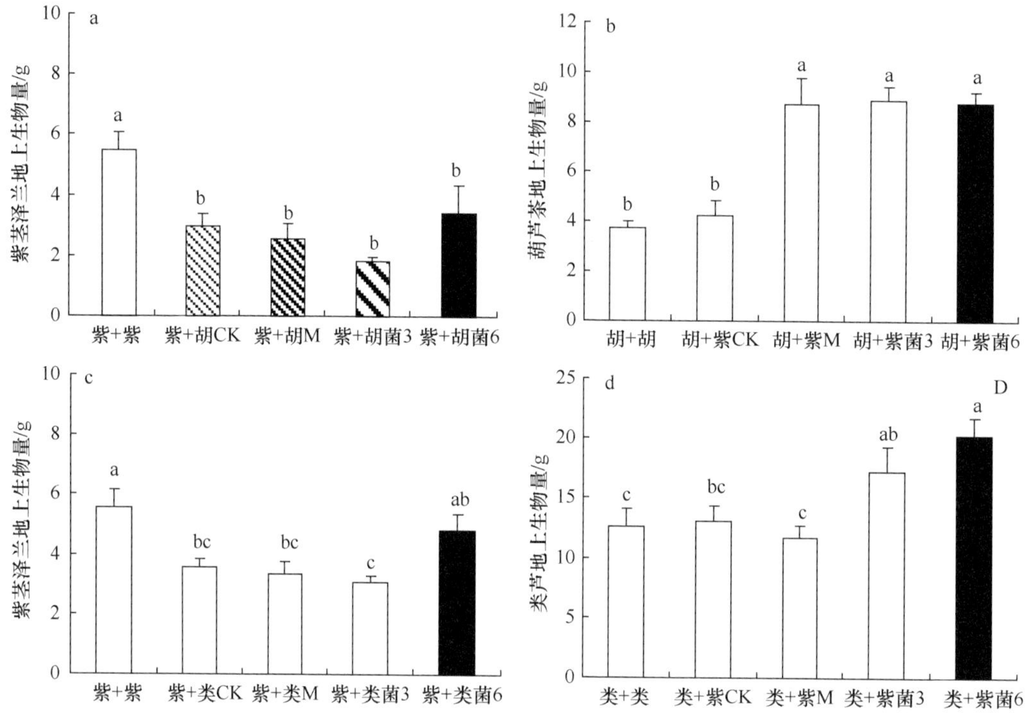

图 10.7　菌株对紫茎泽兰和本地种混种时生长的影响

二、入侵植物入侵地受损植被生态修复技术

基于近年来对西南山地外来入侵植物种群分布、生物生态学和化感作用及其与本地植物竞争等方面的研究，结合该地区植物资源的地理分布、生态适应性和开发利用价值等初步筛选了约 80 种本地资源植物，建立本地植物替代物种资源库；结合本地植物功能群配置、保育植物利用和本地植被优化配置等技术，研发了入侵地受损植被生态修复技术。

1. 筛选优良本地植物，建立替代控制物种资源库

近年来的野外调查发现，在我国西南山地生态系统中，紫茎泽兰在不同植物群落或植被类型之间的种群数量或优势程度等差异较大，即紫茎泽兰的优势地位及其危害程度等与本地植物群落的种类组成和群落结构等关系十分密切。

此外，在对入侵植物生物生态学特性的研究中，还发现紫茎泽兰除叶的提取液外，其余部位的提取液对白饭树（*Flueggea virosa*）种子萌发没有显著抑制作用，相反，根的提取液（0.25%、1.25%、2.5%）能够促进白饭树种子萌发。并且，紫茎泽兰根、茎和叶各部位的提取液对假地豆（*Grona heterocarpos*）也没有显著抑制作用（图 10.8）。但

是，该植物各部位提取液对草本植物夏枯草（*Prunella vulgaris*）的种子萌发具有明显的抑制作用。因此，在西南山地生态系统中，替代控制外来入侵植物的优良本地植物筛选，主要基于近年来对该地区外来入侵植物的种群分布、生物生态学和化感作用等特性及外来入侵植物与本地植物种间竞争关系等的研究，同时结合长期对该地区本地植物资源的地理分布、生态适应性、开发利用技术和退化生态系统重建等的研究结果，初步筛选出50种种质资源比较丰富、开发利用技术比较成熟和植被修复效果明显的本地资源植物，包括乔木15种、灌木20种和草本15种（表10.5），建立外来入侵植物紫茎泽兰的替代控制物种资源库。本研究成果可为云南、贵州和广西等西南山地替代控制外来入侵植物的本地植物选择与配置提供重要依据和参考，而且从生物安全的角度考虑，在遭受外来植物入侵的退化生态系统的替代控制和植被修复中，应尽可能地应用本地物种作为目标物种，避免盲目使用外来种可能造成新的生物入侵，从而保障本地生物的安全。

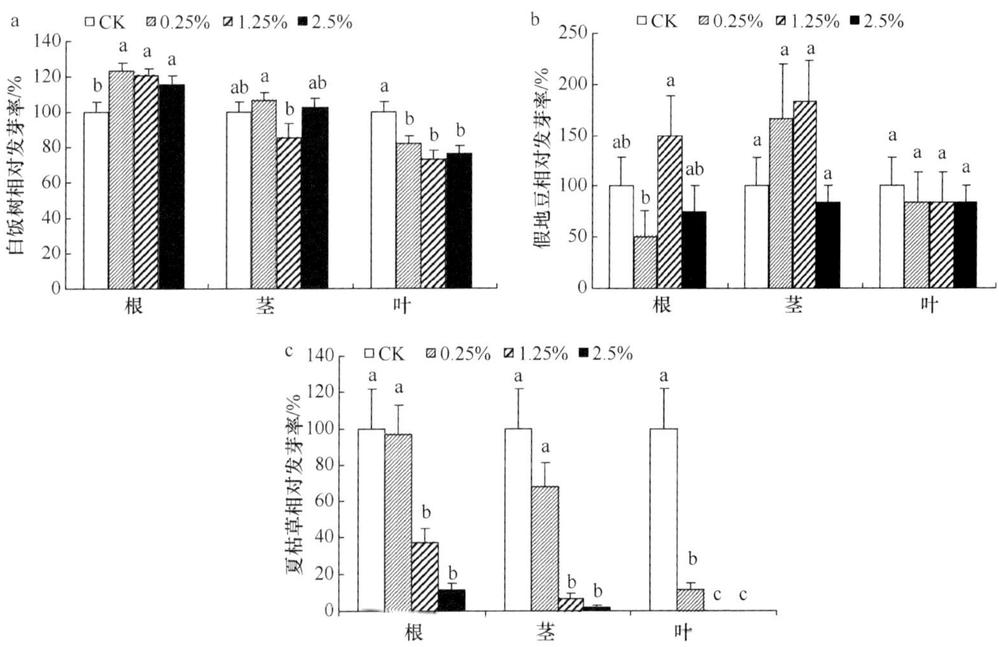

图10.8　紫茎泽兰浸提液对白饭树（a）、假地豆（b）和夏枯草（c）种子萌发的影响

表10.5　西南山地紫茎泽兰替代控制本地资源植物

植被类型	种类名称
乔木	马尾松、杉木、江南油杉（*Keteleeria fortunei* var. *cyclolepis*）、樟树、阴香、顶果木、红椿、香椿、降香黄檀、栗（*Castanea mollissima*）、麻栎、栓皮栎（*Quercus variabilis*）、南酸枣（*Choerospondias axillaris*）、核桃（*Juglans regia*）、亮叶桦（*Betula luminifera*）
灌木	白饭树、黄荆、盐麸木、桃金娘、密蒙花、铁冬青、山苍子、牛耳枫、阔叶十大功劳、野牡丹、火棘、化香树、黄栀子、雀梅藤、红背山麻秆、胡枝子、中平树、大叶山蚂蝗、马桑（*Coriaria napalensis*）、假地豆
草本	类芦、五节芒、蔓生莠竹、水蔗草、艾蒿、牡蒿、车前、芒草、淡竹叶、四方蒿（*Elsholtzia blanda*）、草珊瑚、假蒟、虎杖、荩草、柳叶箬

2. 替代控制中本地植物功能群配置模式

西南山地生态系统入侵地替代控制中本地植物功能群配置主要以地质环境为基准，以多年乡土植物资源调查（含植物种类、植被类型和群落结构等）、退化生态系统重建

及乡土植物与入侵植物的竞争关系等前期研究成果为依据，根据不同地质环境并结合具体地段立地条件特点等，配置包括乔木、灌木和草本等种类的本地植物功能群（表 10.6），重建和恢复涵盖乔、灌、草等层次的复层乡土植物群落，替代控制紫茎泽兰。

表 10.6 西南山地替代控制入侵植物的本地植物功能群配置表

入侵植物	地质环境	群落层次		
		乔木层	灌木层	草本层
紫茎泽兰	非喀斯特区	马尾松、杉木、樟树、红椿、香椿、青冈栎、红锥、亮叶桦、阴香、降香黄檀、西南桦	火棘、牛耳枫、胡枝子、山胡椒、桃金娘、中平树、山合欢、大叶山蚂蝗、铁冬青	类芦、五节芒、柳叶箬、艾蒿、虎杖

在紫茎泽兰入侵较早、危害比较严重的广西隆林县德峨镇，选择以紫茎泽兰为群落优势种或建群种的弃耕地和人工幼林地，以香椿、樟树、阴香、铁冬青、降香黄檀、艾蒿和虎杖等乡土植物为替代控制目标种，根据现有植物群落和立地条件特点等配置本地植物功能群，通过种子直播、植苗造林和人工抚育等技术措施，促进现有群落逐步向针阔混交林或常绿落叶阔叶混交林等乡土植物群落演替，最终替代控制紫茎泽兰并提高植物群落的抗入侵能力。2018 年 11 月（替代控制后第三年）的调查结果显示，与试验前和对照区相比，试验地紫茎泽兰的平均株高、平均盖度和平均地上生物量等分别下降较大，效果非常明显（表 10.7）。

表 10.7 替代控制前后紫茎泽兰种群的基本特征

调查区域	时间	平均株高/cm	平均盖度/%	平均地上生物量/（g/m^2）
试验区	第一年（2016 年）	101.7±6.8a	51.1±7.5a	283.63±35.13a
	第三年（2018 年）	40.5±2.3b	6.6±2.7b	24.70±5.77b
对照区	第三年（2018 年）	97.0±4.1a	61.0±6.6a	338.53±53.16a

注：同列数据后不同小写字母表示不同处理之间差异显著（$P<0.05$）；下同

三、西南山地紫茎泽兰种群分布特征

紫茎泽兰种群特征调查在广西隆林县德峨镇进行。调查点地处广西、云南和贵州三省（区）交界地带，是广西遭受紫茎泽兰入侵较早、危害最为严重的主要区域之一。2016 年 10 月，选择该区代表性的草丛和灌丛等 6 种群落类型进行野外调查（表 10.8），详细调查和记录紫茎泽兰及其他植物种类的盖度和植株高度等特征。结果表明，在上述 6 种群落类型中，紫茎泽兰种群的分枝密度、平均盖度、平均高度、重要值和平均生物量等均存在一定差异或比较明显的差异。其中，草丛、西南桦林和桉树林等灌草层中紫茎泽兰的优势极为明显，其平均盖度均在 68%以上，每平方米生物量更是分别高达 352.64g、325.86g 和 638.76g。其次，灌丛和马尾松幼林灌草层中紫茎泽兰的优势亦较为明显，其平均盖度分别为 29.5%和 41.5%，每平方米生物量亦分别达到 162.1g 和 263.56g。与其他群落类型相比，白栎群落中紫茎泽兰的平均盖度、平均高度和平均生物量等较小，且在其林冠下和林窗之间差异也非常明显，其中前者的分枝密度、平均盖度、平均高度、重要值和平均生物量等分别仅为后者的 21.0%、5.7%、46.0%、14.4%和 11.1%。根据野外调查结果，紫茎泽兰种群特征与其所在植物群落的物种组成和群落结构等十分密切：草丛和灌丛由于缺乏上层乔木的庇护，紫茎泽兰极易入侵并利用其潜在竞争优势而成为群落优势种；马尾松幼林和桉树林等植株密度和郁闭度较小，林内空地较多，给紫茎泽兰的入侵和定居提供了较多的空间；西南桦林虽然群落较高，林分郁闭度亦较高，但由于其乔木层树种和冠层结构单一，并且林下灌草层本地植物种类较少和盖度较低，加之人工抚育后土壤肥力较高，紫茎泽兰极易入侵且生长极为茂盛从而成为优势种；白栎群落是该区物种组成和群落结构最为复杂、郁闭度最大的群落类型，乔木层和灌草层的本地植物较多且盖度较高而使得林下光照较小，大大减少了紫茎泽兰入侵和定居的概率，但林窗由于缺乏上层林冠的遮挡而成为紫茎泽兰的适生空间，增加了其入侵和定居的概率。由此可见，在西南山地中，构建或培育物种组成和冠层复杂的本地植物群落特别是乔木群落（如常绿阔叶林、常绿落叶阔叶混交林和针阔混交林），是有效防控紫茎泽兰入侵并实现生态修复的关键技术之一。

表 10.8　西南山地紫茎泽兰种群数量特征

生境类型	群落特征		紫茎泽兰种群特征				
	群落高度/m	郁闭度	分枝密度/（个/m²）	平均盖度/%	平均高度/cm	重要值/%	平均生物量/（g/m²）
草丛	1.1	—	82.7±44.1a	68.3±28.2b	95.6±20.9cd	85.79	352.64±207.95b
灌丛	2.0	—	44.9±32.2bc	29.5±17.3c	95.8±34.3bd	42.84	162.10±107.72c
马尾松幼林	2.5	0.40	61.5±37.2ab	41.5±19.5c	95.7±18.0bc	61.53	263.56±168.65bc
西南桦林	9.0	0.80	73.1±20.2ab	68.8±10.4b	111.1±11.8b	145.64	325.86±105.30bc
桉树林	7.5	0.45	66.9±18.7ab	91.7±8.3a	127.8±14.8a	160.43	638.76±210.67a
白栎群落林冠下	7.0	0.90	15.2±13.5c	2.2±2.6d	34.2±21.5e	20.77	11.60±12.33e
白栎群落林窗	7.0	—	72.3±33.7ab	38.3±30.1c	74.3±7.5d	143.99	104.86±47.47d

注：—表示无数据

四、紫茎泽兰治理与生态修复示范基地建设

1. 示范区地理位置及环境特点

隆林示范区位于广西隆林西南部的德峨镇保上村（图 10.9），地理位置为24°39′15″N、105°44′61″E，地处喀斯特地貌和非喀斯特地貌的交会处，海拔 1509m，属于桂西南少有的高寒山区之一。该处周围区域森林植被覆盖率虽然较高，但残次林和人工幼林面积占到了 90%以上，多数林分的森林树种组成和群落结构比较单一，郁闭度较小，各林分林下、林隙和林外空地几乎全为紫茎泽兰所覆盖，优势十分明显。示范区中心地总面积约为 4hm²，毗邻隆林至西林公路，包括马尾松人工幼林、灌丛和草丛等不同植被类型的地段，坡向西南，坡度 5°～30°，土层虽然连续但大多数地段比较浅薄，石砾含量较大，除马尾松幼树外，零散分布有蓝桉、桤木、南酸枣、火棘、马桑和化香树等乔灌木树种，草本层则以紫茎泽兰为优势，其总盖度占草本层盖度的 70%以上。隆林示范区主要开展示范的内容包括：①入侵地极度退化植被的人工群落重建与管理；②入侵地残次林的结构改造与优化；③入侵植物紫茎泽兰的人工抑制与清除；④用于替代控制的本地目标植物的定植与管理等。

图 10.9　高寒山区紫茎泽兰治理与生态修复示范区（隆林示范区）

2. 示范区建设及治理效果

隆林示范区主要采用封育改造模式对紫茎泽兰优势明显的灌草丛以及紫茎泽兰分布集中的人工幼林地等进行人工植物群落的构建或改造及定向抚育，即在对全部林地利用铁丝网围栏保护的基础上，针对不同地段植被类型和土层分布等特点，综合采取“以树选地或以地选树、见缝插针、适当密植”的技术措施构建多树种的复层乔木群落，同时通过刈割（主要是紫茎泽兰）和改良生境等技术方法改善用于替代控制的目标树种的局部微环境来促进其生长。其中，马尾松幼林首先以面积较大的林隙为重点，定植需光性较强的顶果木、香椿和麻栎等阳性速生乔木树种从而替代控制紫茎泽兰，其次是在植株较为高大的马尾松植株林冠下或树冠之间，定植具有一定耐阴性能的降香黄檀、阴香和铁冬青等常绿乔灌木树种进行替代控制，将马尾松幼林逐步改造成针阔混交林或常绿落叶阔叶混交林，以增加其群落高度和层次并提高其郁闭度等；灌丛和草丛则主要采取人工重建的方式，选择香椿、红椿、顶果木和麻栎等高大型的速生阳性乔木，同时配植阴香、降香黄檀和铁冬青等常绿乔灌木树种，构建常绿落叶阔叶混交林的基本框架，替代控制紫茎泽兰和修复入侵地植被。除定植乔灌木树种外，在人工清除紫茎泽兰及植被较为稀疏的地段，还播种或移栽了大叶山蚂蝗、假地豆、虎杖、胡枝子和类芦等本地灌草植物种子或苗木，以增加灌草层本地植物种类数量和优势度等。2017 年和 2018 年，隆林示范区共完成定植降香黄檀、香椿、顶果木和麻栎等替代控制目标树种苗木 11 000 多株，直播胡枝子和类芦等本地植物种子 20kg 以上，对替代控制的造林树种及其他乡土目标树种（包括马尾松、桤木和南酸枣等）周围的紫茎泽兰进行刈割和改良生境等全面人工抚育 5 次，有效地改善了本地植物的生长条件，促进了本地植物群落的快速形成。2018 年 11 月的调查结果显示，乔木层的绝大多数人工造林用于替代控制的目标树种生长良好，其中香椿、顶果木、铁冬青和马尾松等的株高平均生长量均在 100cm 以上，阴香、麻栎等也超过了 60cm（表 10.9），马尾松幼林的郁闭度从 0.3 增加到了 0.7 以上，灌草丛的乔木先锋群落框架也初步形成，紫茎泽兰的平均分枝数、分枝密度、平均盖度、平均高度、重要值和平均生物量等平均分别下降了 53.51%、57.11%、72.82%、58.79%、56.60%和 87.43%（表 10.10），而马桑、火棘和柳叶箬等本地灌草植物的盖度则由不足 30%增加到 85%以上，生态修复效果比较显著（图 10.10）。

表 10.9　隆林示范区乡土目标树种生长量调查统计

目标树种	造林时间	造林方法	生境类型	株高生长量/cm	树龄
香椿	2017 年 1 月	植苗法	草丛	137.6	2 年生
			灌丛	100.6	2 年生
			马尾松幼林	126.6	2 年生
顶果木	2017 年 1 月	植苗法	草丛	92.8	2 年生
			灌丛	78.8	2 年生
			马尾松幼林	160.9	2 年生
降香黄檀	2017 年 1 月	植苗法	草丛	58.0	2 年生
			灌丛	66.5	2 年生
			马尾松幼林	63.2	2 年生
麻栎	2017 年 1 月	植苗法	草丛	64.3	2 年生
			灌丛	59.5	2 年生
			马尾松幼林	82.1	2 年生
樟树	2017 年 6 月	植苗法	草丛	60.8	2 年生
			灌丛	86.0	2 年生
			马尾松幼林	62.7	2 年生
红椿	2018 年 3 月	植苗法	草丛	37.1	2 年生
			灌丛	60.4	2 年生
			马尾松幼林	57.7	2 年生
阴香	2017 年 6 月	植苗法	草丛	65.3	2 年生
			灌丛	111.0	2 年生
			马尾松幼林	69.3	2 年生
铁冬青	2017 年 6 月	植苗法	灌丛	111.3	2 年生
马尾松	2012 年 5 月	直播法	草丛	163.4	7 年生

表 10.10　隆林示范区治理前后紫茎泽兰种群变化特征

小生境	调查时间（年/月）	紫茎泽兰种群特征					
		平均分枝数/（个/丛）	分枝密度/（个/m²）	平均盖度/%	平均高度/cm	重要值/%	平均生物量/（g/m²）
草丛	2016/10	17.0±4.8a	82.7±44.1a	68.3±28.2a	95.6±20.9a	85.79	352.64±207.95a
	2018/11	5.5±4.3b	15.6±10.8b	6.1±6.5b	44.0±15.2b	26.40	20.14±11.78b
灌丛	2016/10	11.2±3.5a	44.9±32.2a	29.5±17.3a	95.8±34.3a	42.84	162.10±107.72a
	2018/11	7.9±5.6b	27.4±8.5b	10.9±14.2b	38.4±5.9b	21.77	33.92±12.08b
马尾松幼林	2016/10	17.5±9.9a	61.5±37.2a	41.5±19.5a	95.7±18.0a	61.53	263.56±168.65a
	2018/11	6.4±3.9b	30.0±16.9b	14.8±12.5b	35.9±8.6b	29.91	29.20±19.79b

图 10.10 高寒山区（隆林示范区）紫茎泽兰治理与生态修复效果

a 和 b 为同一地点，a 为替代控制前的生态修复，紫茎泽兰为优势种，拍摄于 2017 年 3 月；b～f 为替代控制后的生态修复，拍摄于 2018 年 9 月

小 结

本章以紫茎泽兰为研究对象，开展相关防控研究。针对紫茎泽兰的入侵问题，主要从其对生物多样性的影响和防控技术两个方面开展研究，结果如下。

紫茎泽兰对生物多样性的影响主要体现在对植物物种多样性和微生物多样性的影响。紫茎泽兰入侵能够导致本地植物物种多样性的降低，而对微生物的影响与生境有关，增加或降低土壤微生物多样性。

针对紫茎泽兰的防控，主要通过生境改良和生境修复两种方式来进行。从本地植物中筛选植物源抑制剂，通过室内控制实验发现植物源抑制剂能够明显抑制紫茎泽兰的生长；筛选本地优势植物，建立植物资源库，并优化配置人工群落，在紫茎泽兰入侵区开展野外示范，结果发现紫茎泽兰入侵明显得到控制，本地植物逐渐获得竞争优势，治理修复效果明显。

第十一章　外来入侵动物红火蚁

红火蚁（*Solenopsis invicta*）属于膜翅目（Hymenoptera）蚁科（Formicidae）家蚁亚科（Myrmicinae）火蚁属（*Solenopsis*）（MacKay *et al.*，1989），其不仅取食农林植物的种子、果实、幼芽、嫩茎与根，还捕食土栖动物、叮咬家禽家畜，甚至攻击人类，危害公共卫生安全。红火蚁起源于巴西南部洪水泛滥的潘塔纳尔（Pantanal）地区（Buren *et al.*，1974），2004 年 5 月台湾省报道了红火蚁已在台北、桃园、嘉义等地发生为害；2004 年底，在广东省吴川市被发现（曾玲等，2005）。红火蚁的防治相当困难。目前针对红火蚁的防治主要采用化学药剂进行二阶段处理（MacKay *et al.*，1992）。众所周知，化学农药为人类的生存和生活水平的提高作出了很大的贡献，但与此同时，由于其毒性、在环境中的行为和归宿，对人类造成的负面影响也是毋庸置疑的。因此，食品的安全性问题、环境污染问题便引起了全世界人民的广泛关注。根据联合国环境规划署的统计，全世界每年有 200 万人发生农药急性中毒。另外，化学农药的滥用使土壤、水体等农业生产环境受污染，使有害化学物质在农产品中大量残留，小麦、玉米等粮食的农药检出率达 10%～20%，超标率为 5%～10%，菜、瓜、果、茶则更高，检出率和超标率分别在 30%和 20%以上（曲波和翟强，2003）。因此，食品的安全性问题、环境污染问题引起了全世界人民的广泛关注。

第一节　红火蚁防控生物药剂研究

红火蚁筑巢于地下，一般形成明显隆起的蚁丘，蚁丘内部中心部分为蜂巢状多孔道结构。蚁巢受触动后，兵蚁、工蚁会快速外出寻找及攻击入侵者。在地表活动的兵蚁、工蚁对许多常用化学农药都比较敏感，相对容易控制。由于红火蚁蚁后在蚁巢内活动，如何彻底杀灭蚁后成为有效防控红火蚁的关键。此外，入侵我国的红火蚁蚁巢多数为多后型，这增加了红火蚁的防控难度。

由于昆虫病原微生物具有选择性强、防效高、生产成本低、不污染环境、对人畜无害等特点，它们越来越多地被研究开发并用于害虫防治。微生物源杀虫剂是目前应用最多的生物农药，占整个生物防治的 90%以上。进行过深入研究和工业化生产的杀虫杀螨抗生素有杀螨素、阿维菌素、潮霉素 B、越霉素 B 和米尔倍霉素、除虫菊素及其衍生物、沙蚕毒素及其衍生物、鱼藤酮、葫芦巴碱、毒扁豆碱、浏阳霉素、白僵菌素、绿僵菌素、核型多角体病毒和颗粒体病毒。

病原真菌和火蚁微孢子虫为红火蚁的可持续控制提供了希望。目前已经研究的能感染红火蚁的主要病原微生物有：球孢白僵菌（*Beauveria bassiana*），黄曲霉（*Aspergillus flavus*），微孢子虫（*Thelohania solenopsae*）和火蚁四线虫（*Tetradonema solenopsis*）等。其中白僵菌和微孢子虫被认为是较有前途的病原微生物。

一、白僵菌药效筛选试验及野外应用技术研究

白僵菌是世界各国研究应用较多的一类昆虫病原真菌，可侵染 15 目 149 科 700 多种昆虫（Feng *et al.*，1994）。大量文献报道了昆虫病原真菌如白僵菌对目标害虫的作用效果。此外，这种微生物控制剂的相对安全性和特异性可能有助于种植者接受将其用于虫害的防治（Zimmermann，2007）。因此，病原真菌作为多种农业害虫的防治药剂，已在世界范围内得到了成功的发展。其中一些已作为生物杀虫剂商品化，用于各种害虫防治。例如，Stimac 等（1993b）和 Oi 等（1994）先后分别在室内和田间研究了不同浓度、不同施用方法的白僵菌在蚁巢中对红火蚁的控制情况。Siebeneicher 等（1992）认为白僵菌属真菌，是红火蚁生物防治最有前途的天敌之一。球孢白僵菌对红火蚁有很高的致病力（Stimac *et al.*，1993a）。球孢白僵菌可以减少红火蚁外出觅食机会，提高其他种类蚂蚁的竞争力（Oi *et al.*，1994）。利用球孢白僵菌菌球外包豆油层作诱饵，可造成蚁巢不活跃（Bextine and Thorvilson，2002）。而 Pereira 等（1992）则研究了白僵菌在蚁巢中的传播以及它与蚁巢土壤的关系。在中国，研究人员已经测试了几种具有强毒力的白僵菌（杨佳后等，2009；刘晓燕等，2010；王龙江等，2010；吕利华等，2011），因此，白僵菌具有作为生防制剂的潜力。但目前很少有商品化的昆虫病原真菌作为生物防治制剂。

本研究筛选了 10 株来自不同寄主的昆虫病原真菌用来防治红火蚁，筛选出对其致病能力较高的菌株，在电镜下对孢子的萌发、入侵进行了观察，根据实验室试验的菌株效果筛选结果，利用所设计的野外施药方法对效果最佳的菌株开展了红火蚁药效试验。

（1）高效致死红火蚁的白僵菌菌株筛选

本研究对分别来自我国吉林、广东、河北、新疆、北京、四川，以及菲律宾等地的褐飞虱（*Nilaparvata lugens*）、玉米螟（*Ostrinia nubilalis*）、马尾松毛虫（*Dendrolimus punctatus*）等不同寄主的 10 个白僵菌菌株进行筛选（表 11.1），结果表明：在 10 个菌株中，QB3.428、QB3.45、ZGNKY-1、ZGNKY-3、ZGNKY-5 等 5 个菌株对红火蚁的杀灭活性与对照（CK）差异显著，而其中 ZGNKY-5 尤为显著，红火蚁死亡率达 80.26%。最终筛选相对最具活性的菌株 ZGNKY-5 作为防控红火蚁的试验菌株（图 11.1）。

表 11.1 白僵菌筛选试验的菌株筛选

菌株	寄主	采集地点（采集年份）
QB3.428	玉米螟	吉林长春（2014）
QB3.45	马尾松毛虫	广东广州（2014）
QB3.46	玉米螟	河北（2014）
QB3.436	褐飞虱	菲律宾（2013）
ZB.1	玉米螟	新疆乌鲁木齐（2015）
ZGNKY-1	玉米螟	北京（2015）
ZGNKY-2	玉米螟	北京（2015）
ZGNKY-3	玉米螟	北京（2015）
ZGNKY-4	玉米螟	四川遂宁（2015）
ZGNKY-5	玉米螟	广东潮州（2015）

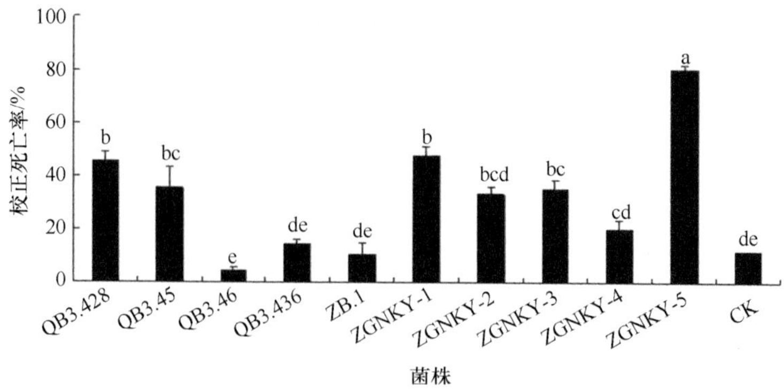

图 11.1 10 个菌株室内处理 10 天后红火蚁的校正死亡率

不含有相同字母表示差异显著（$P<0.05$）

（2）白僵菌对红火蚁的毒力测定

从图 11.2 可以得知，与对照相比，ZGNKY-5 对红火蚁具有较好的杀灭效果，前 3 天的累计死亡率差异不明显，但从第 4 天开始，死亡率有了较为明显的增长，尤其到第 10 天，累计死亡率可达 80%以上，到了第 21 天，累计死亡率可达 93.40%。

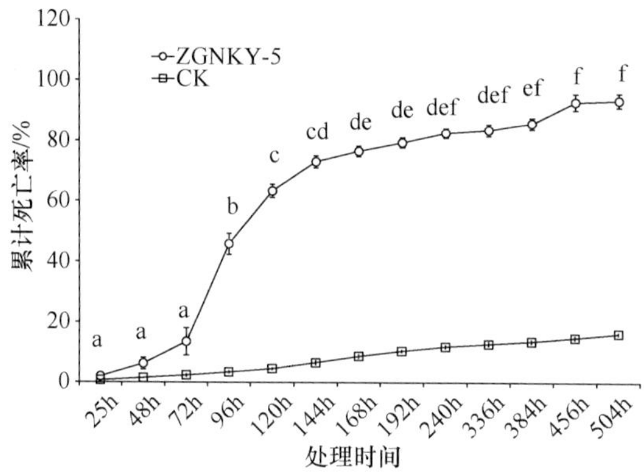

图 11.2 累计死亡率

由图 11.3 可知，在用菌株 ZGNKY-5 处理以后，红火蚁死亡率在前 4 天逐渐增大，到了第 4 天，红火蚁日死亡率达到高峰，当日死亡率达 32.48%，之后死亡率会逐日减少。

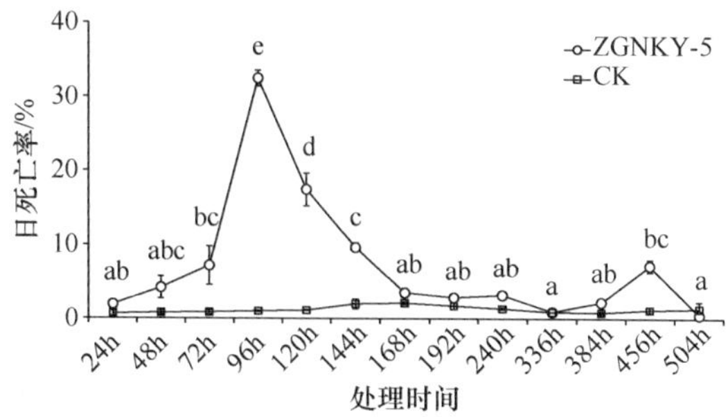

图 11.3 日死亡率

（3）白僵菌对红火蚁的侵染观察

当用 1×10^7mmol/L 菌株 ZGNKY-5 处理红火蚁后，在不同时间条件下对孢子的萌发及侵染进行了电镜扫描观察，结果表明：2h 后，许多分生孢子附着在角质层上（图 11.4a）。48h 后分生孢子的胚管向角质层方向生长（图 11.4b）。触角中的菌丝体在 72h 后开始产生（图 11.4c），96h 后菌丝体覆盖红火蚁全身（图 11.4d）。

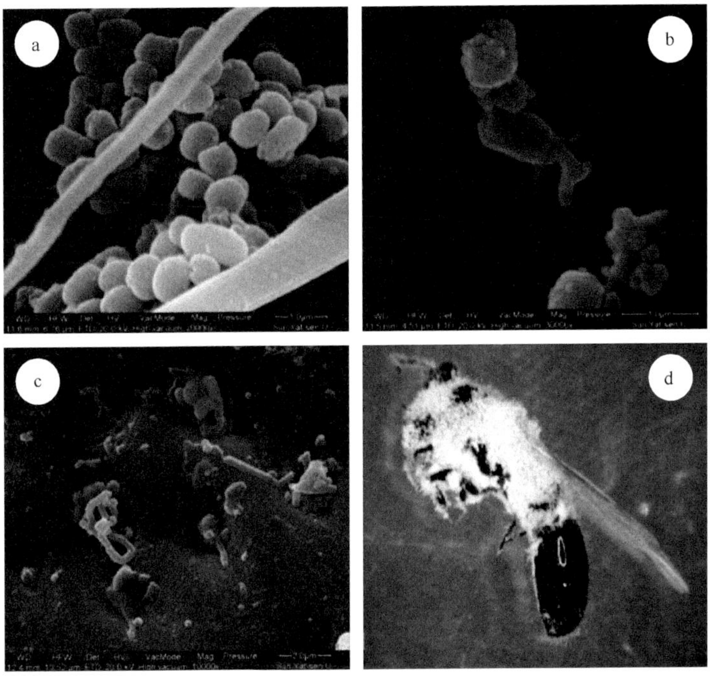

图 11.4　白僵菌侵染红火蚁后的电镜扫描图

（4）白僵菌对红火蚁的药效试验

通过开展白僵菌对红火蚁蚁巢减退率影响的药效试验，从图 11.5 中可以看出，在 5 个剂量（100mL、250mL、500mL、750mL、1000mL）处理中，相比菌株 ZGNKY-5 的 2 个剂量（100mL、250mL），在第 4 天、第 10 天、第 20 天和第 30 天，另外 3 个剂量（500mL、750mL、1000mL）对红火蚁具有明显的控制效果。

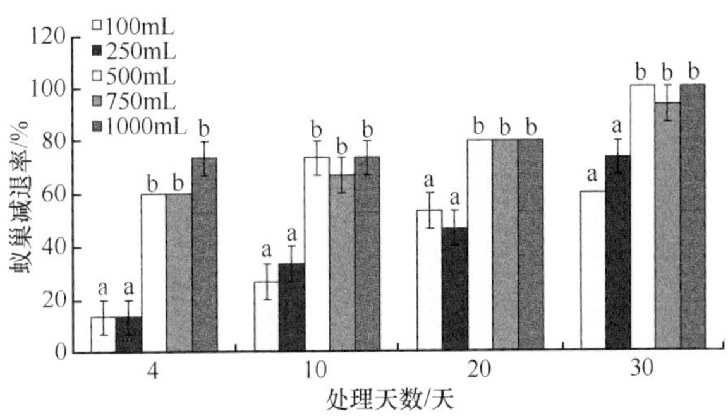

图 11.5　菌株 ZGNKY-5 不同剂量处理后红火蚁的蚁巢减退率

就工蚁减退率而言，从图 11.6 中可以看出，所有处理与对照相比，都有较为明显的效果，但是效果较好的处理为 500mL、750mL、1000mL 3 个剂量，这些剂量在第 4 天、第 10 天、第 20 天、第 30 天对红火蚁具有较为明显的控制效果。

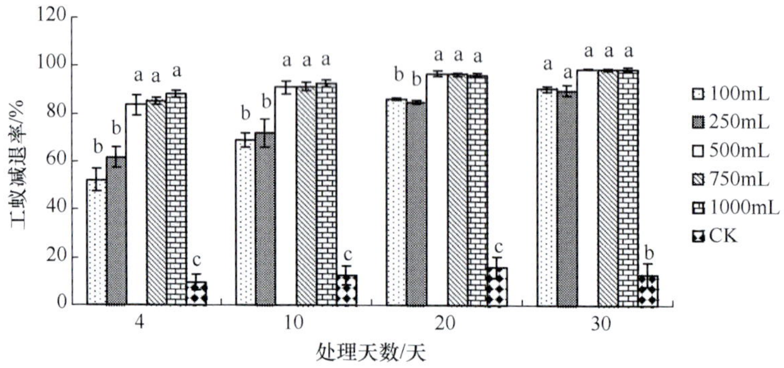

图 11.6　菌株 ZGNKY-5 不同剂量处理后红火蚁的工蚁减退率

在野外使用自制的注射式红火蚁防控技术对蚁巢喷施菌株 ZGNKY-5（图 11.7a）。30 天后许多蚁巢已经死亡（图 11.7b）。在蚁巢旁边发现大量死蚁堆（图 11.7c）。挖开蚁巢检查发现，巢内的死蚁身体上均长满菌丝（图 7.7d），采集死虫带回，经实验室检验证实是菌株 ZGNKY-5。

图 11.7　红火蚁野外防控效果试验

二、红火蚁生物防控药物增效筛选试验

噻虫啉主要作用于昆虫神经接合后膜，通过与烟碱乙酰胆碱受体结合，干扰昆虫神经系统的正常传导，引起神经通道的阻塞，造成乙酰胆碱的大量积累，从而使昆虫异常兴奋，全身痉挛、麻痹而死，具有较强的内吸、触杀和胃毒作用，与常规杀虫剂如拟除虫菊酯类、有机磷类和氨基甲酸酯类没有交互抗性，因而可用于抗性治理（Michael and

Richard，2000；Mikhail and Matthias，2008）。噻虫啉对人畜具有很高的安全性，药剂没有臭味或刺激性，对施药操作人员和施药区居民安全（谢心宏和王福久，2001），而且不会对红火蚁造成驱避性。因噻虫啉有效成分的蒸汽压低，半衰期短，所以不会污染空气，残质进入土壤和河流后也可快速分解，对环境造成的影响很小。另外，噻虫啉对鱼类和其他水生生物的毒性也很低，通常情况下对水生生物基本上没有影响。所以噻虫啉对环境相对比较安全（Jose *et al.*，2009；王明月，2012）。

而化学防控措施对紧急处理红火蚁具有较好的效果，但是含有一种活性组分的杀虫剂在对土壤中做巢的红火蚁的防治上往往存在不同程度的缺陷。例如，连续使用化学农药时害虫容易产生抗药性，而使用毒性较强的化学农药或者施用方法不当会造成红火蚁搬巢，甚至防控药剂可能对土壤及地下水资源造成严重的污染。而单独施用病原微生物防治红火蚁的速度相对较慢。

因此，本研究通过室内外试验，筛选防治红火蚁的微生物杀虫剂组合物。筛选出的复配制剂要对红火蚁具有高效、快速的优点，对人畜无毒，对土壤及地下水资源无污染，对环境比较安全，进而既提高了白僵菌的杀虫效果，又延缓了红火蚁抗药性的增强，并可减少化学农药的使用量，节约成本，延缓害虫抗药性的产生。

试验结果如表 11.2 所示，白僵菌粉剂与噻虫啉以质量比 8∶2、6∶4、5∶5、4∶6、1∶9 混合时，其共毒系数分别达 356.53、251.20、182.50、215.03、143.19，具有增效作用。尤其是白僵菌粉剂与噻虫啉以质量比 8∶2 混合时，其共毒系数达 356.53，增效作用非常显著。

表 11.2 各单剂及其混剂对红火蚁工蚁 72h 的毒力测定结果

白僵菌/噻虫啉（*w/w*）	致死浓度（LC_{50}）/（mg/kg）	实际毒力指数（ATI）	毒力指数（TTI）	共毒系数（CTC）
1∶0	6.55	100	—	—
0∶1	0.81	808.64	—	—
8∶2	0.76	861.84	241.73	356.53
6∶4	0.68	963.24	383.46	251.20
5∶5	0.79	829.11	454.32	182.50
4∶6	0.58	1129.31	525.19	215.03
1∶9	0.62	1056.45	737.78	143.19

注：—表示无数据

利用 30%白僵菌、30%白僵菌・噻虫啉（*w/w*=8∶2）水分散性粒剂，通过注射和灌巢两种方式，分别测定白僵菌、白僵菌・噻虫啉的田间防控效果。防控效果如图 11.8 所示。

从图 11.8 可以看出：30%白僵菌・噻虫啉水分散性粒剂不同稀释倍数通过注射的方式对红火蚁的防效明显高于灌巢，在药后第 5 天时，通过灌巢施药的红火蚁蚁巢分巢严重。在施药过程中发现，注射施药法需要的药量相对较少，每巢药量 500mL 和 250mL 差异不显著，而灌巢则需要大量的液剂，量不足根本无法渗透土壤，故严重影响杀灭效果。

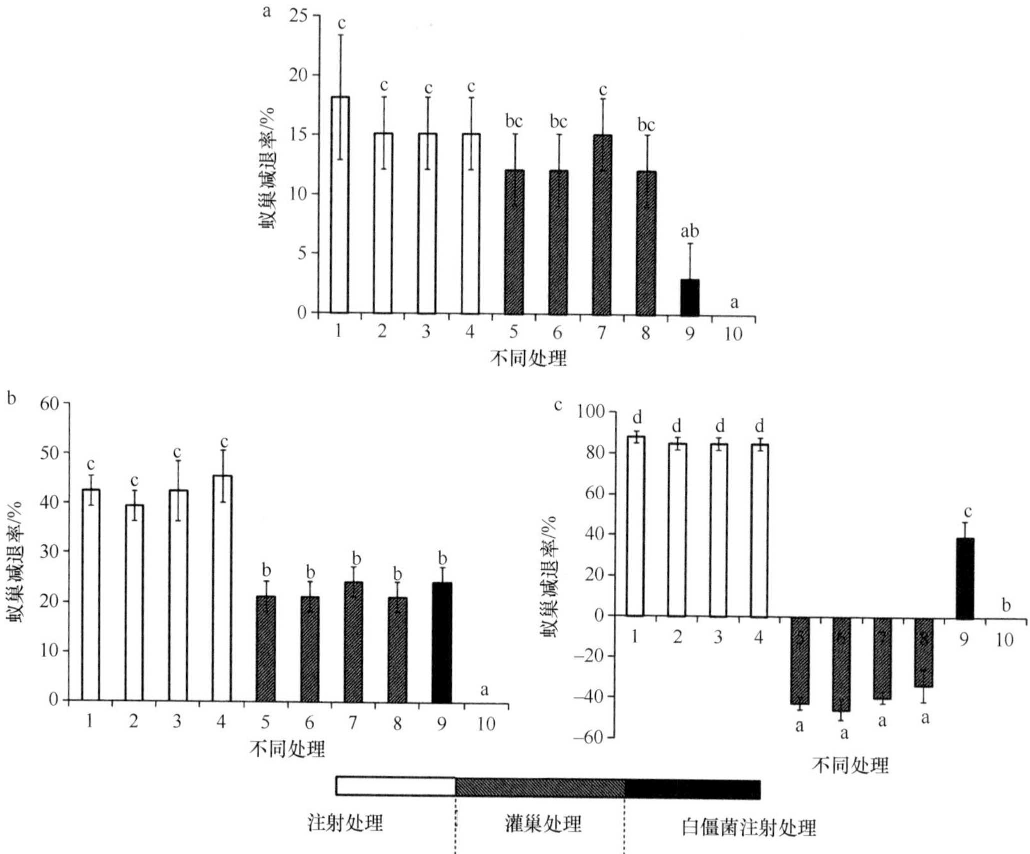

图 11.8 不同处理方式红火蚁蚁巢减退率

a. 施药 1 天后防效；b. 施药 3 天后防效；c. 施药 5 天后防效。不同小写字母表示在 $P<0.05$ 水平上差异显著；1～4 为不同注射处理，5～8 为不同灌巢处理，9 为白僵菌注射处理，10 为空白注射

第二节 红火蚁潜在分布格局

一、研究方法

1. 数据搜集

（1）分布数据

主要通过查阅国内外文献、政府报道资料获得红火蚁地理分布数据，其中 2010 年之后的数据重点参照了农业部（农业农村部）2012～2019 年公布的全国农业植物检疫性有害生物分布行政区名录。参照王茹琳等（2017）的物种分布点筛选方法，对分布点进行校对、筛选和去除，最终获得 315 个分布点数据信息。

（2）环境数据

研究考虑了 71 个环境因子，包括 67 个气候因子、3 个高程数据及衍生因子、1 个土地利用数据。气候因子来源于 WorldClim（http://www.worldclim.org/），包括生物气候因子（bio1～bio19）、月平均最高温（tmax1～tmax12）、月平均最低温（tmin1～tmin12）、月平均湿度（prec1～prec12）、月太阳辐射（srad1～srad12），分辨率为 2.5′（4.5km×4.5km），数据年份为 1970～2000 年。地理高程数据来源于国家地球系统科学数据中心（http://www.geodata.cn/index.html），基于 GIS 技术衍生为海拔（dem）、坡度（slope）及坡向（aspect）数据。土地利用数据（land use）来源于中国科学院资源环境科学与数据中心，数据年份为 2015 年。

（3）基础地理数据

从自然资源部标准地图服务中心（http://bzdt.ch.mnr.gov.cn/）下载的 1∶1100 万中国地图。

2. 数据处理方法

（1）环境因子筛选

运用 MaxEnt 3.4.1 模型中的刀切法对 71 个环境因子进行测试排序，参考雷军成等（2015）的方法选择关键环境因子，若单个环境因子的缺失导致遗漏误差（omission error）明显增加，表明该环境因子对模型预测结果影响较大。然后参考 Yang 等（2013）的方法将筛选出的环境因子进行多重共线性分析来诊断因子间的相关性，若两环境因子间相关性绝对值$|r|>0.8$，只选用一个环境因子进入模型，最后依据环境因子对研究物种的生态学意义筛选关键环境因子。

最终选取了 10 个环境因子用于建立红火蚁的适生分布预测，分别是温度变化方差（bio4）、最湿季度平均温度（bio8）、最冷季度平均温度（bio11）、年平均湿度（bio12）、最暖季度平均湿度（bio18）、4～6 月太阳辐射（srad4～srad6）、海拔（dem）、2015 年土地利用（lucc2015）（表 11.3）。

表 11.3　本研究中环境因子相关系数矩阵

环境因子	bio4	bio8	bio11	bio12	bio18	srad4	srad5	srad6	lucc2015
bio8	−0.14								
bio11	−0.60	0.76							
bio12	0.18	0.30	0.25						
bio18	−0.35	0.44	0.41	0.56					
srad4	−0.62	−0.22	0.07	−0.54	0.09				
srad5	−0.68	0.01	0.33	−0.38	0.04	0.93			
srad6	−0.03	0.33	0.36	0.05	−0.09	0.36	0.56		
lucc2015	0.03	0.18	0.07	0.02	0.09	−0.04	−0.03	0.01	
dem	−0.14	−0.70	−0.56	−0.41	−0.14	0.45	0.22	−0.31	−0.14

注：bio4，温度变化方差；bio8，最湿季度平均温度；bio11，最冷季度平均温度；bio12，年平均湿度；bio18，最暖季度平均湿度；srad4，4 月太阳辐射；srad5，5 月太阳辐射；srad6，6 月太阳辐射；lucc2015，2015 年土地利用；dem，海拔

（2）MaxEnt 模型构建及参数优化

应用 MaxEnt 3.4.1 软件对红火蚁进行适生区预测分析。随机选取 75%的点建模，25%的点验证模型，在环境参数设置中选择刀切法，分析结果以 logistic 格式、ASCII 类型文件输出。因年度最低温−17℃等温线和 510mm 年均降水量为红火蚁的入侵阈值

（Allen *et al.*，1995；Korzukhin *et al.*，2001），而红火蚁在中国还远未达到其分布北界（陈林等，2006），为提升模型预测性能（Phillips and Dudík，2008；朱耿平等，2014），本研究基于年度最低温−17℃等温线和 510mm 年均降水量限定了红火蚁在中国的研究区域。

因 MaxEnt 模型对采样偏差敏感且易产生过度拟合（Phillips *et al.*，2006），直接运行 MaxEnt 模型的默认参数或许会造成预测结果不可靠（朱耿平和乔慧捷，2016），而 AICc 指标是衡量统计模型拟合优良性的一种标准，可避免数据的过度拟合，研究调用 ENMeval 数据包来调整 MaxEnt 模型调控倍频（RM）和特征组合（FC）参数，选择 AICc 最小值作为最优设置并建立最终模型（朱耿平等，2014）。其中调控倍频（RM）设置为 0.5、1、1.5、2、2.5、3、3.5、4 共 8 个水平，特征组合（FC）包含了线性（linear-L）、二次型（quadratic-Q）、片段化（hinge-H）、乘积型（product-P）和阈值型（threshold-T）等 5 种类型，设定 L、LQ、H、LQH、LQHP 和 LQHPT 等 6 个组合。

（3）MaxEnt 模型评估

研究采用受试者操作特征曲线（receiver operating characteristic curve，ROC）与横坐标围成的面积，即曲线下面积（area under the curve，AUC）值来评价模型预测结果的精准度。ROC 曲线基于非阈值依赖判断模型精度，以假阳性率（实际不出现而预测结果出现的概率）为横坐标、真阳性率（实际出现且预测结果也出现的概率）为纵坐标绘制曲线。AUC 值为 ROC 曲线与横坐标围成的面积值。AUC 值越接近 1，表明预测与随机分布相距越远，模型预测效果越好（Hanley and McNeil，1982）。一般来言，AUC 值 0.5～0.6 为失败，0.6～0.7 为较差，0.7～0.8 为一般，0.8～0.9 为良好，0.9～1.0 为优秀（Swets，1988）。为进一步评估模型表现，基于 R 语言的软件包 pROC（https://cran.r-project.org/web/packages/pROC/index.html）分析了阈值判定时检测数据正确预测、错误预测所占比例。

（4）中国红火蚁适生区的等级划分

在 ArcGIS 10.0.1 软件中将模型输出的 ASCII 文件转换成栅格数据，并对其进行重分类（reclassify），最后绘制红火蚁分布点及红火蚁在中国的适生区分布图。MaxEnt 模型预测的红火蚁适生值是连续的栅格数据，数值为 0～1，值越接近 1，表示物种存在的可能性越高。

（5）环境因子对红火蚁的影响分析

运用刀切法来检验环境因子的贡献率，并据此识别影响红火蚁空间分布的主要环境因子。运用 ArcGIS 的分区统计（zonal statistics）功能统计主要环境因子在适宜等级分布区内的参数范围（最大值、最小值、平均值和标准差）。运用 ArcGIS 的空间分析模块中的叠加（union）功能分析土地利用类型和红火蚁适生等级区域的相互作用。

二、MaxEnt 模型评估

研究涉及红火蚁分布点 315 个，MaxEnt 模型在设置默认参数时，其 RM=1，运行的特征组合有 L、Q、H、P 和 T。而基于 AICc 信息准则构建的优化模型参数为 RM=2、特征组合为 L、Q 和 H（图 11.9），且优化模型的 AUC.diff 低于默认模型（图 11.10），表明优化模型有助于降低模型复杂度、避免物种数据过度拟合以及提高红火蚁适生区的预测能力（朱耿平和乔慧捷，2016）。

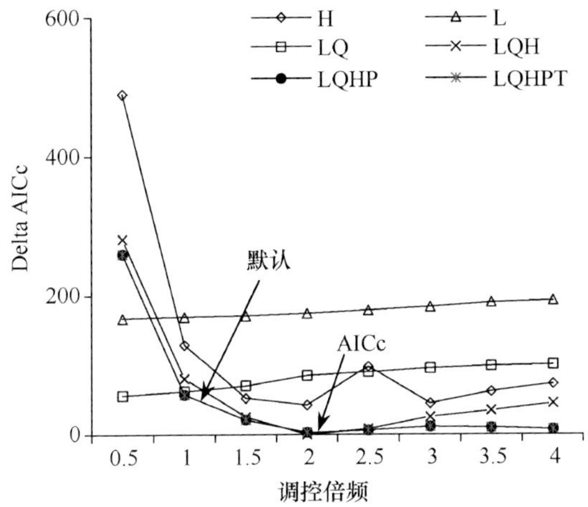

图 11.9　不同参数下模型的 AICc 值

默认表示 MaxEnt 默认参数，AICc 表示 AIC 值最小优化模型参数

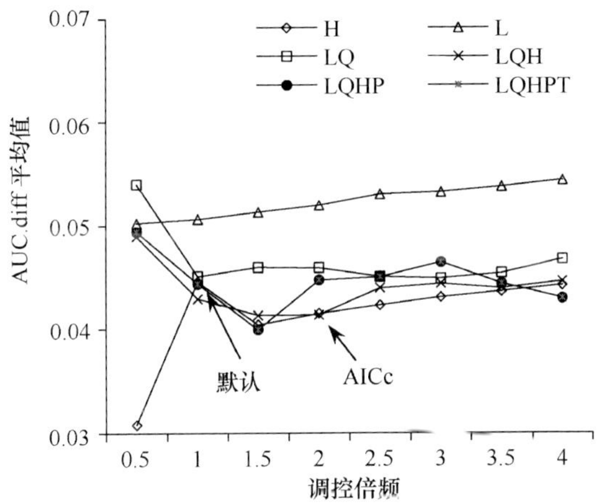

图 11.10　不同参数下模型的 AUC.diff 平均值

默认表示 MaxEnt 默认参数，AICc 表示 AIC 值最小优化模型参数

基于优化组合对 MaxEnt 模型重新构建，得到的 ROC 曲线如图 11.11 所示，其中训练 AUC 为 0.917，测试 AUC 为 0.909，两者均高于随机分布且相差不大，模型模拟效果良好。参照孔维尧等（2019）对 MaxEnt 软件 11 种判断阈值方法的比较结果，我们在遗漏误差确定阈值、灵敏度和特异性确定阈值等两种阈值筛选类别中，分别选用了 10%的训练率（10 percentile training presence，10P）数据集阈值判定方法以及灵敏度和特异性数值之和最大（maximun sensitivity plus specificity，MSS）的阈值判定方法，并基于 pROC 包对两者进行分析，发现模型灵敏度和特异性数值之和最大时，87.2%的物种分布点能被准确预测，81.4%的物种未采样区或无分布区被准确预测；当采用 10%的训练数据集

阈值判定时，90.3%的物种分布点被准确预测，76.6%的物种未采样区或无分布区被准确预测。两类阈值判定方法均表明 MaxEnt 模型预测红火蚁可能分布地区的概率高于其预测的无分布地区。

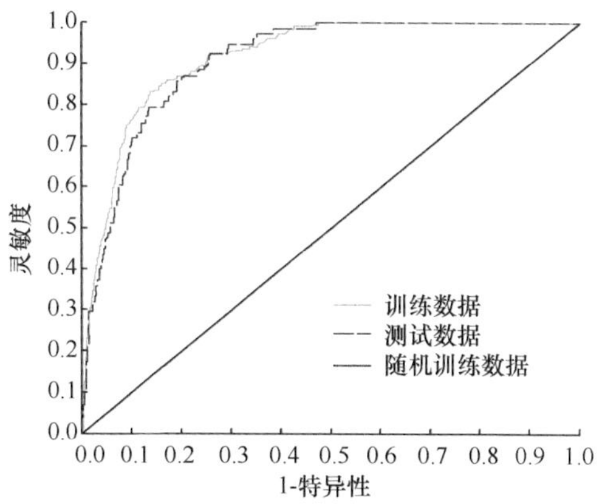

图 11.11 受试者操作特征曲线与曲线下面积

三、红火蚁在中国的适生区

鉴于生态模型模拟时采用的物种分布点是真实可靠的，而使用的物种不存在点由背景数据代替，物种存在点比不存在点更为可靠，应给予物种存在点更多的权重（Peterson *et al.*，2008；Lobo *et al.*，2010），即更关注于预测的灵敏度，故选用 10%的训练数据集阈值判定方法将预测结果进行二维化，并按照适生值的大小将红火蚁适生区依次分为 4 个等级：适生值＜0.20 为不适生区；0.20≤适生值＜0.35 为低适生区；0.35≤适生值≤0.50 为中适生区；适生值＞0.50 为高适生区。

结果发现红火蚁在中国的适生面积约为 5.20×10^5km^2（图 11.12）。其中高适生区面积为 8.96×10^4km^2，占 17.24%，中适生区面积为 1.31×10^5km^2，占 25.30%，低适生区面积为 2.99×10^5km^2，占 57.46%。红火蚁在中国的适生范围为 18.10°N～32.29°N、92.40°E～122.22°E，且集中于广东省、广西壮族自治区、海南省、云南省、福建省、台湾省等地。高适生区主要分布于广东省中部和沿海地区、广西壮族自治区中部平原和谷地、海南省东北部及沿海地区、云南省北部山谷地区、台湾省西部沿海地区、福建省南部沿海和中部零星地区、浙江省东南沿海地区、江西省南部、四川省凉山州南部零星地区等；中适生区大都沿高适生区向周边延伸分布，此外，四川省东部、江西省中部、贵州省西南部发现点状或面状的红火蚁中度适生区，低适生区则沿中适生区继续向周边延伸，上海市市区、湖南省东部、江西省东部、浙西地区、重庆市西部、湖北省中部和北部零星地区、西藏自治区南部地段发现低适生区。比较红火蚁实际记录点和 MaxEnt 预测的适生区划图发现，红火蚁已知分布点外围仍有较大面积的红火蚁适生区，其中福建省中部、四川省东部、浙江沿海地区、四川宜宾—泸州地区、江西南昌—景德镇—鹰潭—临川一带、湖南省益阳—岳阳、云南省保山—大理等地区具有较高的红火蚁适生性风险（适生值＞0.35）。

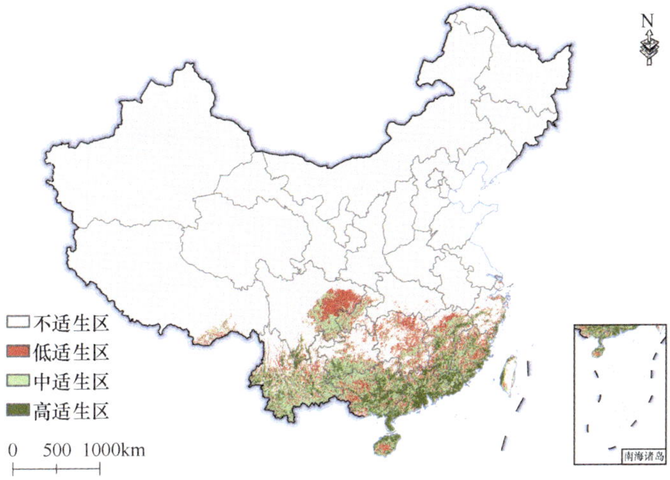

图 11.12　红火蚁在中国的潜在适宜分布预测结果

四、红火蚁适生区环境因子的综合分析

1. 环境因子重要性分析

刀切法检验结果表明，最冷季度平均温度（bio11）对红火蚁适生分布预测有重要影响，其次为年平均湿度（bio12）、温度变化方差（bio4）、最暖季度平均湿度（bio18），其余环境因子对红火蚁分布预测影响较小（图 11.13）。

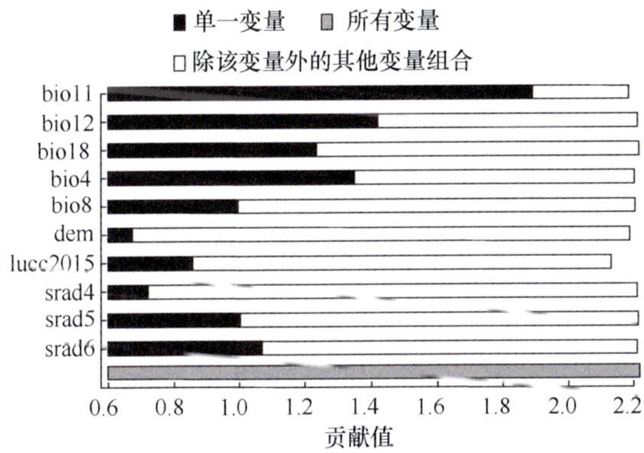

图 11.13　刀切法检测环境因子对红火蚁在中国分布的重要程度

2. 影响红火蚁地理分布的环境因子适生范围

为明确红火蚁适生等级区内主要环境因子的参数范围（表 11.4），参照红火蚁适生区的分级方法，以 0.2 为阈值划分红火蚁适宜分布的环境因子范围。结果显示，红火蚁适宜生存的最冷季度平均温度为 4.9～21.73℃，年平均湿度为 640～3440mm（年平均降水量）。

3. 土地利用与红火蚁地理分布综合分析

由 2015 年土地利用现状与红火蚁适生等级交互作用来看，在红火蚁适生区内（适

表 11.4　环境因子变化范围

环境因子	不适生区		低适生区		中适生区		高适生区		单位
	范围	平均值	范围	平均值	范围	平均值	范围	平均值	
bio4	287.5～1 309	811.4±178	280.6～907.8	600.2±153.6	286～897	562.6±119.8	287.2～878.3	579.2±95.3	
bio8	−7.71～28.45	20.8±5.09	17.93～29.26	23.70±2.46	18.27～29.21	24.62±2.59	17.53～29.28	25.77±2.46	℃
bio11	−12.41～19.85	2.18±5.18	4.9～21.31	10.79±2.93	5.87～21.39	12.52±2.74	6.51～21.73	13.63±2.56	℃
bio12	511～4 434	1 018.6±407	719～3 424	1 430±296	660～3 440	1 467±321	640～3 431	1 566±299	mm
bio18	135～2 661	472±152.93	301～2 140	641.2±158.5	294～1 754	650.3±162	299～1 647	652.4±164.3	mm
srad4	11 124～21 431	16 215±1 845	10 943～21 635	15 990±2 415	10 913～21 657	15 892±2 480	10 891～21 669	14 703±2 027	kJ/m^2
srad5	14 415～23 209	17 956±2 219	14 326～20 971	16 940±1 499	14 330～20 940	17 089±1 535	14 308～20 893	16 624±1 475	kJ/m^2
srad6	14 780～23 958	18 454±2 472	14 702～20 764	16 810±983	14 757～20 691	17 026±1 229	14 677～20 844	17 192±1 337	kJ/m^2
dem	−60～5 585	1 085±1 248	−3～3 008	686.9±607.4	−8～2 604	539.4±591.4	−10～2 292	183.4±354.4	m

生值＞0.2），80.53%的建设用地、34.42%的水域周边、31.03%的耕地边缘具有红火蚁入侵高风险，34.86%的草地、26.76%的耕地、26.60%的水域周边、23.31%的林地具有红火蚁入侵中度风险（表 11.5）。

表 11.5 各土地利用类型中红火蚁适生等级分布比例 （%）

地类	低适生区	中适生区	高适生区
耕地	42.21	26.76	31.03
林地	73.13	23.31	3.55
草地	57.13	34.86	8.01
水域	38.98	26.60	34.42
建设用地	0.00	19.47	80.53
未利用地	96.51	1.31	2.18

第三节 红火蚁防控技术

通过本研究，我们自行设计了一种巢内喷施的注射式防控方法及器具（图 11.14），该器具既可以避免灌巢施药对蚁巢的破坏从而导致红火蚁搬巢现象，又增加了巢内湿度，进而改善了病原微生物在蚁巢中的感染环境条件，同时筛选了优良的菌株，建立红火蚁的微生物防控药剂配方库；使用时，将防治红火蚁的含有病原微生物的药剂利用注药器插入红火蚁蚁巢内，喷射到红火蚁巢内的各深度和各方位，使得药物均匀地

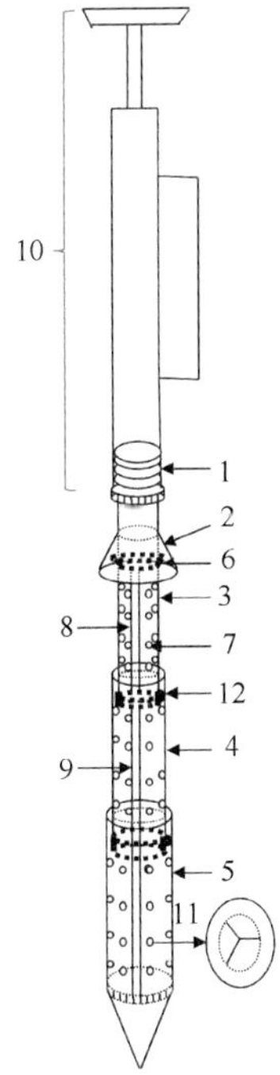

图 11.14 红火蚁巢内药剂注射喷施器的结构示意图

1. 螺口接口；2. 伞形盖；3. 第一注射喷施分管；4. 第二注射喷施分管；5. 第三注射喷施分管；6. 密封塞；7. 喷药孔；8、9. 滑槽；10. 高压注射枪；11. 硬质橡胶片；12. 卡块按钮

喷洒于红火蚁巢内各深度、各方位的红火蚁身上，增加了病原微生物与目标害虫的接触面，增强了病原微生物对红火蚁的杀虫活性。另外，为了便于野外使用，同时保证药剂储存、运输、应用的便利性，本研究设计发明了现场即配即用的药物混配技术方法及器具（图 11.15），结果表明该器具具有防控效率高、便于携带、使用方便的优点，为在野外应用病原微生物防控红火蚁提供了技术保障。因此，本研究结果在保证环境安全的前提下，可持续地控制红火蚁，在红火蚁防控上具有广阔的应用前景。

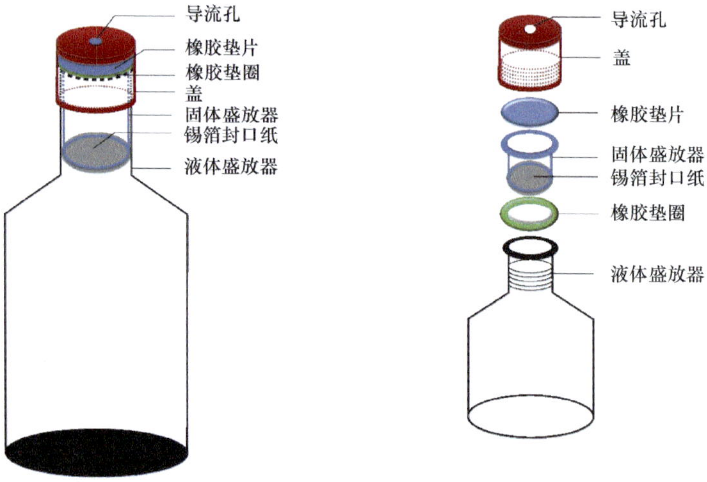

图 11.15　野外分散剂药物制剂混配器

小　　结

红火蚁作为一种典型的入侵动物，对人类健康和生态环境造成严重危害，因此本章以红火蚁为研究对象，开展其防控技术研究。本研究主要是从红火蚁的生物药剂和防控技术研发两方面开展，主要结果如下。

通过对红火蚁的病原菌株进行筛选，开展病原菌株对红火蚁的毒力和活性试验，最终选择白僵菌作为防控红火蚁的生物药剂，同时开展白僵菌的增效化学试剂的筛选试验，结果表明噻虫啉复配制剂能够显著增强白僵菌的杀虫活性。

本章基于 315 个分布数据和气候、高程、土地利用等环境因子，通过调用 ENMeval 数据包调整 MaxEnt 模型参数，对红火蚁在中国的适生范围进行了预测，并通过受试者操作特征曲线（ROC）对模型精度进行验证。结果表明，训练数据的 ROC 曲线下面积（AUC）为 0.917，测试数据的 AUC 为 0.909，模型预测结果较准确。红火蚁在中国的适生区范围为 18.10°N～32.29°N、92.40°E～122.22°E，且集中于广东省、广西壮族自治区、海南省、云南省、福建省、台湾省等地。最冷季度平均温度（bio11）和 2015 年土地利用（lucc2015）是影响红火蚁在中国适生分布的最重要的环境因子。

根据生物药剂和红火蚁蚁巢的特点，研究人员研发了巢内注射式生物防控技术，设计了相应的注射器具，并在野外红火蚁入侵区开展了防控示范，结果表明该器具具有防控效率高、便于携带、使用方便的优点。因此，本研究结果在保证环境安全的前提下，可持续地控制红火蚁，在红火蚁防控上具有广阔的应用前景。

第十二章　外来入侵动物巴西龟

巴西龟（*Trachemys scripta elegans*），也称红耳龟，是世界上最为危险的100种外来入侵物种之一，目前已在欧洲、非洲和亚洲等地区成功入侵，对入侵地生态环境和生物多样性造成严重破坏，并对社会经济与人类健康构成严重威胁（史海涛等，2009）。在中国，巴西龟已成为典型的外来有害物种，分布于全国 34 个省级行政区，普遍存在于各大水系，数量远超过本地龟类。华南地区，特别是珠三角地区是巴西龟入侵威胁最严重的地区（龚世平等，2018）。2014 年，巴西龟被列入由环境保护部和中国科学院联合发布的《中国外来入侵物种名单》（第三批）。有关研究发现，巴西龟捕食多种中国本土水生动物物种，并传播对人类具有高致病性的沙门氏菌，造成的潜在生态和公共安全风险十分大（Wang *et al.*，2013；Gong *et al.*，2014）。

对巴西龟入侵危害进行治理以及对入侵环境生态进行修复是当前国际生物安全领域亟待解决的关键科学问题和技术难题，也是人类社会可持续健康发展的重大需求。目前，我国尚缺乏对巴西龟入侵危害的治理技术和生态修复技术，国内外也无现成的技术可供参考。因此，本研究重点研发入侵物种巴西龟生态危害治理和生态修复技术，为巴西龟生态危害防控提供重要的技术支持，有助于提升我国防控外来物种生态危害的能力，对切实维护生态环境安全具有重要现实意义。

第一节　巴西龟入侵路径构建

一、研究方法

1. 数据资料收集

本研究采用文献调研、野外调查、访问调查、市场调查等相结合的方法获取巴西龟在我国的分布状况、扩散途径、扩散路径等数据资料。

（1）在文献资料收集方面

主要利用广东省科技图书馆的中文和外文数据库，以及 Google 学术搜索、百度搜索等搜索工具进行相关数据资料检索。检索关键词使用“巴西龟”“红耳彩龟”“红耳龟”“*Trachemys scripta elegans*”“Red-eared Slider”。考虑到中国民间通常把各类龟都统称为“乌龟”，一些非学术性的信息资料中也多以“乌龟”代称各类龟，因此在利用百度检索有关龟类分布和放生信息时，增加关键词“乌龟”，然后根据所报道信息的配图或文字描述来判断所报道的“乌龟”是否为红耳龟。

（2）野外调查

主要对广东（广州、惠州、河源、梅州、韶关、清远、肇庆、罗定、云浮、东莞、江门、佛山、中山、深圳）、广西（桂林、龙胜、南宁、梧州）、海南（海口、琼海、万宁、三亚、屯昌、临高、昌江等）、湖南（怀化、湘潭、永州、郴州等）、湖北（武汉）、江西（南昌、宜春）、福建（武夷山）、浙江（宁波、奉化、开化）、安徽（黄山）、云南（昆明）、江苏（南京）、贵州（凯里）、四川（成都）、北京、上海，以及澳门等地进行了野外实地调查，采用 GPS（Garmin GPSMAP 62sc）对红耳龟分布的地理位置信息进行记录。野外调查除在广东广州、惠州、韶关、罗定、肇庆采用笼捕法外，其余野外调查在水域岸边附近采用直接观察法。

（3）市场调查

主要对广东、广西、海南、湖南、北京、天津、武汉、西安、昆明、南京、上海、杭州、南昌等地的部分巴西龟贸易市场进行了调查，了解巴西龟贸易情况。

（4）访问调查

在野外调查和市场调查过程中，顺便开展访问调查。对当地居民、市场从事龟类贸易人员等进行访问调查，向调查对象展示巴西龟照片，咨询该种在当地的野外分布情况、放生情况、野外发现数量情况等信息。此外，本研究还对部分龟类养殖场及长期从事龟类贸易的人员、有关动物学专家等进行访问调查，了解巴西龟进入我国的时间、路线和数量情况，以及巴西龟在我国的养殖规模、贸易路线、贸易量、放生情况等信息。

2. 数据处理分析

对检索到的文献信息资料进行整理分析，筛选有关巴西龟在我国野外分布的文献及网络信息（包括书籍 8 部、论文 73 篇、报刊信息 67 条、其他网络信息 90 条），进一步提取了 228 个野外分布点。野外调查共记录到 37 个巴西龟分布点。根据巴西龟分布点的地理坐标（或根据地方名称确定的大致地理坐标），利用 ArcGIS 10.3 软件制作分布图。

关于巴西龟的扩散路径，基于调查可知，巴西龟在中国的扩散路径可分为自然和人为两种，自然扩散路径是指巴西龟在其分布的水系内自行扩散的路径，人为扩散路径是指通过人们的贸易和放生活动而进行扩散的路径。自然扩散路径通常是沿着水系延伸方向扩散，扩散相对缓慢，往往局限于某个较小的区域。人为扩散路径可使巴西龟在全国范围内进行远距离的快速扩散，导致大范围入侵风险。因此，本研究主要根据调查掌握的巴西龟贸易路线来分析人为扩散路径，绘制扩散路径图。

二、巴西龟在我国的入侵现状及地理分布

基于本研究的统计结果，目前巴西龟在中国 34 个省级行政区（包括 23 个省、5 个自治区、4 个直辖市、2 个特别行政区）均有野外分布记录。野外分布点多达 265 个（图 12.1），其中东南部的广东、台湾、海南、浙江、江苏、福建、湖北的分布点较多[每个省（区）分布点数超过 10 个]，达 151 个，占 57.0%；辽宁、上海、山东、云南、河南、湖南、北京等分布点数量中等[每个省（区）分布点数 6～10 个]，共有 56 个，占 21.1%；其余省（区）分布点较少[每个省（区）分布点数 1～5 个]，共有 58 个，占 21.9%；分布点最多的为广东（46 个），较少的为西藏、甘肃、山西（各 1 个）。从分布的水系来看，中国各主要水系均有巴西龟分布，其中珠江水系和长江水系分布点较为密集。由

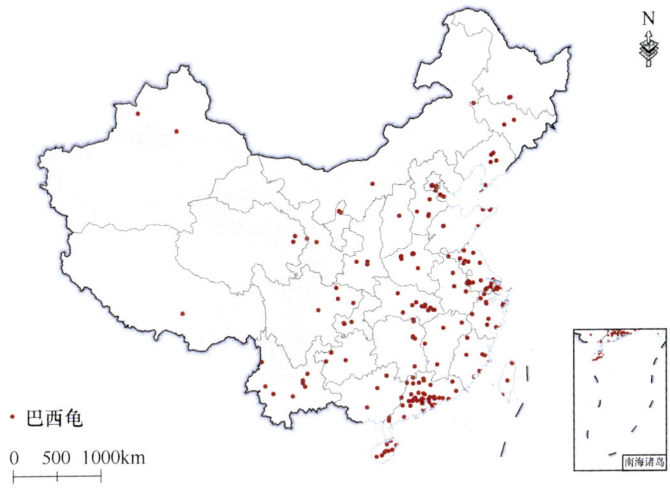

图 12.1　巴西龟（红耳龟）在中国野外分布图

于人为放生，巴西龟通常在一些人口密集的城镇地区、风景名胜区、森林公园等区域的水体分布概率较高，甚至在一些自然保护区（如广东惠东古田省级自然保护区、广东象头山国家级自然保护区）也有发现。

总体来看，巴西龟主要分布于华南、华东、华中地区，华北、西北、西南地区分布比较较少，而东北、西藏、新疆等地稀少，说明我国东南部地区是巴西龟入侵较为严重的地区。从分布范围来看，全国各个省级行政区均有分布，说明巴西龟的扩散范围十分广泛，而且短短几十年间遍及全国各地，扩散速度十分快。从入侵程度来看，有巴西龟分布的地方不一定造成入侵。例如，在东北地区、西藏、新疆等地，巴西龟能否在野外存活并成功繁殖仍不清楚，目前尚未见到这些地区巴西龟野外繁殖的报道。而在华南、华中、华东地区大量的养殖场和野外繁殖的案例已经证明，这些地区适宜巴西龟生存和繁殖，而且野外巴西龟分布点数量较多，说明这些地区存在较高的巴西龟入侵风险。

三、巴西龟在我国的入侵扩散路径

基于数据资料分析可知，巴西龟原产于美洲地区，从原产地入侵我国需要跨越太平洋，这对于巴西龟来说是无法逾越的屏障，因此不存在自然入侵风险，唯一的途径是人为引入。巴西龟入侵我国的主要途径是“贸易—放生—野外定居”。巴西龟于 20 世纪 80 年代或更早时期最先从原产地美国通过贸易进入中国台湾和香港地区，然后主要从香港进入广东广州地区，也有少部分从台湾进入福建地区（厦门、泉州、福州）。2003 年以后，大量巴西龟被直接从美国进口到中国的北京、上海、广州、杭州等地。巴西龟通过以上途径进入中国后，除了一部分运往全国各地贸易市场外，另外一部分则运往国内的养殖场用于繁殖，主要的养殖省份包括广东、浙江、江苏、海南、江西、湖南、湖北。这些养殖场繁殖的巴西龟除了本地区贸易，还运往全国各地的大城市贸易市场，然后再逐次进入中小城市、乡镇、村庄的贸易市场。进入市场的巴西龟有相当一部分被消费者购买用于放生，部分被放生的巴西龟进入自然水体后在野外生存，并进行繁殖和扩散。从国际和全国范围的大地理尺度上看，巴西龟的入侵扩散路径实际上与贸易路径相吻合（图 12.2）。

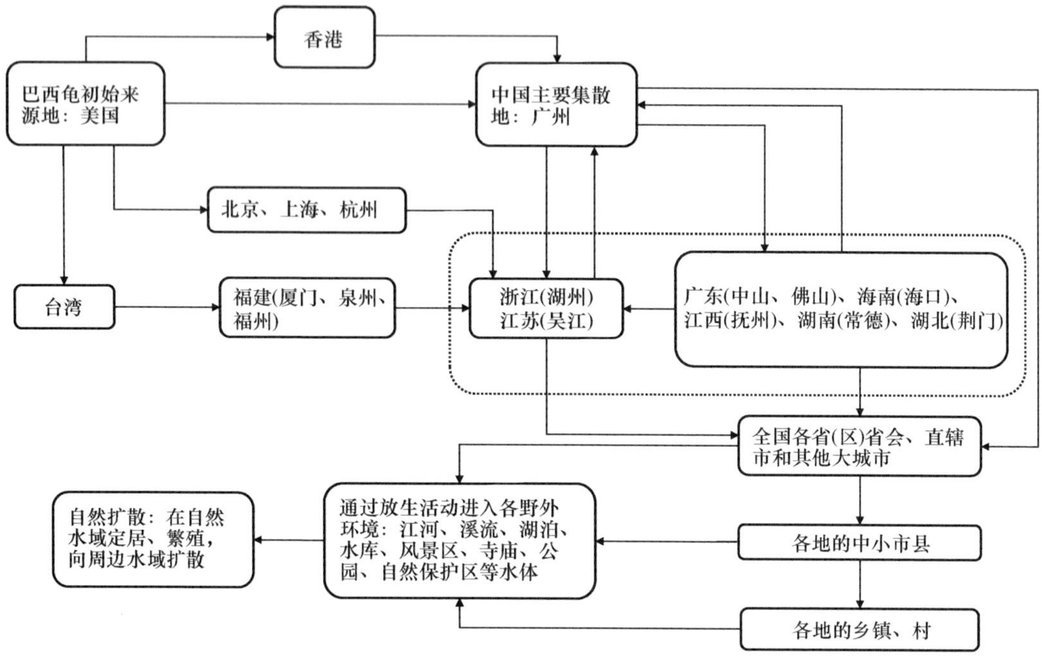

图 12.2　巴西龟在中国的入侵扩散路径图

根据调查研究，广州、湖州、吴江、常德、海口等为扩散中心（贸易中心），巴西龟从这些中心向其他地区大中城市辐射扩散，再由大城市逐渐向周边村镇地区扩散。自然扩散是巴西龟从入侵点开始，沿着水系或水网的空间延伸方向进行扩散，其扩散路径受到自身运动能力、水系或水网的空间分布，以及相应区域的食物资源及生态条件的影响。自然扩散的途径主要是受到水系分布和资源分布的制约，巴西龟的生态习性、运动能力、栖息环境等因素也影响自然扩散。从野外无线电跟踪遥测研究结果来看，如果食物等生活资源具备，巴西龟通常会在稳定的区域生活，无长距离迁移行为，活动范围一般不超过 1km。在中国野外环境中，本土龟类普遍濒危，龟类生态位空缺大，巴西龟食性较杂，很容易获得食物等生存资源，因此巴西龟长距离迁移的可能性比较小，推测其自然扩散的速度比较缓慢。影响巴西龟在中国野外扩散的主要因素是人为放生等。人为扩散途径具有速度快、范围广、不受水系或水网空间分布的影响、可以跨越自然屏障等特点。

第二节　巴西龟危害快速识别技术

一、环境 DNA 的采集、保存和运输

1. 野外采样点的选取

在巴西龟潜在分布的水体中进行采样。在水体周边选择若干个代表性采样点：对于线形分布的河流水体，采样点沿河流布置；对于水库、湖泊等水体，在水域的周边布置取样点。应选择距离岸边 10m 左右的区域进行取样，分别取水面、水底部、水中部不同

层的水样品。准确记录取样点的地理坐标，水体环境（水面积大小、水体深度、水质、水流动情况）信息。

2. 环境水样的采集

所有的采样材料和设备都经过灭菌处理。操作者全程戴乳胶手套。静态水，如水塘、小型湖泊等，以及洁净度高的水体采样至少为 1L。流动水体，如大型河流，以及浑浊度较高的静态水及大型湖泊，采样至少为 10L。一旦确定采集水体的体积，应保持每个项目中所有采集样本的体积一致。

3. 环境水样的保存和运输

将所采集的水样装入经过灭菌处理的玻璃或塑料容器中密封保存。在野外和运输过程中，需保持温度在 25℃以下无光保存，避免温度的剧烈变化。进入实验室进行保存前采样材料的在途运输时间以 3 天内为宜。

二、环境 DNA 样品的提取和保存

1. 环境 DNA 样品的提取

取 15mL 水样装入 50mL 无菌离心管中，每组 6 个重复。使用注射器将水样经 0.45μm 孔径针头式过滤器过滤，过滤完后，用灭菌镊子从边缘夹起滤膜，放入无菌离心管中，按照生工生物工程（上海）股份有限公司的动物组织基因组 DNA 提取试剂盒说明书操作，提取水体 eDNA。

2. 环境 DNA 样品的检测

环境 DNA 样品采用 NanoDrop 紫外分光光度计进行定量检测。

3. 环境 DNA 样品的提取后保存

提取环境 DNA 后，分装 10μL 作为工作液，工作液保存于 4℃冰箱，自分装开始使用时间不超过 1 个月。剩余的 DNA 放入–40℃或–80℃超低温冰箱长期保存。

三、巴西龟特异性引物合成

选择巴西龟特异性引物序列：上游引物 *COI* F 5′-GTTGGGATAGACGTAGACACC-3′；下游引物 *COI* R 5′-CTCCGATAGTAAAGAGGAAGATG-3′。根据荧光定量引物设计原则设计 *COI* 基因 qPCR 引物，引物合成工作一般由专业公司负责[如生工生物工程（上海）股份有限公司]。

四、PCR 扩增与巴西龟识别

利用巴西龟 *COI* 特异性引物进行 PCR 扩增。PCR 反应体系为 25μL，其中模板 DNA 2.0μL（10～100ng），2×*Taq* Plus Master Mix 12.5μL，上、下游引物（100nmol/L）各 1.0μL，ddH$_2$O 8.5μL。反应条件为：94℃ 4min；94℃ 30s，57℃ 30s，72℃ 30s，35 个循环；

72℃延伸 10min。4℃保存。对 PCR 产物进行琼脂糖凝胶电泳，检测是否扩增出目的条带（图 12.3），从而可以判断是否存在巴西龟特异性 DNA 序列。根据检测结果可以判断巴西龟的存在与否和野外分布情况。

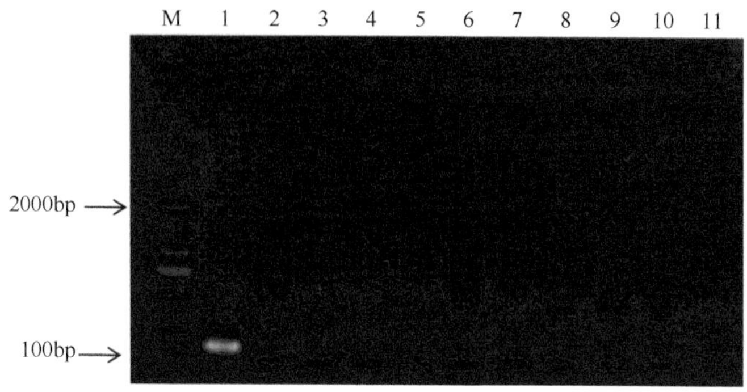

图 12.3　巴西龟环境 DNA 样品 PCR 产物电泳图

M. 2000bp DNA Marker；1. 巴西龟；2. 花龟；3. 黄喉拟水龟；4. 蛇鳄龟；5. 马来闭壳龟；6. 山瑞鳖；7. 佛罗里达鳖；8. 亚洲鳖；9. 中华鳖；10. 大鳄龟；11. 乌龟

第三节　巴西龟阻截技术

一、阻截技术流程

在野外实施巴西龟扩散阻截时，需要调查明确巴西龟的分布聚集区域、潜在的扩散路径、扩散通道，确定巴西龟扩散关键通道及实施阻截的区域。调查表明，巴西龟进入野外的主要途径是人为放生，放生的区域通常是巴西龟扩散中心或起点。基于无线电遥测发现，巴西龟的自然扩散通常借助水体进行，因此在放生区域的周边以及放生区域水体与其他水体的连接通道是扩散阻截的关键区域。阻截的关键是在巴西龟聚集区域进行诱捕，清除入侵的巴西龟或者将其密度降低到不构成危害的程度，并在入侵水域与其他水域的连接通道进行诱捕阻截，防止巴西龟从放生区域（聚集区域）扩散到新的水体。根据巴西龟的扩散特点，本研究设计了阻截技术流程（图 12.4）。该阻

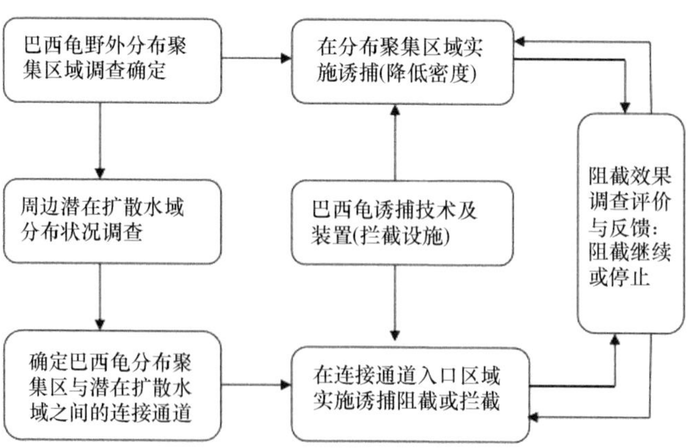

图 12.4　巴西龟扩散阻截技术流程

截技术流程包含 3 个方面的内容：①阻截地点（区域）的选择；②阻截时间的选择；③诱捕技术。其中，阻截区域需要根据野外调查结果，通过对巴西龟活动区域、密度的分析，选择巴西龟活动相对频繁的区域，一般是水体周边食物相对丰富的区域，作为诱捕阻截区域。另外，入侵水域与周边其他水域的连接通道是实施阻截的重要区域，通道的入口及其附近区域是阻截诱捕的关键区域。巴西龟属于变温动物，有冬眠习性，因此应该选择在夏秋季气温比较高、巴西龟活跃的季节进行诱捕。诱捕技术主要包括诱捕装置、诱饵以及诱捕装置的使用方法。

二、巴西龟诱捕装置研发

巴西龟诱捕装置主要包括诱饵和诱捕笼两部分，其中诱饵是诱捕装置能否高效诱捕巴西龟的关键部分。本研究对生物诱饵开展了诱捕实验，发现部分昆虫、鱼虾类、蛇类、蛙类，以及牛肉、猪肉、禽类肉等都可以作为诱饵进行诱捕，血腥味浓的诱饵具有较好的诱捕效果。动物血粉、人造肉粉（鱼肉、猪肉、牛肉）、咸鱼干等对巴西龟具有一定的诱捕效果，但不如新鲜肉类的效果好。虽然肉类生物诱饵对巴西龟具有较好的诱捕效果，但缺点是肉类在水中很容易腐烂变质或被小型鱼虾吃掉，通常在短期内失去诱捕作用，需要频繁更换诱饵。本研究主要开发基于视觉引诱的动物模型诱饵和发光诱饵。动物模型诱饵包括各种蛙类、鱼类、虾类、昆虫等仿真塑料模型，光学诱饵主要采用小型发光的 LED 灯，包括白光、红光、绿光、蓝光、黄光（图 12.5）。诱捕装置为一个长方体的诱捕笼（或网箱），如图 12.6 所示。主要由笼（箱）体、引诱入口、漂浮装置、透明玻璃诱饵盒等组成。

图 12.5　巴西龟动物模型诱饵和发光诱饵

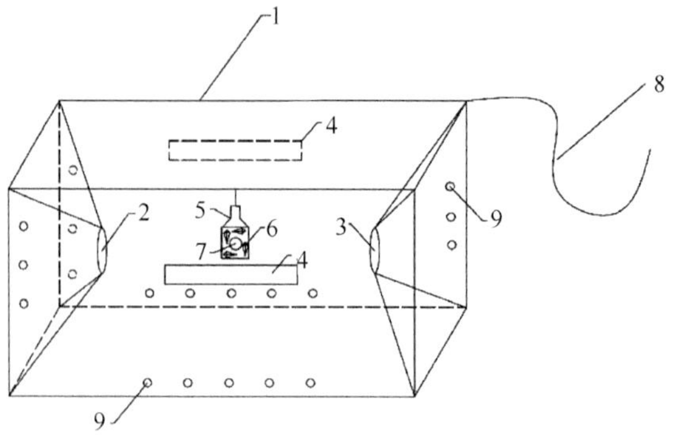

图 12.6　巴西龟诱捕装置的结构示意图

1. 笼（箱）体；2、3. 引诱入口；4. 漂浮装置；5. 透明玻璃诱饵盒；6. 模型塑料诱饵；7. 发光诱饵；8. 固定绳索；9. 小孔

采用诱捕实验来检验不同诱饵的诱捕效果。第一组诱捕实验在一个 3m×8m 的长方形池塘进行，池塘内放 10 只巴西龟（包括 5 只亚成体和 5 只成体），池塘两端各设置一个诱捕装置。每次实验时，一个诱捕装置安放一种类型的诱饵，每次实验持续 6 天，每天观察诱捕数量，及时放出诱捕的龟。统计每个诱饵类型，诱捕龟的数量频次，判断各类诱饵的诱捕效果。结果发现，蛙类、鱼类、虾类、昆虫的仿真塑料模型诱饵以及发光诱饵均对巴西龟具有引诱效果，其中颜色鲜艳的动物模型的引诱效果较好，绿色和蓝色发光诱饵的引诱效果较好，模型诱饵和发光诱饵组合的诱捕效果较好（表 12.1）。

表 12.1　不同诱饵的引诱效果

诱饵类型	6 日内诱捕龟数量/只次	平均每个装置每日捕捉龟数量/只次	诱饵类型	6 日内诱捕龟数量/只次	平均每个装置每日捕捉龟数量/只次
塑料蛙（绿色）	26	2.2	绿光	22	1.8
塑料鱼（银白色、棕色）	25	2.1	蓝光	21	1.8
塑料虾（棕色）	24	2.0	黄光	19	1.6
塑料虾（白色）	21	1.8	红光	17	1.4
塑料昆虫（绿色）	23	1.9	白光	18	1.5
塑料鱼虾+绿光	32	2.7	塑料鱼虾+蓝光	29	2.4

注：小数点后四舍五入，保留一位小数

第二组实验在更大的池塘检验塑料模型诱饵与发光诱饵组合的诱捕效果。在一个 40m×60m 的野外池塘开展诱捕实验，池塘中有 40 只巴西龟，在池塘的两端分别设置 2 个诱捕点，其中一个点采用鲜肉诱饵，另一个点采用塑料诱饵与发光诱饵组合，共设置 2 个鲜肉诱饵诱捕装置和 2 个塑料诱饵与发光诱饵组合的诱捕装置。塑料诱饵与发光诱饵组合具体包括 3 条塑料鱼、3 只塑料虾、一台发光 LED 灯；鲜肉诱饵由猪肉、牛肉、鱼肉组成。诱捕实验为期 6 天，每天观察诱捕龟的数量和诱饵质量的变化。结果显示：鲜肉诱饵施放当天诱捕效果良好，2～3 天后诱饵基本丧失诱捕效果；塑料诱饵和发光诱饵持续稳定具有诱捕效果。鲜肉诱饵在 6 天内诱捕到 19 只龟，塑料诱饵与发光诱饵组合诱捕到 37 只龟。

三、采用诱捕装置开展扩散阻截示范

本研究示范点位于广州市从化区鳌头镇小坑水库地区，面积约为 100 亩（图 12.7）。该地区属于农业区，水库周边为小山丘，水库边缘地带（20m 范围）大约 20%为次生林，其余为人工林和果园。2018 年 7～12 月，在该水库开展了巴西龟扩散阻截示范。在野外诱捕过程中，将诱捕装置放置于水库边缘地带，距离岸边大约 2m 的区域，每两个诱捕点间隔 10～20m。诱捕期间，每天检查一次诱捕装置，将诱捕的巴西龟回收（图 12.8），检查诱饵正常与否。在野外累计诱捕 33 天，20 个诱捕装置（笼），共计 660 个笼捕日，捕获巴西龟 183 只，其中成体 67 只（雌性 56 只，雄性 11 只）、亚成体 75 只、幼苗 41 只。以单位笼捕日的捕获龟数量作为巴西龟种群相对密度，在诱捕阻截初期，巴西龟种群相对密度为 0.55 只/笼捕日，经过大约一个月的诱捕阻截后，巴西龟种群相对密度下降为 0.01 只/笼捕日。通过持续诱捕，显著降低了巴西龟种群密度，有效防范了巴西龟向其他区域扩散的风险。

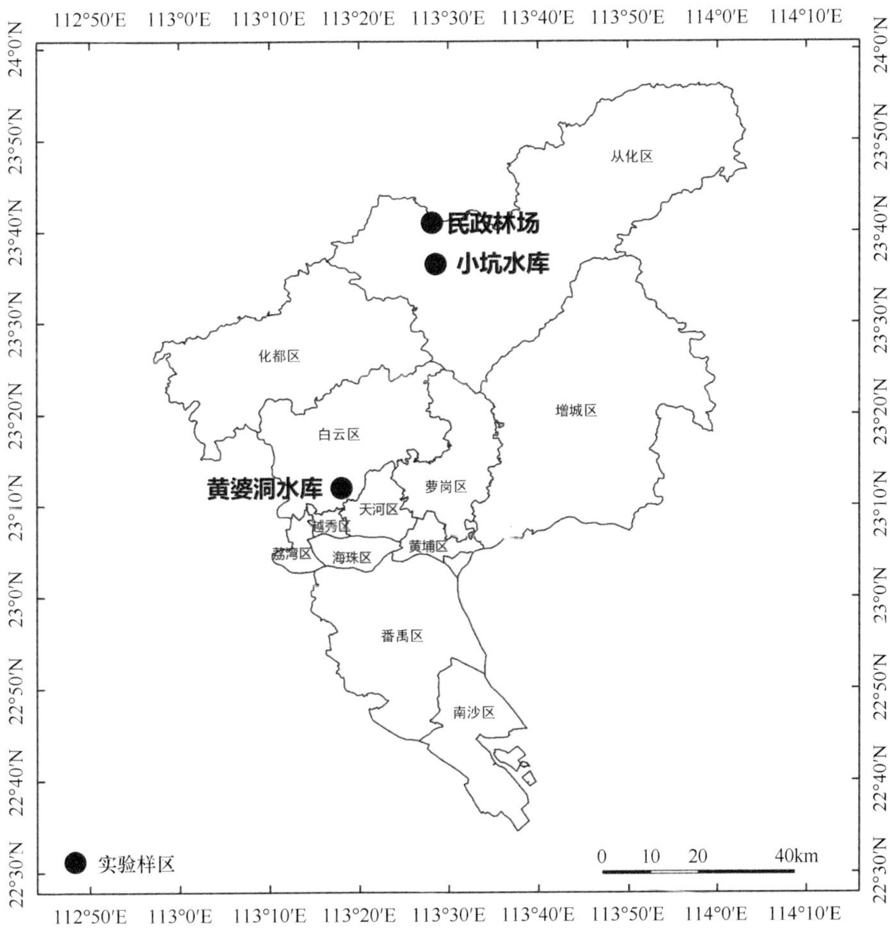

图 12.7　在小坑水库地区开展野外阻截实验

图 12.8　诱捕扩散阻截示范（诱捕到的巴西龟）

小　　结

本章以巴西龟为例，从入侵路径构建、危害快速识别及阻截技术等方面开展防控研究，主要研究结果如下。

巴西龟主要作为宠物被饲养，由于放生或逃逸到自然生态系统中形成入侵。通过文献调研、野外调查、访问调查、市场调查等方法了解了巴西龟在全国的分布格局，结果显示巴西龟在全国每个省级行政区均有野外分布，华南、华东、华中地区是巴西龟的主要分布区，华北、西北、西南地区分布比较稀少。其扩散路径包括人类扩散路径和自然扩散路径，人为路径主要与贸易路径相吻合，而自然扩散主要通过水系或水网扩散。

本研究采用环境 DNA 技术快速识别巴西龟的危害，介绍了巴西龟环境 DNA 的采集、提取及特异性引物的合成，通过将 PCR 扩增后的 DNA 序列与巴西龟特异性 DNA 序列进行比对，快速确认环境中是否存在巴西龟。

为了防止巴西龟的扩散，本研究设计了巴西龟的阻截技术流程，研发了巴西龟诱捕装置，并在野外使用诱捕装置开展了野外扩散阻截示范，示范结果表明通过诱捕显著降低了巴西龟种群密度，有效防范了巴西龟向其他区域扩散的风险。

参 考 文 献

曹坳程, 田宇, 吕平香, 等. 2003. 外来恶性杂草在我国的危害状况及防除策略[J]. 农药市场信息, (19): 9-11.

曹浩冰, 葛振鸣, 祝振昌, 等. 2014. 崇明东滩盐沼植被扩散格局及其形成机制[J]. 生态学报, 34(14): 3944-3952.

曹洪麟, 葛学军, 叶万辉, 等. 2004. 外来入侵种飞机草在广东的分布与危害[J]. 广东林业科技, 20(2): 57-59.

常瑞英, 王仁卿, 张依然. 2013. 入侵植物空心莲子草的入侵机制及综合管理[J]. 生态与农村环境学报, 29(1): 17-23.

车晋滇. 2008. 外来入侵杂草长芒苋[J]. 杂草科学, (1): 58-60.

陈红松, 郭微, 李敏, 等. 2013. 广聚萤叶甲和豚草卷蛾联合控制外来入侵豚草的田间试验[J]. 中国生物防治学报, 29(3): 362-369.

陈林, Korzukhin M D, 程登发, 等. 2006. 基于 GIS 和气候、种群动态模型的红火蚁适生性分析[J]. 植物保护学报, 33(4): 384-390.

陈潘, 张燕, 朱晓静, 等. 2019. 互花米草入侵对鸟类的生态影响[J]. 生态学报, 39(7): 2282-2290.

陈彤, 张文标. 2010. 群体及个体大小对加拿大一枝黄花生长和生殖的影响[J]. 安徽农业科学, 38(20): 10796-10799, 10805.

陈贤兴, 陈永群, 何献武, 等. 2002. 几种植物对豚草的生化他感作用[J]. 甘肃科学学报, 14(3): 58-61.

陈永亭, 吴降星, 陆军良. 2006. 豚草的生物学特性及防除[J]. 安徽农学通报, 12(4): 136.

陈中义. 2004. 互花米草入侵国际重要湿地崇明东滩的生态后果[D]. 上海: 复旦大学博士学位论文.

陈中义, 付萃长, 王海毅, 等. 2005. 互花米草入侵东滩盐沼对大型底栖无脊椎动物群落的影响[J]. 湿地科学, 3(1): 1-7.

崔保山, 蔡燕子, 谢湉, 等. 2016. 湿地水文连通的生态效应研究进展及发展趋势[J]. 北京师范大学学报(自然科学版), 52(6): 738.

邓贞贞, 白加德, 赵彩云, 等. 2015. 外来植物豚草入侵机制[J]. 草业科学, 32(1): 54-63.

丁炳扬, 于明坚, 金孝锋, 等. 2003. 水盾草在中国的分布特点和入侵途径[J]. 生物多样性, 11(3): 223-230.

丁晖, 徐海根, 刘志磊. 2007. 外来入侵植物紫茎泽兰对植物多样性的影响[J]. 生态与农村环境学报, 23(2): 29-32, 75.

丁瑜欣, 吴娟, 成水平. 2020. 水盾草入侵机制及防治对策[J]. 生物安全学报, 29(3): 176-180, 190.

董梅, 陆建忠, 张文驹, 等. 2006. 加拿大一枝黄花: 一种正在迅速扩张的外来入侵植物[J]. 植物分类学报, 44(1): 72-85.

杜乐山. 2014. 加拿大一枝黄花的表型可塑性与适应性研究[D]. 北京: 北京林业大学硕士学位论文.

杜玮, 何池全, 陈玉丽, 等. 2009. 入侵植物互花米草水浸液对莴苣的化感效应[J]. 环境科学学报, 29(4): 869-875.

杜文琴, 马丽娜, 刘建, 等. 2006. 红树林区内互花米草防除技术研究[J]. 中国生态农业学报, 14(3): 154-156.

方民杰. 2012. 福建沿岸海域互花米草的分布[J]. 台湾海峡, 31(1): 100-104.

冯建孟, 董晓东, 徐成东. 2009. 中国外来入侵植物区系组成的大尺度格局及其气候解释[J]. 武汉植物学研究, 27(2): 159-164.

冯建祥, 黄茜, 陈卉, 等. 2018. 互花米草入侵对盐沼和红树林滨海湿地底栖动物群落的影响[J]. 生态学杂志, 37(3): 943-951.
冯建祥, 宁存鑫, 朱小山, 等. 2017. 福建漳江口本土红树植物秋茄替代互花米草生态修复效果定量评价[J]. 海洋与湖沼, 48(2): 266-275.
付文竹, 陈振亚, 淮虎银. 2006. 空心莲子草地下茎克隆繁殖特征[J]. 生态科学, 25(4): 316-319.
高珂晓, 李飞飞, 柳晓燕, 等. 2019. 广西九万山国家级自然保护区外来入侵和本地草本植物多样性垂直分布格局[J]. 生物多样性, 27(10): 1047-1055.
高尚宾, 张宏斌, 孙玉芳, 等. 2017. 植物替代控制3种入侵杂草技术的研究与应用进展[J]. 生物安全学报, 26(1): 18-22, 102.
葛刚, 李恩香, 吴和平, 等. 2010. 鄱阳湖国家级自然保护区的外来入侵植物调查[J]. 湖泊科学, 22(1): 93-97.
耿宇鹏, 张文驹, 李博, 等. 2004. 表型可塑性与外来植物的入侵能力[J]. 生物多样性, 12(4): 447-450.
宫璐, 李俊生, 柳晓燕, 等. 2017. 我国部分国家级自然保护区外来入侵物种的分布概况[J]. 生态科学, 36(4): 210-221.
龚世平, 杨江波, 葛研, 等. 2018. 外来物种红耳龟在中国野外分布现状及扩散路径研究[J]. 野生动物学报, 39(2): 373-378.
谷月. 2017. 外来入侵植物刺萼龙葵研究进展[J]. 农业科技与装备, (3): 18-19.
关广清. 1993. 豚草花器结构及排粉过程[J]. 植物检疫, 7(3): 167-170.
关广清, 高东昌. 1982. 又有五种杂草传入我国[J]. 植物检疫, (6): 2.
关广清, 韩亚光, 尹睿, 等. 1995. 经济植物替代控制豚草的研究[J]. 沈阳农业大学学报, 26(3): 277-283.
郭连金, 王涛. 2009. 空心莲子草入侵对乡土植物群落种间联结性及稳定性的影响[J]. 中国生态农业学报, 17(5): 851-856.
郭连金, 徐卫红, 孙海玲, 等. 2009. 空心莲子草入侵对乡土植物群落组成及植物多样性的影响[J]. 草业科学, 26(7): 137-142.
郭良芝, 郭青云, 魏有海, 等. 2013. 50g/L 唑啉草酯 EC 防除春小麦田野燕麦药效及对作物的安全性研究[J]. 湖北农业科学, 52(4): 820-822.
郭水良, 方芳. 2003. 入侵植物加拿大一枝黄花对环境的适应性研究[J]. 植物生态学报, 27(1): 47-52.
韩利红. 2006. 紫茎泽兰对本地植物的化感作用[D]. 西双版纳: 中国科学院西双版纳热带植物园硕士学位论文.
何丹丹, 杨普秋. 2020. 滇池外来植物种入侵现状问题及对策[J]. 绿色科技, (3): 26-29.
何青海, 马本学, 瞿端阳, 等. 2013. 基于机器视觉棉叶螨自动监测与分级方法研究[J]. 农机化研究, 35(4): 152-155.
侯玉平, 魏巍, 翟文婷, 等. 2016. 山东半岛丘陵生境优势树种凋落物对外来植物火炬树种子萌发和幼苗生长的影响[J]. 林业科学, 52(6): 28-34.
侯志勇, 谢永宏, 陈心胜, 等. 2011. 洞庭湖湿地的外来入侵植物研究[J]. 农业现代研究, 32(6): 744-747.
胡根生, 张学敏, 梁栋, 等. 2013. 基于加权支持向量数据描述的遥感图像病害松树识别[J]. 农业机械学报, 44(5): 258-263.
胡建波, 张健. 2018. 无人机遥感在生态学中的应用进展[J]. 生态学报, 38(1): 20-30.
黄冠闽. 2009. 漳江口红树林区互花米草的生长特性及其与秋茄的相对竞争力[D]. 厦门: 厦门大学硕士学位论文.
黄华, 郭水良. 2005. 外来入侵植物加拿大一枝黄花居群间遗传差异分析[J]. 植物研究, 25(2): 197-204.
黄华梅. 2009. 上海滩涂盐沼植被的分布格局和时空动态研究[D]. 上海: 华东师范大学博士学位论文.
黄华梅, 张利权. 2007. 上海九段沙互花米草种群动态遥感研究[J]. 植物生态学报, 31(1): 75-82.
黄华梅, 张利权, 高占国. 2005. 上海滩涂植被资源遥感分析[J]. 生态学报, 25(10): 2686-2693.
黄华梅, 张利权, 袁琳. 2007. 崇明东滩自然保护区盐沼植被的时空动态[J]. 生态学报, 27(10): 4166-4172.

黄久香, 刘宪宽, 庄雪影, 等. 2012. 广东豚草居群的遗传分化[J]. 广东农业科学, 39(3): 135-138.

黄俊, 陆永跃, 许益镌, 等. 2009. 红火蚁蚁丘大小与诱集工蚁数量的关系[J]. 应用生态学报, 20(8): 1992-1997.

黄雪, 罗俊凯, 龚道新, 等. 2013. 高效液相色谱法测定土壤中草除灵和高效氟吡甲禾灵的残留量[J]. 农药学学报, 15(1): 125-128.

贾桂康, 薛跃规. 2011a. 飞机草在广西的分布及未来入侵趋势分析[J]. 湖北农业科学, 50(14): 2882-2885.

贾桂康, 薛跃规. 2011b. 紫茎泽兰和飞机草在广西的入侵生境植物多样性分析[J]. 生态环境学报, 20(5): 819-823.

贾伟. 2010. 入侵菊科植物对根际土壤微生物群落结构的影响[D]. 福州: 福建农林大学硕士学位论文.

蒋智林, 刘万学, 万方浩, 等. 2008. 紫茎泽兰与非洲狗尾草单、混种群落土壤酶活性和土壤养分的比较[J]. 植物生态学报, 32(4): 900-907.

金伟, 葛宏立, 杜华强, 等. 2009. 无人机遥感发展与应用概况[J]. 遥感信息, (1): 88-92.

鞠瑞亭, 李慧, 石正人, 等. 2012. 近十年中国生物入侵研究进展[J]. 生物多样性, 20(5): 581-611.

康芬芬, 魏亚东, 杨菲, 等. 2010. 不同处理对豚草种子休眠与萌发的影响[J]. 植物检疫, 24(6): 14-16.

孔垂华, 黄寿山, 胡飞. 2001. 胜红蓟化感作用研究Ⅴ: 挥发油对真菌、昆虫和植物的生物活性及其化学成分[J]. 生态学报, 21(4): 584-587.

孔维尧, 李欣海, 邹红菲. 2019. 最大熵模型在物种分布预测中的优化[J]. 应用生态学报, 30(6): 2116-2128.

蓝来娇, 马涛, 朱映, 等. 2019. 外来入侵植物光荚含羞草的研究进展[J]. 河北林业科技, (1): 47-52.

雷军成, 徐海根, 吴军, 等. 2015. 基于 IPCC AR5 的我国常绿阔叶林潜在适宜生境变化分析[J]. 生态与农村环境学报, 31(1): 69-76.

李春湖, 钟晓红. 2006. 加拿大一枝黄花的生物学特征、危害和防除的研究[J]. 江西广播电视大学学报, (4): 106-107.

李德仁, 李明. 2014. 无人机遥感系统的研究进展与应用背景[J]. 武汉大学学报(信息科学版), 39(5): 505-513, 540.

李贺鹏. 2007. 外来入侵植物互花米草控制的生态学研究[D]. 上海: 华东师范大学博士学位论文.

李宏科, 李萌, 李丹. 1999. 豚草及其防治概况[J]. 世界农业, (8): 3-5.

李会娜. 2009. 三种入侵菊科植物(紫茎泽兰、豚草、黄顶菊)与土壤微生物的互作关系[D]. 沈阳: 沈阳农业大学博士学位论文.

李会娜, 刘万学, 万方浩. 2011. 杀真菌剂对入侵植物紫茎泽兰与伴生植物生长的反馈作用[J]. 中国农业科学, 44(1): 2269-2275.

李蕙, 袁琳, 张利权, 等. 2017. 长江口滨海湿地潮间带生态系统的多稳态特征[J]. 应用生态学报, 28(1): 327-336.

李加林. 2006. 基于 MODIS 的沿海带状植被 NDVI/EVI 季节变化研究: 以江苏沿海互花米草盐沼为例[J]. 海洋通报, 25(6): 91-96.

李明慈. 2015. 微型无人机摄影测量数据研究[D]. 北京: 北京建筑大学硕士学位论文.

李涛. 2011. 外来入侵植物加拿大一枝黄花对入侵地土壤动物群落结构的影响[D]. 金华: 浙江师范大学硕士学位论文.

李伟, 崔丽娟, 赵欣胜, 等. 2014. 中国滨海湿地及其生态系统服务功能研究概述[J]. 林业调查规划, 39(4): 24-30.

李伟华, 冯航. 2007. 园林有害植物: 五爪金龙[J]. 广东园林, (6): 37-39.

李卫正, 申世广, 何鹏, 等. 2014. 低成本小型无人机遥感定位病死木方法[J]. 林业技术开发, 28(6): 102-106.

李小蒙, 于明, 李浩. 2020. 植物入侵机制研究进展[J]. 生物学通报, 55(3): 5-9.

李晓春, 齐淑艳, 姚静, 等. 2015. 入侵植物粗毛牛膝菊种群遗传多样性及遗传分化[J]. 生态学杂志,

34(12): 3306-3312.
李晓敏, 张杰, 马毅, 等. 2017. 基于无人机高光谱的外来入侵种互花米草遥感监测方法研究: 以黄河三角洲为研究区[J]. 海洋科学, 41(4): 98-107.
李宇昊, 张同伟. 2013. 厘米级遥感影像用于伊春地区次生林空间结构调查[J]. 东北林业大学学报, 41(8): 139-143.
李振宇. 2003. 长芒苋: 中国苋属一新归化种[J]. 植物学通报, 20(6): 734-735.
李志刚, 郑启恩, 黎桦, 等. 2006. 广西隆安屏山石灰岩山地飞机草群落特征分析[J]. 热带亚热带植物学报, 14(3): 196-201.
李祖任, 晏升禄, 廖海民, 等. 2015. 入侵杂草美洲商陆大小孢子的形成和雌雄配子体的发育[J]. 华北农学报, 30(增刊): 81-86.
梁维敏, 王绍武. 2010. 豚草的危害及防控措施[J]. 现代农业科技, (24): 160-161.
廖成章. 2007. 外来植物入侵对生态系统碳、氮循环的影响: 案例研究与整合分析[D]. 上海: 复旦大学博士学位论文.
林淳, 刘国坤. 2008. 外来入侵植物五爪金龙(*Ipomoea cairica*)的研究进展[J]. 亚热带农业研究, 4(3): 177-180.
林冠伦, 杨益众, 胡进生. 1990. 空心莲子草生物学及防治研究[J]. 江苏农学院学报, 11(2): 57-63.
林敏, 郝建华, 吴海荣. 2011. 胜红蓟入侵江苏省的风险评估[J]. 常熟理工学院学报(自然科学), 25(10): 71-75.
刘冰. 2011. 2种替代植物与紫茎泽兰竞争效应及竞争相关指标适用性探索[D]. 泰安: 山东农业大学硕士学位论文.
刘春花. 2005. 外来种喜旱莲子草的入侵生态学[D]. 武汉: 武汉大学博士学位论文.
刘大胜, 张学杰, 常光玲, 等. 2008. 外来入侵物种空心莲子草花粉形态及生活力测定[J]. 安徽农业科学, 36(35): 15447-15448.
刘方正, 杜金鸿, 周越, 等. 2018. 无人机和地面相结合的自然保护地生物多样性监测技术与实践[J]. 生物多样性, 26(8): 905-917.
刘峰, 陶国达, 王东升. 2008. 纳板河自然保护区外来入侵植物状况调查及防范对策[J]. 林业调查规划, 33(6): 112-117.
刘建, 庄志鸿, 蔡宣梅. 2005. 互花米草人工败育技术[J]. 植物保护, 31(1): 70-72.
刘静玲, 冯树丹, 慕颖. 1997. 豚草生态学特性及生防对策[J]. 东北师范大学学报(自然科学版), (3): 61-67.
刘伦辉, 谢寿昌, 张建华. 1985. 紫茎泽兰在我国的分布、危害与防除途径的探讨[J]. 生态学报, 5(1): 1-6.
刘绍芹, 吕国忠. 2005. 豚草及豚草的综合治理[J]. 西北农林科技大学学报(自然科学版), 33(增刊): 237-242.
刘霞, 张光灿, 李雪蕾, 等. 2004. 小流域生态修复过程中不同森林植被土壤入渗与贮水特征[J]. 水土保持学报, 18(6): 1-5.
刘香梅, 张茂伟, 陈绪福, 等. 1995. 美洲豚草的发生调查与防治研究[J]. 中国农学通报, 11(3): 40-41.
刘晓燕, 吕利华, 何余容. 2010. 自然寄生红火蚁病原真菌的分离、鉴定及其对红火蚁的致病力[J]. 中国生物防治, 26(3): 373-377.
刘永学, 陈君, 张忍顺, 等. 2001. 江苏海岸盐沼植被演替的遥感图像分析[J]. 农村生态环境, 17(3): 39-41.
刘云鹏, 张社奇, 谷洁, 等. 2011. 不同土地利用方式对陕西黄河湿地土壤水分物理性质的影响[J]. 安徽农业科学, 39(5): 2725-2728.
柳晓燕, 李俊生, 赵彩云, 等. 2016. 基于MaxEnt模型和ArcGIS预测豚草在中国的潜在适生区[J]. 植物保护学报, 43(6): 1041-1048.
柳旭, 孔令杰, 杨康, 等. 2019. 紫茎泽兰不同入侵区域土壤细菌群落多样性比较研究[J]. 生物安全学报, 28(1): 49-58.

卢向阳, 王秋霞, 刘冰, 等. 2013. 紫穗槐替代控制对撂荒山地紫茎泽兰的影响[J]. 西南农业学报, 26(5): 1893-1898.

陆慧明, 阮海根, 汤根妹, 等. 2006. 加拿大一枝黄花利害分析[J]. 上海交通大学学报: 农业科学版, 24(4): 402-406.

吕利华, 刘晓燕, 谢梅琼, 等. 2011. 寄生红火蚁虫生真菌高致病力菌株的筛选[J]. 华南农业大学学报, 32(4): 35-39.

马俊改, 石福臣. 2011. 养分条件对互花米草表型可塑性的影响[J]. 生态学杂志, 30(3): 459-463.

马克平. 1994. 生物群落多样性的测度方法 Ⅰ. α 多样性的测度方法(上)[J]. 生物多样性, 2(3): 162-168.

马克平. 2016. 生物多样性科学的热点问题[J]. 生物多样性, 24(1): 1-2.

马淼. 2003. 加拿大一枝黄花的入侵生物学研究[D]. 上海: 复旦大学博士学位论文.

宁中华, 谢湉, 刘泽正, 等. 2018. 入侵物种对滨海湿地生态系统的生物地貌影响综述[J]. 北京师范大学学报(自然科学版), 54(1): 73-80.

牛红榜, 刘万学, 万方浩. 2007. 紫茎泽兰(*Ageratina adenophora*)入侵对土壤微生物群落和理化性质的影响[J]. 生态学报, 27(7): 3051-3060.

潘晓云, 耿宇鹏, Alejandro S O S A, 等. 2007. 入侵植物喜旱莲子草: 生物学、生态学及管理[J]. 植物分类学报, 45(6): 884-900.

彭恒, 桂富荣, 李正跃, 等. 2010. 白茅对紫茎泽兰的竞争效应[J]. 生态学杂志, 29(10): 1931-1936.

彭辉武, 郑松发. 2009. 海桑林寒害致死后互花米草再次入侵的研究[J]. 中国森林病虫, 28(3): 5-8.

彭少麟, 向言词. 1999. 植物外来种入侵及其对生态系统的影响[J]. 生态学报, 19(4): 560-568.

齐国君, 高燕, 黄德超, 等. 2012. 基于 MaxEnt 的稻水象甲在中国的入侵扩散动态及适生性分析[J]. 植物保护学报, 39(2): 129-136.

强胜. 1998. 世界性恶性杂草: 紫茎泽兰研究的历史及现状[J]. 武汉植物学研究, 16(4): 366-372.

强胜, 曹学章. 2001. 外来杂草在我国的危害性及其管理对策[J]. 生物多样性, 9(2): 188-195.

曲波, 翟强. 2003. 植物源农药的应用前景[J]. 辽宁农业科学, (3): 36.

全国明, 毛丹鹃, 章家恩, 等. 2011. 飞机草的繁殖能力与种子的萌发特性[J]. 生态环境学报, 20(1): 72-78.

全国明, 章家恩, 徐华勤, 等. 2009. 外来入侵植物飞机草的生物学特性及控制策略[J]. 中国农学通报, 25(9): 236-243.

任广波, 刘艳芬, 马毅, 等. 2014. 现代黄河三角洲互花米草遥感监测与变迁分析[J]. 激光生物学报, 23(6): 515-523.

任丽娟, 王国祥, 仇乐, 等. 2010. 江苏潮滩湿地不同生境互花米草形态与生物量分配特征[J]. 生态与农村环境学报, 26(3): 220-226.

阮关心. 2012. 崇明东滩互花米草生态控制与鸟类栖息地优化工程生态效益探讨[J]. 安徽农业科学, 40(23): 11 799-11 801.

邵志芳, 赵厚本, 陈炳辉, 等. 2008. 外来植物光荚含羞草的入侵研究[J]. 安徽农业科学, 36(14): 5773-5774, 5781.

沈栋伟. 2007. 互花米草基因型多样性及其与入侵能力的关系[D]. 上海: 华东师范大学硕士学位论文.

沈国辉, 姚红梅, 管丽琴, 等. 2005. 上海郊区加拿大一枝黄花的发生危害和化学防除研究[J]. 上海农业学报, 21(2): 1-4.

沈国军, 徐正浩, 俞谷松. 2005. 空心莲子草的分布、危害与防除对策[J]. 植物保护, 31(3): 14-18.

沈荔花, 郭琼霞, 林文雄, 等. 2007. 加拿大一枝黄花对土壤微生物区系的影响研究[J]. 中国农学通报, 23(4): 323-327.

沈有信, 刘文耀. 2004. 长久性紫茎泽兰土壤种子库[J]. 植物生态学报, 28(6): 768-772.

沈脂红. 2000. 水盾草: 新入侵的外来种[J]. 植物杂志, (2): 38-39.

盛茂银, 刘洋, 熊康宁. 2013. 中国南方喀斯特石漠化演替过程中土壤理化性质的响应[J]. 生态学报,

33(19): 6303-6313.
史海涛, 龚世平, 梁伟, 等. 2009. 控制外来物种红耳龟在中国野生环境蔓延的态势[J]. 生物学通报, 44(4): 1-3.
史生晶, 王桔红, 陈文, 等. 2019. 入侵植物鬼针草和鳢肠的化感作用及其入侵性研究[J]. 生态环境学报, 28(12): 2373-2380.
苏丽, 朱金松. 2003. 空心莲子草地下茎浸提液对几种常见杂草种子萌发率的影响[J]. 杂草学报, (4): 7-9.
孙备, 李建东. 2005. 豚草防治研究进展[J]. 农业现代化研究, 26(4): 317-320.
孙红梅. 2018. 植物病虫害无人机遥感研究文献计量分析[J]. 兴义民族师范学院学报, (3): 107-111.
孙晓芳, 何家庆, 黄训端, 等. 2008. 不同光强对加拿大一枝黄花生长和叶绿素荧光的影响[J]. 西北植物学报, 28(4): 752-758.
孙艳红, 张洪江, 程金花, 等. 2006. 缙云山不同林地类型土壤特性及其水源涵养功能[J]. 水土保持学报, 20(2): 106-109.
邰凤姣, 朱珣之, 韩彩霞, 等. 2016. 外来入侵植物意大利苍耳对土壤微生物群落、土壤酶活性和土壤养分的影响[J]. 生态科学, 35(1): 71-78.
汤臣栋. 2016. 上海崇明东滩互花米草生态控制与鸟类栖息地优化工程[J]. 湿地科学与管理, 12(3): 4-8.
汤敏喆, 任明迅, 郑景明, 等. 2012. 加拿大一枝黄花对庐山自然保护区林业植物多样性及其季节动态的影响[J]. 植物科技学报, 30(4): 366-373.
唐赛春, 吕仕洪, 潘玉梅, 等. 2011. 广西喀斯特地区割草结合植树方法对飞机草的控制效果[J]. 应用生态学报, 22(7): 1944-1948.
陶永祥, 赵建伟, 王兰新, 等. 2017. 西双版纳自然保护区外来入侵植物现状调查[J]. 山东林业科技, (1): 58-61.
陶勇, 江明喜. 2004. 空心莲子草的解剖结构对不同水湿生境的适应研究[J]. 武汉植物学研究, 22(1): 65-71.
万方浩, 郭建英, 王德辉. 2002. 中国外来入侵生物的危害与管理对策[J]. 生物多样性, 10(1): 119-125.
万方浩, 刘全儒, 谢明. 2012. 生物入侵: 中国外来入侵植物图鉴[M]. 北京: 科学出版社.
万方浩, 王韧. 1988. 豚草在我国的发生危害及其防治[J]. 农业科技通讯, (5): 24-25.
万方浩, 郑小波, 郭建英. 2005. 重要农林外来入侵物种的生物学与控制[M]. 北京: 科学出版社: 662-692.
王大力, 祝心如. 1996. 三裂叶豚草的化感作用研究[J]. 植物生态学报, 20(4): 330-337.
王峰, 吴云东. 2010. 无人机遥感平台技术研究与应用[J]. 遥感信息, (2): 114-118.
王国欢, 白帆, 桑卫国. 2017. 中国外来入侵生物的空间分布格局及其影响因素[J]. 植物科学学报, 35(4): 513-524.
王虹扬, 黄沈发, 何春光, 等. 2006. 中国湿地生态系统的外来入侵种研究[J]. 湿地科学, 4(1): 7-12.
王洪林, 王芝恩, 凌帅. 2010. 浅析辽宁中东部地区豚草分布及防控策略[J]. 辽宁林业科技, (4): 39-40, 54.
王俊峰, 冯玉龙, 李志. 2003. 飞机草和兰花菊三七光合作用对生长光强的适应[J]. 植物生理与分子生物学学报, 29(6): 542-548.
王开金, 李宁, 陈列忠, 等. 2006. 加拿大一枝黄花精油的化学成分及其抗菌活性[J]. 植物资源与环境学报, 15(1): 34-36.
王龙江, 吕利华, 谢梅琼, 等. 2010. 红火蚁感染白僵菌后体内保护酶和酯酶活性的变化[J]. 华中农业大学学报, 29(3): 282-286.
王满莲, 冯玉龙. 2005. 紫茎泽兰和飞机草的形态、生物量分配和光合特性对氮营养的响应[J]. 植物生态学报, 29(5): 697-705.
王明娜, 戴志聪, 祁珊珊, 等. 2014. 外来植物入侵机制主要假说及其研究进展[J]. 江苏农业科学, 42(12): 378-382.

王明月. 2012. 丽水板栗主要害虫危害调查与噻虫啉防治技术研究[D]. 杭州: 浙江农林大学硕士学位论文.

王茹琳, 李庆, 封传红, 等. 2017. 基于 MaxEnt 的西藏飞蝗在中国的适生区预测[J]. 生态学报, 37(24): 8556-8566.

王晓红. 2019. 杂草豚草对草原的危害及防控[J]. 新疆畜牧业, 34(4): 44-46.

王颖. 2016. 入侵植物喜旱莲子草对入侵地土壤生态系统的影响[D]. 合肥: 安徽农业大学硕士学位论文.

王玉良, 高瑞如, 余玖银. 2009. 外来植物加拿大一枝黄花(*Solidago canadensis*)入侵的结构基础[J]. 生态学报, 29(1): 108-119.

王运生, 谢丙炎, 万方浩, 等. 2007. ROC 曲线分析在评价入侵物种分布模型中的应用[J]. 生物多样性, 15(4): 365-372.

魏丽冉, 岳峻, 李振波, 等. 2017. 基于核函数支持向量机的植物叶部病害多分类检测方法[J]. 农业机械学报, 48(增刊): 166-171.

翁伯琦, 林嵩, 王义祥. 2006. 空心莲子草在我国的适应性及入侵机制[J]. 生态学报, 26(7): 2373-2381.

吴娟子, 王强, 钟小仙, 等. 2012. 根据 cpDNA *trnT-trnF* 序列变异分析中国互花米草种群的遗传结构[J]. 草业学报, 21(4): 134-140.

吴庆贵, 邹利娟, 吴福忠, 等. 2012. 涪江流域丘陵区不同植被类型水源涵养功能[J]. 水土保持学报, 26(6): 254-258.

吴晓雯, 罗晶, 陈家宽, 等. 2006. 中国外来入侵植物的分布格局及其与环境因子和人类活动的关系[J]. 植物生态学报, 30(4): 576-584.

武正军, 王彦平, 李义明. 2004. 浙江东部牛蛙的自然种群及潜在危害[J]. 生物多样性, 12(4): 441-446.

肖德荣, 张利权, 祝振昌, 等. 2011. 上海崇明东滩互花米草种子产量与活性对刈割的响应[J]. 生态环境学报, 20(11): 1681-1686.

肖德荣, 祝振昌, 袁琳, 等. 2012. 上海崇明东滩外来物种互花米草二次入侵过程[J]. 应用生态学报, 23(11): 2997-3002.

谢心宏, 王福久. 2001. 噻虫啉(Thiacloprid): 一种新的叶面施用杀虫剂[J]. 农药, 40(1): 41-42.

解雪峰, 孙晓敏, 吴涛, 等. 2020. 互花米草入侵对滨海湿地生态系统的影响研究进展[J]. 应用生态学报, 31(6): 2119-2128.

邢庆新. 2012. 刺萼龙葵次生代谢产物的杀虫活性研究[D]. 保定: 河北农业大学硕士学位论文.

徐海根, 强胜. 2004. 中国外来入侵物种编目[M]. 北京: 中国环境科学出版社: 80-81.

徐沁, 沈初泽, 唐骋, 等. 2013. 杂草入侵背景下的云南嘉利泽湿地植物群落与种间的关系[J]. 热带生物学报, 4(1): 66-73.

徐正浩, 王一平. 2004. 外来入侵植物成灾的机制及防除对策[J]. 生态学杂志, 23(3): 124-127.

许瑾. 2014. 外来入侵种光荚含羞草在我国的分布及防控[J]. 杂草科学, 32(2): 41-43.

许凯扬, 叶万辉. 2003. 群落可入侵性及环境胁迫[J]. 热带亚热带植物学报, 11(1): 75-82.

许凯扬, 叶万辉, 曹洪麟, 等. 2004. 植物群落的生物多样性及其可入侵性关系的实验研究[J]. 植物生态学报, 28(3): 385-391.

许珠华. 2010. 福建治理互花米草试验研究[J]. 海洋环境科学, 29(5): 767-769.

闫恩维, 罗春玲, 胡瑛. 2009. 牡丹江地区豚草特性及危害[J]. 中国林副特产, (2): 108-109.

闫小玲, 刘全儒, 寿海洋, 等. 2014. 中国外来入侵植物的等级划分与地理分布格局分析[J]. 生物多样性, 22(5): 667-676.

闫小玲, 寿海洋, 马金双. 2012. 中国外来入侵植物研究现状及存在的问题[J]. 植物分类与资源学报, 34(3): 287-313.

闫宗平, 仝川. 2008. 外来植物入侵对陆地生态系统地下碳循环及碳库的影响[J]. 生态学报, 28(9): 4440-4450.

杨波, 薛跃规, 唐小飞, 等. 2009. 外来入侵植物飞机草在中国的适生区预测[J]. 植物保护, 35(4): 70-73.

杨逢建. 2003. 有害入侵植物飞机草入侵机理与控制研究[D]. 哈尔滨: 东北林业大学博士学位论文.

杨逢建, 王纪坤, 张莹, 等. 2005. 林业有害植物豚草挥发油 GC-MS 成分分析[J]. 植物研究, 25(4): 457-459.

杨佳后, 孙钒, 廖坤宏, 等. 2009. 4 株球孢白僵菌对红火蚁毒力的生物测定[J]. 环境昆虫学报, 31(1): 46-51.

杨晴, 李婧实, 郭艾英, 等. 2014. 遮阴和藜竞争对黄顶菊光合荧光和生长特性的影响[J]. 应用生态学报, 25(9): 2536-2542.

杨瑞, 张雅林, 冯纪年. 2008. 利用 ENFA 生态位模型分析玉带凤蝶和箭环蝶异地放飞的适生性[J]. 昆虫学报, 51(3): 290-297.

杨秀桥, 陈琦, 姜瑞, 等. 2012. 牧场刺天茄的防除措施[J]. 贵州畜牧兽医, 36(4): 61-62.

印丽萍, 谭永彬, 沈国辉, 等. 2004. 加拿大一枝黄花(*Solidago canadensis* L.)的研究进展[J]. 杂草科学, (4): 8-11.

于亮, 李世吉, 桂富荣, 等. 2009. 黑麦草和紫花苜蓿对紫茎泽兰的竞争作用研究[J]. 云南农业大学学报, 24(2): 164-168.

于兴军, 于丹, 马克平. 2004. 不同生境条件下紫茎泽兰化感作用的变化与入侵力关系的研究[J]. 植物生态学报, 28(6): 773-780.

余香琴, 冯玉龙, 李巧明. 2010. 外来入侵植物飞机草的研究进展与展望[J]. 植物生态学报, 34(5): 591-600.

袁琳, 张利权, 肖德荣, 等. 2008. 刈割与水位调节集成技术控制互花米草(*Spartina alterniflora*)[J]. 生态学报, 28(11): 5723-5730.

曾玲, 陆永跃, 何晓芳, 等. 2005. 入侵中国大陆的红火蚁的鉴定及发生为害调查[J]. 昆虫知识, 42(2): 144-148.

张常隆, 李扬苹, 冯玉龙, 等. 2009. 表型可塑性和局域适应在紫茎泽兰入侵不同海拔生境中的作用[J]. 生态学报, 29(4): 1940-1946.

张红梅, 陆亚刚. 2017. 无人机遥感技术国内松材线虫病监测研究综述[J]. 华东森林经理, 31(3): 29-32.

张佳期, 周守标, 高香琴, 等. 2017. 石首麋鹿国家级自然保护区外来入侵植物物种的分析[J]. 杂草学报, 35(1): 36-41.

张建华, 范志伟, 沈奕德, 等. 2008. 外来杂草飞机草的特性及防治措施[J]. 广西热带农业, (3): 12, 26-28.

张建华, 孔繁涛, 李哲敏, 等. 2014. 基于最优二叉树支持向量机的蜜柚叶部病害识别[J]. 农业工程学报, 30(19): 222-231.

张雷燕, 刘常富, 王彦辉, 等. 2007. 宁夏六盘山地区不同森林类型土壤的蓄水和渗透能力比较[J]. 水土保持学报, 21(1): 95-98.

张黎华, 冯玉龙. 2007. 飞机草的生防作用物[J]. 中国生物防治, 23(1): 83-88.

张玲玉. 2017. 凤眼莲和喜旱莲子草入侵对水生植物分解的影响及其机制[D]. 武汉: 华中师范大学硕士学位论文.

张琦. 2016. 入侵植物互花米草对中肋骨条藻的化感作用研究[D]. 上海: 上海大学硕士学位论文.

张巧, 郝建锋. 2011. 外来物种入侵机制的研究进展[J]. 贵州农业科学, 39(6): 94-98.

张瑞海, 付卫东, 宋振, 等. 2016. 河北地区黄顶菊土壤种子库特征及其对替代控制的响应[J]. 生态环境学报, 25(5): 775-782.

张晓青, 骆争荣, 陈世通, 等. 2017. 九龙国家湿地公园外来入侵植物现状及防治对策研究[J]. 南方林业科学, 45(3): 53-57.

张修玉, 许振成, 宋巍巍, 等. 2010. 紫茎泽兰(*Eupatorium adenophorum*)入侵地的生物多样性[J]. 生态环境学报, 19(7): 1525-1531.

张亦默. 2008. 中国东部沿海互花米草(*Spartina alterniflora*)种群生活史的纬度变异与可塑性[D]. 上海: 复旦大学硕士学位论文.

张震, 徐丽, 王育鹏, 等. 2012. 葎草水浸提物对外来入侵植物喜旱莲子草营养生长的影响[J]. 西北植物学报, 32(9): 1844-1849.

张震, 徐丽, 朱晓敏. 2010. 喜旱莲子草对不同生境植物群落多样性的影响[J]. 草业学报, 19(4): 10-15.

赵彩云, 李俊生, 宫璐, 等. 2014. 广西北海市滨海湿地互花米草入侵对大型底栖动物的影响[J]. 湿地科学, 12(6): 733-739.

赵彩云, 赵相健, 柳晓燕, 等. 2019. 云南省六个国家级自然保护区外来入侵草本植物与本地植物的关系[J]. 植物保护学报, 46(1): 122-129.

赵则海, 廖周瑜, 彭少麟. 2008. 五爪金龙化感效应研究Ⅰ. 攀援与匍匐生长化感潜力的比较[J]. 中山大学学报(自然科学版), 47(2): 103-107.

赵志远, 袁琳, 李伟, 等. 2018. 生境异质性及源株密度对互花米草入侵力的影响[J]. 生态学报, 38(18): 6632-6641.

周兵, 闫小红, 肖宜安, 等. 2013. 外来入侵植物美洲商陆的繁殖生物学特性及其与入侵性的关系[J]. 生态环境学报, 22(4): 567-574.

周忠实, 陈红松, 郭建英, 等. 2011. 豚草生物防治技术在湖南汨罗的应用及其控制效果[J]. 生物安全学报, 20(3): 186-191.

周忠实, 郭建英, 李保平, 等. 2011. 豚草和空心莲子草分布与区域减灾策略[J]. 生物安全学报, 20(4): 263-266.

周忠实, 郭建英, 万方浩, 等. 2008. 豚草防治措施综合评价[J]. 应用生态学报, 19(9): 1917-1924.

朱耿平, 刘强, 高玉葆. 2014. 提高生态位模型转移能力来模拟入侵物种的潜在分布[J]. 生物多样性, 22(2): 223-230.

朱耿平, 乔慧捷. 2016. MaxEnt 模型复杂度对物种潜在分布区预测的影响[J]. 生物多样性, 24(10): 1189-1196.

朱珣之, 李强, 李扬苹, 等. 2015. 紫茎泽兰入侵对土壤细菌的群落组成和多样性的影响[J]. 生物多样性, 23(5): 665-672.

朱艳景, 张彦, 高思, 等. 2015. 生态风险评价方法学研究进展与评价模型选择[J]. 城市环境与城市生态, 28(1): 17-21.

祝振昌, 张利权, 肖德荣. 2011. 上海崇明东滩互花米草种子产量及其萌发对温度的响应[J]. 生态学报, 31(6): 1574-1581.

祖元刚, 王文杰, 杨逢建, 等. 2002. 植物生活史型的多样性及动态分析[J]. 生态学报, 22(11): 1811-1818.

Akatov V V, Akatova T V. 2013. Species pool, species richness, density compensation effect, and invasibility of plant communities[J]. Russian Journal of Biological Invasions, 4(1): 1-11.

Allen C R, Lutz R S, Demarais S. 1995. Red imported fire ant impacts on northern bobwhite populations[J]. Ecological Applications, 5(3): 632-638.

Ambika S R, Jayachandra. 1980. Suppression of plantation crops by *Eupatorium* weeds[J]. Current Science, 49: 874-875.

Andersen K, Bird K L, Rasmussen M, *et al*. 2012. Meta-barcoding of 'dirt' DNA from soil reflects vertebrate biodiversity[J]. Molecular Ecology, 21(8): 1966-1979.

Anderson K, Gaston K J. 2013. Lightweight unmanned aerial vehicles will revolutionize spatial ecology[J]. Frontiers in Ecology and the Environment, 11(3): 138-146.

Barbedo J, Koenigkan L, Santos T T. 2016. Identifying multiple plant diseases using digital image processing[J]. Biosystems Engineering, 147: 104-116.

Barbour M T, Gerritsen J, Snyder B D, *et al*. 1999. Rapid bioassessment protocols for use in streams and wadeable rivers[R]. USEPA, Washington.

Bass D J, Delpech V, Beard J, *et al*. 2000. Ragweed in Australia[J]. Aerobiologia, 16: 107-111.

Bassett I J, Crompton C W. 1975. The biology of Canadian weeds. 11. *Ambrosia artemisiifolia* L. and *A. psilostachya* DC[J]. Canadian Journal of Plant Science, 55: 463-476.

Bassett I, Paynter Q, Hankin R, *et al*. 2012. Characterising alligator weed (*Alternanthera philoxeroides*; Amaranthaceae) invasion at a northern New Zealand lake[J]. New Zealand Journal of Ecology, 36:

216-222.

Bextine B R, Thorvilson H G. 2002. Monitoring *Solenopsis invicta* (Hymenoptera: Formicidae) foraging with peanut oil-baited, UV-reflective *Beauveria bassiana* alginate pellets[J]. Southwestern Entomologist, 27(1): 31-36.

Blossey B, Notzold R. 1995. Evolution of increased competitive ability in invasive nonindigenous plants: a hypothesis[J]. Journal of Ecology, 83(5): 887-889.

Bradley B A, Blumenthal D M, Wilcove D S, *et al.* 2010. Predicting plant invasions in an era of global change[J]. Trends in Ecology & Evolution, 25(5): 310-318.

Buren W F, Allen G E, Whitcomb W H, *et al.* 1974. Zoogeography of the imported fire ants[J]. Journal of the New York Entomological Society, 82: 13-124.

Buso G S C, Rangel P H, Ferreira M E. 1998. Analysis of genetic variability of South American wild rice populations (*Oryza glumaepatula*) with isozymes and RAPD markers[J]. Molecular Ecology, 7(1): 107-117.

Butcko V M, Jensen R J. 2002. Evidence of tissue-specific allelopathic activity in *Euthamia graminifolia* and *Solidago Canadensis* (Asteraceae)[J]. The American Midland Naturalist, 148(2): 253-262.

Callaway J C, Josselyn M N. 1992. The introduction and spread of smooth cordgrass (*Spartina alterniflora*) in South San Francisco Bay[J]. Estuaries, 15(2): 218-226.

Callaway R M, Miao S L, Guo Q. 2006. Are trans-Pacific invasions the new wave[J]? Biological Invasions, 8: 1435-1437.

Callaway R M, Ridenour W M. 2004. Novel weapons: invasive success and the evolution of increased competitive ability[J]. Frontiers in Ecology and the Environment, 2(8): 436-443.

Callaway R M, Thelen G C, Alex R, *et al.* 2004. Soil biota and exotic plant invasion[J]. Nature, 427(6976): 731-733.

Camargo A, Smith J S. 2009. Image pattern classification for the identification of disease causing agents in plants[J]. Computers and Electronics in Agriculture, 66(2): 121-125.

Chabot D, Bird D M. 2015. Wildlife research and management methods in the 21st century: Where do unmanned aircraft fit in[J]? Journal of Unmanned Vehicle Systems, 3: 137-155.

Chatterjee A, Dewanji A. 2014. Effect of varying *Alternanthera philoxeroides* (alligator weed) cover on the macrophyte species diversity of pond ecosystems: a quadrat-based study[J]. Aquatic Invasions, 9(3): 343-355.

Chauvel B, Dessaint F, Cardinal-Legrand C, *et al.* 2006. The historical spread of *Ambrosia artemisiifolia* L. in France from herbarium records[J]. Journal of Biogeography, 33(4): 665-673.

Chen H, Qian H, Spyreas G, *et al.* 2010. Biodiversity research: native-exotic species richness relationships across spatial scales and biotic homogenization in wetland plant communities of Illinois, USA[J]. Diversity and Distribution, 16(5): 737-743.

Chen P, Zhang Y, Wang G H, *et al.* 2020. Differences in the crab community structure between pristine and degraded Suaeda marshes after *Spartina* invasion[J]. Regional Studies in Marine Science, 34: 101001.

Chen Y, Chen G, Ye Y. 2015. Coastal vegetation invasion increases greenhouse gas emission from wetland soils but also increases soil carbon accumulation[J]. Science of the Total Environment, 526: 19-28.

Chen Z, Li B, Zhong Y, *et al.* 2004. Local competitive effects of introduced *Spartina alterniflora* on *Scirpus mariqueter* at Dongtan of Chongming Island, the Yangtze River estuary and their potential ecological consequences[J]. Hydrobiologia, 528: 99-106.

Cheng X L, Luo Y Q, Chen J Q, *et al.* 2006. Short-term C4 plant *Spartina alterniflora* invasions change the soil carbon in C3 plant-dominated tidal wetlands on a growing estuarine island[J]. Soil Biology and Biochemistry, 38: 3380-3386.

Chun Y J, Fumanal B, Laitung B, *et al.* 2010. Gene flow and population admixture as the primary post-invasion processes in common ragweed (*Ambrosia artemisiifolia*) populations in France[J]. New Phytologist, 185(4): 1100-1107.

Cleland E E, Smith M D, Andelman S J, *et al.* 2004. Invasion in space and time: non-native species richness and relative abundance respond to interannual variation in productivity and diversity[J]. Ecological Letter, 7(10): 947-957.

Clot B, Schneiter D, Tercier P, *et al.* 2002. Ambrosia pollen in Switzerland: produced locally or transported[J]? Allergie et Immunologie, 34(4): 126-128.

Colomina I, Molina P. 2014. Unmanned aerial systems for photogrammetry and remote sensing: a review[J]. ISPRS Journal of Photogrammetry and Remote Sensing, 92: 79-97.

Cornuet J M, Luikart G. 1996. Description and power analysis of two tests for detecting recent population bottlenecks from allele frequency data[J]. Genetics, 144: 2001-2014.

Daehler C C. 1998. Variation in self-fertility and the reproductive advantage of self-fertility for an invading plant (*Spartina alterniflora*)[J]. Evolutionary Ecology, 12(5): 553-568.

D'Antonio C M. 1993. Mechanisms controlling invasion of coastal plant communities by the alien succulent *Carpobrotus edulis*[J]. Ecology, 74(1): 83-95.

Darwin C. 1859. The Origin of Species[M]. London: Oxford University Press.

Darwin C. 2016. On the origin of species by means of natural selection[J]. American Anthropologist, 61(1): 176-177.

Davies K F, Chesson P, Harrison S, *et al.* 2005. Spatial heterogeneity explains the scale dependence of the native-exotic diversity relationship[J]. Ecology, 86(6): 1602-1610.

Davies K F, Harrison S, Safford H D, *et al.* 2007. Productivity alters the scale dependence of the diversity-invasibility relationship[J]. Ecology, 88(8): 1940-1947.

Davis M A, Grime J P, Thompson K. 2000. Fluctuating resources in plant communities: a general theory of invasibility[J]. Journal of Ecology, 88(3): 528-534.

Dejean T, Valentini A, Duparc A, *et al.* 2011. Persistence of environmental DNA in freshwater ecosystems[J]. PLoS One, 6(8): e23398.

Denslow M W, Palmer M W, Murrell Z E. 2010. Patterns of native and exotic vascular plant richness along an elevational gradient from sea level to the summit of the Appalachian Mountains, USA[J]. The Journal of the Torrey Botanical Society, 137(1): 67-80.

Duggin J A, Gentle C B. 1998. Experimental evidence on the importance of disturbance intensity for invasion of *Lantana camara* L. in dry rainforest-open forest ecotones in north-eastern NSW, Australia[J]. Forest Ecology and Management, 109(1-3): 279-292.

Dukes J S. 2001. Biodiversity and invasibility in grassland microcosms[J]. Oecologia, 126(4): 563-568.

Dukes J S. 2002. Species composition and diversity affect grassland susceptibility and response to invasion[J]. Ecological Applications, 12(2): 602-617.

Dumas Y. 2011. American grape (*Phytolacca americana*): an invasive alien species[J]. Rendez-Vous, 33/34: 47-57.

Earl D A. 2012. STRUCTURE HARVESTER: a website and program for visualizing STRUCTURE output and implementing the Evanno method[J]. Conservation Genetic Resources, 4: 359-361.

Elton C S. 1958. The Ecology of Invasions by Animals and Plants[M]. London: Methuen Ltd.

Excoffier L, Laval G, Schneider S. 2005. Arlequin (version 3.0): an integrated software package for population genetic data analysis[J]. Evolutionary Bioinformatics Online, 1: 47-50.

Excoffier L, Laval G, Schneider S. 2006. ARLEQUIN version 3.1: a Software for Population Genetic Data Analysis[M]. Computational and molecular population genetics laboratory, Institute of Zoology, University of Berne, Switzerland.

Feist B E, Simenstad C A. 2000. Expansion rates and recruitment frequency of exotic smooth cordgrass, *Spartina alterniflora* (Loisel), colonizing unvegetated littoral flats in Willapa Bay, Washington[J]. Estuaries, 23(2): 267-274.

Feng M G, Chen B, Ying S H. 2004. Trials of *Beauveria bassiana*, *Paecilomyces fumosoroseus* and imidacloprid for management of *Trialeurodes vaporariorum* (Homoptera: Aleyrodidae) on greenhouse grown lettuce[J]. Biocontrol Science and Technology, 14(6): 531-544.

Feng M G, Poprawski T J, Khachatourians G G. 1994. Production, formulation and application of the entomopathgenic fungus *Beauveria bassiana* for insect control current status[J]. Biocontrol Science and Technology, 4(1): 3-34.

Feng Y L, Lei Y B, Wang R F, *et al.* 2009. Evolutionary tradeoffs for nitrogen allocation to photosynthesis versus cell walls in an invasive plant[J]. Proceedings of the National Academy of Sciences of the United

States of America, 106(6): 1853-1856.

Feng Y L, Wang J F, Sang W G. 2007. Biomass allocation, morphology and photosynthesis of invasive and noninvasive exotic species grown at four irradiance levels[J]. Acta Oecologica, 31: 40-47.

Ficetola G F, Miaud C, Pompanon F, *et al.* 2008. Species detection using environmental DNA from water samples[J]. Biology Letters, 4: 423-425.

Flot J F. 2010. SeqPHASE: a web tool for interconverting PHASE input/output files and FASTA sequence alignments[J]. Molecular Ecology Resources, 10(1): 162-166.

Fridley J D, Stachowicz J J, Naeem S, *et al.* 2007. The invasion paradox: reconciling pattern and process in species invasions[J]. Ecology, 88(1): 3-17.

Fumanal B, Chauvel B, Sabatier A, *et al.* 2007. Variability and cryptic heteromorphism of *Ambrosia artemisiifolia* seeds: what consequences for its invasion in France[J]? Annals of Botany, 100(2): 305-313.

Funk J L, Cleland E E, Suding K N, *et al.* 2008. Restoration through reassembly: plant traits and invasion resistance[J]. Trends in Ecology & Evolution, 23(12): 695-703.

Gan X, Cai Y, Choi C, *et al.* 2009. Potential impacts of invasive *Spartina alterniflora* on spring bird communities at Chongming Dongtan, a Chinese wetland of international importance[J]. Estuarine, Coastal and Shelf Science, 83(2): 211-218.

Gao G F, Li F P, Zhong J X, *et al.* 2019. *Spartina alterniflora* invasion alters soil bacterial communities and enhances soil N_2O emissions by stimulating soil denitrification in mangrove wetland[J]. Science of the Total Environment, 653: 231-240.

Gaudeul M, Giraud T, Kiss L, *et al.* 2013. Nuclear and chloroplast microsatellites show multiple introductions in the worldwide invasion history of common ragweed, *Ambrosia artemisiifolia*[J]. PLoS One, 6(3): e17658.

Gladieux P, Giraud T, Kiss L, *et al.* 2011. Distinct invasion sources of common ragweed (*Ambrosia artemisiifolia*) in eastern and western Europe[J]. Biological Invasions, 13: 933-944.

Goldberg C S, Sepulveda A, Ray A, *et al.* 2013. Environmental DNA as a new method for early detection of New Zealand mudsnails (*Potamopyrgus antipodarum*)[J]. Freshwater Science, 32(3): 792-800.

Goldberg C S, Strickler K M, Pilliod D S, *et al.* 2015. Moving environmental DNA methods from concept to practice for monitoring aquatic macroorganisms[J]. Biological Conservation, 183: 1-3.

Gong S P, Wang F M, Shi H T, *et al.* 2014. Highly pathogenic *Salmonella pomona* was first isolated from the exotic red-eared slider (*Trachemys scripta elegans*) in the wild in China: implications for public health[J]. Science of the Total Environment, 468: 28-30.

Grevstad F S, Strong D R, Garcia-Rossi D, *et al.* 2003. Biological control of *Spartina alterniflora* in Willapa Bay, Washington using the planthopper *Prokelisia marginata*: agent specificity and early results[J]. Biological Control, 27(1): 32-42.

Guillot G, Santos F, Estoup A. 2008. Analysing georeferenced population genetics data with Geneland: a new algorithm to deal with null alleles and a friendly graphical user interface[J]. Bioinformatics, 24(11): 1406-1407.

Haile J, Froese D G, Macphee R D E, *et al.* 2009. Ancient DNA reveals late survival of mammoth and horse in interior Alaska[J]. Proceedings of the National Academy of Sciences of the United States of America, 106(52): 22352-22357.

Haile S, Papadopoulou B. 2007. Developmental regulation of gene expression in trypanosomatid parasitic protozoa[J]. Current Opinion in Microbiology, 10(6): 569-577.

Hamrick J L, Godt M J W. 2007. Plant Population Genetics, Breeding, and Genetic Resources[M]. Sunderland: Sinauer Associates.

Hanley J A, McNeil B J. 1982. The meaning and use of the area under a receiver operating characteristic (ROC) curve[J]. Radiology, 143(1): 29-36.

Harrigan R J, Mazza M E, Sorenson M D. 2008. Computation *vs* cloning: evaluation of two methods for haplotype determination[J]. Molecular Ecology Resources, 8(6): 1239-1248.

Hartmann H, Watson A K. 1980. Damage to common ragweed (*Ambrosia artemisiifolia*) caused by the white rust fungus (*Albugo tragopogi*)[J]. Weed Science, 6(28): 632-635.

Hedge P, Kriwoken L K, Patten K. 2003. A review of *Spartina* management in Washington State US[J]. Journal of Aquatic Plant Management, 41: 82-90.

Hernandez P A, Graham C H, Master L L, *et al.* 2006. The effect of sample size and species characteristics on performance of different species distribution modeling methods[J]. Ecography, 29(5): 773-785.

Higgins S I, Richardson D M, Cowling R M, *et al.* 1999. Predicting the landscape-scale distribution of alien plants and their threat to plant diversity[J]. Conservation Biology, 13(2): 303-313.

Hobbs R J, Mooney H A. 1991. Effects of rainfall variability and gopher disturbance on serpentine annual grassland dynamics[J]. Ecology, 72(1): 59-68.

Holmes T H, Rice K J. 1996. Patterns of growth and soil-water utilization in some exotic annuals and native perennial bunchgrasses of California[J]. Annals of Botany, 78(2): 233-243.

Honu Y A K, Dang Q L. 2000. Responses of tree seedlings to the removal of *Chromolaena odorata* Linn. in a degraded forest in Ghana[J]. Forest Ecology and Management, 137(1): 75-82.

Hufbauer R A, Torchin M E. 2007. Integrating ecological and evolutionary theory of biological invasions[M]//Nentwig W. Biological Invasions. Berlin, Heidelberg: Springer: 79-96.

Huston M A. 1997. Hidden treatments in ecological experiments: re-evaluating the ecosystem function of biodiversity[J]. Oecologia, 110(4): 449-460.

Jakobsson M, Rosenberg N A. 2007. CLUMPP: a cluster matching and permutation program for dealing with label switching and multimodality in analysis of population structure[J]. Bioinformatics, 23(14): 1801-1806.

Jauni M, Hyvönen T. 2012. Positive diversity-invisibility relationships across multiple scales in Finnish agricultural habitats[J]. Biological Invasions, 14(7): 1379-1391.

Jenkins P T, Mooney H A. 2006. The United States, China, and invasive species: present status and future prospects[J]. Biological Invasion, 8: 1589-1593.

Jerde C L, Mahon A R, Chadderton W L, *et al.* 2011. "Sight-unseen" detection of rare aquatic species using environmental DNA[J]. Conservation Letters, 4(2): 150-157.

Jin L, Gu Y, Xiao M, *et al.* 2004. The history of *Solidago canadensis* invasion and the development of its mycorrhizal associations in newly-reclaimed land[J]. Functional Plant Biology, 31(10): 979-986.

Jose L G, Claus S, Lindsay L, *et al.* 2009. Measuring and modelling mixture toxicity of imidacloprid and thiacloprid on *Caenorhabditis elegans* and *Eisenia fetida*[J]. Ecotoxicology and Environmental Safety, 72(1): 71-79.

Keane R M, Crawley M J. 2002. Exotic plant invasions and the enemy release hypothesis[J]. Trends in Ecology & Evolution, 17(4): 164-170.

Kellner J B, Hastings A. 2010. A reserve paradox: introduced heterogeneity may increase regional invasibility[J]. Conservation Letters, 2(3): 115-122.

Knops J M H, Grifin J R, Royalty A C. 1995. Introduced and native plants of the Hastings Reservation, central coastal California: a comparison[J]. Biological Conservation, 71(2): 115-123.

Koné A W, Edoukou E F, Gonnety J T, *et al.* 2012. Can the shrub *Chromolaena odorata* (Asteraceae) be considered as improving soil biology and plant nutrient availability[J]? Agroforestry Systems, 85(2): 233-245.

Korzukhin M D, Porter S D, Thompson L C, *et al.* 2001. Modeling temperature-dependent range limits for the fire ant *Solenopsis invicta* (Hymenoptera: Formicidae) in the United States[J]. Environmental Entomology, 30(4): 645-655.

Koutika L S, Kamga J G M, Yerima B. 2004. Comparative study of soil properties under *Chromolaena odorata*, *Pueraria phaseoloides* and *Calliandra calothyrsus*[J]. Plant and Soil, 266(1): 315-323.

Kumar S, Stecher G, Tamura K. 2016. MEGA7: molecular evolutionary genetics analysis version 7.0 for bigger datasets[J]. Molecular Biology and Evolution, 33(7): 1870-1874.

Kwong R M, Sagliocco J L, Harms N E, *et al.* 2019. Could enemy release explain invasion success of *Sagittaria platyphylla* in Australia and South Africa[J]? Aquatic Botany, 153: 67-72.

Lahaye R, van der Bank M, Bogarin D, *et al.* 2008. DNA barcoding the floras of biodiversity hotspots[J]. Proceeding of the National Academy of Sciences of the United States of America, 105(8): 2923-2928.

Lamarque L J, Delzon S, Lortie C J. 2011. Tree invasions: a comparative test of the dominant hypotheses and functional traits[J]. Biological Invasions, 13(9): 1969-1989.

Larson S R, DeGroote J P, Bartholomay L C, *et al*. 2010. Ecological niche modeling of potential West Nile virus vector mosquito species in Iowa[J]. Journal of Insect Science, 10(110): 1-17.

Leskovsek R, Datta A, Simoncic A, *et al*. 2012. Influence of nitrogen and plant density on the growth and seed production of common ragweed (*Ambrosia artemisiifolia* L.)[J]. Journal of Pest Science, 85: 527-539.

Levine J M, D'Antonio C M. 1999. Elton revisited: a review of evidence linking diversity and invasibility[J]. Oikos, 87(1): 15-26.

Levine J M, Vila M, Antonio C M D, *et al*. 2003. Mechanisms underlying the impacts of exotic plant invasions[J]. The Royal Society, 270(1517): 775-781.

Li F, van Kleunen M, Li J, *et al*. 2019. Patterns of genetic variation reflect multiple introductions and pre-admixture sources of common ragweed (*Ambrosia artemisiifolia*) in China[J]. Biological Invasions, 21: 2191-2209.

Li J, Du L, Guan W, *et al*. 2016. Latitudinal and longitudinal clines of phenotypic plasticity in the invasive herb *Solidago canadensis* in China[J]. Oecologia, 182: 755-764.

Li Y P, Feng Y L, Barclay G. 2012. No evidence for evolutionarily decreased tolerance and increased fitness in invasive *Chromolaena odorata*: implications for invasiveness and biological control[J]. Plant Ecology, 213(7): 1157-1166.

Librado P, Rozas J. 2009. DnaSP v5: a software for comprehensive analysis of DNA polymorphism data[J]. Bioinformatics, 25: 1451-1452.

Lindeque P K, Parry H E, Harmer R A, *et al*. 2013. Next generation sequencing reveals the hidden diversity of zooplankton assemblages[J]. PLoS One, 8(11): e81327.

Lobo J M, Jimenez-Valverde A, Hortal J. 2010. The uncertain nature of absences and their importance in species distribution modeling[J]. Ecography, 33: 103-114.

Lockwood J L, Cassey P, Blackburn T. 2005. The role of propagule pressure in explaining species invasions[J]. Trends in Ecology & Evolution, 20(5): 223-228.

Longstreth D J, Mason C B. 1984. The effect of light on growth and dry matter allocation patterns of *Alternanthera philoxeroides* (Mart.) Griseb[J]. Botanical Gazette, 145(1): 105-109.

Lonsdale W M. 1999. Global patterns of plant invasions and the concept of invasibility[J]. Ecology, 80(5): 1522-1536.

Lu T, Menelaou M A, Vagas D, *et al*. 1993. Polyacetylenes and diterpenes from *Solidago canadensis*[J]. Phytochemistry, 32(6): 1483-1488.

Lyons K G, Schwartz M W. 2001. Rare species loss alters ecosystem function: invasion resistance[J]. Ecology Letters, 4(4): 358-365.

MacDougall A S, Gilbert B, Levine J M. 2009. Plant invasions and the niche[J]. Journal of Ecology, 97: 609-615.

Machida R J, Hashiguchi Y, Nishida M, *et al*. 2009. Zooplankton diversity analysis through single-gene sequencing of a community sample[J]. BMC Genomics, 10(1): 438.

Mack M C, D'Antonio C M. 1998. Impacts of biological invasions on disturbance regimes[J]. Trends in Ecology & Evolution, 13(5): 195-198.

MacKay W P, Majdi S O, Irving J P, *et al*. 1992. Attraction of ants (Hymenoptera: Formicidae) to electric fields[J]. Journal of the Kansas Entomological Society, 65: 39-43.

MacKay W P, Majdi S O, Vinson S B, *et al*. 1989. Prevention of fire ant damage to signal control. Research Report 1135-2F[R]. Texas Transportation Institute, Texas A & M University, College Station, Texas.

Maddox D M. 1967. Bionomics of an alligator weed flea beetle, *Agasicles* sp. in Argentina[J]. Annals of the Entomological Society of America, 61(5): 1299-1305.

Maestre F T, Quero J L, Gotelli N J, *et al*. 2012. Plant species richness and ecosystem multifunctionality in global drylands[J]. Science, 335(6065): 214-218.

Mahon A R, Barnes M A, Li F, *et al*. 2012. DNA-based species detection capabilities using laser transmission spectroscopy[J]. Journal of the Royal Society Interface, 10(78): 637-638.

Major W W, Grue C E, Grassley G M, *et al*. 2003. Mechanical and chemical control of smooth cordgrass in

Waillapa Bay, Washington[J]. Journal of Aquatic Plant Management, 41: 6-12.

Mandal G, Joshi S P. 2014. Invasion establishment and habitat suitability of *Chromolaena odorata* (L.) King and Robinson over time and space in the western Himalayan forests of India[J]. Journal of Asia-Pacific Biodiversity, 7(4): 391-400.

Mandrioli P, Cecco M D, Andina G. 1998. Ragweed pollen: the aeroallergen is spreading in Italy[J]. Aerobiologia, 14(1): 13-20.

Mangla S, Callaway I M, Callaway R M. 2008. Exotic invasive plant accumulates native soil pathogens which inhibit native plants[J]. Journal of Ecology, 96(1): 58-67.

Martin D, Latheef M. 2018. Active optical sensor assessment of spider mite damage on greenhouse beans and cotton[J]. Experimental and Applied Acarology, 74(2): 147-158.

Martin M D, Zimmer E A, Olsen M T, *et al*. 2014. Herbarium specimens reveal a historical shift in phylogeographic structure of common ragweed during native range disturbance[J]. Molecular Ecology, 23(7): 1701-1716.

Matisoo-Smith E, Roberts K, Welikala N, *et al*. 2008. Recovery of DNA and pollen from New Zealand lake sediments[J]. Quaternary International, 184(1): 139-149.

Mcguire K L, Bent E, Borneman J, *et al*. 2010. Functional diversity in resource use by Fungi[J]. Ecology, 91(8): 2324-2332.

Mckinney M L. 2002. Influence of settlement time, human population, park shape and age, visitation and roads on the number of alien plant species in protected areas in the USA[J]. Diversity and Distributions, 8(6): 311-318.

Michael S, Richard S. 2000. Effects of thiacloprid, a new chloronicotinyl insecticide, on the egg parasitoid *Trichogramma cacaoeciae*[J]. Ecotoxicology, 9: 197-205.

Mikhail A B, Matthias L. 2008. Acute and delayed effects of the neonicotinoid insecticide thiacloprid on seven freshwater arthropods[J]. Environmental Toxicology and Chemistry, 27(2): 461-470.

Miller K V, Miller J H. 2004. Forestry herbicide influences on biodiversity and wildlife habitat in southern forests[J]. Wildlife Society Bulletin, 32(4): 1049-1060.

Montagnani C, Gentili R, Smith M, *et al*. 2017. The worldwide spread, success, and impact of ragweed (*Ambrosia* spp.)[J]. Critical Reviews in Plant Sciences, 36(3): 1-40.

Moreno R, Zamora R, Molina J R, *et al*. 2011. Predictive modeling of microhabitats for endemic birds in South Chilean temperate forests using maximum entropy (MaxEnt)[J]. Ecological Informatics, 6(6): 364-370.

Naeem S, Knops J M H, Tilman D, *et al*. 2000. Plant diversity increases resistance to invasion in the absence of covarying extrinsic factors[J]. Oikos, 91(1): 97-108.

Ogram A, Sayler G S, Barkay T. 1987. The extraction and purification of microbial DNA from sediments[J]. Journal of Microbiological Methods, 7(2-3): 57-66.

Oi D H, Pereira R M, Stimac J L, *et al*. 1994. Field applications of *Beauveria bassiana* for control of the red imported fire ant (Hymenoptera: Formicidae)[J]. Journal of Economic Entomology, 87(3): 623-630.

Onen H, Farooq S, Gunal H, *et al*. 2017. Higher tolerance to abiotic stresses and soil types may accelerate common ragweed (*Ambrosia artemisiifolia*) invasion[J]. Weed Science, 65: 115-127.

Oosterhout E V. 2007. Alligator weed control manual: eradication and suppression of alligator weed (*Alternanthera philoxeroides*) in Australia[EB/OL]. https://api.semanticscholar.org/CorpusID:131469332 [2024-7-10].

Palmer M W, Maurer T A. 1997. Does diversity beget diversity? a case study of crops and weeds[J]. Journal of Vegetation Science, 8(2): 235-240.

Pan X Y. 2007. Invasive Alternanthera philoxeroides: biology, ecology and management[J]. Acta Phytotaxonomica Sinica, 45(6): 884-990.

Paneque-Gálvez J, McCall M K, Napoletano B, *et al*. 2014. Small drones for community-based forest monitoring: an assessment of their feasibility and potential in tropical areas[J]. Forests, 5(6): 1481-1507.

Parks D H, Mankowski T, Zangooei S, *et al*. 2013. GenGIS 2: geospatial analysis of traditional and genetic biodiversity, with new gradient algorithms and an extensible plugin framework[J]. PLoS One, 8(7): e69885.

Parsons W T, Cuthbertson E G. 2001. Noxious Weeds of Australia[M]. Collingwood: CSIRO Publishing.

Patten K. 2002. Smooth cordgrass (*Spartina alterniflora*) control with imazapyr[J]. Weed Technology, 16(4): 826-832.

Peakall R, Smouse P E. 2006. GENALEX 6: genetic analysis in Excel. Population genetic software for teaching and research[J]. Molecular Ecology Resources, 6: 288-295.

Peakall R, Smouse P E. 2012. GenAlEx 65: genetic analysis in Excel. Population genetic software for teaching and research: an update[J]. Bioinformatics, 28(9): 2537-2539.

Pereira R M, Stimac J L. 1992. Transmission of *Beauveria bassiana* within nests of *Solenopsis invicta* (Hymenoptera: Formicidae) in the laboratory[J]. Environmental Entomology, 21(6): 1427-1432.

Pereira S, Carvalho H, Sunkel C, *et al*. 1992. Immunocytolocalization of glutamine synthetase in mesophyll and phloem of leaves of *Solanum tuberosum* L.[J]. Protoplasma, 167(1): 66-73.

Perrings C, Naeem S, Ahrestani F, *et al*. 2010. Conservation: ecosystem services for 2020[J]. Science, 330(6002): 323-324.

Peterson A T, Pape S M, Soberon J. 2008. Rethinking receiver operating characteristic analysis applications in ecological niche modeling[J]. Ecological Modelling, 213(1): 63-72.

Phillips S J, Anderson R P, Schapire R E. 2006. Maximum entropy modeling of species geographic distributions[J]. Ecological Modelling, 190(3/4): 231-259.

Phillips S J, Dudík M. 2008. Modeling of species distributions with MaxEnt: new extensions and a comprehensive evaluation[J]. Ecography, 31: 161-175.

Polzin T, Daneshmand S V. 2003. On Steiner trees and minimum spanning trees in hypergraphs[J]. Operations Research Letters, 31(1): 12-20.

Poorter L. 1999. Growth responses of 15 rain-forest tree species to a light gradient: the relative importance of morphological and physiological traits[J]. Functional Ecology, 13(3): 396-410.

Pritchard J, Wen X, Falush D. 2010. Documentation for STRUCTURE Software, Version 23[M]. Chicago: University of Chicago.

Prober S M, Lunt I D. 2009. Restoration of *Themeda australis* swards suppresses soil nitrate and enhances ecological resistance to invasion by exotic annuals[J]. Biological Invasions, 11: 171-181.

Qin R M, Zheng Y L, Alfonso V B, *et al*. 2013. The evolution of increased competitive ability, innate competitive advantage, and novel biochemical weapons act in concert to for a tropical invader[J]. New Phytologist, 197: 979-988.

Quan G M, Mao D J, Zhang J E, *et al*. 2015. Response of invasive *Chromolaena odorata* and two coexisting weeds to contrasting irradiance and nitrogen[J]. Photosynthetica, 53(3): 419-429.

Rees H C, Maddison B C, Middledich D J, *et al*. 2014. REVIEW: The detection of aquatic animal species using environmental DNA: a review of eDNA as a survey tool in ecology[J]. Journal of Applied Ecology, 51(5): 1450-1459.

Reinhart K O, Callaway R M. 2010. Soil biota and invasive plants[J]. New Phytologist, 170(3): 445-457.

Rejmánek M, Richardson D M. 1996. What attributes make some plant species more invasive[J]. Ecology, 77(6): 1655-1661.

Rice K J, Gordon D R, Hardison J L, *et al*. 1993. Phenotypic variation in seedlings of a “keystone” tree species (*Quercus douglasii*): the interactive effects of acorn source and competitive environment[J]. Oecologia, 96: 537-547.

Romanuk T N, Kolasa J. 2005. Resource limitation, biodiversity, and competitive effects interact to determine the invasibility of rock pool microcosms[J]. Biological Invasions, 7(4): 711-722.

Rosenberg N A. 2004. DISTRUCT: a program for the graphical display of population structure[J]. Molecular Ecology Notes, 4: 137-138.

Rubio D G, Acosta E L. 2011. Geographical distribution of the space weaving spider, *Chibchea salta*, from northwestern Argentina: new records and bioclimatic modeling[J]. Journal of Insect Science, 11(54): 1-14.

Sang W G, Zhu L, Axmacher J C. 2010. Invasion pattern of *Eupatorium adenophorum* Sprengin in southern China[J]. Biological Invasions, 12: 1721-1730.

Sauer J. 1957. Recent migration and evolution of the dioecious Amaranthus[J]. Evolution, 11(1): 11-31.

Sax D F, Brown J H. 2000. The paradox of invasion[J]. Global Ecology and Biogeography, 9(5): 363-371.

Schaffner U, Ridenour W M, Wolf V C, *et al*. 2011. Plant invasions, generalist herbivores, and novel defense weapons[J]. Ecology, 92(4): 829-835.

Schiffman P M. 1994. Promotion of exotic weed establishment by endangered giant kangaroo rats (*Dipodomys ingens*) in a California grassland[J]. Biodiversity Conservation, 3: 524-537.

Schooler S S. 2012. *Alternanthera philoxeroides* (Martius) Grisebach (alligator weed)[M]//Francis R A. A Handbook of Global Freshwater Invasive Species. London: Earthscan: 25-27.

Selmants P C, Hernandez D L. 2012. Realistic plant species losses reduce invasion resistance in a California serpentine grassland[J]. Journal of Ecology, 100(3): 723-731.

Sharma G P, Raghubanshi A S, Singh J S. 2005. Lantana invasion: an overview[J]. Weed Biology and Management, 5: 157-165.

Shen J, Shen M, Wang X, *et al*. 2005. Effect of environmental factors on shoot emergence and vegetative growth of alligatorweed (*Alternanthera philoxeroides*)[J]. Weed Science, 53(4): 471-478.

Shen S, Xu G, Clements D R, *et al*. 2015. Suppression of the invasive plant mile-a-minute (*Mikania micrantha*) by local crop sweet potato (*Ipomoea batatas*) by means of higher growth rate and competition for soil nutrients[J]. BMC Ecology, 15(1): 1-10.

Shen S, Xu G, Clements D R, *et al*. 2016. Suppression of reproductive characteristics of the invasive plant *Mikania micrantha* by sweet potato competition[J]. BMC Ecology, 16(1): 1-9.

Siebeneicher S R, Bradleigh Vinson S, Kenerley C M. 1992. Infection of the red imported fire ant by *Beauveria bassiana* through various routes of exposure[J]. Journal of Invertebrate Pathology, 59(3): 280-285.

Simons J N, Silverstein R M, Bellas T. 1968. Tests of a feeding stimulant in Alligator weed for *Agasicles* n. sp. [J]. Journal of Economic Entomology, 61(5): 1448-1449.

Sitzia T, Campagnaro T, Kowarik I, *et al*. 2016. Using forest management to control invasive alien species: helping implement the new European regulation on invasive alien species[J]. Biological Invasions, 18: 1-7.

Snyder D E. 2003. Invited overview: conclusions from a review of electrofishing and its harmful effects on fish[J]. Reviews in Fish Biology and Fisheries, 13: 445-453.

Sosa A J, Julien M, Cordo H A. 2004. New research on alligator weed (*Alternanthera philoxeroides*) in its South American native range[C]//Cullen J M, Briese D T, Kriticos D J K, *et al*. Proceedings of the XI International Symposium on Biological Control of Weeds. Canberra: CSIRO Entomology: 180-185.

Stephens M, Donnelly P. 2003. A comparison of Bayesian methods for haplotype reconstruction from population genotype data[J]. American Journal of Human Genetics, 73(5): 1162-1169.

Stephens M, Smith N J, Donnelly P. 2001. A new statistical method for haplotype reconstruction from population data[J]. American Journal of Human Genetics, 68(4): 978-989.

Stimac J L, Pereira R M, Alves S B, *et al*. 1993a. Mortality in laboratory colonies of *Solenopsis invicta* (Hymenoptera: Formicidae) treated with *Beauveria bassiana* (Deuteromycetes)[J]. Journal of Economic Entomology, 86(4): 1083-1087.

Stimac J L, Pereira R M, Alves S B, *et al*. 1993b. *Beauveria bassiana* (Balsamo) Vuillemin (Deuteromycetes) applied to laboratory colonies of *Solenopsis invicta* Buren (Hymenoptera: Formicidae) in soil[J]. Journal of Economic Entomology, 86(2): 348-352.

Stohlgren T J, Binkley D, Chong G W, *et al*. 1999. Exotic plant species invade hot spots of native plant diversity[J]. Ecological Monographs, 69(1): 25-46.

Stralberg D, Toniolo V, Page G, *et al*. 2004. Potential impacts of non-native *Spartina* spread on shorebird populations in South San Francisco Bay[R]. Stinson Beach: PRBO Conservation Science.

Sudhir K, Glen S, Koichiro T. 2016. MEGA7: Molecular evolutionary genetics analysis version 7.0 for bigger datasets[J]. Molecular Biology and Evolution, 33(7): 1870-1874.

Sultan S E. 1995. Phenotypic plasticity and plant adaptation[J]. Acta Botanica Neerlandica, 44(4): 363-383.

Sun B, Tan J, Wan Z, *et al*. 2006. Allelopathic effects of extracts from *Solidago canadensis* L. against seed germination and seedling growth of some plants[J]. Journal of Environmental Sciences, 18(2): 304-309.

Swenson N G, Anglada-Cordero P, Barone J A. 2011. Deterministic tropical tree community turnover: evidence from patterns of functional beta diversity along an elevational gradient[J]. Proceedings of the

Royal Society B: Biological Sciences, 278(1707): 877-884.

Swenson N G. 2014. Functional and Phylogenetic Ecology in R[M]. New York: Springer.

Swets J A. 1988. Measuring the accuracy of diagnostic systems[J]. Science, 240(4857): 1285-1293.

Symstad A J. 2000. A test of the effects of functional group richness and composition on grassland invasibility[J]. Ecology, 81(1): 99-109.

Takahara T, Minamoto T, Yamanaka H, *et al.* 2012. Estimation of fish biomass using environmental DNA[J]. PLoS One, 7(4): e35868.

Tang S C, Pan Y M, Wei C Q, *et al.* 2012. Allelopathic interactions between the invasive weed *Chromolaena odorata* and native plant *Vitex negundo*[J]. Allelopathy Journal, 30(2): 209-220.

Tarasi D D, Peet R K. 2018. The native-exotic species richness relationship varies with spatial grain of measurement and environmental conditions[J]. Ecology, 98(12): 56-78.

Thomsen P F, Kielgast J, Iversen L L, *et al.* 2012. Monitoring endangered freshwater biodiversity using environmental DNA[J]. Molecular Ecology, 21: 2565-2573.

Thorpe A S, Thelen G C, Diaconu A, *et al.* 2010. Root exudate is allelopathic in invaded community but not in native community: field evidence for the novel weapons hypothesis[J]. Journal of Ecology, 97(4): 641-645.

Tian Y H, Feng Y L, Liu C. 2007. Addition of activated charcoal to soil after clearing *Ageratina adenophora* stimulates growth of forbs and grass in China[J]. Tropical Grasslands, 41: 285-291.

Tilman D. 1997. Community invasibility, recruitment limitation, and grassland biodiversity[J]. Ecology, 78(1): 81-92.

Tilman D. 1999. The ecological consequences of changes in biodiversity: a search for general principles[J]. Ecology, 80(5): 1455-1474.

Tilman D, Downing J A. 1994. Biodiversity and stability in grasslands[J]. Nature, 367: 363-365.

Tong C, Wang W Q, Huang J F, *et al.* 2012. Invasive alien plants increase CH_4 emissions from a subtropical tidal estuarine wetland[J]. Biogeochemistry, 111: 677-693.

Torres-Díaz C, Gómez-González S, Torres-Morales P, *et al.* 2012. Soil disturbance by a native rodent drives microhabitat expansion of an alien plant[J]. Biological Invasions, 14: 1211-1220.

Treguier A, Paillisson J M, Dejean T, *et al.* 2014. Environmental DNA surveillance for invertebrate species: advantage and technical limitations to detect invasive crayfish *Procambarus clarkia* in freshwater ponds[J]. Journal of Applied Ecology, 51(4): 871-879.

Turner W. 2014. Sensing biodiversity[J]. Science, 346: 301-302.

van Boheemen L A, Lombaert E, Nurkowski K A, *et al.* 2017. Multiple introductions, admixture and bridgehead invasion characterize the introduction history of *Ambrosia artemisiifolia* in Europe and Australia[J]. Molecular Ecology, 26(20): 5421-5434.

Vilá M, Maron J L, Marco L. 2005. Evidence for the enemy release hypothesis in *Hypericum perforatum*[J]. Oecologia, 142: 474-479.

Vivian-Smith G, Stiles E W. 1994. Dispersal of salt marsh seeds on the feet and feathers of waterfowl[J]. Wetland, 14(1): 316-319.

Vogt G B. 1973. Exploration for natural enemies of alligator weed and related plants in South America[R]. Technical Report No. 3. Biological control of alligator weed. Aquatic Plant Control Program, US Army Engineers, Vicksburg, Mississippi.

Wang G, Pei Q, Wan S, *et al.* 2008. Ecological control and integral utilization of *Spartina alterniflora*[J]. Ecological Engineering, 32(3): 249-255.

Wang J, Liu H Y, Li Y F, *et al.* 2019. Effects of *Spartina alterniflora* invasion on quality of the red-crowned crane (*Grus japonensis*) wintering habitat[J]. Environmental Science and Pollution Research, 26: 21546-21555.

Wang J, Shi H T, Hu S J, *et al.* 2013. Interspecific differences in diet between introduced red-eared sliders and native turtles in China[J]. Asian Herpetological Research, 4(3): 190-196.

Wang X Y, Huang X L, Jiang L Y, *et al.* 2010. Predicting potential distribution of chestnut phylloxerid (Hemiptera: Phylloxeridae) based on GARP and MaxEnt ecological niche models[J]. Journal of Applied Entomology, 134(1): 45-54.

Ward D F. 2007. Modeling the potential geographic distribution of invasive ant species in New Zealand[J]. Biological Invasions, 9(6): 723-735.

Wardle D A. 2001. Experimental demonstration that plant diversity reduces invasibility evidence of a biological mechanism or a consequence of sampling effect[J]? Oikos, 95(1): 161-170.

Warren R J, Bahn V, Bradford M. 2011. The interaction between propagule pressure, habitat suitability and density-dependent reproduction in species invasion[J]. Oikos, 121(6): 874-881.

Whitehead K, Hugenholtz C H. 2014. Remote sensing of the environment with small unmanned aircraft systems (UASs), part 1: a review of progress and challenges[J]. Journal of Unmanned Vehicle Systems, 2(3): 69-85.

Whitehead K, Hugenholtz C H, Myshak S, *et al.* 2014. Remote sensing of the environment with small unmanned aircraft systems (UASs), part 2: scientific and commercial applications[J]. Journal of Unmanned Vehicle Systems, 2(3): 86-102.

Wilson G A, Rannala B. 2003. Bayesian inference of recent migration rates using multilocus genotypes[J]. Genetics, 163: 1177-1191.

Wisz M S, Hijmans R J, Li J, *et al.* 2008. Effects of sample size on the performance of species distribution models[J]. Diversity and Distribution, 14(5): 763-773.

Xiao D, Zhang L, Zhu Z. 2010. The range expansion patterns of *Spartina alterniflora* on salt marshes in the Yangtze Estuary, China[J]. Estuarine, Coastal and Shelf Science, 88(1): 99-104.

Yang R, Yu G, Tang J, *et al.* 2008. Effects of metal lead on growth and mycorrhizae of an invasive plant species (*Solidago canadensis* L.)[J]. Journal of Environmental Sciences, 20(6): 739-744.

Yang W, Jwwlani N, Zhu Z, *et al.* 2019a. Alterations in soil bacterial community in relation to *Spartina alterniflora* Loisel. invasion chronosequence in the eastern Chinese coastal wetlands[J]. Applied Soil Ecology, 135: 38-43.

Yang W, Zhang D, Cai X W, *et al.* 2019b. Significant alterations in soil fungal communities along a chronosequence of *Spartina alterniflora* invasion in a Chinese Yellow Sea coastal wetland[J]. Science of the Total Environment, 693: 133548.

Yang X Q, Kushwaha S P S, Saran S, *et al.* 2013. MaxEnt modeling for predicting the potential distribution of medicinal plant, *Justicia adhatoda* L. in Lesser Himalayan foothills[J]. Ecological Engineering, 51: 83-87.

Young S L, Barney J N, Kyser G B, *et al.* 2010. Functionally similar species confer greater resistance to invasion: implications for grassland restoration[J]. Restoration Ecology, 17(6): 884-892.

Yuan L, Zhang L Q, Xiao D R, *et al.* 2011. The application of cutting plus waterlogging to control *Spartina alterniflora* on saltmarshes in the Yangtze Estuary, China[J]. Estuarine, Coastal and Shelf Science, 92(1): 103-110.

Yuan Y, Wang B, Zhang S, *et al.* 2013. Enhanced allelopathy and competitive ability of invasive plant *Solidago canadensis* in its introduced range[J]. Journal of Plant Ecology, 6(3): 253-263.

Zeiter M, Stampfli A. 2012. Positive diversity-invisibility relationship in species-rich semi-natural grassland at the neighbourhood scale[J]. Annals of Botany, 110(7): 1385-1393.

Zhang F J, Li Q, Ellen H Y, *et al.* 2018. AM fungi facilitate the competitive growth of two invasive plant species, *Ambrosia artemisiifolia* and *Bidens pilosa*[J]. Mycorrhiza, 28(8): 703-715.

Zhang R S, Shen Y M, Lu L Y, *et al.* 2004. Formation of *Spartina alterniflora*, salt marshes on the coast of Jiangsu province, China[J]. Ecological Engineering, 23(2): 95-105.

Zhang Y, Ding W, Luo J, *et al.* 2010. Changes in soil organic carbon dynamics in an eastern Chinese coastal wetland following invasion by a C4 plant *Spartina alterniflora*[J]. Soil Biology and Biochemistry, 42(10): 1712-1720.

Zhao H B, Peng S L, Wu J R, *et al.* 2008. Allelopathic potential of native plants on invasive plant *Mikania micrantha* H. B. K. in South China[J]. Allelopathy Journal, 22(1): 189-195.

Zheng Y L, Burns J H, Liao Z Y, *et al.* 2018. Species composition, functional and phylogenetic distances correlate with success of invasive *Chromolaena odorata* in an experimental test[J]. Ecology Letters, 21(8): 1211-1220.

Zheng Y L, Feng Y L, Liao Z Y, *et al.* 2013. Invasive *Chromolaena odorata* has similar size but higher phenolic concentration than native conspecifics[J]. Evolutionary Ecology Research, 15(7): 769-781.

Zheng Y L, Feng Y L, Zhang L K, *et al*. 2015. Integrating the importance of novel chemical weapons and adaptation in the new ranges of a tropical invader[J]. New Phytologist, 205: 1350-1359.

Zhu X, Li Y, Feng Y, *et al*. 2017. Response of soil bacterial communities to secondary compounds released from *Eupatorium adenophorum*[J]. Biological Invasions, 19(5): 1471-1481.

Zimmermann G. 2007. Review on safety of the entomopathogenic fungi *Beauveria bassiana* and *Beauveria brongniartii*[J]. Biocontrol Science and Technology, 17(6): 553-596.

Zuo P, Zhao S, Liu C A, *et al*. 2012. Distribution of *Spartina* spp. along China's coast[J]. Ecological Engineering, 40: 160-166.

附录Ⅰ 中国外来入侵植物名录

编号	科名	拉丁学名	中文名	入侵等级	原产地	国内分布
1	爵床科	*Justicia adhatoda*	鸭嘴花	潜在入侵	印度、热带亚洲	澳门、广东、广西、海南、上海（栽培）、香港、云南
2	爵床科	*Justicia gendarussa*	小驳骨	潜在入侵	热带亚洲	澳门、福建、广东、广西、海南、湖南、辽宁、青海、台湾、香港、云南
3	爵床科	*Thunbergia alata*	翼叶山牵牛	潜在入侵	热带非洲	澳门、福建、广东、广西、江苏、台湾、香港、云南
4	泽泻科	*Sagittaria graminea*	禾叶慈姑	潜在入侵	北美洲	广东、辽宁
5	苋科	*Alternanthera paronychioides*	华莲子草	潜在入侵	南美洲	澳门、广东、广西、海南、台湾、香港
6	苋科	*Alternanthera philoxeroides*	空心莲子草	恶性入侵	南美洲	安徽、澳门、北京、重庆、福建、广东、广西、贵州、海南、河北、河南、湖北、湖南、江苏、江西、山东、上海、四川、台湾、天津、西藏、云南、浙江
7	苋科	*Alternanthera pungens*	刺花莲子草	一般性入侵	南美洲	安徽、澳门、福建南部、广东、广西、贵州、海南、湖南、四川西南部、西藏（昌都）、香港、云南、浙江
8	苋科	*Amaranthus albus*	白苋	潜在入侵	北美洲	北京、河北、河南、黑龙江、辽宁、内蒙古、陕西、天津、新疆
9	苋科	*Amaranthus blitoides*	北美苋	潜在入侵	北美洲	北京、河北、河南、黑龙江、辽宁、内蒙古、天津、新疆
10	苋科	*Amaranthus blitum*	凹头苋	一般性入侵	热带美洲	安徽、福建、甘肃、广东、广西、贵州、海南、河北、河南、黑龙江、湖北、湖南、吉林、江苏、江西、辽宁、山东、山西、陕西、四川、台湾、新疆、云南、浙江
11	苋科	*Amaranthus capensis*	南非苋	一般性入侵	南非	北京、辽宁（旅顺）
12	苋科	*Amaranthus caudatus*	尾穗苋	一般性入侵	热带美洲	安徽、北京、福建、甘肃、广东、广西、贵州、海南、河北、河南、黑龙江、湖北、湖南、吉林、江苏、江西、辽宁、内蒙古、宁夏、青海、山东、山西、陕西、四川、台湾、西藏、新疆、云南、浙江
13	苋科	*Amaranthus dubius*	假刺苋	一般性入侵	南美洲、墨西哥、西印度群岛	安徽、贵州、河南、湖北、湖南、江苏、江西、陕西、四川、浙江
14	苋科	*Amaranthus hybridus*	绿穗苋	一般性入侵	热带美洲	安徽、贵州、河南、湖北、湖南、江苏、江西、陕西、四川、浙江
15	苋科	*Amaranthus graecizans*	拟腋花苋	一般性入侵	地中海地区	河南、宁夏、陕西、四川
16	苋科	*Amaranthus roxburghianus*	腋花苋	一般性入侵	地中海地区	河南、山西、陕西、新疆
17	苋科	*Amaranthus hypochondriacus*	千穗谷	一般性入侵	北美洲	北京、重庆、福建、甘肃、贵州、河北、湖北、辽宁、内蒙古、四川、云南、浙江
18	苋科	*Amaranthus palmeri*	长芒苋	恶性入侵	美国西南部、墨西哥北部	河北、北京、江苏、辽宁、山东、天津

续表

编号	科名	拉丁学名	中文名	入侵等级	原产地	国内分布
19	苋科	*Amaranthus cruentus*	老鸦谷	恶性入侵	南美洲	安徽、北京、甘肃、广东、贵州、海南、河北、河南、湖北、湖南、吉林、江苏、江西、辽宁、宁夏、青海、山东、山西、陕西、四川、台湾、西藏、云南、浙江
20	苋科	*Amaranthus polygonoides*	合被苋	一般性入侵	美国、墨西哥	安徽、北京、河北、山东
21	苋科	*Amaranthus powellii*	直穗苋	一般性入侵	北美洲、南美洲	北京（丰台）、辽宁（大连）
22	苋科	*Amaranthus bouchonii*	布氏苋	一般性入侵	北美洲、欧洲	北京（丰台）
23	苋科	*Amaranthus retroflexus*	反枝苋	恶性入侵	热带美洲	安徽、北京、重庆、甘肃、广西、河北、河南、黑龙江、湖北、湖南、吉林、江苏、江西、辽宁、内蒙古、宁夏、青海、山东、山西、陕西、四川、西藏（芒康）、新疆、浙江
24	苋科	*Amaranthus retroflexus* var. *delilei*	短苞反枝苋	一般性入侵	北美洲	河北
25	苋科	*Amaranthus rudis*	西部苋	一般性入侵	北美洲	福建（泉州）
26	苋科	*Amaranthus spinosus*	刺苋	恶性入侵	热带美洲	安徽、澳门、北京、重庆、福建、广东、广西、贵州、海南、河北、河南、湖北、湖南、江苏、江西、山东、陕西、四川、台湾、香港、云南、浙江
27	苋科	*Amaranthus standleyanus*	菱叶苋	潜在入侵	阿根廷	北京、河北
28	苋科	*Amaranthus tenuifolius*	薄叶苋	一般性入侵	印度、巴基斯坦	河南、山东（曲阜）
29	苋科	*Amaranthus tricolor*	苋	潜在入侵	热带亚洲（印度）	安徽、福建、甘肃、广东、广西、贵州、海南、河北、河南、黑龙江、湖北、湖南、吉林、江苏、江西、辽宁、内蒙古、宁夏、青海、山东、山西、陕西、四川、台湾、西藏、新疆、云南、浙江
30	苋科	*Amaranthus tuberculatus*	糙果苋	一般性入侵	北美洲	北京、河南、辽宁（大连）
31	苋科	*Amaranthus viridis*	皱果苋	一般性入侵	热带美洲	安徽、北京、重庆、福建、广东、广西、海南、河北、河南、黑龙江、湖北、湖南、吉林、江苏、江西、辽宁、内蒙古、山东、山西、四川、台湾、天津、云南、浙江
32	苋科	*Amaranthus watsonii*	瓦氏苋	一般性入侵	北美洲（亚里桑那州、加利福尼亚州）、中美洲	辽宁（大连）、山东（博兴）
33	苋科	*Celosia argentea*	青葙	一般性入侵	印度	安徽、澳门、北京、重庆、福建、甘肃、广东、广西、贵州、海南、河北、河南、湖北、湖南、江苏、江西、山东、上海、四川、台湾、天津、西藏、新疆、云南、浙江
34	苋科	*Gomphrena celosioides*	银花苋	潜在入侵	热带美洲	广东、海南、台湾
35	石蒜科	*Nothoscordum gracile*	假韭	潜在入侵	热带美洲	福建、云南
36	漆树科	*Rhus typhina*	火炬树	潜在入侵	北美洲	安徽、福建、甘肃、广东、广西、贵州、海南、河北、河南、湖北、湖南、江苏、江西、宁夏、山东、山西、陕西、四川、台湾、西藏、云南、浙江

续表

编号	科名	拉丁学名	中文名	入侵等级	原产地	国内分布
37	天南星科	*Pistia stratiotes*	大薸	恶性入侵	巴西	安徽、重庆、福建、广东、广西、贵州、海南、湖北、湖南、江苏、山东、四川、台湾、西藏（察隅）、香港、云南、浙江
38	萝藦科	*Asclepias curassavica*	马利筋	潜在入侵	拉丁美洲的西印度群岛	福建、广东、广西、贵州、湖南、江西、四川、台湾、云南
39	满江红科	*Azolla filiculoides*	细叶满江红	区域性恶性入侵	美洲	河南、湖南、江苏、台湾、云南、浙江
40	凤仙花科	*Impatiens walleriana*	非洲凤仙花	潜在入侵	非洲	台湾
41	落葵科	*Anredera cordifolia*	落葵薯	恶性入侵	热带美洲	重庆、福建、广东、广西、贵州、湖南、四川、香港、云南
42	落葵科	*Anredera scandens*	短序落葵薯	潜在入侵	热带美洲	重庆、福建、广东、广西、贵州、湖南、四川、香港、云南
43	紫葳科	*Macfadyena unguis-cati*	猫爪藤	区域性恶性入侵	西印度群岛及墨西哥、巴西、阿根廷	福建、广东
44	紫草科	*Borago officinalis*	琉璃苣	潜在入侵	欧洲	辽宁
45	紫草科	*Heliotropium ellipticum*	椭圆叶天芥菜	潜在入侵	中亚、西亚	北京、甘肃、河南、江苏、上海、西藏
46	紫草科	*Heliotropium europaeum*	天芥菜	潜在入侵	欧洲	北京、河北、河南、山西、西藏
47	紫草科	*Symphytum officinale*	聚合草	潜在入侵	北美洲	安徽、福建、甘肃、广东、广西、贵州、海南、河北、河南、黑龙江、湖北、湖南、吉林、江苏、江西、辽宁、内蒙古、宁夏、青海、山东、山西、陕西、四川、台湾、西藏、新疆、云南、浙江
48	十字花科	*Alyssum alyssoides*	欧洲庭荠	潜在入侵	欧洲	辽宁
49	十字花科	*Lepidium didymum*	臭荠	一般性入侵	欧洲	安徽、福建、广东、河南、湖北、江苏、江西、山东、四川、台湾、云南、浙江
50	十字花科	*Diplotaxis muralis*	二行芥	潜在入侵	欧洲、地中海地区	辽宁
51	十字花科	*Lepidium bonariense*	南美独行菜	一般性入侵	南美洲	台湾
52	十字花科	*Lepidium campestre*	绿独行菜	一般性入侵	欧洲、西亚	甘肃、河北、吉林、辽宁、内蒙古、山东、陕西、四川
53	十字花科	*Lepidium densiflorum*	密花独行菜	潜在入侵	北美洲	黑龙江、辽宁
54	十字花科	*Lepidium virginicum*	北美独行菜	一般性入侵	北美洲	安徽、北京、福建、广东、广西、海南、河北、河南、湖北、湖南、吉林、江苏、江西、辽宁、内蒙古、山东、山西、台湾、天津、浙江
55	十字花科	*Nasturtium officinale*	豆瓣菜	区域性恶性入侵	欧洲	安徽、福建、甘肃、广东、广西、贵州、海南、河北、河南、黑龙江、湖北、湖南、吉林、江苏、江西、辽宁、内蒙古、宁夏、青海、山东、山西、陕西、四川、台湾、西藏、新疆、云南、浙江
56	十字花科	*Raphanus raphanistrum*	野萝卜	潜在入侵	西亚、地中海地区、欧洲	青海、四川、台湾
57	十字花科	*Sisymbrium orientale*	东方大蒜芥	潜在入侵	西亚、地中海地区	福建、山西、云南

续表

编号	科名	拉丁学名	中文名	入侵等级	原产地	国内分布
58	花蔺科	*Limnocharis flava*	黄花蔺	潜在入侵	热带美洲	澳门、广东、海南、湖北、香港、云南
59	仙人掌科	*Hylocereus undatus*	量天尺	潜在入侵	中美洲热带沙漠地区	福建、广东、广西
60	仙人掌科	*Opuntia dillenii*	仙人掌	一般性入侵	拉丁美洲、美国、南美洲	广东、广西、南海岛屿、香港
61	仙人掌科	*Opuntia ficus-indica*	梨果仙人掌	恶性入侵	墨西哥	广西、贵州、四川、西藏、云南
62	仙人掌科	*Opuntia monacantha*	单刺仙人掌	一般性入侵	巴西、巴拉圭、乌拉圭、阿根廷	福建、广东、广西、台湾、云南
63	仙人掌科	*Pereskia aculeata*	木麒麟	潜在入侵	热带美洲	澳门、福建、广东、广西、云南
64	桔梗科	*Hippobroma longiflora*	马醉草	潜在入侵	美国南部	安徽、福建、台湾、浙江
65	桔梗科	*Triodanis perfoliata* subsp. *biflora*	异檐花	潜在入侵	美国南部	安徽、福建、台湾、浙江
66	桔梗科	*Triodanis perfoliata*	穿叶异檐花	潜在入侵	美国	福建
67	大麻科	*Cannabis sativa*	大麻	一般性入侵	中亚	安徽、福建、甘肃、广东、广西、贵州、海南、河北、河南、黑龙江、湖北、湖南、吉林、江苏、江西、辽宁、内蒙古、宁夏、青海、山东、山西、陕西、四川、台湾、西藏、新疆、云南、浙江
68	山柑科	*Cleome rutidosperma*	皱子白花菜	一般性入侵	热带非洲	安徽、广东、广西、海南、江西、台湾、香港、云南
69	石竹科	*Agrostemma githago*	麦仙翁	一般性入侵	欧洲	黑龙江、湖南、吉林、江苏、江西、辽宁、内蒙古、新疆
70	石竹科	*Cerastium glomeratum*	球序卷耳	一般性入侵	欧洲	安徽、北京、重庆、福建、广东、广西、贵州、河南、湖北、湖南、江苏、江西、辽宁、山东、上海、四川、台湾、西藏、云南
71	石竹科	*Silene gallica*	蝇子草	潜在入侵	欧洲、西亚、北非	重庆、福建、河北、河南、湖北、江苏、山西、四川、台湾、云南、浙江
72	石竹科	*Silene latifolia* subsp. *alba*	白花蝇子草	潜在入侵	欧洲、西亚	甘肃、辽宁、内蒙古
73	石竹科	*Stellaria pallida*	无瓣繁缕	潜在入侵	地中海地区、欧洲	安徽、江苏、江西、浙江
74	石竹科	*Gypsophila vaccaria*	麦蓝菜	一般性入侵	欧洲	安徽、甘肃、河北、河南、黑龙江、吉林、江苏、辽宁、内蒙古、青海、山西、陕西、四川、西藏、新疆、云南
75	藜科	*Atriplex canescens*	四翅滨藜	一般性入侵	美国	甘肃、吉林、内蒙古、宁夏、陕西、新疆
76	藜科	*Chenopodium giganteum*	杖藜	潜在入侵	印度	北京、重庆、甘肃、广西、贵州、河北、河南、湖南、辽宁、山西、陕西、上海、四川、台湾、云南
77	藜科	*Chenopodiastrum hybridum*	杂配藜	一般性入侵	欧洲、西亚	北京、甘肃、河北、黑龙江、湖北、吉林、辽宁、内蒙古、宁夏、青海、山东、山西、陕西、四川、西藏、新疆、云南、浙江
78	藜科	*Dysphania ambrosioides*	土荆芥	恶性入侵	热带美洲	安徽、北京、重庆、福建、广东、广西、贵州、海南、河北、湖北、湖南、江苏、江西、山东、陕西、四川、台湾、香港、云南、浙江
79	藜科	*Dysphania pumilio*	铺地藜	一般性入侵	澳大利亚	北京、河南、山东

续表

编号	科名	拉丁学名	中文名	入侵等级	原产地	国内分布
80	藜科	*Salicornia bigelovii*	北美盐角草	潜在入侵	热带美洲	广东、广西、海南、山东、浙江
81	鸭跖草科	*Callisia repens*	锦竹草	潜在入侵	美洲	福建、广东、台湾、香港、云南
82	菊科	*Acanthospermum hispidum*	刺苞果	一般性入侵	热带南美洲	广西、云南
83	菊科	*Acmella oleracea*	桂圆菊	潜在入侵	南美洲	台湾
84	菊科	*Acmella radicans* var.*debilis*	白花金纽扣	潜在入侵	南美洲、西印度群岛	安徽、浙江
85	菊科	*Ageratina adenophorum*	紫茎泽兰	恶性入侵	中美洲（墨西哥、哥斯达黎加）	广西、贵州、四川、台湾、云南
86	菊科	*Ageratum conyzoides*	藿香蓟	恶性入侵	墨西哥、西印度群岛、中美洲、南美洲	安徽、重庆、福建、广东、广西、贵州、海南、湖北、湖南、江苏、江西、四川、台湾、西藏、香港、云南、浙江
87	菊科	*Ageratum houstonianum*	熊耳草	一般性入侵	墨西哥	安徽、福建、广东、广西、海南、四川、台湾、云南
88	菊科	*Ambrosia artemisiifolia*	豚草	恶性入侵	北美洲	安徽、北京、福建、广东、广西、河北、河南、黑龙江、湖北、湖南、吉林、江苏、江西、辽宁、内蒙古、山东、山西、台湾、天津、新疆、浙江
89	菊科	*Ambrosia psilostachya*	裸穗豚草	一般性入侵	北美洲	北京、河北、台湾
90	菊科	*Ambrosia trifida*	三裂叶豚草	恶性入侵	北美洲	安徽、北京、福建、黑龙江、湖北、湖南、吉林、江苏、江西、辽宁、内蒙古、山东、山西、台湾、河北、天津、浙江
91	菊科	*Anthemis arvensis*	田春黄菊	潜在入侵	欧洲	吉林、辽宁
92	菊科	*Bidens alba*	大白花鬼针草	恶性入侵	美洲	安徽、重庆、福建、广东、广西、贵州、海南、河北、河南、湖北、湖南、江苏、江西、山东、四川、台湾、西藏、云南、浙江
93	菊科	*Bidens bipinnata*	婆婆针	恶性入侵	美洲	安徽、重庆、福建、广东、广西、贵州、海南、河北、河南、湖北、湖南、江苏、江西、山东、四川、台湾、西藏、云南、浙江
94	菊科	*Bidens frondosa*	大狼耙草	恶性入侵	北美洲	安徽、河北、湖北、吉林、江苏、辽宁、浙江
95	菊科	*Bidens pilosa*	鬼针草	恶性入侵	美洲	安徽、重庆、福建、广东、广西、贵州、海南、河北、河南、湖北、湖南、江苏、江西、山东、山西、四川、台湾、西藏、云南、浙江
96	菊科	*Calyptocarpus vialis*	伏金腰箭	一般性入侵	古巴、墨西哥、美国南部	台湾
97	菊科	*Centaurea cyanus*	矢车菊	潜在入侵	欧洲	甘肃、广东、河北、湖北、江苏、青海、山东、陕西、上海、四川、天津、西藏、新疆、云南、浙江
98	菊科	*Centaurea diffusa*	铺散矢车菊	潜在入侵	欧洲、西亚	辽宁
99	菊科	*Centaurea stoebe*	斑点矢车菊	潜在入侵	欧洲	云南
100	菊科	*Chromolaena odorata*	飞机草	恶性入侵	中美洲	福建、广东、广西、贵州、海南、台湾、香港、云南
101	菊科	*Chrysanthemum carinatum*	蒿子杆	一般性入侵	地中海、摩洛哥	安徽、河北、黑龙江、吉林、辽宁、内蒙古
102	菊科	*Chrysanthemum coronarium*	茼蒿	潜在入侵	地中海	安徽、河北、河南、山东、山西

续表

编号	科名	拉丁学名	中文名	入侵等级	原产地	国内分布
103	菊科	*Cichorium intybus*	菊苣	潜在入侵	欧洲	安徽、河北、河南、山东、山西、陕西
104	菊科	*Coreopsis grandiflora*	大花金鸡菊	潜在入侵	美洲	山东、云南
105	菊科	*Coreopsis lanceolata*	剑叶金鸡菊	一般性入侵	北美洲	安徽、江苏、江西、山东、山西、浙江
106	菊科	*Coreopsis tinctoria*	两色金鸡菊	潜在入侵	北美洲	安徽、江苏、江西、山西、浙江
107	菊科	*Cosmos bipinnatus*	秋英	潜在入侵	墨西哥	北京、河北、黑龙江、吉林、辽宁、山西、四川、云南
108	菊科	*Cosmos sulphureus*	硫磺菊	一般性入侵	墨西哥至巴西	福建、广东、贵州、山西、四川、台湾、云南、浙江
109	菊科	*Crassocephalum crepidioides*	野茼蒿	一般性入侵	热带非洲	重庆、福建、甘肃、广东、广西、贵州、海南、湖北、湖南、江西、四川、台湾、西藏、香港、云南、浙江
110	菊科	*Crassocephalum rubens*	蓝花野茼蒿	一般性入侵	热带非洲	云南
111	菊科	*Cyclachaena xanthiifolia*	假苍耳	区域性恶性入侵	北美洲	河北、黑龙江、吉林、辽宁、山东
112	菊科	*Eleutheranthera ruderalis*	离药金腰箭	潜在入侵	中美洲、南美洲	台湾
113	菊科	*Erechtites hieraciifolius*	梁子菜	潜在入侵	美洲	台湾
114	菊科	*Erechtites valerianifolius*	菊芹	潜在入侵	南美洲	台湾
115	菊科	*Erigeron annuus*	一年蓬	一般性入侵	北美洲（墨西哥）	安徽、福建、甘肃、广东、广西、贵州、河北、河南、黑龙江、湖北、湖南、吉林、江苏、江西、辽宁、青海、山东、山西、陕西、四川、台湾、西藏、云南、浙江
116	菊科	*Erigeron bonariensis*	香丝草	恶性入侵	南美洲	安徽、重庆、北京、福建、甘肃、广东、广西、贵州、河北、湖北、湖南、江苏、江西、陕西、四川、云南、浙江
117	菊科	*Erigeron canadensis*	小蓬草	恶性入侵	北美洲	安徽、福建、甘肃、广东、广西、贵州、海南、河北、河南、黑龙江、湖北、湖南、吉林、江苏、江西、辽宁、内蒙古、宁夏、青海、山东、山西、陕西、四川、台湾、西藏、新疆、云南、浙江
118	菊科	*Erigeron philadelphicus*	春飞蓬	潜在入侵	北美洲	安徽、福建、江苏、江西、山东、台湾、浙江
119	菊科	*Erigeron speciosus*	美丽飞蓬	潜在入侵	北美洲	浙江
120	菊科	*Erigeron strigosus*	粗糙飞蓬	潜在入侵	北美洲	安徽、福建、河北、河南、湖北、湖南、江苏、江西、山东、上海、四川、西藏
121	菊科	*Erigeron sumatrensis*	苏门白酒草	恶性入侵	南美洲	福建、广东、广西、贵州、海南、江西、四川、台湾、西藏（吉隆）、云南、浙江
122	菊科	*Eupatorium cannabinum*	大麻叶泽兰	潜在入侵	欧洲	安徽、河南、江苏、江西、台湾、浙江
123	菊科	*Praxelis clematidea*	假臭草	恶性入侵	南美洲	澳门、福建、广东、海南、香港
124	菊科	*Flaveria bidentis*	黄顶菊	恶性入侵	美洲	河北、天津
125	菊科	*Gaillardia pulchella*	天人菊	潜在入侵	北美洲	台湾

续表

编号	科名	拉丁学名	中文名	入侵等级	原产地	国内分布
126	菊科	*Galinsoga parviflora*	牛膝菊	恶性入侵	南美洲	安徽、福建、广东、广西、贵州、海南、河北、河南、黑龙江、湖北、湖南、吉林、江苏、江西、辽宁、内蒙古、山东、山西、四川、台湾、西藏、云南、浙江
127	菊科	*Galinsoga quadriradiata*	粗毛牛膝菊	恶性入侵	墨西哥	安徽、福建、广东、广西、贵州、海南、河北、河南、黑龙江、湖北、湖南、吉林、江苏、江西、辽宁、内蒙古、山东、山西、四川、台湾、西藏、云南、浙江
128	菊科	*Grindelia squarrosa*	胶菀	潜在入侵	墨西哥	安徽、福建、广东、广西、贵州、海南、河北、河南、黑龙江、湖北、湖南、吉林、江苏、江西、辽宁、内蒙古、山东、山西、四川、台湾、西藏、云南、浙江
129	菊科	*Gymnocoronis spilanthoides*	裸冠菊	潜在入侵	墨西哥	安徽、福建、广东、广西、贵州、海南、河北、河南、黑龙江、湖北、湖南、吉林、江苏、江西、辽宁、内蒙古、山东、山西、四川、台湾、西藏、云南、浙江
130	菊科	*Helenium autumnale*	堆心菊	潜在入侵	北美洲	安徽、福建、广东、广西、湖北、湖南、江苏、江西、浙江
131	菊科	*Helenium bigelovii*	比格堆心菊	潜在入侵	北美洲	广东、广西、贵州、湖北、江苏
132	菊科	*Lactuca serriola*	毒莴苣	区域性恶性入侵	中亚、西亚、北非、欧洲	辽宁、新疆、浙江
133	菊科	*Mikania micrantha*	微甘菊	恶性入侵	中美洲	澳门、广东、广西、香港
134	菊科	*Parthenium argentatum*	灰白银胶菊	潜在入侵	美洲	广东、广西、云南
135	菊科	*Parthenium hysterophorus*	银胶菊	恶性入侵	美国南部、墨西哥北部	福建、广东、广西、贵州、海南、香港、云南
136	菊科	*Pluchea carolinensis*	美洲阔苞菊	一般性入侵	美洲温带、西非	台湾
137	菊科	*Pluchea sagittalis*	翼茎阔苞菊	一般性入侵	美洲	广东、台湾
138	菊科	*Smallanthus uvedalia*	包果菊	一般性入侵	美洲	安徽、江苏、上海、浙江
139	菊科	*Porophyllum ruderale*	香蝶菊	一般性入侵	美国南部、墨西哥、西印度、中美洲、南美洲	福建、广东
140	菊科	*Pseudelephantopus spicatus*	假地胆草	一般性入侵	热带美洲、非洲	广东、台湾
141	菊科	*Pyrethrum parthenifolium*	伞房匹菊	潜在入侵	中亚、西亚	云南
142	菊科	*Senecio vulgaris*	欧洲千里光	一般性入侵	欧洲	重庆、广东、贵州、河北、黑龙江、湖北、吉林、江苏、辽宁、内蒙古、山东、山西、四川、台湾、西藏、香港、新疆、云南
143	菊科	*Silphium perfoliatum*	串叶松香草	潜在入侵	北美洲	河北、江苏、辽宁
144	菊科	*Silybum marianum*	水飞蓟	潜在入侵	欧洲、中亚、非洲、地中海地区	安徽、甘肃、广西、黑龙江、湖北、吉林、江苏、江西、辽宁、山西、上海、天津、新疆、浙江
145	菊科	*Solidago canadensis*	加拿大一枝黄花	恶性入侵	加拿大、美国	安徽、福建、湖北、江苏、江西、辽宁、山西、云南、浙江
146	菊科	*Soliva anthemifolia*	裸柱菊	一般性入侵	南美洲	安徽、福建、广东、广西、海南、湖南、江西、台湾、香港、浙江

续表

编号	科名	拉丁学名	中文名	入侵等级	原产地	国内分布
147	菊科	*Soliva pterosperma*	翅果裸柱菊	一般性入侵	南美洲	上海、台湾
148	菊科	*Sonchus asper*	续断菊	一般性入侵	欧洲	安徽、福建、甘肃、广东、广西、贵州、海南、河北、河南、黑龙江、湖北、湖南、吉林、江苏、江西、辽宁、内蒙古、宁夏、青海、山东、山西、陕西、四川、台湾、西藏、新疆、云南、浙江
149	菊科	*Sonchus oleraceus*	苦苣菜	一般性入侵	欧洲	安徽、福建、甘肃、广东、广西、贵州、海南、河北、河南、黑龙江、湖北、湖南、吉林、江苏、江西、辽宁、内蒙古、宁夏、青海、山东、山西、陕西、四川、台湾、西藏、新疆、云南、浙江
150	菊科	*Sphagneticola trilobata*	三裂蟛蜞菊	恶性入侵	热带美洲	福建、广东、广西、海南、台湾、香港
151	菊科	*Symphyotrichum subulatum*	钻叶紫菀	恶性入侵	北美洲	安徽、北京、重庆、福建、广东、广西、贵州、河南、湖北、江苏、江西、四川、台湾、云南、浙江
152	菊科	*Symphyotrichum subulatum* var. *parviflorum*	小花钻叶紫菀	一般性入侵	加勒比海岸	福建、广东
153	菊科	*Synedrella nodiflora*	金腰箭	一般性入侵	热带美洲	福建、广东、广西、海南、台湾、香港、云南
154	菊科	*Tagetes erecta*	万寿菊	潜在入侵	墨西哥	广东、广西、江苏、山西、云南
155	菊科	*Tagetes minuta*	印加孔雀草	一般性入侵	热带美洲	北京、江西、台湾
156	菊科	*Tagetes erecta*	万寿菊	一般性入侵	墨西哥	北京、广西、贵州、河北、四川、云南
157	菊科	*Taraxacum officinale*	药用蒲公英	一般性入侵	欧洲	重庆、甘肃、广东、河北、河南、黑龙江、湖北、江苏、江西、青海、山西、陕西、上海、四川、台湾、香港、新疆、浙江
158	菊科	*Tithonia diversifolia*	肿柄菊	区域性恶性入侵	墨西哥、中美洲	广东、广西、云南
159	菊科	*Tithonia rotundifolia*	圆叶肿柄菊	一般性入侵	热带美洲	福建、云南
160	菊科	*Tragopogon dubius*	霜毛婆罗门参	一般性入侵	热带美洲	澳门、福建、广东、广西、海南、台湾、香港、云南
161	菊科	*Tridax procumbens*	羽芒菊	一般性入侵	热带美洲	澳门、福建、广东、广西、海南、台湾、香港、云南
162	菊科	*Xanthium chinense*	北美苍耳	恶性入侵	北美洲	北京、广东、广西、贵州、河北
163	菊科	*Xanthium spinosum*	刺苍耳	恶性入侵	南美洲	安徽、北京、河北、河南、辽宁、内蒙古、宁夏
164	菊科	*Xanthium strumarium* subsp. *italicum*	意大利苍耳	恶性入侵	北美洲、欧洲南部	北京、河北
165	菊科	*Zinnia peruviana*	多花百日菊	一般性入侵	墨西哥	北京、甘肃、河北、河南、山西、陕西、四川、云南
166	旋花科	*Cuscuta campestris*	原野菟丝子	一般性入侵	美洲	福建、广东、贵州、湖南、内蒙古、台湾、香港、新疆、浙江
167	旋花科	*Cuscuta europaea*	欧洲菟丝子	一般性入侵	欧洲	安徽、福建、甘肃、广东、广西、贵州、海南、河北、河南、黑龙江、湖北、湖南、吉林、江苏、江西、辽宁、内蒙古、宁夏、青海、山东、山西、陕西、四川、台湾、西藏、新疆、云南、浙江

续表

编号	科名	拉丁学名	中文名	入侵等级	原产地	国内分布
168	旋花科	*Cuscuta epilinum*	亚麻菟丝子	一般性入侵	欧洲、南非、北美洲	黑龙江、新疆
169	旋花科	*Cuscuta approximata*	杯花菟丝子	一般性入侵	北非、亚洲西南部、欧洲南部	西藏、新疆
170	旋花科	*Ipomoea alba*	月光花	潜在入侵	南美洲	福建、广东、广西、海南、河北、湖南、江苏、江西、山西、上海、四川、天津、香港、云南、浙江
171	旋花科	*Ipomoea cairica*	五爪金龙	恶性入侵	热带亚洲、非洲	澳门、福建、广东、广西、贵州、海南、台湾、香港、云南
172	旋花科	*Ipomoea cordatotriloba*	毛果甘薯	潜在入侵	美洲	浙江
173	旋花科	*Ipomoea hederifolia*	橙红茑萝	潜在入侵	南美洲	福建、广东、广西、海南、台湾、香港、云南
174	旋花科	*Ipomoea lacunosa*	瘤梗甘薯	一般性入侵	北美洲	山东、浙江
175	旋花科	*Ipomoea mauritiana*	七爪龙	一般性入侵	热带亚洲	澳门、广东、广西、海南、台湾、香港、云南
176	旋花科	*Ipomoea purpurea*	圆叶牵牛	恶性入侵	热带美洲	安徽、福建、甘肃、广东、广西、贵州、海南、河北、河南、黑龙江、湖北、湖南、吉林、江苏、江西、辽宁、内蒙古、宁夏、青海、山东、山西、陕西、四川、台湾、西藏、新疆、云南、浙江
177	旋花科	*Ipomoea triloba*	三裂叶薯	一般性入侵	西印度群岛	安徽、澳门、重庆、福建、广东、广西、贵州、海南、河南、湖北、湖南、江苏、江西、辽宁、山东、陕西、四川、台湾、香港、云南、浙江
178	旋花科	*Ipomoea quamoclit*	茑萝	潜在入侵	南美洲	安徽、福建、甘肃、广东、广西、贵州、海南、河北、河南、黑龙江、湖北、湖南、吉林、江苏、江西、辽宁、内蒙古、宁夏、青海、山东、山西、陕西、四川、台湾、西藏、新疆、云南、浙江
179	旋花科	*Ipomoea indica*	变色牵牛	潜在入侵	南美洲	广东的东沙群岛及其他沿海岛屿、台湾
180	旋花科	*Ipomoea nil*	裂叶牵牛	一般性入侵	热带美洲	安徽、福建、广东、广西、贵州、海南、河北、河南、湖北、湖南、江苏、江西、内蒙古、山东、山西、四川、台湾、西藏、云南、浙江
181	旋花科	*Jacquemontia tamnifolia*	苞叶小牵牛	潜在入侵	热带美洲	广东、广西、江西、上海、台湾、浙江
182	旋花科	*Merremia boisiana*	金钟藤	潜在入侵	墨西哥、中美洲	福建、广东、广西、海南、台湾、香港、云南
183	景天科	*Bryophyllum daigremontianum*	大叶落地生根	潜在入侵	马达加斯加岛	澳门、海南、上海
184	景天科	*Bryophyllum pinnatum*	落地生根	潜在入侵	马达加斯加岛	福建、广东、广西、台湾、云南
185	景天科	*Kalanchoe delagoense*	棒叶落地生根	潜在入侵	马达加斯加岛	重庆、福建、广东、广西、贵州、海南、河南、江西、上海、四川、台湾、香港、云南、浙江
186	葫芦科	*Echinocystis lobata*	刺囊瓜	潜在入侵	北美洲	黑龙江、内蒙古
187	葫芦科	*Melothria pendula*	垂瓜果	潜在入侵	南美洲	台湾
188	葫芦科	*Sicyos angulatus*	刺果瓜	潜在入侵	北美洲	北京、福建、辽宁、山东、四川、云南

续表

编号	科名	拉丁学名	中文名	入侵等级	原产地	国内分布
189	莎草科	*Cyperus esculentus*	油莎草	潜在入侵	地中海沿岸	广西、黑龙江、辽宁、山东、台湾、新疆、云南
190	莎草科	*Cyperus involucratus*	风车草	潜在入侵	东非、阿拉伯半岛	澳门、广东、广西、海南、湖南、江苏、台湾、香港、云南
191	莎草科	*Cyperus surinamensis*	苏里南莎草	一般性入侵	美洲	北京、福建、广东
192	大戟科	*Euphorbia antiquorum*	火殃簕	潜在入侵	印度	安徽、重庆、澳门、福建、广东、广西、贵州、海南、湖北、湖南、江苏、江西、陕西、四川、天津、西藏、香港、云南、浙江
193	大戟科	*Euphorbia chamaeclada*	毛果地锦	潜在入侵	巴西	北京、河北
194	大戟科	*Euphorbia cyathophora*	猩猩草	一般性入侵	中南美洲	北京、福建、广东、贵州、海南、河北、河南、湖北、江苏、台湾、香港、云南
195	大戟科	*Euphorbia dentata*	齿裂大戟	一般性入侵	北美洲	北京、广西、河北、湖南、江苏、云南、浙江
196	大戟科	*Euphorbia helioscopia*	泽漆	区域性恶性入侵	欧洲	安徽、北京、福建、甘肃、广东、广西、贵州、海南、河北、河南、黑龙江、湖北、湖南、吉林、江苏、江西、辽宁、内蒙古、宁夏、青海、山东、山西、陕西、四川、台湾、云南、浙江
197	大戟科	*Euphorbia heterophylla*	白苞猩猩草	区域性恶性入侵	北美洲	广东、海南、四川、台湾、云南
198	大戟科	*Euphorbia hirta*	飞扬草	一般性入侵	热带地区	澳门、北京、重庆、福建、广东、广西、贵州、海南、河北、湖北、湖南、江西、四川、台湾、香港、云南、浙江
199	大戟科	*Euphorbia hypericifolia*	通奶草	一般性入侵	美洲	安徽、北京、广东、广西、贵州、海南、河北、湖北、湖南、江西、四川、台湾、云南
200	大戟科	*Euphorbia hyssopifolia*	紫斑大戟	一般性入侵	美洲南部至阿根廷	福建、广东、广西、海南、江西、台湾、香港
201	大戟科	*Euphorbia lathyris*	续随子	一般性入侵	欧洲	安徽、福建、甘肃、广西、贵州、河南、湖北、湖南、吉林、江苏、江西、辽宁、内蒙古、山东、山西、陕西、四川、西藏、新疆、云南、浙江
202	大戟科	*Euphorbia maculata*	斑地锦	一般性入侵	北美洲	北京、重庆、广西、河北、河南、湖北、江苏、江西、四川、台湾、浙江
203	大戟科	*Euphorbia marginata*	银边翠	潜在入侵	北美洲	安徽、北京、重庆、福建、甘肃、广东、广西、贵州、海南、河北、湖北、湖南、江苏、江西、内蒙古、宁夏、青海、山东、山西、陕西、上海、四川、台湾、天津、新疆、云南、浙江
204	大戟科	*Euphorbia nutans*	大地锦	潜在入侵	美洲	福建、广东、广西、贵州、海南、台湾、香港、云南
205	大戟科	*Euphorbia peplus*	南欧大戟	一般性入侵	欧洲	安徽、北京、江苏、辽宁、上海
206	大戟科	*Euphorbia prostrata*	匍匐大戟	一般性入侵	美洲热带和亚热带	北京、福建、广东、海南、河北、湖北、江苏、台湾、云南
207	大戟科	*Euphorbia serpens*	圆叶地锦	一般性入侵	北美热带和亚热带	北京、河北、台湾
208	大戟科	*Phyllanthus amarus*	苦味叶下珠	潜在入侵	美洲	广东、广西、海南、台湾、云南
209	大戟科	*Phyllanthus debilis*	锐尖叶下珠	潜在入侵	印度、斯里兰卡	福建、广东、海南、江西、台湾

续表

编号	科名	拉丁学名	中文名	入侵等级	原产地	国内分布
210	大戟科	*Phyllanthus niruri*	珠子草	潜在入侵	中美洲	澳门、福建、广东、广西、海南、四川、台湾、香港、云南
211	大戟科	*Phyllanthus tenellus*	纤梗叶下珠	潜在入侵	马达加斯加	澳门、福建、广东、海南、台湾、香港
212	大戟科	*Ricinus communis*	蓖麻	一般性入侵	东非	安徽、福建、甘肃、广东、广西、贵州、海南、河北、河南、黑龙江、湖北、湖南、吉林、江苏、江西、辽宁、内蒙古、宁夏、青海、山东、山西、陕西、四川、台湾、西藏、新疆、云南、浙江
213	豆科	*Acacia dealbata*	银荆	潜在入侵	澳大利亚	福建、广西、江苏、云南、浙江
214	豆科	*Acacia decurrens*	线叶金合欢	一般性入侵	热带美洲	重庆、福建、广东、广西、海南、四川、台湾、云南、浙江
215	豆科	*Acacia spinosa*	海滨合欢	潜在入侵	非洲南部	福建、广东、广西、贵州、海南、云南、浙江
216	豆科	*Acacia mearnsii*	黑荆	潜在入侵	澳大利亚	福建、广东、广西、江西、四川、台湾、云南、浙江
217	豆科	*Acaciella glauca*	灰金合欢	潜在入侵	热带美洲	福建、广东、广西、贵州、海南、云南、浙江
218	豆科	*Aeschynomene americana*	敏感合萌	潜在入侵	热带美洲	澳门、广东、海南、江苏、台湾
219	豆科	*Arachis duranensis*	蔓花生	潜在入侵	南美洲	澳门、福建、广东、广西、海南、台湾、云南
220	豆科	*Calopogonium mucunoides*	毛蔓豆	一般性入侵	热带美洲	广东、广西、海南、台湾、云南
221	豆科	*Centrosema pubescens*	距瓣豆	潜在入侵	热带美洲	广东、海南、河南、江苏、台湾、云南
222	豆科	*Chamaecrista mimosoides*	含羞草山扁豆	潜在入侵	热带美洲	福建、广东、广西、贵州、海南、湖北、江西、四川、台湾、云南
223	豆科	*Clitoria laurifolia*	棱荚蝶豆	潜在入侵	热带亚洲、热带非洲、东非	广东
224	豆科	*Clitoria ternantea*	蝶豆	潜在入侵	印度	福建、广东、广西、四川、台湾、香港、云南
225	豆科	*Crotalaria incana*	圆叶猪屎豆	潜在入侵	热带地区	安徽、广东、广西、江苏、台湾、云南、浙江
226	豆科	*Crotalaria juncea*	菽麻	潜在入侵	印度	安徽、重庆、福建、广东、广西、河北、江苏、山东、陕西、上海、四川、台湾、云南、浙江
227	豆科	*Crotalaria lanceolata*	长果猪屎豆	潜在入侵	热带非洲	福建、广东、广西、台湾、云南
228	豆科	*Crotalaria micans*	三尖叶猪屎豆	潜在入侵	热带美洲	福建、广东、广西、海南、湖北、台湾、云南
229	豆科	*Crotalaria ochroleuca*	狭叶猪屎豆	潜在入侵	非洲	广东、广西、海南、浙江
230	豆科	*Crotalaria pallida*	猪屎豆	潜在入侵	可能是非洲	澳门、福建、广东、广西、海南、湖南、江苏、山东、陕西、上海、四川、台湾、香港、云南、浙江
231	豆科	*Crotalaria trichotoma*	光萼猪屎豆	潜在入侵	东非	福建、广东、广西、海南、湖南、江苏、四川、台湾、香港、云南
232	豆科	*Desmanthus pernambucanus*	合欢草	潜在入侵	热带美洲	广东、台湾、云南

续表

编号	科名	拉丁学名	中文名	入侵等级	原产地	国内分布
233	豆科	*Desmodium tortuosum*	南美山蚂蟥	潜在入侵	热带美洲	澳门、福建、广东、海南、台湾、香港
234	豆科	*Indigofera suffruticosa*	野青树	潜在入侵	热带美洲	澳门、北京、福建、广东、广西、贵州、海南、江苏、江西、台湾、香港、云南、浙江
235	豆科	*Leucaena leucocephala*	银合欢	一般性入侵	热带美洲	福建、广东、广西、贵州、海南、湖南、四川、台湾、香港、云南
236	豆科	*Macroptilium atropurpureum*	紫花大翼豆	潜在入侵	热带美洲	澳门、福建、广东、海南、台湾
237	豆科	*Macroptilium lathyroides*	大翼豆	潜在入侵	热带美洲	澳门、福建、广东、海南、台湾、香港
238	豆科	*Medicago polymorpha*	南苜蓿	一般性入侵	印度、伊朗	安徽、湖北、湖南、江苏、江西、山西、浙江
239	豆科	*Medicago sativa*	苜蓿	一般性入侵	亚洲西部	安徽、甘肃、河北、河南、吉林、江苏、辽宁、内蒙古、宁夏、青海、山东、山西、陕西、台湾、西藏、新疆
240	豆科	*Melilotus albus*	白花草木樨	一般性入侵	欧洲、西亚	安徽、福建、甘肃、河北、河南、黑龙江、湖北、吉林、江苏、辽宁、内蒙古、青海、山西、陕西、四川、西藏、新疆、云南
241	豆科	*Melilotus officinalis*	黄香草木樨	一般性入侵	欧洲、西亚	福建、甘肃、广东、贵州、海南、河北、黑龙江、湖南、吉林、江西、辽宁、内蒙古、宁夏、青海、山西、陕西、四川、台湾、西藏、新疆、云南、浙江
242	豆科	*Mimosa bimucronata*	光荚含羞草	恶性入侵	热带美洲	澳门、福建、广东、广西、海南、江西、香港、云南
243	豆科	*Mimosa diplotricha*	巴西含羞草	潜在入侵	热带美洲	福建、广东、广西、海南、台湾、香港、云南
244	豆科	*Mimosa diplotricha* var. *inermis*	无刺含羞草	一般性入侵	热带美洲	福建、广东、广西、海南、云南
245	豆科	*Mimosa pigra*	大含羞草	潜在入侵	美洲	台湾、云南（西双版纳）
246	豆科	*Mimosa pudica*	含羞草	一般性入侵	热带美洲	安徽、澳门、重庆、福建、广东、广西、贵州、海南、江苏、江西、山东、山西、四川、台湾、香港、云南、浙江
247	豆科	*Neptunia plena*	假含羞草	潜在入侵	热带美洲	福建、广东、台湾
248	豆科	*Robinia pseudoacacia*	刺槐	潜在入侵	美国东部	安徽、甘肃、贵州、河北、河南、湖北、湖南、吉林、江苏、江西、辽宁、山西、陕西、四川、云南、浙江
249	豆科	*Securigera varia*	绣球小冠花	潜在入侵	欧洲、地中海区域	北京、辽宁、陕西
250	豆科	*Senna alata*	翅荚决明	潜在入侵	热带美洲	广东、云南南部
251	豆科	*Senna bicapsularis*	双荚决明	潜在入侵	热带美洲	澳门、广东、广西、海南
252	豆科	*Senna corymbosa*	伞房决明	潜在入侵	南美洲	浙江
253	豆科	*Senna septemtrionalis*	光叶决明	潜在入侵	热带美洲	广东、广西、湖北、云南
254	豆科	*Senna hirsuta*	毛荚决明	潜在入侵	热带美洲	广东、海南、台湾、西藏、云南
255	豆科	*Senna occidentalis*	望江南	一般性入侵	热带美洲	安徽、北京、福建、广东、贵州、河北、江苏、山东、四川、台湾、云南、浙江

续表

编号	科名	拉丁学名	中文名	入侵等级	原产地	国内分布
256	豆科	*Senna sophera*	槐叶决明	潜在入侵	热带亚洲	安徽、重庆、广东、广西、贵州、海南、江苏、陕西、上海、四川、台湾、香港、云南、浙江
257	豆科	*Senna obtusifolia*	钝叶决明	一般性入侵	热带美洲	安徽、北京、福建、广东、广西、贵州、海南、河北、江苏、山东、山西、四川、台湾、西藏、云南、浙江
258	豆科	*Senna didymobotrya*	长穗决明	潜在入侵	非洲和亚洲的热带地区	海南、云南
259	豆科	*Sesbania cannabina*	田菁	一般性入侵	可能为大洋洲至太平洋岛屿	安徽、澳门、重庆、福建、广东、广西、海南、河北、河南、湖北、湖南、江苏、江西、内蒙古、山东、山西、陕西、上海、四川、台湾、香港、云南、浙江
260	豆科	*Sesbania grandiflora*	大花田菁	潜在入侵	西印度群岛	福建、广东、广西、海南、台湾、云南
261	豆科	*Sesbania sesban*	印度田菁	潜在入侵	印度至非洲北部	广东、海南、台湾、云南
262	豆科	*Stylosanthes guianensis*	圭亚那笔花豆	潜在入侵	热带美洲	广东、广西、海南、台湾、香港
263	豆科	*Tephrosia candida*	白灰毛豆	潜在入侵	印度	重庆、福建、广东、广西、海南、四川、台湾、香港、云南、浙江
264	豆科	*Trifolium hybridum*	杂种车轴草	潜在入侵	西亚、欧洲	甘肃、贵州、河北、河南、黑龙江、湖北、吉林、辽宁、内蒙古、宁夏、山西、陕西、上海、四川、新疆、浙江
265	豆科	*Trifolium incarnatum*	绛车轴草	潜在入侵	地中海沿岸	安徽、北京、福建、广东、广西、河北、河南、黑龙江、湖北、湖南、吉林、江苏、江西、辽宁、内蒙古、山东、山西、陕西、四川、新疆、浙江
266	豆科	*Trifolium pratense*	红车轴草	一般性入侵	欧洲、中亚、北非	贵州、河南、湖北、吉林、江苏、江西、辽宁、内蒙古、云南
267	豆科	*Trifolium repens*	白车轴草	一般性入侵	欧洲	重庆、贵州、河北、河南、黑龙江、湖北、吉林、江苏、江西、辽宁、云南
268	豆科	*Ulex europaeus*	荆豆	一般性入侵	欧洲	江苏、云南
269	豆科	*Vachellia farnesiana*	金合欢	一般性入侵	热带美洲	重庆、福建、广东、广西、海南、四川、台湾、云南、浙江
270	豆科	*Vicia villosa*	长柔毛野豌豆	一般性入侵	欧洲、中亚伊朗	甘肃、广东、湖南、江苏、山东、西南、云南；东北、西北、华北
271	牻牛儿苗科	*Geranium carolinianum*	野老鹳草	区域性恶性入侵	美洲	安徽、重庆、福建、广东、广西、河南、湖北、湖南、江苏、江西、山东、山西、四川、台湾、云南、浙江
272	禾本科	*Aegilops tauschii*	山羊草	一般性入侵	欧洲、西亚	安徽、北京、重庆、河北（沧州）、河南（新乡）、江苏、山东、山西、陕西（西安）、四川
273	禾本科	*Avena fatua*	野燕麦	一般性入侵	南欧地中海地区	安徽、澳门、福建、甘肃、广东、广西、贵州、海南、河北、河南、黑龙江、湖北、湖南、吉林、江苏、江西、辽宁、内蒙古、宁夏、青海、山东、山西、陕西、四川、台湾、西藏、香港、新疆、云南、浙江
274	禾本科	*Axonopus compressus*	地毯草	潜在入侵	热带美洲	福建、广东、广西、海南、台湾、香港、云南
275	禾本科	*Brachiaria brizantha*	珊状臂形草	一般性入侵	热带亚洲	广东、广西、海南、香港

续表

编号	科名	拉丁学名	中文名	入侵等级	原产地	国内分布
276	禾本科	*Brachiaria mutica*	巴拉草	一般性入侵	热带非洲	广东、台湾
277	禾本科	*Bromus arvensis*	田雀麦	潜在入侵	欧洲	北京、甘肃、河北、江苏、山东、陕西、四川、云南
278	禾本科	*Bromus catharticus*	扁穗雀麦	一般性入侵	南美秘鲁	江苏、云南
279	禾本科	*Buchloe dactyloides*	野牛草	潜在入侵	北美洲	北京、甘肃、河北、辽宁、内蒙古、青海、山西、陕西、天津
280	禾本科	*Cenchrus longispinus*	长刺蒺藜草	恶性入侵	北美洲东部至西印度群岛	北京、福建、广东、广西、河北、湖北、吉林、辽宁、内蒙古
281	禾本科	*Cenchrus echinatus*	蒺藜草	恶性入侵	北美洲	福建、广东、广西、海南、台湾、香港、云南（南部）
282	禾本科	*Chloris gayana*	非洲虎尾草	一般性入侵	非洲	广东、海南、河北、台湾、云南
283	禾本科	*Chrysopogon zizanioides*	香根草	潜在入侵	地中海至印度	重庆、福建、广东、广西、海南、江苏、四川、台湾、云南、浙江
284	禾本科	*Cymbopogon nardus*	亚香茅	潜在入侵	印度、斯里兰卡	安徽、福建、广东、广西、海南、江苏、四川、台湾、香港、云南
285	禾本科	*Dichanthelium acuminatum*	渐尖二型花	潜在入侵	北美洲	江西
286	禾本科	*Dinebra retroflexa*	弯穗草	潜在入侵	印度、非洲	福建、云南
287	禾本科	*Ehrharta erecta*	皱稃草	潜在入侵	非洲	云南
288	禾本科	*Festuca arundinacea*	苇状羊茅	潜在入侵	欧洲	新疆
289	禾本科	*Hordeum bulbosum*	球茎大麦	潜在入侵	意大利	北京、江苏、青海
290	禾本科	*Hordeum jubatum*	芒颖大麦草	一般性入侵	美洲、欧洲、亚洲寒温带	黑龙江、吉林、辽宁、内蒙古、山东、山西、新疆
291	禾本科	*Melinis repens*	红毛草	一般性入侵	南非	福建、广东、海南、台湾、香港
292	禾本科	*Lolium multiflorum*	多花黑麦草	潜在入侵	欧洲	安徽、北京、甘肃、贵州、河北、河南、江苏、辽宁、青海、山东、陕西、云南、浙江
293	禾本科	*Lolium perenne*	黑麦草	潜在入侵	欧洲	安徽、甘肃、贵州、河北、河南、黑龙江、湖北、吉林、江苏、江西、辽宁、内蒙古、宁夏、青海、山东、山西、陕西、四川、新疆、云南、浙江
294	禾本科	*Lolium persicum*	欧黑麦草	一般性入侵	欧洲	北京、甘肃、河北、青海、云南
295	禾本科	*Lolium remotum*	疏花黑麦草	潜在入侵	欧洲	黑龙江、新疆、云南
296	禾本科	*Lolium temulentum*	毒麦	一般性入侵	欧洲	安徽、福建、甘肃、广东、广西、贵州、海南、河北、河南、黑龙江、湖北、湖南、吉林、江苏、江西、辽宁、内蒙古、宁夏、青海、山东、山西、陕西、四川、新疆、云南、浙江
297	禾本科	*Lolium temulentum* var. *arvense*	田野黑麦草	一般性入侵	欧洲	贵州、江苏、江西、青海、新疆、云南
298	禾本科	*Panicum dichotomiflorum*	洋野黍	一般性入侵	北美洲	北京、福建、广东、广西、台湾、香港、云南
299	禾本科	*Panicum maximum*	大黍	一般性入侵	热带东非	福建、广东、广西、海南、台湾、香港、云南
300	禾本科	*Panicum repens*	铺地黍	一般性入侵	巴西	安徽、福建、广东、广西、海南、江苏、江西、山东、台湾、浙江
301	禾本科	*Parapholis incurva*	假牛鞭草	一般性入侵	欧洲	福建、上海、浙江

续表

编号	科名	拉丁学名	中文名	入侵等级	原产地	国内分布
302	禾本科	*Paspalum conjugatum*	两耳草	一般性入侵	热带美洲	福建、广东、广西、贵州、海南、湖南、江西、四川、台湾、西藏、香港、云南
303	禾本科	*Paspalum dilatatum*	毛花雀稗	一般性入侵	南美洲	安徽、福建、江苏、台湾、香港、云南、广东、浙江
304	禾本科	*Paspalum distichum*	双穗雀稗	一般性入侵	南美洲	安徽、福建、广东、江苏、台湾、香港、云南、浙江
305	禾本科	*Paspalum fimbriatum*	裂颖雀稗	潜在入侵	热带美洲	海南、台湾
306	禾本科	*Paspalum malacophyllum*	棱稃雀稗	潜在入侵	热带美洲	甘肃
307	禾本科	*Paspalum notatum*	百喜草	潜在入侵	热带美洲	澳门、福建、甘肃、河北、江西、云南
308	禾本科	*Paspalum paniculatum*	开穗雀稗	潜在入侵	热带美洲	湖南、台湾、浙江
309	禾本科	*Paspalum plicatulum*	皱稃雀稗	潜在入侵	美洲	甘肃
310	禾本科	*Paspalum urvillei*	丝毛雀稗	潜在入侵	南美洲	福建、台湾、香港、浙江
311	禾本科	*Paspalum virgatum*	粗秆雀稗	潜在入侵	美国	台湾
312	禾本科	*Pennisetum clandestinum*	铺地狼尾草	潜在入侵	东非	广东、广西、海南、湖南、云南
313	禾本科	*Pennisetum purpureum*	象草	潜在入侵	非洲	广东、广西、江西、四川、云南
314	禾本科	*Pennisetum polystachion*	牧地狼尾草	潜在入侵	热带美洲及热带非洲	海南、台湾
315	禾本科	*Pennisetum* × *sinese*	皇竹草	潜在入侵	哥伦比亚	安徽、贵州、四川、云南
316	禾本科	*Phalaris minor*	细虉草	潜在入侵	北非、西亚、欧洲南部	江苏、云南
317	禾本科	*Phalaris paradoxa*	奇虉草	潜在入侵	北非、西亚、欧洲南部	江苏、云南
318	禾本科	*Phleum pratense*	梯牧草	潜在入侵	欧洲	安徽、重庆、甘肃、广东、广西、贵州、河北、河南、黑龙江、湖北、湖南、吉林、江苏、辽宁、内蒙古、宁夏、山东、陕西、上海、四川、西藏、新疆、云南、浙江
319	禾本科	*Setaria parviflora*	幽狗尾草	潜在入侵	热带美洲	澳门、福建、广东、广西、贵州、海南、湖北、湖南、吉林、江西、四川、台湾、云南、浙江
320	禾本科	*Setaria sphacelata*	非洲狗尾草	潜在入侵	非洲	台湾
321	禾本科	*Sorghum* × *almum*	杂高粱	潜在入侵	中南美洲	广西
322	禾本科	*Sorghum halepense*	石茅	恶性入侵	地中海地区	安徽、北京、重庆、福建、广东、广西、海南、河北、湖南、江苏、辽宁、四川、台湾、香港、云南
323	禾本科	*Sorghum sudanense*	苏丹草	潜在入侵	非洲	安徽、北京、福建、甘肃、河北、河南、湖北、湖南、江苏、江西、山东、山西、陕西、四川、浙江
324	禾本科	*Spartina alterniflora*	互花米草	恶性入侵	美国东南部海岸	福建、广东、广西、江苏、山东、香港、浙江
325	禾本科	*Spartina anglica*	大米草	恶性入侵	英国	广东、广西、河北、江苏、辽宁、山东、浙江
326	禾本科	*Sporobolus pyramidatus*	具枕鼠尾粟	潜在入侵	美国	甘肃、河南、天津

续表

编号	科名	拉丁学名	中文名	入侵等级	原产地	国内分布
327	禾本科	*Holcus lanatus*	绒毛草	潜在入侵	欧洲	云南(昆明)
328	小二仙草科	*Myriophyllum aquaticum*	粉绿狐尾藻	区域性恶性入侵	欧洲	广东、四川、台湾、云南
329	水鳖科	*Elodea densa*	水蕴草	潜在入侵	南美洲	广东、台湾、香港、浙江
330	唇形科	*Hyptis brevipes*	短柄吊球草	一般性入侵	美洲墨西哥	海南、台湾
331	唇形科	*Hyptis rhomboidea*	吊球草	一般性入侵	热带美洲	广东、广西、海南、台湾、香港
332	唇形科	*Mentha crispata*	皱叶留兰香	潜在入侵	欧洲	北京、重庆、贵州、江苏、上海、四川、云南、浙江
333	唇形科	*Mesosphaerum suaveolens*	山香	一般性入侵	热带美洲	福建、广东、广西、海南、台湾、香港
334	唇形科	*Ocimum basilicum*	罗勒	潜在入侵	热带亚洲	安徽、澳门、北京、重庆、福建、甘肃、广东、广西、贵州、海南、河北、河南、湖北、湖南、吉林、江苏、江西、辽宁、内蒙古、山东、山西、陕西、上海、四川、台湾、天津、香港、新疆、云南、浙江
335	唇形科	*Ocimum gratissimum* var. *suave*	毛叶丁香罗勒	潜在入侵	非洲	福建、广东、广西、海南、江苏、四川、台湾、云南、浙江
336	唇形科	*Salvia coccinea*	朱唇	潜在入侵	墨西哥	安徽、广东、广西、贵州、河北、山东、陕西、上海、四川、台湾、天津、香港、云南、浙江
337	唇形科	*Salvia sclarea*	南欧丹参	潜在入侵	地中海地区	陕西
338	唇形科	*Salvia tiliifolia*	椴叶鼠尾草	一般性入侵	中美洲	四川、云南
339	唇形科	*Stachys arvensis*	田野水苏	潜在入侵	欧洲、西亚、北非	福建、广东、广西、贵州、上海、台湾、浙江
340	浮萍科	*Lemna aequinoctialis*	稀脉浮萍	一般性入侵	美洲	安徽、福建、甘肃、广东、广西、贵州、海南、河北、河南、黑龙江、湖北、湖南、吉林、江苏、江西、辽宁、内蒙古、宁夏、青海、山东、山西、陕西、四川、台湾、西藏、新疆、云南、浙江
341	千屈菜科	*Ammannia coccinea*	长叶水苋菜	一般性入侵	北美洲	安徽、北京、河北、山东、台湾、浙江
342	千屈菜科	*Cuphea carthagenensis*	香膏萼距花	一般性入侵	热带美洲	澳门、福建、广东、广西、湖南、江西、山西、台湾、云南
343	锦葵科	*Abutilon theophrasti*	苘麻	一般性入侵	印度	安徽、北京、福建、甘肃、广东、广西、贵州、海南、河北、河南、黑龙江、湖北、湖南、吉林、江苏、江西、辽宁、内蒙古、宁夏、山东、山西、陕西、四川、台湾、新疆、云南、浙江
344	锦葵科	*Herissantia crispa*	泡果苘	一般性入侵	热带及亚热带美洲	海南
345	锦葵科	*Hibiscus trionum*	野西瓜苗	一般性入侵	非洲	安徽、北京、重庆、甘肃、贵州、河北、河南、黑龙江、湖北、吉林、江苏、江西、辽宁、内蒙古、宁夏、青海、山东、山西、陕西、四川、天津、新疆、云南、浙江
346	锦葵科	*Malvastrum americanum*	穗花赛葵	潜在入侵	美洲	安徽、福建、广西、江苏、上海、台湾
347	锦葵科	*Malvastrum coromandelianum*	赛葵	一般性入侵	美洲	澳门、福建、广东、广西、海南、台湾、香港、云南

续表

编号	科名	拉丁学名	中文名	入侵等级	原产地	国内分布
348	锦葵科	*Sida acuta*	黄花稔	一般性入侵	美洲	安徽、澳门、北京、福建、广东、广西、贵州、海南、河北、湖北、湖南、江苏、江西、山东、四川、台湾、香港、云南、浙江
349	角胡麻科	*Martynia annua*	角胡麻	潜在入侵	中美洲	云南
350	野牡丹科	*Clidemia hirta*	毛野牡丹	潜在入侵	热带美洲	台湾
351	桃金娘科	*Eucalyptus robusta*	桉	一般性入侵	澳大利亚	广泛分布
352	桃金娘科	*Psidium guajava*	番石榴	潜在入侵	南美洲	福建、广东、广西、海南、江西、台湾
353	紫茉莉科	*Mirabilis jalapa*	紫茉莉	一般性入侵	热带美洲	安徽、北京、重庆、福建、甘肃（南部）、广东、贵州、海南、河北、河南、湖北、湖南、江苏、江西、山东、山西、陕西、四川、云南、浙江
354	紫茉莉科	*Mirabilis nyctaginea*	夜香伞茉莉	潜在入侵	北美洲	北京
355	睡莲科	*Cabomba caroliniana*	水盾草	区域性恶性入侵	北美洲	安徽、北京、重庆、河北、河南、湖北、江苏、江西、辽宁、山东、陕西、上海、香港、云南、浙江
356	柳叶菜科	*Clarkia pulchella*	克拉花	潜在入侵	北美洲	广西、西藏、浙江
357	柳叶菜科	*Gaura parviflora*	小花山桃草	恶性入侵	北美洲	北京、福建、广东、贵州、海南、河北、河南、湖南、江西、辽宁、山东、台湾、西藏、云南、浙江
358	柳叶菜科	*Ludwigia leptocarpa*	细果草龙	潜在入侵	美洲、澳大利亚	江苏、上海、浙江
359	柳叶菜科	*Oenothera biennis*	月见草	一般性入侵	北美洲	安徽、河北、黑龙江、吉林、江苏、江西、辽宁、山东、云南、浙江
360	柳叶菜科	*Oenothera drummondii*	海边月见草	一般性入侵	美国大西洋海岸与墨西哥湾海岸	福建、广东、海南、江西、山东、香港
361	柳叶菜科	*Oenothera glazioviana*	黄花月见草	潜在入侵	杂交起源	安徽、北京、重庆、福建、甘肃、广西、贵州、河北、黑龙江、湖北、湖南、吉林、江苏、江西、辽宁、内蒙古、山东、山西、陕西、上海、四川、台湾、天津、云南、浙江
362	柳叶菜科	*Oenothera lindheimeri*	山桃草	潜在入侵	北美洲	安徽、北京、重庆、河北、河南、湖北、江苏、江西、辽宁、山东、陕西、上海、香港、云南、浙江
363	柳叶菜科	*Oenothera laciniata*	裂叶月见草	潜在入侵	北美洲东部	安徽、福建、甘肃、广东、河南、湖南、江苏、江西、上海、四川、台湾、浙江
364	柳叶菜科	*Oenothera oakesiana*	曲序月见草	潜在入侵	北美洲东部	福建、湖南、江西
365	柳叶菜科	*Oenothera parviflora*	小花月见草	潜在入侵	北美洲东部	北京、福建、河北、辽宁、云南
366	柳叶菜科	*Oenothera rosea*	粉花月见草	潜在入侵	美洲	贵州、江西、云南、浙江
367	柳叶菜科	*Oenothera speciosa*	美丽月见草	潜在入侵	中美洲	安徽、山东、上海、浙江
368	柳叶菜科	*Oenothera stricta*	待宵草	潜在入侵	中美洲	北京、重庆、福建、甘肃、广东、广西、贵州、河北、黑龙江、湖北、湖南、吉林、江苏、江西、辽宁、山东、陕西、四川、台湾、天津、云南
369	柳叶菜科	*Oenothera tetraptera*	四翅月见草	潜在入侵	北美洲南部	北京、福建、广西、贵州、湖南、上海、四川、台湾、云南

续表

编号	科名	拉丁学名	中文名	入侵等级	原产地	国内分布
370	柳叶菜科	*Oenothera villosa*	长毛月见草	潜在入侵	北美洲中东部	北京、河北、黑龙江、吉林、辽宁、天津、云南
371	列当科	*Orobanche brassicae*	光药列当	潜在入侵	东欧	福建
372	酢浆草科	*Oxalis bowiei*	大花酢浆草	潜在入侵	南非	北京、重庆、河北、河南、江苏、山东、山西、陕西、上海、天津、新疆、浙江
373	酢浆草科	*Oxalis corymbosa*	红花酢浆草	一般性入侵	热带美洲	澳门、福建、广东、广西、贵州、海南、河北、湖北、湖南、江苏、江西、山西、陕西、四川、台湾、香港、云南、浙江
374	酢浆草科	*Oxalis latifolia*	宽叶酢浆草	一般性入侵	美洲	福建、广东、广西、台湾、云南
375	酢浆草科	*Oxalis triangularis*	紫叶酢浆草	潜在入侵	热带美洲	重庆、福建、河南、湖北、江西、上海、四川、台湾
376	罂粟科	*Argemone mexicana*	蓟罂粟	一般性入侵	美洲	福建、广东、台湾、云南
377	西番莲科	*Passiflora caerulea*	西番莲	潜在入侵	南美洲	广西、海南、湖北、江西、四川、云南
378	西番莲科	*Passiflora edulis*	鸡蛋果	潜在入侵	南美洲	澳门、重庆、福建、广东、广西、贵州、海南、江苏、四川、台湾、香港、云南、浙江
379	西番莲科	*Passiflora foetida*	龙珠果	一般性入侵	西印度群岛	福建、广东、广西、海南、台湾、香港、云南
380	西番莲科	*Passiflora quadrangularis*	大果西番莲	潜在入侵	热带美洲	福建、广东、广西、海南、河北、台湾、云南
381	西番莲科	*Passiflora suberosa*	细柱西番莲	一般性入侵	热带美洲	福建、广东、台湾、香港、云南
382	商陆科	*Petiveria alliacea*	蒜香草	潜在入侵	北美洲、南美洲	福建
383	商陆科	*Phytolacca americana*	垂序商陆	一般性入侵	北美洲	安徽、北京、重庆、福建、广东、广西、贵州、河北、河南、湖北、湖南、江苏、江西、山东、山西、陕西、四川、台湾、天津、云南、浙江
384	商陆科	*Rivina humilis*	数珠珊瑚	潜在入侵	热带美洲	福建、广东、广西、台湾、浙江
385	胡椒科	*Peperomia pellucida*	草胡椒	一般性入侵	中南美洲、印度尼西亚、墨西哥、西印度群岛	福建、广东、广西、贵州（黄果树）、台湾、香港、云南
386	车前科	*Plantago aristata*	芒苞车前	潜在入侵	北美洲	江苏、山东
387	车前科	*Plantago lanceolata*	长叶车前	一般性入侵	欧洲、北亚、中亚	甘肃、河南、湖北、吉林、江苏、江西、辽宁、山东、台湾、新疆、云南、浙江
388	车前科	*Plantago virginica*	北美车前	一般性入侵	北美洲	安徽、福建、广东、湖北、湖南、江苏、江西、四川、台湾、浙江
389	雨久花科	*Eichhornia crassipes*	凤眼蓝	恶性入侵	热带美洲	安徽、重庆、福建、广东、广西、贵州、湖北、湖南、江苏、江西、四川、云南、浙江
390	马齿苋科	*Portulaca pilosa*	毛马齿苋	一般性入侵	美洲	澳门、福建、广东、广西、海南、台湾、香港、云南
391	马齿苋科	*Talinum fruticosum*	棱轴土人参	潜在入侵	热带美洲	海南、台湾、香港
392	马齿苋科	*Talinum paniculatum*	土人参	一般性入侵	热带美洲	安徽、福建、广东、广西、贵州、河南、江苏、云南、浙江
393	毛茛科	*Ranunculus arvensis*	田野毛茛	一般性入侵	欧洲、亚洲西部	安徽、广西、河南、湖北、江苏、江西

续表

编号	科名	拉丁学名	中文名	入侵等级	原产地	国内分布
394	毛茛科	*Ranunculus muricatus*	刺果毛茛	一般性入侵	欧洲、亚洲西部、北非	安徽、江苏、江西、山西、上海、浙江
395	毛茛科	*Ranunculus sardous*	欧毛茛	潜在入侵	欧洲	上海
396	木犀草科	*Reseda lutea*	黄木樨草	潜在入侵	欧洲、亚洲西部、北非	辽宁
397	茜草科	*Diodia teres*	山东丰花草	一般性入侵	美洲	福建、山东
398	茜草科	*Diodia virginiana*	双角草	潜在入侵	美洲	安徽、台湾
399	茜草科	*Mitracarpus hirtus*	盖裂果	一般性入侵	美洲	北京、福建、广东、广西、海南、江西、香港、云南
400	茜草科	*Richardia brasiliensis*	巴西墨苜蓿	一般性入侵	南美洲	福建、广东、广西、海南、台湾、香港、浙江
401	茜草科	*Richardia scabra*	墨苜蓿	一般性入侵	美洲安第斯山地区	澳门、北京、福建、广东、广西、海南、台湾、香港
402	茜草科	*Sherardia arvensis*	田茜	潜在入侵	欧洲	北京、湖南、江苏、台湾
403	茜草科	*Spermacoce alata*	阔叶丰花草	一般性入侵	南美洲热带	福建、广东南部、海南、台湾、香港、云南、浙江
404	茜草科	*Spermacoce remota*	光叶丰花草	一般性入侵	热带美洲	重庆、广东、台湾、云南
405	槐叶苹科	*Salvinia molesta*	速生槐叶苹	区域性恶性入侵	南美洲	海南、江苏、台湾、香港、浙江
406	玄参科	*Bacopa repens*	田玄参	潜在入侵	北美洲、南美洲	福建、广东、海南、香港
407	玄参科	*Cymbalaria muralis*	蔓柳穿鱼	潜在入侵	欧洲	北京、河南、江西
408	玄参科	*Kickxia elatine*	戟叶凯氏草	潜在入侵	欧洲	江苏、上海、浙江
409	玄参科	*Lindernia rotundifolia*	圆叶母草	潜在入侵	印度、斯里兰卡、毛里求斯、马达加斯加	广东（深圳）、香港
410	玄参科	*Mecardonia procumbens*	伏胁花	一般性入侵	美洲、热带亚洲	澳门、福建、广东、海南、台湾
411	玄参科	*Micranthemum umbrosum*	微花草	潜在入侵	美国、中美洲	广东（深圳）
412	玄参科	*Scoparia dulcis*	野甘草	一般性入侵	热带美洲	澳门、福建、广东、广西、海南、江苏、台湾、香港、云南
413	玄参科	*Stemodia verticillata*	轮叶离药草	一般性入侵	热带亚洲、非洲、大洋洲	广东、海南、台湾
414	玄参科	*Veronica arvensis*	直立婆婆纳	一般性入侵	欧洲	安徽、北京、福建、贵州、河北、河南、湖北、湖南、江苏、江西、浙江
415	玄参科	*Veronica hederifolia*	常春藤婆婆纳	一般性入侵	欧洲、北非	江苏（南京）、浙江（定海）
416	玄参科	*Veronica peregrina*	蚊母草	一般性入侵	北美洲	安徽、澳门、北京、重庆、福建、广东、广西、贵州、河南、黑龙江、湖北、湖南、吉林、江苏、江西、辽宁、内蒙古、山东、陕西、上海、四川、台湾、西藏、新疆、云南、浙江
417	玄参科	*Veronica persica*	阿拉伯婆婆纳	一般性入侵	西亚至伊朗	安徽、北京、重庆、福建、甘肃、贵州、河北、河南、湖北、湖南、江苏、江西、宁夏、青海、山东、陕西、四川、台湾、西藏、新疆、云南、浙江
418	玄参科	*Veronica polita*	婆婆纳	一般性入侵	西亚	安徽、北京、重庆、福建、甘肃、广西、贵州、河北、河南、湖北、江苏、江西、青海、山东、山西、陕西、四川、新疆、云南、浙江

续表

编号	科名	拉丁学名	中文名	入侵等级	原产地	国内分布
419	茄科	*Atropa belladonna*	颠茄	潜在入侵	欧洲、西亚、北非	重庆、福建、广东、广西、河南、黑龙江、湖北、江苏、四川、天津、山东、新疆、云南、浙江
420	茄科	*Brugmansia suaveolens*	大花木曼陀罗	潜在入侵	巴西	福建、广东、上海、台湾、云南
421	茄科	*Datura innoxia*	毛曼陀罗	潜在入侵	欧亚大陆、美洲大陆	安徽、北京、河北、河南、湖北、湖南、江苏、江西、辽宁、内蒙古、山东、山西、天津、新疆、浙江
422	茄科	*Datura metel*	洋金花	一般性入侵	印度	安徽、福建、甘肃、广东、广西、河北、河南、黑龙江、吉林、江苏、辽宁、青海、山西、陕西、四川、西藏、新疆、云南
423	茄科	*Datura stramonium*	曼陀罗	恶性入侵	墨西哥	安徽、福建、甘肃、广东、广西、贵州、海南、河北、河南、黑龙江、湖北、湖南、吉林、江苏、江西、辽宁、内蒙古、宁夏、青海、山东、山西、陕西、四川、台湾、西藏、新疆、云南、浙江
424	茄科	*Nicandra physalodes*	假酸浆	一般性入侵	秘鲁	安徽、北京、重庆、福建、甘肃、广东、广西、贵州、河北、河南、湖北、湖南、吉林、江苏、江西、内蒙古、山东、陕西、陕西、上海、四川、台湾、天津、西藏、新疆、云南、浙江
425	茄科	*Physalis angulata*	苦蘵	一般性入侵	美洲	安徽、重庆、福建、广东、广西、贵州、海南、河南、湖北、湖南、江苏、江西、山东、四川、西藏、云南、浙江
426	茄科	*Physalis minima*	小酸浆	一般性入侵	热带美洲	安徽、北京、重庆、福建、甘肃、广东、广西、贵州、海南、河北、河南、湖北、湖南、吉林、江苏、江西、山东、陕西、上海、四川、台湾、云南、浙江
427	茄科	*Physalis peruviana*	灯笼果	潜在入侵	南美洲	安徽、重庆、福建、广东、河南、湖北、吉林、江苏、四川、台湾、云南
428	茄科	*Physalis philadelphica*	费城酸浆	一般性入侵	中美洲	北京、重庆、福建、广西、贵州、河南、黑龙江、湖北、湖南、吉林、江苏、江西、辽宁、山东、上海、四川、新疆、云南
429	茄科	*Physalis pubescens*	毛酸浆	潜在入侵	美洲	湖北、湖南、江苏
430	茄科	*Solanum aculeatissimum*	喀西茄	恶性入侵	拉丁美洲	重庆、福建、广东、广西、贵州、海南、湖南、江西、四川、西藏、云南、浙江
431	茄科	*Solanum americanum*	少花龙葵	一般性入侵	热带美洲	福建、广东、贵州、海南、湖南、江西、四川、台湾、香港、云南
432	茄科	*Solanum capsicoides*	牛茄子	一般性入侵	巴西	福建、广东、贵州、海南、湖南、江西、四川、台湾、香港、云南
433	茄科	*Solanum carolinense*	北美刺龙葵	潜在入侵	北美洲	江苏、上海、浙江
434	茄科	*Solanum diphyllum*	黄果龙葵	潜在入侵	中美洲	广西、台湾
435	茄科	*Solanum elaeagnifolium*	银毛龙葵	一般性入侵	美洲	山东、台湾
436	茄科	*Solanum erianthum*	假烟叶树	一般性入侵	美洲	福建、广东、广西、贵州、海南、四川、台湾、西藏、香港、云南

续表

编号	科名	拉丁学名	中文名	入侵等级	原产地	国内分布
437	茄科	*Solanum pseudocapsicum*	珊瑚樱	潜在入侵	南美洲	安徽、澳门、北京、重庆、福建、甘肃、广东、广西、贵州、河北、河南、湖北、湖南、江苏、江西、辽宁、山东、陕西、上海、四川、台湾、天津、西藏、云南、浙江
438	茄科	*Solanum rostratum*	黄花刺茄	恶性入侵	北美洲	北京、河北、吉林、辽宁、山西、新疆、云南
439	茄科	*Solanum sarrachoides*	腺龙葵	潜在入侵	巴西	澳门、福建、广东、广西、贵州、海南、台湾、西藏（墨脱）、香港、云南
440	茄科	*Solanum sisymbriifolium*	蒜芥茄	潜在入侵	南美洲	广东、广西、河北、江苏、江西、辽宁、上海、台湾、云南
441	茄科	*Solanum torvum*	水茄	恶性入侵	美洲	澳门、福建、广东、广西、贵州、海南、台湾、西藏（墨脱）、香港、云南
442	海桑科	*Sonneratia apetala*	无瓣海桑	潜在入侵	孟加拉国	广东、广西、海南
443	梧桐科	*Waltheria indica*	蛇婆子	一般性入侵	美洲	福建、广东、广西、海南、台湾、香港、云南
444	伞形科	*Ammi majus*	大阿米芹	潜在入侵	地中海地区	安徽、重庆、福建、广东、广西、河北、湖北、湖南、江苏、山东、四川、台湾、香港、浙江
445	伞形科	*Anthriscus caucalis*	刺毛峨参	潜在入侵	欧洲、亚洲西部	江苏
446	伞形科	*Cyclospermum leptophyllum*	细叶旱芹	一般性入侵	欧洲	安徽、重庆、福建、广东、广西、河北、湖北、湖南、江苏、山东、四川、台湾、香港、浙江
447	伞形科	*Daucus carota*	野胡萝卜	一般性入侵	欧洲、亚洲西南部、北非	安徽、重庆、福建、广东、广西、贵州、河南、湖北、湖南、江苏、江西、四川、西藏（察隅）、新疆、云南、浙江
448	伞形科	*Eryngium foetidum*	刺芹	潜在入侵	中美洲	广东、广西、贵州、海南、香港、云南
449	伞形科	*Hydrocotyle verticillata*	南美天胡荽	区域性恶性入侵	热带美洲	广东、广西、贵州、海南、香港、云南
450	荨麻科	*Pilea microphylla*	小叶冷水花	一般性入侵	拉丁美洲、南美洲	北京、福建、广东、广西、海南、河北、江西、香港、云南、浙江
451	马鞭草科	*Lantana camara*	马缨丹	一般性入侵	热带美洲	澳门、福建、广东、广西、海南、湖北、山西、台湾、香港、云南
452	马鞭草科	*Lantana montevidensis*	蔓马缨丹	潜在入侵	拉丁美洲	澳门、福建、广东、广西、海南、江西、上海、台湾、云南
453	马鞭草科	*Stachytarpheta cayennensis*	南假马鞭	潜在入侵	中美洲、南美洲	广西
454	马鞭草科	*Stachytarpheta jamaicensis*	假马鞭草	一般性入侵	中美洲、南美洲	重庆、福建（南部）、广东、广西、海南、四川、台湾、香港、云南（南部）
455	马鞭草科	*Stachytarpheta urticifolia*	荨麻叶假马鞭	一般性入侵	中美洲、南美洲	海南、台湾
456	马鞭草科	*Verbena bonariensis*	柳叶马鞭草	潜在入侵	南美洲	安徽、北京、福建、广东、江西、上海、四川、台湾、香港、云南、重庆
457	马鞭草科	*Verbena bracteata*	长苞马鞭草	潜在入侵	北美洲	广东、河北、辽宁
458	马鞭草科	*Verbena brasiliensis*	狭叶马鞭草	潜在入侵	南美洲	福建、广东、江西、上海、台湾、浙江
459	葡萄科	*Parthenocissus quinquefolia*	五叶地锦	潜在入侵	北美洲	河北、河南、吉林、江苏、江西、辽宁、内蒙古、山东、山西、台湾、浙江

附录Ⅱ 中国外来入侵动物名录

编号	中文名	拉丁学名	科名	国内分布范围	原产地
1	虾夷马粪海胆	*Strongylocentrotus intermedius*	球海胆科	辽宁	日本
2	麝鼠	*Ondatra zibethicus*	仓鼠科	北京、甘肃、广西、贵州、黑龙江、湖北、江苏、辽宁、内蒙古、宁夏、青海、山东、陕西、新疆	北美洲
3	獭狸	*Myocastor coypus*	海狸鼠科	福建、河北、河南、湖北、湖南、江苏、辽宁、内蒙古、山西、四川、吉林	南美洲
4	小家鼠	*Mus musculus*	鼠科	安徽、澳门、北京、福建、甘肃、广东、广西、贵州、海南、河北、河南、黑龙江、湖北、湖南、吉林、江苏、江西、辽宁、内蒙古、宁夏、青海、山东、山西、陕西、上海、四川、台湾、天津、西藏、香港、新疆、云南、浙江	欧洲
5	褐家鼠	*Rattus norvegicus*	鼠科	安徽、澳门、北京、福建、甘肃、广东、广西、贵州、海南、河北、河南、黑龙江、湖北、湖南、吉林、江苏、江西、辽宁、内蒙古、宁夏、青海、山东、山西、陕西、上海、四川、台湾、天津、西藏、香港、新疆、云南、浙江	东南亚
6	黑家鼠	*Rattus rattus*	鼠科	福建、辽宁、上海、台湾	欧洲
7	牛蛙	*Lithobates catesbeiana*	蛙科	福建、广西、湖南、四川、新疆、云南、浙江	北美洲
8	猪蛙	*Lithobates grylio*	蛙科	广东	美洲
9	河蛙	*Lithobates heckscheri*	蛙科	广东	美洲
10	加拿大黑雁	*Branta canadensis*	鸭科	北京、河北、湖南、江西、台湾等	北美洲
11	小葵花凤头鹦鹉	*Cacatua sulphurea*	鹦鹉科	香港	南亚
12	佛罗里达鳖	*Apalone ferox*	鳖科	北京、广东、广西、海南、江苏、浙江	美国
13	蛇鳄龟	*Chelydra serpentina*	鳄龟科	安徽、澳门、福建、广东、广西、海南、河北、河南、湖南、江西、山东、台湾、香港、浙江	美洲
14	大鳄龟	*Macroclemys temminckii*	鳄龟科	澳门、广东、广西、海南、河北、河南、湖南、江西、台湾、香港、浙江	美国中南部
15	红耳彩龟	*Trachemys scripta elegans*	龟科	河北、河南、湖北、湖南、辽宁、山东、四川、台湾	美洲
16	黄耳彩龟	*Trachemys scripta scripta*	龟科	广东、广西、海南、江苏、浙江	北美洲
17	大菱鲆	*Scophtatmus maximus*	菱鲆科	环渤海区域	英国
18	塞内加尔鳎	*Solea senegalensis*	鳎科	山东	法国
19	欧鳎	*Solea solea*	鳎科	河北、山东	欧洲
20	大西洋牙鲆	*Paralichthys dentatus*	牙鲆科	山东	美国
21	漠斑牙鲆	*Paralichthys lethostigma*	牙鲆科	全国	美国
22	银鲑	*Oncorhynchus Kisutch*	鲑科	辽宁	美国、加拿大
23	大西洋鲑	*Salmo salar*	鲑科	辽宁	北美洲

续表

编号	中文名	拉丁学名	科名	国内分布范围	原产地
24	虹鳟	*Oncorhynchus mykiss*	鲑科	全国	美国
25	白鲫	*Carassius cuvieri*	鲤科	全国各地	日本
26	丁鲅	*Tinca tinca*	鲤科	广东、湖北、江苏、四川、浙江	欧洲
27	奥利亚罗非鱼	*Oreochromis aureus*	丽鱼科	人工养殖，主要在南方或北方具温水源（如电厂）的地方	非洲
28	尼罗罗非鱼	*Oreochromis niloticus*	丽鱼科	华南地区、辽宁、山东	非洲
29	河鲈	*Perca fluviatilis*	鲈科	新疆	亚欧大陆北部的寒温带地区
30	条纹狼鲈	*Morone saxatilis*	狼鲈科	山东	美国
31	眼斑拟石首鱼	*Sciaenops ocellatus*	石首鱼科	山东	美国
32	大口黑鲈	*Micropterus salmoides*	太阳鱼科	江苏、山东、上海、浙江	美国
33	欧洲鳗鲡	*Anguilla anguilla*	鳗鲡科	福建、广东、江苏、台湾	欧洲
34	美洲鳗鲡	*Anguilla rostrata*	鳗鲡科	福建、广东、江苏、浙江	美国、加拿大等地
35	胡子鲇	*Clarias fuscus*	胡子鲇科	沿海地区	泰国
36	短盖巨脂鲤	*Piaractus brachypomus*	脂鲤科	全国各地	南美洲
37	真海鞘	*Halocynthia roretzi*	腕海鞘科	辽宁、山东	日本、韩国
38	麦扁盾蝽	*Eurygaster integriceps*	蝽科	甘肃、黑龙江、内蒙古、新疆	欧洲、西亚
39	松突圆蚧	*Hemiberlesia pitysophila*	盾蚧科	澳门、广东、台湾、香港	日本
40	洁粉蚧	*Dysmicoccus brevipes*	粉蚧科	福建、广东、广西、贵州、海南、台湾、云南	中美洲、加勒比地区
41	新菠萝灰粉蚧	*Dysmicoccus neobrevipes*	粉蚧科	广东、海南、台湾	不详
42	湿地松粉蚧	*Oracella acuta*	粉蚧科	福建、广东、广西	美国佐治亚州
43	扶桑绵粉蚧	*Phenacoccus solenopsis*	粉蚧科	广东、台湾	原产于北美洲
44	螺旋粉虱	*Aleurodicus dispersus*	粉虱科	海南、台湾	中美洲、加勒比地区
45	烟粉虱	*Bemisia tabaci*	粉虱科	全国各地	印度、非洲
46	温室白粉虱	*Trialeurodes vaporariorum*	粉虱科	东北、华北、华东和西北	巴西、墨西哥
47	梨瘤蚜	*Aphanostigma piri*	根瘤蚜科	台湾	欧洲
48	栗苞蚜	*Moritziella castaneivora*	根瘤蚜科	辽宁、山东、浙江	日本
49	葡萄根瘤蚜	*Daktulosphaira viticola*	根瘤蚜科	湖南、辽宁、山东、陕西、台湾	美国
50	橡副珠蜡蚧	*Parasaissetia nigra*	蚧科	广东、海南、台湾、香港	非洲

续表

编号	中文名	拉丁学名	科名	国内分布范围	原产地
51	吹绵蚧	*Icerya purchasi*	绵蚧科	广东、广西、江苏、江西、陕西、四川、台湾	澳大利亚
52	银合欢异木虱	*Heteropsylla cubana*	木虱科	广东、广西、海南、台湾、香港	中美洲、南美洲
53	悬铃木方翅网蝽	*Corythucha ciliata*	网蝽科	贵阳、杭州、南京、上海、武汉、郑州、重庆	北美洲
54	苹果绵蚜	*Eriosoma lanigerum*	瘿绵蚜科	河北、河南、江苏、辽宁、山东、山西、陕西、天津、西藏、新疆、云南	美国
55	日本松干蚧	*Matsucoccus matsunurae*	珠蚧科	安徽、吉林、江苏、辽宁、山东、上海、浙江	日本
56	截头堆砂白蚁	*Cryptotermes domesticus*	木白蚁科	广东、广西、海南、台湾、云南	澳大利亚
57	小楹白蚁	*Incisitermes minor*	木白蚁科	江苏（南京）、上海、浙江（宁海）	美国
58	德国小蠊	*Blattella germanica*	蜚蠊科	安徽、北京、福建、甘肃、广东、广西、贵州、河北、河南、黑龙江、湖北、湖南、江苏、江西、辽宁、内蒙古、宁夏、青海、山东、山西、陕西、上海、四川、天津、新疆、云南、浙江	南亚、非洲
59	美国白灯蛾	*Hyphantria cunea*	灯蛾科	北京、辽宁、陕西、天津	北美洲
60	蔗扁蛾	*Opogona sacchari*	辉蛾科	北京、福建、广东、海南、浙江	非洲
61	苹果蠹蛾	*Laspeyresia pomonella*	卷蛾科	甘肃、新疆	欧洲
62	桃枝麦蛾	*Anarsia lineatella*	麦蛾科	河北、陕西、新疆	欧洲
63	棉红铃虫	*Pectinophora gossypiella*	麦蛾科	除新疆、甘肃的河西走廊、宁夏、青海等地外，遍及其他各省、自治区和直辖市的棉区	印度
64	马铃薯块茎蛾	*Phthorimaea operculella*	麦蛾科	安徽、广东、贵州、江西、山西、陕西、四川、台湾、云南	美洲
65	麦蛾	*Sitotroga cerealella*	麦蛾科	除西藏、新疆外，各省、自治区和直辖市均有发生	墨西哥
66	米蛾	*Corcyra cephalonica*	螟蛾科	广东、广西、辽宁、上海	欧洲
67	一点缀螟	*Paralipsa gularis*	螟蛾科	除新疆、西藏、宁夏、青海及陕西未发现外，其余各省、自治区和直辖市均有发现	东南亚
68	印度谷螟	*Plodia interpunctella*	螟蛾科	除西藏外，全国各地均有分布	欧洲
69	黄斑蕉弄蝶	*Erionota torus*	弄蝶科	福建、广东、广西、海南、台湾、云南	东南亚
70	苜蓿籽蜂	*Bruchophagus gibbus*	广肩小蜂科	甘肃、内蒙古、宁夏、新疆	北美洲
71	桉树枝瘿姬小蜂	*Leptocube invasa*	姬小蜂科	广东、广西、海南	非洲
72	刺桐姬小蜂	*Quadrastichus erythrinae*	姬小蜂科	福建、广东、海南、台湾	非洲
73	泰加大树蜂	*Urocerus gigas taiganus*	树蜂科	甘肃、河北、黑龙江、吉林、辽宁、青海、山东、山西、新疆	北欧
74	热带火蚁	*Solenopsis geminata*	蚁科	广东、海南、台湾、香港	南美洲
75	红火蚁	*Solenopsis invicta*	蚁科	澳门、福建、广东、广西、湖南、台湾、香港	南美洲
76	银合欢豆象	*Acanthoscelides macrophthalmus*	豆象科	福建、广东、海南	美国
77	菜豆象	*Acanthoscelides obtectus*	豆象科	吉林、台湾	中美洲、南美洲
78	紫穗槐豆象	*Acanthoscelides pallidipennis*	豆象科	河北、河南、黑龙江、辽宁、内蒙古	美洲

续表

编号	中文名	拉丁学名	科名	国内分布范围	原产地
79	皂角豆象	*Megabruchidius dorsalis*	豆象科	北京、甘肃、河南、辽宁、青海、新疆、云南	孟加拉湾
80	豌豆象	*Bruchus pisorum*	豆象科	除西藏、黑龙江外，其他各地均有发现	地中海地区
81	蚕豆象	*Bruchus rufimanus*	豆象科	西北、华北、华中、华南等地区的许多省份	欧洲
82	鹰嘴豆象	*Callosobruchus analis*	豆象科	云南	不详
83	四纹豆象	*Callosobruchus maculatus*	豆象科	福建、广东、台湾	非洲
84	灰豆象	*Callosobruchus phaseoli*	豆象科	湖北、浙江	东亚、非洲
85	巴西豆象	*Zabrotes subfasciatus*	豆象科	重庆、云南	中美洲和南美洲
86	赤颈郭公虫	*Necrobia ruficollis*	郭公甲科	福建、贵州、湖南、江西、辽宁、上海	印度
87	赤足郭公虫	*Necrobia rufipes*	郭公甲科	甘肃、广东、贵州、辽宁、内蒙古、台湾、新疆	印度
88	苹果小吉丁虫	*Agrilus mali*	吉丁虫科	甘肃、河南、黑龙江、吉林、辽宁、内蒙古、宁夏、青海、山西、新疆	日本
89	米扁虫	*Cathartus advena*	锯谷盗科	国内除台湾、西藏外，其余各地均有分布	美洲
90	杂拟谷盗	*Tribolium confusum*	拟步甲科	黑龙江、辽宁、内蒙古、宁夏、新疆	埃塞俄比亚
91	墨西哥拟叩甲	*Pharaxonotha kirschii*	拟叩甲科	海南、云南	美洲
92	小圆皮蠹	*Anthrenus verbasci*	皮蠹科	安徽、甘肃、广东、广西、贵州、河北、河南、黑龙江、江苏、江西、内蒙古、青海、山东、四川、云南	北美洲
93	谷斑皮蠹	*Trogoderma granarium*	皮蠹科	福建、山东、台湾	印度、缅甸、斯里兰卡、马来西亚
94	烟草甲	*Lasioderma serricorne*	窃蠹科	国内除青海、宁夏未发现外，其他各地均有发生	美洲
95	青杨脊虎天牛	*Rusticoclytus rusticus*	天牛科	黑龙江、吉林、辽宁、内蒙古、上海	欧洲
96	椰心叶甲	*Brontispa longissima*	铁甲科	海南、台湾、香港	印度尼西亚、巴布亚新几内亚
97	水椰八角铁甲	*Octodonta nipae*	铁甲科	海南	马来西亚
98	香蕉球茎象甲	*Cosmopolites sordidus*	象甲科	福建、广东、广西、贵州、台湾、云南	印度、马来西亚
99	杨干象	*Cryptorrhynchus lapathi*	象甲科	甘肃、河北、黑龙江、吉林、辽宁、内蒙古、山西、陕西、新疆	欧洲
100	椰花四星象甲	*Diocalandra frumenti*	象甲科	海南、台湾	东南亚
101	苜蓿叶象甲	*Hypera postica*	象甲科	内蒙古、新疆	欧洲、非洲
102	稻水象甲	*Lissorhoptrus oryzophilus*	象甲科	福建、河北、吉林、辽宁、山东、台湾、天津、浙江	美国
103	褐纹甘蔗象	*Rhabdoscelus similis*	象甲科	北京、广东、台湾	菲律宾
104	红棕象甲	*Rhynchophorus ferrugineus*	象甲科	福建、广东、广西、海南、上海、台湾、西藏、香港、云南	印度、美拉尼西亚

续表

编号	中文名	拉丁学名	科名	国内分布范围	原产地
105	谷象	*Sitophilus granarius*	象甲科	甘肃、黑龙江、山东、四川、新疆	欧洲、非洲
106	芒果果肉象	*Sternochetus frigidus*	象甲科	广东、广西、四川、云南	南亚、东南亚
107	芒果果核象	*Sternochetus mangiferae*	象甲科	四川、云南	印度
108	芒果果实象	*Sternochetus olivieri*	象甲科	广西、四川、云南	南亚东部
109	红脂大小蠹	*Dendroctonus valens*	小蠹科	河北、河南、山西、陕西	北美洲
110	马铃薯叶甲	*Leptinotarsa decemlineata*	叶甲科	新疆	墨西哥
111	甘薯小象甲	*Cylas formicarius*	锥象科	福建、广东、广西、贵州、海南、湖南、江苏、江西、云南	印度、马来西亚
112	双钩异翅长蠹	*Heterobostrychus aequalis*	长蠹科	广东、广西、海南、台湾、香港、云南	东南亚地区
113	谷蠹	*Rhyzopertha dominica*	长蠹科	国内除吉林、西藏、新疆未见报道外，全国各地广布	印度
114	咖啡豆象	*Araecerus fasciculatus*	长角象科	安徽、福建、甘肃、广东、广西、贵州、海南、河南、湖北、湖南、江苏、江西、青海、山东、上海、四川、西藏、云南	印度
115	番茄斑潜蝇	*Liriomyza bryoniae*	潜蝇科	安徽、北京、广东、黑龙江、江苏、内蒙古、上海、台湾、新疆、浙江	欧洲南部
116	南美斑潜蝇	*Liriomyza huidobrensis*	潜蝇科	北京、福建、广东、贵州、湖北、吉林、四川、云南、重庆	南美洲
117	美洲斑潜蝇	*Liriomyza sativae*	潜蝇科	遍布除西藏以外的全国所有省、自治区、直辖市	南美洲
118	三叶草斑潜蝇	*Liriomyza trifolii*	潜蝇科	广东、海南、台湾	北美洲
119	番石榴果实蝇	*Bactrocera correcta*	实蝇科	台湾、云南	印度、尼泊尔、斯里兰卡、巴基斯坦、泰国
120	瓜实蝇	*Bactrocera cucuribitae*	实蝇科	福建、广东、广西、贵州、海南、湖南、江苏、四川、台湾、云南	印度、斯里兰卡
121	橘小实蝇	*Bactrocera dorsalis*	实蝇科	福建、广东、广西、海南、上海、台湾、香港、云南	日本
122	蜜柑大实蝇	*Bactrocera tsuneonis*	实蝇科	福建、甘肃、广东、广西、湖南、江西、上海、台湾、浙江、重庆	日本
123	枣实蝇	*Carpomya vesuviana*	实蝇科	新疆	印度
124	高粱狭瘿蚊	*Stenodiplosis sorghicola*	瘿蚊科	华东、华南	南亚、东亚
125	黑森瘿蚊	*Mayetiola destructor*	瘿蚊科	新疆北部	俄罗斯
126	刺槐圆瘿蚊	*Obolodiplosis robiniae*	瘿蚊科	北京、河北、吉林、辽宁、山东	北美洲
127	西花蓟马	*Frankliniella occidentalis*	蓟马科	北京、福建、广东、河北、云南、浙江	北美洲
128	唐菖蒲蓟马	*Thrips simplex*	蓟马科	北京、福建、江苏、江西、辽宁、内蒙古、山东、上海、台湾、香港、浙江	南非
129	细角滨对虾	*Litopenaeus stylirostris*	对虾科	江苏、山东、浙江等地	拉丁美洲
130	凡纳滨对虾	*Litopenaeus vannamei*	对虾科	渤海、广东、广西、海南、江苏、山东、浙江	美国

续表

编号	中文名	拉丁学名	科名	国内分布范围	原产地
131	日本囊对虾	*Marsupenaeus japonicus*	对虾科	北方沿海地区	日本
132	克氏原螯虾	*Procambarus clarkii*	螯虾科	安徽、湖北、湖南、江苏、江西、山东、上海、台湾、香港、浙江	中美洲、南美洲、墨西哥
133	澳洲淡水龙虾	*Cherax quadricainatus*	拟螯虾科	江西（鄱阳湖）、广东、江西	澳大利亚
134	二斑叶螨	*Tetranychus urticae*	叶螨科	全国各地	不详
135	番茄刺皮瘿螨	*Aculops lycopersici*	瘿螨科	贵州、河北、河南、上海、云南	美国
136	瓦伦西亚列蛞蝓	*Ambigolimax valentianus*	蛞蝓科	北京、内蒙古、陕西、云南、浙江	欧洲、非洲
137	非洲大蜗牛	*Lissachatina fulica*	玛瑙螺科	福建、广东、广西、海南、台湾、香港、云南	非洲
138	绿唇鲍	*Haliotis laevigata*	鲍科	深圳	澳大利亚
139	日本盘鲍	*Haliotis discus discus*	鲍科	福建、辽宁	日本
140	日本大鲍	*Haliotis gigantea*	鲍科	辽宁、山东	日本
141	红鲍	*Haliotis rufescens*	鲍科	辽宁、山东	美国、墨西哥
142	绿鲍	*Haliotis fulgens*	鲍科	广东、辽宁、山东	美国、墨西哥
143	指甲履螺	*Crepidula onyx*	帆螺科	广东、香港	中美洲
144	福寿螺	*Pomacea canaliculata*	瓶螺科	福建、广东、广西、海南、湖北、湖南、江苏、江西、上海、四川、台湾、云南、浙江	南美洲
145	高雅女神蛤	*Panopea abrupta*	缝栖蛤科	山东	加拿大、美国
146	硬壳蛤	*Mercenaria mercenaria*	帘蛤科	山东、浙江	北美洲
147	萨氏仿贻贝	*Mytilopsis sallei*	饰贝科	福建、广东、广西、海南、台湾、香港	中美洲
148	长牡蛎	*Crassostrea gigas*	牡蛎科	中国沿海均有分布	日本
149	海湾扇贝	*Argopecten irradians irradians*	扇贝科	河北、辽宁、山东	美国
150	虾夷扇贝	*Mizuhopecten yessoensis*	扇贝科	辽宁、山东	俄罗斯、日本
151	香蕉穿孔线虫	*Radopholus similis*	短体科	台湾	斐济
152	菊花叶枯线虫	*Aphelenchoides ritzemabosi*	滑刃科	安徽、广东、贵州、湖南、江苏、上海、台湾、云南、浙江	欧洲
153	松材线虫	*Bursaphelenchus xylophilus*	滑刃科	安徽、福建、广东、湖北、江苏、江西、台湾、香港、浙江	美国
154	水稻干尖线虫	*Aphelenchoides besseyi*	滑刃科	安徽、广东、广西、贵州、海南、河北、河南、湖南、江苏、江西、山东、四川、云南、浙江	日本
155	剪股颖粒线虫	*Anguina agrostis*	粒线虫科	黑龙江、内蒙古、新疆	不详
156	鳞球茎线虫	*Ditylenchus dipsaci*	粒线虫科	江苏、山东、上海、浙江	不详
157	大豆胞囊线虫	*Heterodera glycines*	异皮科	安徽、北京、河北、河南、黑龙江、吉林、江苏、辽宁、内蒙古、山东、山西、陕西	日本
158	西班牙根结线虫	*Meloidogyne hispanica*	异皮科	海南	西班牙